U0816907

# 物理化学实验

主　编　高楼军

副主编　侯向阳　柴红梅　唐　龙

本书获延安大学学术专著与教材出版经费资助
本书获陕西省化学工程与技术特色学科经费资助
本书获陕西省化学反应工程重点实验室经费资助
本书获化学工程与工艺国家特色专业建设点项目经费资助

科学出版社
北　京

# 内 容 简 介

本书共4章，包括绪论、实验部分、物理化学实验仪器与技术、附录。绪论包括物理化学实验目的和要求、安全防护、实验测量误差、实验数据的表达与有效数字、实验中的计算机处理数据方法及实验报告规范书写等。实验部分包括24个基础实验、6个综合和设计实验，涵盖物理化学的热力学、电化学、动力学、表面和胶体化学及结构化学。物理化学实验仪器部分侧重介绍实验使用仪器；实验技术部分介绍热化学测量、电化学测量、真空、胶体化学、X射线衍射等基本实验技术。附录主要是法定计量单位、物理化学实验常用数据等。

本书融实验教材、指导书和工具书于一体，其基本的原理与方法具有普遍指导意义，可作为高等学校化学、化工各专业的物理化学实验教材，也可供相关研究人员参考。

**图书在版编目（CIP）数据**

物理化学实验／高楼军主编．—北京：科学出版社，2018.8
ISBN 978-7-03-057882-2

Ⅰ．①物… Ⅱ．①高… Ⅲ．①物理化学-化学实验 Ⅳ．①O63-33

中国版本图书馆CIP数据核字（2018）第126465号

责任编辑：丁 里／责任校对：杜子昂
责任印制：师艳茹／封面设计：迷底书装

科学出版社 出版
北京东黄城根北街16号
邮政编码：100717
http://www.sciencep.com

石家庄继文印刷有限公司印刷

科学出版社发行 各地新华书店经销

*

2018年8月第 一 版 开本：787×1092 1/16
2018年8月第一次印刷 印张：16 1/2
字数：418 000

**定价：59.00元**

（如有印装质量问题，我社负责调换）

# 《物理化学实验》编写委员会


主　编　高楼军

副主编　侯向阳　柴红梅　唐　龙

编　委(按姓名汉语拼音排序)

曹　佳　柴红梅　高楼军

侯向阳　侯秀芳　任宜霞

唐　龙　王丹军　王智香

# 前　言

本书是由多年从事物理化学及实验课教学的教师，以现代教育、教学理念经过梳理、整合、补充、删减，在目前使用的新仪器和设备及近年来延安大学教学改革、相关科研成果的基础上完善编写而成。

全书分为绪论、实验部分、物理化学实验仪器与技术、附录4章。

第1章绪论包括实验目的和要求、实验的安全防护、实验测量误差、实验数据的表达与有效数字、实验中的计算机处理数据方法及实验报告规范书写等内容。实验测量误差、数据的表达与有效数字及计算机处理数据方法，着重介绍物理化学实验中常用的误差分析、作图和表达方法，强调计算机处理数据的应用，通过计算机采集和处理数据，实现实验过程的计算机控制。对于较为复杂的内容，计算机处理数据可以代替既烦琐费时又误差很大的手工作图，教师可对数学模型的建立和计算方法的选择进行指导，由于所涉及技术较为复杂，仅限少数实验进行示范教学，目的在于加深学生对计算机功能的感受和了解。

第2章实验部分包括24个基础实验和6个综合和设计实验。这部分内容是全书的核心和重点，对培养学生的化学实验素养和提高创新实验综合能力极为重要。在编写时，以培养学生对基本原理、基本操作和基本技能的掌握为编写原则，结合延安大学化学与化工学院实际情况，选编内容涵盖了热力学、电化学、动力学、表面和胶体化学及结构化学五个方面。在编写过程中特别注重以下几个方面：

(1) 在实验原理的叙述上，注意与物理化学理论课的联系，在实验步骤和方法的介绍上注重描述实验的设计思路，便于学生了解实验方法、步骤与实验原理之间的内在联系，培养深度思维能力。

(2) 在实验中特别注意实验步骤、方法的不断更新和发展，结合目前国内仪器快速发展的更新情况，尽量引入现代电子、信息技术，特别强调计算机在物理化学实验中的应用。

(3) 在基础的物理化学实验内容中反映物理化学实验课程教学的最新状况，使学生通过系统训练对物理化学实验有全面、清晰的了解和掌握，以期有效提高学生实验的综合能力，为以后从事实验研究工作打下基础。

(4) 综合和设计实验是在延安大学教学改革的情况及物理化学教研室教师的科研最新进展基础上进行了重整，更具有综合性与创新性，以期更好地培养和提高学生的综合能力及素质，使学生了解物理化学学科发展的最新动态，激发学生进行物理化学实验的兴趣。这些有一定深度和广度的综合性实验对培养学生的创新能力有一定的帮助，有助于提高学生的核心素养。

(5) 在每个实验的结尾附有“实验评注”，以增加学生对实验的认知深度并拓展研究范围，还附有一些启发性的问题，以提高学生分析解决问题的能力，启发学生的创新思维，以期活跃思维、开阔思路、扩大学生的知识面和反映本学科的新进展；特别是增加了数据记录表格和实验的文献值，便于学生规范表达实验数据、书写实验报告，使学生对自己的实验情况有全面、详细的了解，检查实验过程中存在的问题，以期更好地完成实验和培养学生的物理化学实验素养。

第 3 章物理化学实验仪器与技术是全书的“技术支撑”。仪器部分选择实验中常用的 20 多种新仪器进行介绍，其中对通用的数字式气压计、气体钢瓶和减压阀、真空泵、温差测量仪、数字电位差计、数字小电容测量仪、数字旋光仪、电导率仪、阿贝折射仪、分光光度计、古埃磁天平、微量热计及 X 射线衍射仪作了详细介绍；技术部分着重叙述热化学测量技术、电化学测量技术、真空技术、胶体化学实验技术和 X 射线衍射技术，其余技术仅扼要介绍。这样编排使本书既与物理化学课程保持有机的密切联系，又自成系统，具有相对的独立性。

第 4 章附录包括法定计量单位和物理化学实验常用数据表，目的是便于学生查找和学习。

本书是编者多年物理化学实验教学经验的总结，是陕西本科高校省级精品资源共享课程“物理化学”建设的组成部分。本书编写具体分工如下：高楼军 1.1 节、1.2 节；侯向阳 1.3 节、1.4 节、2.1.1～2.1.3 节、2.1.7 节、2.5.1 节、2.5.2 节、2.6.1 节、2.6.4 节、3.1.6 节、3.1.11 节、3.2.1 节；王丹军 3.1.4 节、3.1.5 节；任宜霞 2.6.6 节、3.1.2 节；唐龙 1.6 节、2.1.4 节、2.2.1～2.2.4 节、2.3.1 节、2.6.2 节、2.6.3 节、3.1.1 节、3.1.7 节、3.2.2 节；柴红梅 1.5 节、2.3.2 节、2.3.3 节、2.4 节、2.6.5 节、3.1.8～3.1.10 节、3.2.4 节；侯秀芳 2.5.3 节、2.5.4 节、3.1.3 节、3.2.3 节；曹佳 2.1.5 节、2.3.4 节、3.1.12 节、3.2.5 节；王智香 2.1.6 节、2.1.8 节、3.1.13 节、4.1 节、4.2 节，全书由高楼军教授审阅、定稿。

本书的出版得到陕西省化学工程与技术特色学科、陕西省化学反应工程重点实验室、化学工程与工艺国家特色专业建设点项目和延安大学学术专著与教材出版经费资助。

限于编者水平，书中难免出现遗漏和欠妥之处，敬请专家和读者指正。

编　者

2018 年 1 月 27 日

# 目　　录

# 第1章 绪　论

“科学靠两条腿走路，一是理论，一是实验。……但只有使用两条腿，才能前进。在实验中寻找新的关系，上升为理论，然后再在实践中加以检验。”物理化学实验是化学实验的重要分支，是化学、化工专业学生必修的一门重要的基础实验课程。它与无机化学、分析化学和有机化学等基础实验相互衔接，构成化学专业实验课程教学的完整体系。物理化学实验综合了化学领域中各分支学科所需的基本实验工具、研究方法和基本原理，是应用物理学的原理和实验技术、方法，对系统的特定物理化学性质进行测定，旨在理解、检验物理化学学科的基本理论。物理化学实验重在训练学生科学实验方法，培养学生科学思维水平及综合分析、解决问题的能力，对引导学生自觉地学习科学世界观、方法论有着重要促进作用。

## 1.1 物理化学实验目的和要求

物理化学实验课程教学目的：使学生初步了解物理化学的研究方法；掌握物理化学实验的基本实验技术和技能；熟悉物理化学实验现象的观察和记录、实验条件的选择和判断、实验数据的测量和处理、实验结果的分析和归纳等一套严谨的实验方法；培养和提高学生实验能力和素质，养成实事求是的科学态度和严谨细致的实验作风，增强解决实际问题的能力。为达到这些目的，必须完成实验讲座、实验操作和实验考核(试)等教学环节及相关教学内容。

### 1. 实验讲座

实验讲座包括绪论、实验测量误差及数据记录处理、物理化学实验技术和方法及实验所用部分仪器等内容，分两学期完成(第一学期20学时，第二学期10学时)。讲座内容既可安排系列讲座完成，也可以在实验教学中进行。通过这一教学环节，学生在进行实验操作之前，对本实验课有一个全面概括的了解；懂得如何规范表达实验数据和测量结果，写好实验报告，通过误差分析，明确怎样正确选择和使用合理仪器，查找影响测量结果误差的主要因素和最佳操作条件。总之，就是使学生在具体实验操作训练时，能有的放矢地运用和掌握所涉及的实验技术和方法，如热化学测量技术、真空技术、电化学测量技术等。通过讲座，有利于学生在有限的实验操作训练的基础上，达到举一反三、开阔眼界的目的，有助于推动学生学习和运用近代物理学测试中的新成就，以解决物理化学的实际问题。

### 2. 实验操作

实验操作训练是物理化学实验教学的中心环节，内容包括：从24个基础物理化学实验中，选做16～18个必做的基础物理化学实验(涉及热力学、电化学、动力学、表面和胶体及结构化学等方面)；选做几个综合实验。通过实验操作训练，学生能够熟悉各种物理化学实验现象，掌握重要的物理化学数据的实验测量方法，学会基本的实验技术和技能，培养文字表达能力、动手能力、分析问题和解决问题能力，提高实验素质。因此，进行每个具体实验时，都必须做到以下几点：

(1) 认真做好实验预习。“凡事预则立，不预则废”，实验证明预习是做好物理化学实验的关键。因此，学生在实验室进行实验操作之前，应仔细阅读待做实验的相关内容，在预习基础上写出实验预习报告。预习报告内容包括：①实验扼要原理；②实验操作步骤；③设计实验数据记录表格(尽可能用一个表，使实验测定数据、处理过程中的中间关键数据及最终结果都体现在一个表中)；④实验注意事项、预习过程中产生的问题及实验数据处理过程中用到的计算公式和有关常数等。进入实验室之后，要进一步进行实验预习，主要是对照实验所用仪器，明确测量的具体方案，初步调试实验装置，做好实验的各种准备工作，目的是对该实验原理、操作方法、仪器的使用及实验注意事项有全面而清晰的理解。指导教师必须严格检查学生实验预习情况，进行必要的提问，并解答学生预习中存在的问题，讲解实验过程中可能遇到的问题及关键操作和注意事项等，保证达到理想的实验预习的效果。实践证明，预习是否充分，不仅直接影响实验效果，而且关系到实验能否正常进行。

(2) 规范实验过程。进行实验时，要求做到：检查实验装置是否科学合理，实验试剂要符合要求，并做好实验前的各项准备工作。实验过程中，实验条件要严格控制，实验操作要准确无误，实验记录要实事求是，实验中遇到异常情况要积极分析和解决，保持实验台的整洁等。对于实验原始数据(实验日期、室温、大气压、仪器的型号与厂家、试剂名称与等级、溶液浓度及原始数据等)记录，除要求尊重事实、准确无误外，还要求实验数据不得随意涂抹，若确实需要舍弃时，可用笔轻轻地圈去或划一记号。数据记录要表格化，要记录在正式装订(最好有页码)和有日期的实验记录本上，原始记录经指导教师签名后才有效。实验过程中，教师要认真检查学生做实验的情况，实验结束后，仔细检查有关仪器、试剂、基本设备的使用情况，填写学生实验情况记录表。

(3) 独立完成实验报告。实验报告的质量很大程度上反映了学生的实际水平和综合实验能力。我国著名化学家卢嘉锡曾说过：“一个只会创造而不会表达的人，不能算是一个真正的科学工作者。”

### 3. 实验考核

任何考核都是衡量一个人知识、能力和素质的量尺，也是进行教学质量评估的重要手段。它包括平时每个实验的考核和两次阶段性考核。平时的实验考核侧重实验基本技能的训练和实验素质的培养，阶段性考核则注重实验综合能力的考查。

考核内容：①实验基本知识，包括实验原理及方法，实验注意事项及安全等；②基本实验技能，主要有量热技术、真空技术、电化学测量技术、界面和胶体化学实验技术等；③实验数据处理和表达能力、仪器使用能力、误差分析能力等。

## 1.2 物理化学实验的安全防护

实验室的安全防护是关系到培养学生良好的实验素质、保证实验顺利进行、保证人身和国家财产安全的重要问题。近代的物理化学实验经常遇到高温、低温的实验条件，需要使用高气压(各种高压气瓶)、低气压(各种真空系统)、高电压、高频和带有辐射线(X 射线、激光、γ射线)的仪器或设备，而且许多精密的自动化仪器、设备使用率也提高。因此，每个实验者都必须具有安全防护知识，懂得预防措施和应急处理方法。使用化学药品的安全防护(包括防毒、防爆、防火、防灼伤等)，已在先行的化学实验课中反复作了介绍。这里结合物理化学实验的特点，着重介绍使用受压容器和辐射源的安全防护，同时对实验者的人身安全防护作必要的补充。

### 1.2.1 使用受压容器的安全防护

物理化学实验中，受压容器主要指高压储气瓶、真空系统、供气流稳压用的玻璃容器及放液氮的保温瓶等。

1. 高压储气瓶的安全防护

高压储气瓶由无缝碳素钢或合金钢制成，适用于装介质压力在 15 MPa 以下的气体。标准气瓶类型见表 1.2.1。气瓶使用时主要危险是气瓶可能发生爆炸(受热或瓶颈螺纹损坏引起)和漏气(对可燃性气体钢瓶更危险)。因此，使用气瓶时应特别注意以下事项：

(1) 放置要求：气瓶应存放在阴凉、干燥、远离热源(如阳光、暖气、炉火等)的地方，并用固定环将气瓶固定在稳固的支架、实验桌或墙壁上。易燃气瓶(如氢气瓶等)最好放在远离实验室的小屋内，且不应有明火或电火花。

**表 1.2.1 标准气瓶型号分类表**

| 气瓶型号 | 用途 | 工作压力/MPa | 实验压力/MPa | |
|---|---|---|---|---|
| | | | 水压实验 | 气压实验 |
| 15 | 装 $O_2$、$H_2$、$N_2$、Ar、He、$CH_4$ 及压缩空气等 | 15 | 23 | 15 |
| 13 | 装纯净水煤气及 $CO_2$ 等 | 13 | 19 | 13 |
| 3 | 装 $NH_3$、$Cl_2$、光气等 | 3 | 6 | 3 |
| 0.6 | 装 $SO_2$ 等 | 0.6 | 1.2 | 0.6 |

(2) 使用操作要求：①搬运气瓶时要轻稳，要把瓶帽旋上，固定牢靠后方可使用，使用氢气瓶最好用导管引入(千万要防止漏气)，并应加上防止回火的装置；②使用时要安装减压阀($CO_2$、$NH_3$ 可例外)，一般可燃性气体(如 $H_2$、$C_2H_2$)的钢瓶气门螺纹是反向的左牙纹，不燃性或助燃性气体(如 $N_2$、$O_2$)的钢瓶气门螺纹是正向的右牙纹，各种减压阀(或称气压表)一般不得混用；③绝不可使油或其他易燃性有机物沾染在氧气瓶上(特别是出口或减压阀)，也不可用麻、棉等物堵漏，以防燃烧引起事故；④开启气门时应站在减压阀接管的侧面，更不许把头或身体对准气瓶总阀门，以防阀门或减压阀突然损坏冲击伤人；⑤不可把气瓶内气体用尽，以防重新灌气时发生危险；⑥使用时注意各气瓶上漆的颜色及标字，不得混用，我国常用气瓶的色标见表 1.2.2；⑦使用期间的气瓶每隔三年至少要进行一次检验，装腐蚀性气体的气瓶每两年至少要检验一次，不合格的气瓶应报废。

表 1.2.2　常用气瓶的色标

| 气瓶名称 | 瓶身颜色 | 字样 | 标字颜色 | 横条颜色 |
|---|---|---|---|---|
| 氧气瓶 | 天蓝 | 氧 | 黑 | |
| 氢气瓶 | 深绿 | 氢 | 红 | 红 |
| 氮气瓶 | 黑 | 氮 | 黄 | 棕 |
| 纯氩气瓶 | 灰 | 纯氩 | 绿 | |
| 氦气瓶 | 棕 | 氦 | 白 | |
| 压缩空气瓶 | 黑 | 压缩空气 | 白 | |
| 氨气瓶 | 黄 | 氨 | 蓝 | |
| 二氧化碳气瓶 | 黑 | 二氧化碳 | 黄 | |
| 乙炔瓶 | 白 | 乙炔 | 红 | |
| 氯气瓶 | 草绿 | 氯气 | 白 | 白 |

2. 受压玻璃仪器的安全防护

物理化学实验室的受压玻璃仪器包括供高压或真空试验用的玻璃仪器、装载水银的容器、压力计及各种保温容器等，使用这类仪器时，必须注意：

(1) 受压玻璃仪器不能用薄壁材料或平底烧瓶之类器皿。

(2) 供气流稳压用的玻璃稳压瓶，其外壳应裹以布套或细网套。

(3) 真空系统进行低温吸附实验时，用液氮获得低温后，将液氮注入真空容器要注意真空容器可能发生破裂，不要把脸靠近容器的正上方；实验结束后，应先开启真空泵对真空容器进行抽空，然后移去保温瓶，否则可能导致系统压力过大，真空系统爆裂。

(4) 若装载水银的 U 形压力计或玻璃容器破裂，水银会溅到桌上或地上。因此，在使用和装载水银时，应在其下面放置搪瓷盘或适当的容器，使用 U 形水银压力计时，应防止系统压力变动过于剧烈而使压力计的水银散溅到系统内外。

(5) 真空玻璃系统的任何一个活塞的开、关均会影响系统的其他部分。因此，在开启或关闭活塞时，应两手操作：一手握活塞套，另一手缓缓旋转内塞，以防系统各部分产生力矩，发生扭裂。在使用该系统时，还应防止在系统内形成高温爆鸣气混合物或让爆鸣气混合物进入高温区。

### 1.2.2　使用辐射源的安全防护

物理化学实验遇到的辐射源主要指产生 X 射线、γ射线、中子流、带电粒子束的电离辐射和频率为 $10\sim10^5$ MHz 的电磁波辐射。电离辐射和电磁波辐射作用于人体，都会造成人体组织的损伤，引起一系列复杂的组织机能的变化，因此必须重视使用辐射源的安全防护。

对于从事放射工作的专业人员，我国目前规定了电离辐射的最大容许剂量，即每日不得超过 0.05 R(伦琴)，非放射性工作人员每日不得超过 0.005 R。对 X 射线和γ射线(同位素源放射)，则主要采用屏蔽防护(如使用铅或铅玻璃等)、缩短使用时间和远离辐射源等措施。而采用这些措施的重要前提是严防放射性物质从呼吸道或食道进入体内。

高频电磁波辐射作为特殊情况下的加热源，目前已在光谱中用作光源，并在高真空技术中得到应用。辐射强度的分级安全标准是：每天辐射时间小于 15 min 时，辐射强度小于 1 $mW \cdot cm^{-2}$，小于 2 h 的情况下，辐射强度小于 0.1 $mW \cdot cm^{-2}$；整天接受辐射时，辐射强度小于 10 $\mu W \cdot cm^{-2}$。防止电磁波辐射最根本的有效措施是减少辐射源的泄漏。当泄漏不可避免时，可利用能反射或吸收电磁波的材料，如金属、多孔性生胶和炭黑做成罩、网以屏蔽辐射源。实验者在操作时，应穿特制的防护服和戴防护眼镜等。

除上述电离辐射和电磁波辐射外，紫外线的短波部分(300～200 nm)能引起角膜炎和结膜炎，红外线的短波部分(1600～760 nm)能引起视网膜灼伤症，激光对皮肤和眼睛的烧伤或损伤也相当严重。防护紫外线、红外线和激光的有效办法是戴防护眼镜，但应注意不同光源、不同光强度时必须选用不同的防护镜片，并要注意不要使眼睛直接对准光束。对大功率的 $CO_2$ 气体激光，还应戴上防护头盔以防伤害中枢神经系统。

### 1.2.3　人身安全防护

(1) 实验者进入实验室实验前，应熟悉仪器设备和各项急救设备的使用方法、各种化学药品的性能和使用规则(特别是剧毒、易燃、易爆药品)，了解实验楼的通道和出口、实验室内的电气总开关、灭火器具和急救药品的位置，以便应对各种突发事故。

(2) 在实验时必须注意：不要随意增大化学药品的用量；不要任意改变或套用实验的条件；进行有危险性或严酷条件下的实验时，应使用防护装置，戴防护面罩和眼镜；特别要注意，由于化学试剂大多具有一定毒性，实验后，废弃药品尽量回收，不能回收的按要求处理，符合安全环保要求后才能排放。

(3) 苯、四氯化碳、氯仿、1, 4-二噁烷等常见溶剂被列为有致癌性能的物质。所以，在可能的实验中，通常用甲苯代替苯，用二氯甲烷代替四氯化碳和氯仿，用四氢呋喃代替 1, 4-二噁烷。汞蒸气可引起慢性中毒，其症状为食欲缺乏、恶心、大便秘结、贫血、骨骼和关节疼痛、神经系统衰弱。汞蒸气的最大安全浓度为 0.1 $mg \cdot cm^{-3}$，而 20 ℃时汞的饱和蒸气压为 0.6 Pa，比安全浓度大 100 多倍。若在一个不通气的房间内，又有汞直接露于空气时，就有可能使空气中汞蒸气超过安全浓度，所以用汞时必须严格遵守安全用汞的操作规定。

(4) 对气体方面必须注意两点：一是某些气体与空气中的其他气体混合时可能发生爆炸，因此应了解爆炸极限问题；二是要注意有毒气体的操作应在通风橱内进行。

(5) 安全用电。在物理化学实验中，实验者要接触和使用各类电器设备，了解使用电器设备的安全防护知识显得十分重要。电击伤人的程度与通过人体电流大小、通电时间长短、通电的途径等因素有关(电流通过人体心脏或大脑，最易引起电击死亡)。人体感觉到触电效应(有发麻和针刺的感觉)时的电流强度约为 1 mA；当电流强度升到 6～9 mA 时，一触就会缩手，在电流强度达到 50 mA 时，人就有生命危险。因为人体内部组织电阻约 1000 Ω，皮肤电阻为 1 kΩ(潮湿流汗的皮肤)到数万欧姆(干燥的皮肤)，所以我国规定 36 V、50 Hz 的交流电为安全电压，超过 45 V 为危险电压。

安全使用电器设备的原则是不要使电流通过人体。因此，在实验时不要用潮湿的手操作电器，不要用手紧握可能荷电的电器，不应以两手同时触及电器，电器设备外壳应接地。万一不慎发生触电事故，应立即切断电源开关，对触电者采取急救措施。

## 1.3　物理化学实验测量误差

测量一般分为直接测量和间接测量。在任何一种实验测量中，误差总是不可避免的。因此，作为实验工作者，就必须进行误差的分析。误差分析有两方面目的：一是运用误差基本概念和原理，对测量结果进行误差计算，正确表达测量结果及其可信度；二是根据误差分析设计最佳实验方案，选择最适合仪器，或对实验方法进行改进。因此，一个实验工作者具有较强数据误差分析、正确表达实验结果的能力与具有做精细实验工作的本领同等重要。下面简要介绍误差的基本概念和间接测量中误差传递规律。

### 1.3.1　测量中的误差

根据误差的性质和来源，一般把测量误差分为系统误差和偶然误差两类。

1. *系统误差*

在相同条件下无限多次测量同一物理量时，所得结果的平均值与被测量的真值(一般情况用文献值替代)之差称为系统误差。系统误差特点是测量误差的大小有恒定值，符号具有单向性，在测量条件改变时误差按一确定规律变化。其中符号和大小固定不变的误差称为不变系统误差，如天平砝码、移液管和容量瓶未经校正等引入的误差。随测量值或时间的变化，误差值的大小和符号也按一定规律变化的误差称为可变系统误差，如贝克曼温度计的毛细管不均匀、温度对测高仪的线性影响等均属于这类误差。可变系统误差与偶然误差不同，前者的变化有规律，且可被发现和克服，后者则相反。

系统误差直接影响测量结果的准确度，有时系统误差的值比偶然误差要高出一个数量级，因此在测量中绝不能忽视。产生系统误差的原因很多，通常有：仪器误差，如仪器构造不完善或指示刻度不够准确(天平不等臂、气压计真空度不十分完善)等；方法误差，如测量方法本身有缺陷(采用近似测量方法和近似公式)；实验条件无法准确控制(如温度)；化学试剂的纯度不够、测量者操作时固有习惯的影响等。对于系统误差，首先要确定其产生原因，然后采取相应措施减少或者消除。

1) 系统误差的判断

测量数据是否存在系统误差，一般可采取以下方法检查：

(1) 实验对比法。对于不变系统误差，可改变产生系统误差的条件，进行对比测量以检查是否有系统误差存在。例如，在称量时可用高一级精密度的砝码进行对比称量，以发现未校准砝码引入的系统误差。测量温度、压力、电阻等物理量时都存在同样的问题。

(2) 数据统计比较法。对同一物理量进行两组(或多组)独立测量，分别求出它们的平均值和标准误差，当不存在系统误差时，式(1.3.1)成立，否则不成立：

$$\overline{x}_1-\overline{x}_2\leqslant 2\sqrt{\delta_1^2+\delta_2^2} \tag{1.3.1}$$

式中，$\overline{x}_1$、$\delta_1$和$\overline{x}_2$、$\delta_2$分别为第一组和第二组数据的平均值、标准误差。

**例 1.3.1**　瑞利(Rayleigh)用不同方法制备氮气，发现有不同的结果。采用化学法(热分解氮的氧化物)制备的氮气，其平均密度及标准误差为

$$d_1=2.299\,71\pm0.000\,41$$

由空气液化制氮所得的平均密度及标准误差为

$$d_2=2.310\,22\pm0.000\,19$$

由于 $\Delta d=\left|\overline{d_1}-\overline{d_2}\right|=0.010\,51$，则

$$\Delta d\geqslant 2\sqrt{0.000\,41^2+0.000\,19^2}=0.0009$$

根据式(1.3.1)可以判断两种结果之间必存在系统误差。由于操作引起系统误差的可能性很小，瑞利当时并没有使两者之差变小，相反强调两种方法的差别，从而导致后来发现了稀有气体。

(3) 对同组测量结果还可用以下方法判断：

设有限测量次数为 $n$，平均误差为 $a$，则有

当 $n\geqslant15$ 时

$$\left|\overline{x}_1-x_{标}\right|\begin{cases}\leqslant a & 系统误差较小,可以忽略\\ >a & 系统误差较大,不可忽略\end{cases}\tag{1.3.2}$$

当 $5\leqslant n<15$ 时

$$\left|\overline{x}_1-x_{标}\right|\begin{cases}\leqslant 1.73a & 系统误差较小,可以忽略\\ >1.73a & 系统误差较大,不可忽略\end{cases}\tag{1.3.3}$$

**例 1.3.2** 用阿贝折射仪测定水的折射率 15 次，得到数据如下：

| | | | | |
|---|---|---|---|---|
| 1.332 93 | 1.332 94 | 1.332 93 | 1.332 89 | 1.332 92 |
| 1.332 95 | 1.332 92 | 1.332 93 | 1.332 93 | 1.332 94 |
| 1.332 91 | 1.332 96 | 1.332 90 | 1.332 95 | 1.332 96 |

由手册查得 20 ℃时水的折射率文献值为 1.332 96，试计算测量的精密度(用平均误差表示)和准确度，并分析测量的系统误差。

**解** 根据测量数据求得折射率的平均值

$$\overline{n}_{\mathrm{D}}^{20}=1.332\,93$$

由平均误差的计算公式求测量精密度

$$\alpha=\pm\frac{1}{n}\sum_{i=1}^{n}\left|x_i-\overline{x}\right|=\pm\frac{1}{15}\sum_{i=1}^{15}\left|n_{\mathrm{D}}^{20}-\overline{n}_{\mathrm{D}}^{20}\right|=\pm0.000\,02$$

其测量的准确度 $b$，即

$$b=\frac{1}{n}\sum_{i=1}^{n}\left|x_i-x_{标}\right|=\frac{1}{15}\sum_{i=1}^{15}\left|n_{\mathrm{D}}^{20}-1.332\,96\right|=0.000\,03$$

因为 $\left|\overline{x}-x_{标}\right|=\left|1.332\,93-1.332\,96\right|=0.000\,03>a$，所以测量中引入系统误差。

2) 系统误差的估算

在实验中，有时要估算改变某一因素是否引入系统误差，这对于分析系统误差的来源有参考价值。例如，在测量气体相对分子质量时，可推算由于采用理想气体状态方程所引入的系统误差；在凝固点降低法测相对分子质量的实验中，可推算由于加入晶种而引入的系统误差；在蔗糖转化动力学实验中，可推算由反应温度偏差所造成的系统误差等。

**例 1.3.3**　在蔗糖转化(用 $H^+$催化)反应实验中，估算由温度升高 1 K 对速率常数 $k$ 所引起的系统误差。

**解**　由阿伦尼乌斯公式：

$$k = A\exp(-E_a / RT)$$

实验时温度由 298.2 K 升高 1 K，活化能 $E_a$=108.0 kJ · mol$^{-1}$，$R$=8.314 J · mol$^{-1}$ · K$^{-1}$，则

$$\frac{\Delta k}{k} = \frac{A\exp(-E_a / RT_2) - A\exp(-E_a / RT_1)}{A\exp(-E_a / RT_1)} = \exp\left[-\frac{E_a}{R}\left(\frac{1}{T_2} - \frac{1}{T_1}\right)\right]^{-1}$$

$$= \exp\left[-\frac{108\times10^3\ \mathrm{J\cdot mol^{-1}}}{8.314\ \mathrm{J\cdot mol^{-1}\cdot K^{-1}}}\left(\frac{1}{299.2\ \mathrm{K}} - \frac{1}{298.2\ \mathrm{K}}\right)\right]^{-1}$$

$$=16\%$$

即温度升高 1 K，将引起 $k$ 值 16%的系统误差。可见，在动力学实验中恒温十分重要，否则将引入较大的系统误差。

3) 系统误差的减小和消除

弄清系统误差的来源是减小和消除它的前提。因此，要求实验者对测量过程中可能产生系统误差的各个环节仔细分析，找出原因并在测量前加以消除。例如，为了防止仪器的调整误差，在测量前要正确和严格地调整仪器；又如，为了防止测量过程中仪器零点变动，在测量开始和结束时都需检查零点；再如，为了防止仪器长期使用精密度降低，需要定期进行严格检定与维护；若系统误差是由外界条件变化引起的，应在外界条件比较稳定时进行测量。下面再介绍两种方法：

(1) 修正法消除系统误差：这种方法是预先将仪器的系统误差检定出来或计算出来，做出误差图表或误差曲线，然后取与误差数值大小相同符号相反的值作为修正值，进行误差修正，即

$$x_{真}=x_{测}+x_{修} \tag{1.3.4}$$

若天平砝码不准，应采用标准砝码进行校核，求出每个砝码的修正值。在称量时就应加上相应砝码的修正值。这就克服了称量所造成的系统误差。容量瓶、滴定管、移液管等容量仪器均可用水重量法求出各自的修正值。电阻器、电容器、电表、温度计、压力计等均可用相应的办法求得修正值。

(2) 对消法消除系统误差：这种方法要求进行两次测量，使两次读数时出现的系统误差大小相等、符号相反。两次测量值的平均值作为测量结果以消除系统误差。例如，由于仪器灵敏度的限制，测量仪器的旋钮往往由右边和左边调近测量值的结果不同。这时，可取两个读数的平均值作为测量值。

由于造成系统误差的各个因素没有内在的联系，所以很难找到一种普遍有效的方法来消除它。要消除系统误差，只能采用各个击破的方法。

2. 偶然误差

在实验时即使采用了最完善的仪器，选择了最恰当的方法，经过了十分精细准确的观测，所得的数据也不可能每次完全相同，仍会有误差存在。其特点是绝对值和符号都以不可预料

的方式变化，是实验者不能预料的，由一些相互制约、相互作用的偶然因素所引起。一般情况下产生偶然误差的主要原因有：①实验者对仪器最小值以下的估读很难每次严格相同；②测量仪器所显示的结果，在重复测量时很难完全相同；③暂时无法控制一些实验条件的变化，会引起测量结果的不规则变化等。因此，偶然误差在实验中总是存在的，完全无法避免。将单次测定值与在相同条件下多次测量同一物理量平均值的差值称为偶然误差或随机误差。

偶然误差虽然无定值、无方向性，但经多次测量，它的大小和符号一定服从正态分布曲线规律，见图 1.3.1，其函数形式为

$$y = \frac{1}{\sqrt{2\pi}\delta}\exp\left(-\frac{x_i}{2\delta^2}\right)$$

$$y = \frac{h}{\sqrt{\pi}}\exp\left(-h^2 x_i^2\right)$$

式中，$y$ 为概率密度；$h$ 为精密度指数；$\delta$ 为标准误差；$x_i$ 为单次测量值。$h$ 与 $\delta$ 的关系为

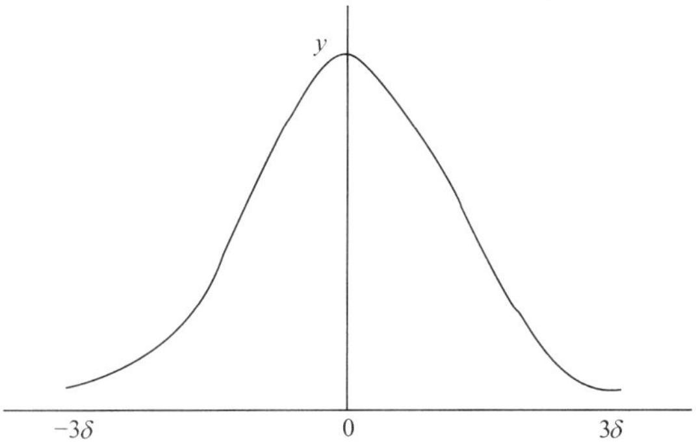


图 1.3.1　偶然误差的正态分布曲线

$$h = \frac{1}{\sqrt{2}\delta}$$

偶然误差正态分布曲线对数理统计工作很有价值，其重要特征有：

(1) 它完全可以用平均值($x$)和标准误差($\delta$)来描绘。$x$ 确定了曲线中心在 $x$ 轴上的位置(集中的程度)，而 $\delta$ 则表示曲线沿着 $x$ 轴的散布(分散程度)。

(2) 完全确定了数据的频数分布，即有界性。例如，95.5%的测量值都在 $x-2\delta$ 和 $x+2\delta$ 之间，而在 $x\pm3\delta$ 的散布范围内将包括 99.7%的测量值，即在 1000 个读数中，只有 3 个读数在 $x\pm3\delta$ 范围之外。从实用观点看，反过来用这一特征是重要的，如测得一数据为 0.435，并已知 $\delta$=0.005，则在 0.425～0.445 范围之外的读数每 100 次才能出现 5 次。

(3) 对称性，即绝对值相等、符号相反的正、负误差的概率几乎相等。若以相同精密度测量某一物理量，其偶然误差的算术平均值将随着测量次数的无限增加而趋于零，此时平均值就越接近于“真值”(无系统误差存在)。利用这一点，在实际测量中常对一个量进行多次重复测量，可提高测量的精密度和再现性，以减小或消除偶然误差。

(4) 单峰性，即误差小的数据出现的概率大，反之，概率小。

正态分布曲线是从无限次测量中获得的大量数据绘制的，对有限次测量则不适用。在实际测量中若实验次数大于 30 次，可近似应用正态分布曲线。

偶然误差和系统误差之间虽有着本质的不同，但在一定条件下它们是可以相互转化的；实际上，通常把某些具有复杂规律的系统误差视为偶然误差，采用统计的方法来处理。不少系统误差的出现均带有随机性。例如，用天平称量时，每个砝码都存在大小不等、符号不同的系统误差。这种系统误差的综合效果对每次称量是不相同的，它具有很大的偶然性，在这种情况下，也可把这种系统误差作为偶然误差来处理。如果对砝码不校核或未发现它的系统

误差，仍然可当作偶然误差来处理。有时，系统误差与偶然误差的区分也取决于时间因素。在短期时间内基本不变的系统误差，时间一长，则可能出现随机变化的偶然误差。

在上述两种误差中，系统误差总是可以设法避免的，偶然误差则总是存在的，因此最好的实验结果应该只含有偶然误差。

### 1.3.2　测量的精密度和准确度

1. 精密度

由偶然误差正态分布曲线的对称性特征可得出结论：多次重复测量的算术平均值是被测量的最佳代表值(可靠值)，即

$$\bar{x} = \frac{1}{n}\sum_{i=1}^{n} x_i \tag{1.3.5}$$

式中，$\bar{x}$ 为算术平均值；$n$ 为测量次数；$x_i$ 为个别测量值。而个别测量值 $x_i$ 与算术平均值 $\bar{x}$ 的偏差程度就称为测量的精密度，其值大小与偶然误差大小有关。它表示各测量值相互接近程度(或重现性)及测得的数值有效数字位数。测量精密度是评价衡量实验结果优劣的一种标志。一般精密度是用平均误差、标准误差和或然误差及它们的相对误差表示的。

平均误差的优点是计算简便，但用它表示精密度时，可能会把质量不高的测量掩盖住。标准误差对一组测量中的较大误差或较小误差比较灵敏，即能说明数据的分散程度(对 $\bar{x}$ 而言)，因此是表示精密度的较好方法，在近代科学中多采用标准误差。

2. 准确度

在一组数据测量中高的精密度却不能保证有高的准确度，二者是有区别的，准确度是指测量值偏离真值的程度，其定义为

$$b = \frac{1}{n}\sum_{i=1}^{n} \left| x_i - x_{真} \right| \tag{1.3.6}$$

式中，$n$ 为测量次数；$x_i$ 为第 $i$ 次的测量值；$x_{真}$ 为真值，其值大小与偶然误差大小有关。在大多数物理化学实验中，由于 $x_{真}$ 是要求测定的结果，难以得到，因此 $b$ 值就很难算出。但一般可近似地用标准值 $x_{样}$ 来代替 $x_{真}$ ($x_{样}$ 是用其他更可靠方法测出的值，或文献手册查得的公认值)。因此，国际计量学界转而定义不确定度来表征测量数据的最终结果，不确定度的定义是测量结果所含有的一个参数，它用以表征合理赋予被测量值的分散性，此参数可以是标准偏差区间，即测量结果可能出现的区间。通常高的准确度必须有高的精密度来保证。

3. 提高测量结果的精密度和准确度的途径

(1) 尽量消除或减小可能引进的系统误差。

(2) 缩小测量过程中的偶然误差。

(3) 舍弃其中的可疑测量值。在测量过程中，经常发现有个别数据很分散，如果没有充分理由认为它是一个坏数据，其取舍只能根据误差理论来决定。若实验次数大于 30 次，可根据正态分布曲线的有界性特征进行取舍。在低于 30 次的有限次测量中，因为测量次数少，概率理论已不适用，因此产生近似判断法，下面介绍常用的两种方法。

(i) 古德温(Goodwin)判断法：略去可疑观测值后，计算其余各观测值的平均值 $\bar{x}$ 及平均误

差$\alpha$，然后算出可疑观测值与平均值的偏差，如果

$$x_{可疑}-\overline{x}\geqslant 4\alpha \tag{1.3.7}$$

则该可疑值应该舍弃。因为这种观测值存在的概率大约只有千分之一。运用此法进行判断时，应注意舍弃的数据不能多于数据总数的1/5，当一个数据的值与另一或更多的数据相同时，也不能舍弃。

(ii) 乔文涅(Chauvenet)判断法：可疑数据与包括这个数据在内平均值的偏差大于这组数据误差$(p)K$倍时，此数据舍弃。这种方法只有当包括可疑值在内、至少有 4 个以上数据时才能应用。比较时用到的$K$值见表 1.3.1。在舍弃可疑值之后，重新计算留下数据的$x$和$p$。除以上判断方法外，还有$Q$值检验法、端值舍弃法等，这里不再介绍。

**表 1.3.1　不同测量次数所对应的 *K* 值**

| 测量次数 | *K* | 测量次数 | *K* |
|---|---|---|---|
| 5 | 2.44 | 10 | 2.91 |
| 6 | 2.57 | 11 | 3.02 |
| 7 | 2.68 | 12 | 3.12 |
| 8 | 2.76 | 13 | 3.20 |
| 9 | 2.84 | 14 | 3.26 |

### 1.3.3　间接测量中的误差传递

在大多数物理化学实验中，常将一些直接测量值代入某一关系式中，计算出所需的最后结果。因此，直接测量的误差都会反映在最后的结果中，这种影响称为间接测量中误差的传递。通过间接测量中误差的计算和分析，可了解直接测量的误差对最后实验结果带来的影响，了解影响实验结果的主要误差来源，以便进行实验方案的改进、实验仪器的合理选择等。

1. 平均误差和相对平均误差的传递

设某物理量$y$是由$u_1$、$u_2$、…、$u_n$各直接测量的物理量计算得到的，即

$$y=f(u_1,u_2,\cdots,u_n)$$

已知$u_1$、$u_2$、…、$u_n$平均误差为$\Delta u_1$、$\Delta u_2$、…、$\Delta u_n$，求$y$的平均误差$\Delta y$及$\Delta y/y$。

首先将上式全微分得

$$\mathrm{d}y=\left(\frac{\partial y}{\partial u_1}\right)_{u_2\cdots u_n}\mathrm{d}u_1+\left(\frac{\partial y}{\partial u_2}\right)_{u_1u_3\cdots u_n}\mathrm{d}u_2+\cdots+\left(\frac{\partial y}{\partial u_n}\right)_{u_1\cdots u_{n-1}}\mathrm{d}u_n$$

设各直测值$\Delta u_1$、$\Delta u_2$、…、$\Delta u_n$的数值足够小，可代替它们的微分值$\mathrm{d}u_1$、$\mathrm{d}u_2$、…、$\mathrm{d}u_n$，并考虑到直测值的正、负误差不能对消而引起误差积累(最不利情况)，因此取其绝对值，上式可改写为

$$\Delta y=\pm\left(\left|\frac{\partial y}{\partial u_1}\right||\Delta u_1|+\left|\frac{\partial y}{\partial u_2}\right||\Delta u_2|+\cdots+\left|\frac{\partial y}{\partial u_n}\right||\Delta u_n|\right) \tag{1.3.8}$$

式(1.3.8)即为间接测量中计算最终结果的平均误差的普遍公式。若要获得它的相对平均误差的

普遍公式，只要对式(1.3.8)两边除以函数式 $y$ 即可

$$\frac{\Delta y}{y}=\pm\frac{1}{f(u_1,u_2\cdots,u_n)}\left(\left|\frac{\partial y}{\partial u_1}\right||\Delta u_1|+\left|\frac{\partial y}{\partial u_2}\right||\Delta u_2|+\cdots+\left|\frac{\partial y}{\partial u_n}\right||\Delta u_n|\right) \tag{1.3.9}$$

但在实际计算时，并不一定要直接应用公式，也可先对函数关系式两边取对数，再求微分，然后进行微分量代换，就可求得相对平均误差$\Delta y / y$。

**例 1.3.4** 以苯为溶剂，用凝固点降低法测定萘的摩尔质量，按下式计算：

$$M_B=\frac{K_f W_B}{W_A \Delta T_f}=\frac{K_f W_B}{W_A(T_A-T_0)}$$

式中，$K_f$为凝固点降低常数，其值为 5.12 K · kg · mol$^{-1}$。直接测量值为 $W_B$、$W_A$、$T_0$和 $T_A$，其中溶质质量 $W_B$ =(0.2352±0.0002)×10$^{-3}$ kg，溶剂质量 $W_A$=(25.0±0.1)×10$^{-3}$×0.879×10$^3$ kg(用 25 mL 移液管移苯液，0.879×10$^3$ kg · m$^{-3}$ 是苯的密度)。纯溶剂和溶液的凝固点用贝克曼温度计测量，其测温误差为±0.002 ℃，三次测得纯苯的凝固点 $T_A$ 读数为 3.569 ℃、3.570 ℃、3.571 ℃；溶液的凝固点 $T_0$读数为 3.130 ℃、3.128 ℃、3.121 ℃。试计算实验测定的萘摩尔质量 $M_B$及其相对误差，并说明实验是否存在系统误差。

**解** 由 $T_A$的三次测量值求得

$$\bar{T}_A=\frac{3.569+3.570+3.571}{3}=3.570\,(℃)$$

其平均绝对误差为

$$\Delta\bar{T}_A=\pm\frac{|3.569-3.570|+|3.570-3.570|+|3.571-3.570|}{3}=\pm 0.001\,(℃)$$

同理求得 $\bar{T}_0$=3.126 ℃，$\Delta\bar{T}_0$=±0.004 ℃。

把 $T_A$、$T_0$、$K_f$、$W_B$和 $W_A$值代入公式计算 $M_B$：

$$M_B=\frac{5.12\times 0.2352\times 10^{-3}}{25.0\times 10^{-6}\times 0.879\times 10^{3}\times(3.570-3.126)}=0.123(\text{kg}\cdot\text{mol}^{-1})$$

对于$\Delta W_B$和$\Delta W_A$的确定，可由仪器的测量误差计算：

$\Delta W_A$= ±0.1×10$^{-6}$ m$^3$×0.879×10$^3$ kg · m$^{-3}$= ±0.09×10$^{-3}$ kg，$\Delta W_B$= ±0.0002×10$^3$ kg

对 $M_B$计算式取对数后微分，然后微分量代换，可得摩尔质量 $M_B$的相对误差：

$$\frac{\Delta M_B}{M_B}=\pm\left(\left|\frac{\Delta W_B}{W_B}\right|+\left|\frac{\Delta W_A}{W_A}\right|+\left|\frac{\Delta(\Delta T_f)}{\Delta T_f}\right|\right)$$

然后，再将上述公式的相关值代入得

$$\begin{aligned}\frac{\Delta M_B}{M_B}&=\pm\left(\frac{0.0002}{0.2352}+\frac{0.09}{25.0\times 0.879}+\frac{0.005}{0.444}\right)\\&=\pm\left(8.5\times 10^{-4}+4.1\times 10^{-3}+1.1\times 10^{-2}\right)\\&=\pm 1.6\%\end{aligned}$$

最终结果：$M_B$=(123±2)×10$^{-3}$ kg · mol$^{-1}$，与文献值 128.11×10$^{-3}$ kg · mol$^{-1}$ 比较，可认为该实验存在系统误差。这种误差可能来源于溶质的浓度较大。因为增加溶质的量，虽可使$\Delta T_f$变大，相对误差变小(1.6%小于该测量的最大相对误差 3.0%)，计算公式超出适用范围($c_B \to 0$)

就会带来系统误差。

计算结果表明，本实验的主要误差来源是温度的测量，因此温度测量应采用精密度较高的贝克曼温度计。在实验操作中有时为了避免过冷现象的出现，影响温度读数，而加入少量固体溶剂作为晶体，反而获得较好的结果。应该指出，只有当测量的操作精度与仪器精度相符时，才能以仪器精度估计测量的最大精度，贝克曼温度计的读数精度可达±0.002 ℃，但上例测量温差的最大误差可达±0.005 ℃就是很好的例证。

**例 1.3.5**　在利用惠斯通电桥测量电阻(或电导)时，电阻 $R_x$ 可由下述公式算得

$$R_x = R_0 \frac{L_1}{L_2} = R_0 \frac{L - L_2}{L_2}$$

式中，$R_0$ 为已知电阻(可测)；$L$ 为滑线电阻的全长；$L_1$ 和 $L_2$ 为滑线电阻的两臂之长。在什么实验条件下测定时 $R_x$ 的平均相对误差最小?

**解**　首先，对 $R_x$ 计算公式两边取对数，再微分得

$$\frac{\mathrm{d}R_x}{R_x} = \pm\left(-\frac{\mathrm{d}L_2}{L_2} - \frac{\mathrm{d}L_2}{L - L_2}\right) = \pm\frac{L\mathrm{d}L_2}{(L - L_2)L_2}$$

因为 $L$ 是常数，所以$(L-L_2)L_2$ 为最大时，其相对误差最小，即

$$\frac{\mathrm{d}}{\mathrm{d}L_2}\left[(L - L_2)L_2\right] = 0$$

故得$(L-L_2)L_2=0$，即 $L_2=L/2$ 时分母最大，所以在 $L_1 = L_2$ 时，可得最小的相对误差。

2. 标准误差的传递

设函数 $y = f(u_1, u_2, \cdots, u_n)$的标准误差分别为 $\sigma_1$、$\sigma_2$、…、$\sigma_n$，则计算 $y$ 标准误差的普遍公式为

$$\delta_y = \pm\left[\left(\frac{\partial y}{\partial u_1}\right)^2 \delta_{u_1}^2 + \left(\frac{\partial y}{\partial u_2}\right)^2 \delta_{u_2}^2 + \cdots + \left(\frac{\partial y}{\partial u_n}\right)^2 \delta_{u_n}^2\right]^{\frac{1}{2}} \tag{1.3.10}$$

部分函数的标准误差见表 1.3.2。

**表 1.3.2　部分函数的标准误差**

| 函数关系 | 绝对标准误差 | 相对标准误差 |
|---|---|---|
| $u = x \pm y$ | $\pm\sqrt{\delta_x^2 + \delta_y^2}$ | $\pm\frac{1}{u}\sqrt{\delta_x^2 + \delta_y^2}$ |
| $u = \frac{x}{y}$ | $\pm\sqrt{y^2\delta_x^2 + x^2\delta_y^2}$ | $\pm\sqrt{\frac{\delta_x^2}{x^2} + \frac{\delta_y^2}{y^2}}$ |
| $u = \frac{x}{y}$ | $\pm\frac{1}{y}\sqrt{\delta_x^2 + \frac{x^2}{y^2}\delta_y^2}$ | $\pm\sqrt{\frac{\delta_x^2}{x^2} + \frac{\delta_y^2}{y^2}}$ |
| $u = x^n$ | $\pm nx^{n-1}\delta_x$ | $\pm\frac{n}{x}\delta_x$ |
| $u = \ln x$ | $\pm\frac{\delta_x}{x}$ | $\pm\frac{\delta_x}{x\ln x}$ |

**例 1.3.6**　测量某一电热器功率时，得到电流 $I = (8.40\pm0.04)$ A，电压 $U=(9.5\pm0.1)$ V，求该电热器功率 $P$ 及其标准误差。

**解**　电功率 $P = IU = 8.40\ \text{A}\times9.5\ \text{V} = 80\ \text{W}$

其绝对标准误差由式(1.3.10)得

$$\delta_P = P\left(\frac{\delta_I^2}{I^2}+\frac{\delta_U^2}{U^2}\right)^{\frac{1}{2}} = \pm0.8\ \text{W}$$

最终结果为 $P = (80\pm0.8)$ W。

**例 1.3.7**　利用苯甲酸的燃烧焓测量 GR-3500 型氧弹式量热计的热容 $C_{体}$ 可用下述公式计算：

$$C_{体} = \frac{26.53G + 6.694m + 0.0060V}{\Delta T}$$

式中，26.53 $\text{kJ}\cdot\text{g}^{-1}$ 和 6.694 $\text{kJ}\cdot\text{g}^{-1}$ 及 0.0060 $\text{kJ}\cdot\text{cm}^{-3}$ 分别为苯甲酸和燃烧丝的燃烧焓及每毫升 0.1mol · $\text{dm}^{-3}$ NaOH 滴定液相当的热(放热)。$G$(苯甲酸)= (1.1292±0.0002) g，$m$ (燃烧丝) = (0.0060±0.0002) g，0.1 mol · $\text{dm}^{-3}$ NaOH 滴定液的体积 $V = (3.50\pm0.02)\ \text{cm}^3$，测得温度计升高值(2.038±0.005) K。试计算氧弹式量热计的热容及其标准误差，并讨论引起实验误差的主要来源。

**解**　由 $C_{体}$ 值的计算公式知，$C_{体}=f(G,\ m,\ V,\ T)$。

根据标准误差的普遍公式得

$$\delta_{C_{体}} = \left[\left(\frac{\partial C_{体}}{\partial G}\right)^2\delta_G^2 + \left(\frac{\partial C_{体}}{\partial m}\right)^2\delta_m^2 + \left(\frac{\partial C_{体}}{\partial V}\right)^2\delta_V^2 + \left(\frac{\partial C_{体}}{\partial T}\right)^2\delta_T^2\right]^{\frac{1}{2}}$$

其中

$$\left(\frac{\partial C_{体}}{\partial G}\right)_{T,m,V} = \frac{26.53}{\Delta T} = \frac{26.53}{2.038} = 13.02$$

$$\left(\frac{\partial C_{体}}{\partial m}\right)_{G,V,T} = \frac{6.694}{2.038} = 3.284$$

$$\left(\frac{\partial C_{体}}{\partial V}\right)_{G,m,T} = \frac{0.0060}{2.038} = 0.0029$$

$$\begin{aligned}\left(\frac{\partial C_{体}}{\partial T}\right)_{G,m,V} &= \frac{26.53G + 6.694m + 0.0060V}{-\Delta T^2}\\ &= \frac{26.53\times1.1292 + 6.694\times0.0060 + 0.0060\times3.50}{-2.038^2}\\ &= -7.227\end{aligned}$$

所以

$$\begin{aligned}\delta_{C_{体}} &= \left[(13.02)^2(2\times10^{-4})^2+(3.284)^2(2\times10^{-4})^2+(0.0029)^2(0.02)^2+(-7.227)^2(5\times10^{-3})^2\right]^{\frac{1}{2}}\\ &= \left[(6.780\times10^{-6}+4.310\times10^{-7}+3.364\times10^{-9}+1.306\times10^{-3})\right]^{\frac{1}{2}}\end{aligned}$$

$$= \pm 0.036(\text{kJ} \cdot \text{K}^{-1})$$

$$C_{体} = \frac{26.53 \times 1.1292 + 6.694 \times 0.0060 + 0.0060 \times 3.5}{2.038} = 14.73(\text{kJ} \cdot \text{K}^{-1})$$

故 $C_{体}$ 的最终结果为(14.73±0.04) kJ · $\text{K}^{-1}$。

由计算可知 $T$(温度)测定对热容的贡献最大，所以温度的测量是误差主要来源，一般采用贝克曼温度计来测量温度。

### 3. 直线斜率和截距的误差分析

在很多实验中要对测量数据进行线性回归处理(直线拟合)，由回归直线的斜率和截距计算实验最终结果。例如，由液体饱和蒸气压的测定计算蒸发热，交流电桥法测电解质溶液的电导等，均属于这类处理方法。这种数据的处理方法与由函数关系直接计算不同，它们的误差计算方法也不同。后者的误差可由函数的误差传递公式进行直接计算，而前者的误差只能通过回归直线的误差来推算。

设测得一组 $x$、$y$ 的数据为

$$x_1、x_2、x_3、\cdots、x_n$$

$$y_1、y_2、y_3、\cdots、y_n$$

若直线回归方程为 $y=mx+b$，$x$ 没有误差或 $x$ 的误差比 $y$ 的误差小很多时，则剩余标准误差$\delta_y$为

$$\delta_y = \left[ \frac{\sum (mx_i + b - y_i)^2}{n-2} \right] \tag{1.3.11}$$

$\delta_y$值越小，说明回归直线的精密度越高。该回归直线的斜率和截距的误差分别为

$$\delta_m = \left[ \frac{n\delta_y^2}{n\sum x_i^2 - \left(\sum x_i\right)^2} \right]^{\frac{1}{2}} \tag{1.3.12}$$

$$\delta_b = \left[ \frac{\delta_y^2 \sum x_i^2}{n\sum x_i^2 - \left(\sum x_i\right)^2} \right]^{\frac{1}{2}} \tag{1.3.13}$$

式中，$n$ 为测量次数(或数据个数)。如果 $y$ 没有误差或 $y$ 的误差比 $x$ 的误差小很多时，则回归直线方程的形式应改变为 $x = my + b$，则$\delta_m$、$\delta_b$误差表达式也作相应的变化。

这里所讨论的斜率和截距的误差是指由最小二乘法直线拟合后的误差。如果通过直接作图来求直线的斜率和截距，其误差将分别大于$\delta_m$、$\delta_b$，这是因为在作图时又引入了人为的作图误差。

**例 1.3.8**　在液体饱和蒸气压测定实验中，测得蒸气压 $p$ 和沸点 $T$，见表 1.3.3，按下述公式进行直线拟合，并由直线的斜率求液体的摩尔气化焓$\Delta_{\text{vap}}H_{\text{m}}$。

**表 1.3.3　液体饱和蒸气压测定实验数据**

| $T$/K | $p$/kPa | $T$/K | $p$/kPa |
|---|---|---|---|
| 349.00 | 99.06 | 335.00 | 63.57 |
| 345.30 | 88.41 | 332.70 | 58.89 |
| 343.00 | 82.27 | 327.60 | 48.51 |
| 337.90 | 69.90 | 323.00 | 42.16 |

**解**

$$\ln(p/\mathrm{kPa}) = -\frac{\Delta_{\mathrm{vap}}H_{\mathrm{m}}}{RT} + b = \frac{m}{T} + b$$

$$\Delta_{\mathrm{vap}}H_{\mathrm{m}} = -mR$$

设有下列实验数据：$\mathrm{d}T$=0.01 ℃，$\mathrm{d}p$=$6.67\times10^{-2}$ kPa。

首先，对 $x$、$y$ 的误差进行比较，以判断上述拟合方程是否合理。

设 $x$=1/$T$，$y = \ln p$，则

$$\mathrm{d}x = \mathrm{d}\left(\frac{1}{T}\right) = -\frac{\mathrm{d}T}{T^2} = -\frac{0.01}{349^2} = -8\times10^{-8}$$

$$\mathrm{d}y = \mathrm{d}(\ln p) = \frac{\mathrm{d}p}{p} = \frac{6.67\times10^{-2}}{99.06} = 7\times10^{-4}$$

$\mathrm{d}y \gg \mathrm{d}x$，则拟合如下方程形式是合理的，见图 1.3.2。

$$\ln(p/\mathrm{kPa}) = \frac{m}{T} + b$$

由最小二乘法求出斜率 $m$ 和$\Delta_{\mathrm{vap}}H_{\mathrm{m}}$

$$m = \frac{n\sum x_i y_i - \sum x_i \sum y_i}{n\sum x_i^2 - \left(\sum x_i\right)^2} = -3600$$

$$\Delta_{\mathrm{vap}}H_{\mathrm{m}} = -mR = 3600\times8.314 = 29.93\,(\mathrm{kJ}\cdot\mathrm{mol}^{-1})$$

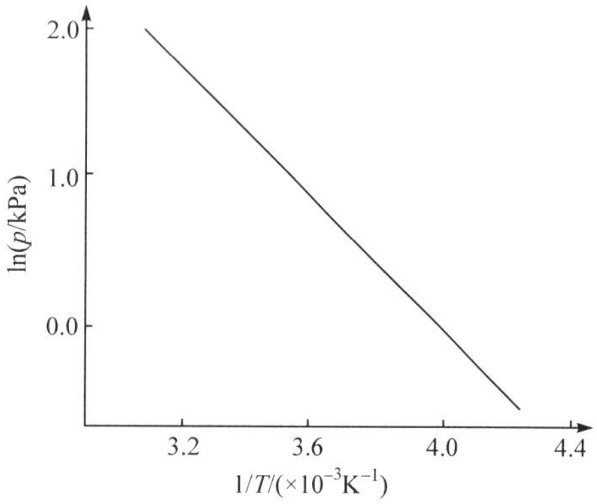


图 1.3.2　ln$p$-1/$T$ 关系图

由式(1.3.11)、式(1.3.12)和式(1.3.13)分别得

$$\delta_y = 7.5\times10^{-3}$$

$$\delta_m = 40$$

$$\delta_{\Delta H} = R\delta_m = 8.314\times10^{-3}\times40 = 0.33$$

则实验结果可表示为

$$\Delta_{\mathrm{vap}}H_{\mathrm{m}} = (29.93\pm0.33)\ \mathrm{kJ}\cdot\mathrm{mol}^{-1}$$

在进行误差分析时，还应注意是否存在不利的函数形式。如有高次方和大小相近的两数值相加减项存在，前者会使该项相对误差按方次的倍数增加，而后者可使原来的有效数字大大减少，从而使相对误差急剧增加。

## 1.4　物理化学实验数据的表达与有效数字

数据是表达实验结果的重要方式之一，因此在实验时一定要正确记录实验数据，进行整理、归纳、处理，并以简明的方法给予正确表达。通常有列表法、作图法和数学方程式法。

### 1.4.1 实验数据的表达方法

1. 列表法

列表法简单易行，无需特殊工具，便于分析实验结果的规律性，有利于实验结果的相互比较和形成新概念。规范列表见表 1.4.1。

**表 1.4.1 $CO_2$的平衡性质**

| $T$/K | $T^{-1}$/($\times10^{-3}$ K$^{-1}$) | $p$/MPa | ln($p$/MPa) | $V_m^g$ /(cm$^3$ · mol$^{-1}$) | $pV_m^g$ /$RT$ |
|---|---|---|---|---|---|
| 216.55 | 4.167 9 | 0.518 0 | −0.657 78 | 3 177.6 | 0.915 2 |
| 273.15 | 3.661 0 | 3.485 3 | 1.248 55 | 456.97 | 0.701 3 |
| 304.19 | 3.287 4 | 7.382 0 | 1.999 04 | 94.060 | 0.274 5 |

列表时应注意以下几点：

(1) 表的格式一般采用三线制(行线)。

(2) 要有简明、完整的表序和表题。

(3) 正确写出表头，即 $A$/[A]([A]为单位符号)，因为表中的数值都是纯数，如 $V$/m$^3$ 或 ln($p$/MPa)等。

(4) 表中的数据应用最简形式表示，公共的乘方因子应放在表头注明。

(5) 每一行数字排列要整齐，位数和小数点要对齐。数值的填写必须遵守有效数字规则。

(6) 原始数据与处理的结果可并列在一张表上，而必要的处理方法、运算公式和有关常数在表下注明。

2. 作图法

用作图法表示实验数据，能清楚地显示出所研究的变量的变化规律，如极大、极小、转折点、周期性和变化速率等重要性质，从图上易于找出所需数据(如内插求值等)，也便于数据的分析比较和进一步求得函数关系的数学表示式。另外，图形不受作者所用语种的限制，所以有“图形是世界科技通行语言”的说法。

(1) 作图法在物理化学实验中的应用：

(i) 表达变量间定量依赖关系。对所给的两组数据，在确定自变量和因变量后，作图就很直观地得到两变量间定量依赖关系。

(ii) 求极值或转折点。函数的极大值、极小值或转折点在图形上表现得很直观，利用这些点就可以很方便地求出所需物理量，如二元相图实验中最低恒沸点的确定。

(iii) 求外推值。当需要的数据不易或不能直接测量时，在条件许可的情况下，可采用外推法求得，外推法就是根据函数关系，将实验描述的图形延伸至测量范围之外，求出该函数的极值，如极限摩尔电导率数据等。

外推法必须满足以下三个条件：①外推的区间与实际测量区间不能相距太远；②外推的区间与实际测量区间数据间的关系应是线性关系或可认为是线性关系；③外推得到的结果不能与已有结论相矛盾。

(iv) 求函数微商值。通过作切线的斜率就得到该点微商值，如最大气泡法测溶液表面张力实验中实验结果的数据处理。

(v) 求函数积分值等。

(2) 正确作图是获得良好实验结果的关键之一，其作图的一般步骤和规则是：

(i) 作图工具选择。在处理物理化学实验数据时，作图所需的工具主要有铅笔、直尺、曲线板或曲线尺、圆规等。铅笔一般以中等硬度(如 1H 或 2H)为宜，并应削尖。直尺和曲线板应选用透明的。圆规最好使用专供绘制小圆(直径 1 mm 左右)用的“点圆规”等。

(ii) 坐标纸和比例尺的选择。常用的坐标纸有毫米直角坐标纸、半对数坐标纸、对数坐标纸、三角坐标纸和极坐标纸等，应根据实际需要选择使用，通常直角坐标纸用途最为广泛。在用直角坐标纸作图时，习惯上将独立变量看作自变量作为横坐标。至于两个变量中何者为独立变量，多数取决于相互影响因素，例如，温度与化学反应热之间的关系式是按照预定的温度进行测定的，则温度为独立变量；有些特殊情况要根据误差分析来确定。纵、横轴的读数一般不一定从 0 开始，视具体情况而定。图纸的大小不能大于 10 cm×10 cm。

坐标轴上的比例尺的选择极为重要，由于比例尺的改变，曲线形状也将随之改变；若选择不当，可使曲线的某些相当于极大、极小或转折点的特殊部分看不清楚，甚至得到错误结论。一般要求作图产生的误差不能超过实验结果误差的 1/3。因此，比例尺的选择应遵守下述规则：①能表示出全部有效数字，以使图上读出的各物理量的精密度与测量精密度一致；②坐标纸上单位坐标格子所代表的变量为简单整数，既便于读数，又便于计算，如选 1、2、5 的倍数，避免选 3、7、9 或小数倍数；③在满足①和②的条件下，利用图纸的全部面积，使全图布局匀称合理；④若作的图线是直线，则比例尺的选择应使其斜率接近于 1。

(3) 画坐标轴及写坐标的标注。比例尺选定后，要画上坐标轴，确定自变量和因变量，并在轴旁注明该轴变量的名称及单位(坐标的标注)。坐标的标注和列表法中的栏头同样应是纯数字关系式。同时，在纵轴的左面和横轴的下面每隔一定距离(如 2 cm 间距)写下该处变量应有的值(不要将实验值写上)，以方便作图和读数。

(4) 作代表点。代表点是坐标中与测得的各数据相对应的点，反映测得数据的准确度和精密度。其表示和含义是：代表点⊙用于表示纵、横轴上两测量值的精密度相近，其中“·”表示测得数据的正确值，“○”表示精密度。若在同一张图纸上有数组不同的测量值，可用⊙、○、●和×表示。若纵、横两轴上的精密度相差较大，则代表点须用矩形符号“▭”、“▯”表示，其中“·”表示数据的正确数值，“▭”、“▯”两边的半长度表示两个变量各自的精度值。

(5) 连曲线。作出各代表点后，用曲线板或曲线尺作出尽可能接近各代表点的曲线(最好先用铅笔轻轻地手描一条曲线后再实描)。曲线应光滑均匀、细而清晰，曲线不必通过所有各点，但各点在曲线两旁分布，在数量上应近似相等。代表点和曲线间的距离表示测量的误差，因此曲线与代表点的距离应尽可能小，并且曲线两侧这种距离之和也应近似相等。作图时也存在作图误差，所以作图技术的优劣也将影响实验结果的准确性。

图是用形象来表达科学的语言，所以作图时还应注意联系物理化学学科的基本原理。例如，恒沸混合物的组成随外界条件而变化，在 $T$-$x$ 图上并不出现奇异点，因此气相线和液相线在恒沸点时是光滑地相切，而不是突变地相交。

(6) 写图序、图题和说明。每个图应有序号和简明的图题，有时还应对测试条件等方面作简要说明，这些都放在图的下方。图上除图序、图题、比例尺、曲线、坐标轴及其标注外，一般不再出现其他的字及其他辅助线，以免本末倒置，见图 1.4.1。实验数据不要写在图上，但在实验报告中有相应的完整的数据。

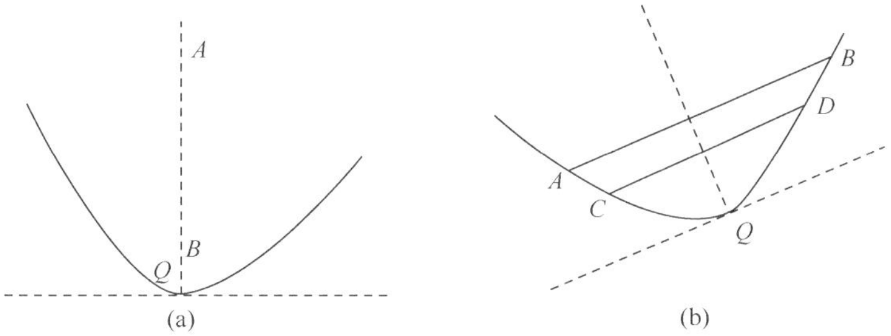


图 1.4.1　曲线上作切线的方法

下面介绍利用图形求值的两个问题：

(i) 求直线的斜率和截距。直线斜率的计算方法是在直线上任取两点，平行坐标轴画出虚线，并加以计算即获得。截距由直线外推法求得。若横坐标原点读数不是从 0 开始，截距可采用平均值法获得。

设直线方程为($n$ 为数据点个数，$k$ 为计算斜率个数)

$$y = mx + b \tag{1.4.1}$$

$$\bar{b} = \left( \sum_{i=1}^{n} y_i - \sum_{i=1}^{n} x_i \right) / n \tag{1.4.2}$$

$$\bar{m} = \sum_{i=1}^{k} m_i / k \tag{1.4.3}$$

由计算获得的斜率和截距可求出一些有用的物理量，如活化能、速率常数、频率因子等。

(ii) 曲线上做切线的方法。

a. 镜像法。见图 1.4.1(a)，若在曲线的指定点 $Q$ 上作切线可采用此法。镜像法是先作该点的法线，再作切线。具体操作方法是取一块平而薄的小镜子，使其边缘 $AB$ 放在曲线的横断面上，绕 $Q$ 转动，直到镜外曲线与镜像中曲线成一光滑的曲线时，沿 $AB$ 边画出直线就是法线，通过 $Q$ 作 $AB$ 的垂线即为切线。

b. 中点连线法。见图 1.4.1(b)，在所选曲线段上作平行线 $AB$ 和 $CD$，作两线段中点连线，交曲线于 $Q$，通过 $Q$ 再作 $AB$ 或 $CD$ 的平行线，即为 $Q$ 点的切线，切线作好后，由切线的斜率可求得偏微商。

### 3. 数学方程式法

列表法和作图法使用起来都不如数学方程式简便。一组实验数据若用数学方程式表示出来，不但表达方式简单、记录方便，也便于求微分、积分或内插值。经验方程式是客观规律的一种近似描述，它是理论探讨的线索和根据，许多经验方程式中系数的数值与某一物理量是相对应的，因此为求得某一物理量，将实验数据归纳总结成经验方程式也是非常必要的。寻找一个最佳方程以拟合实验数据，需要解决的问题有两个：一是选择一个适当的函数关系(在许多场合，函数关系已知)；二是确定函数关系中各参数的最佳值。若不了解数据内包含的函数关系，可根据有关理论或实验经验确定数学模型(函数关系)。方法是：首先将实验数据在坐标纸上绘成曲线；然后将该曲线与有关公式的典型曲线相对照以选择适当的函数关系；最后进行直线化检验，即将曲线方程变换成直线方程或表达成多项式；按直线化后方程的新变量($X$, $Y$)在直角坐标上作图，如果各点在一直线上或接近这一直线，即表明所选函数式适用于表达所研究变量间的规律。常见的例子见表 1.4.2。

**表 1.4.2　曲线方程变换成直线方程举例**

| 曲线方程 | 变换 | 直线化后得到的方程 |
|---|---|---|
| $y=ae^{bx}$ | $Y=\ln y$ | $Y=\ln a+bx$ |
| $y=ax^b$ | $Y=\lg y$　$X=\lg x$ | $Y=\lg a+bX$ |
| $y=1/(a+bx)$ | $Y=1/y$ | $Y=a+bx$ |
| $y=x/(a+bx)$ | $Y=x/y$ | $Y=a+bx$ |

求直线方程式中的参数有两种方法：

(1) 图解法。设直线方程为 $y = mx + b$，而 $m$、$b$ 可用以下两种法求出：

(i) 截距斜率法：将直线延长交于 $y$ 轴，此时 $x = 0$，截距为 $b$，而直线与 $x$ 轴的夹角(锐角)为 $\theta$，则斜率 $m = \text{ctan}\theta$。

(ii) 端值法：在直线两端选两点：$(x_1, y_1)$、$(x_2, y_2)$，将它代入以下方程得

$$\begin{cases} y_1 = mx_1 + b \\ y_2 = mx_2 + b \end{cases}$$

解此方程组即得 $m$ 和 $b$。

(2) 计算法。不用作图而直接由所测数据计算。

设实验得到数组数值：

$$(x_1, y_1)、(x_2, y_2)、\cdots、(x_n, y_n)$$

代入方程式

$$\begin{cases} y_1 = mx_1 + b \\ y_2 = mx_2 + b \\ \quad\vdots \\ y_n = mx_n + b \end{cases}$$

由于测量值各有偏差，若定义

$$\delta_i = b + mx_i - y \qquad (i = 1, 2, \cdots, n)$$

$\delta_i$ 为第 $i$ 组数据的残差。对残差的处理有不同的方法：

(i) 平均法。这是最简单的方法。令经验公式中残差的代数和等于零，即

$$\sum_{i=1}^{n} \delta_2 = 0$$

计算时把上述方程组分成奇($k$)、偶($k$+1)数目相等的两组，按下述公式叠加起来，得到下面两个方程，解之即得 $m$、$b$

$$\begin{cases} \sum_{i=1}^{k} \delta_i = \left( Kb + m\sum_{i=1}^{k} x_i \right) - \sum_{i=1}^{k} y_i = 0 \\ \sum_{i=1}^{n} \delta_i = (K+1)b + m\sum_{i=k+1}^{n} x_i - \sum_{i=k+1}^{n} y_i = 0 \end{cases}$$

(ii) 最小二乘法。这是较为准确的处理方法，其根据是使残差的平方和为最小，即

$$\varDelta=\sum_{i=1}^{n}(\delta_i)^2=\text{最小} \qquad \varDelta=\sum_{i=1}^{n}(b+mx_i-y_i)^2=\text{最小}$$

函数有极值的条件是 $\partial\varDelta/\partial b$ 和 $\partial\varDelta/\partial m$ 等于零，由此得出两个方程式

$$\begin{cases}\dfrac{\partial\varDelta}{\partial b}=2\sum_{i=1}^{n}(b+mx_i-y_i)=0\\[2ex]\dfrac{\partial\varDelta}{\partial m}=2\sum_{i=1}^{n}x_i(b+mx_i-y_i)=0\end{cases}$$

也即

$$\begin{cases}nb+m\sum_{i=1}^{n}x_i=\sum_{i=1}^{n}y_i\\[2ex]b\sum_{i=1}^{n}x_i+m\sum_{i=1}^{n}x_i^2=\sum_{i=1}^{n}x_iy_i\end{cases}$$

解之可得到 $m$ 和 $b$ 值

$$\begin{cases}m=\dfrac{n\sum x_iy_i-\sum x_i\sum y_i}{n\sum x_i^2-\left(\sum x_i\right)^2}\\[3ex]b=\dfrac{\sum y_i\sum x_i^2-\sum x_i\sum x_iy_i}{n\sum x_i^2-\left(\sum x_i\right)^2}\end{cases}$$

求出方程式后，最好能选择一两个数据代入公式，加以核对验证，若相距太远，还可改变方程的形式或增加常数，重新求得更准确的经验方程式。

由于计算法是直接利用实验数据，所以在计算之前应先对数据进行可靠性取舍，否则会影响计算结果。另外，可靠实验数据应至少在七个数据以上。最小二乘法计算法的结果比较准确，但计算麻烦，如采用计算机时，则十分简便。

### 1.4.2 实验数据的有效数字

有效数字是指测量中实际能测量的数字，包括测量中全部的准确数字和最后一位估读的数字。它的位数反映测量的准确程度，与所用仪器精密度有直接关系。因此，测量数据及误差的表达都与有效数字有关。有效数字的表示方法及其运算规则如下。

(1) 误差(绝对和相对)一般只有一位有效数字，至多不超过两位。

(2) 任何一物理量数据有效数字的最后一位，应与误差的最后一位划齐。例如：

| | |
|---|---|
| 1.35±0.01 | 正确 |
| 1.351±0.01 | 夸大了结果的精确度 |
| 1.3±0.01 | 缩小了结果的精确度 |

(3) 有效数字的位数越多，数值的准确程度越大，即相对误差越小。例如：

| | |
|---|---|
| 1.35±0.01 | 三位有效数字，相对误差 0.7% |
| 1.3500±0.0001 | 五位有效数字，相对误差 0.007% |

(4) 任何一次直接测量值都应记录到仪器刻度的最小估读数，即记到第一位可疑数字。例如，用滴定管时，最小刻度值为 0.1 $cm^3$，它的最后一位估读数要记到 0.01 $cm^3$。

(5) 有效数字的位数与十进位制单位的变换无关，与小数点位数无关。例如，(1.35±0.01) m与(135±1) cm完全一样，反映了同一个实际情况，都有0.7%的误差。

(6) 有“0”符号存在时有效数字的位数确定。通常采用指数表示法，以避免与有效数字定义发生矛盾和无法判断的困难。例如，158 000这个数值就无法判断后面三个“0”究竟用于表示有效数字，还是用于标志小数点位置，若采用指数表示，可写成$1.58\times10^5$(三位有效数字)、$1.580\times10^5$ (四位有效数字)；又如，0.000 000 135可写成$1.35\times10^{-7}$(三位有效数字)。

(7) 运算中有效数字位数的确定规则如下：

(i) 第一位的数值≥8，则总位数可多算一位。例如，9.15在运算时，可看作四位有效数字。

(ii) 若测量数据个数≥4时，计算得到的平均值的位数可增加一位。例如，(1.2+3.5+4.0+6.7)/ 4=3.85。

(iii) 加减运算：各值小数点后取的位数，以其中小数点后位数最少的为准，采用“四舍六入五留双”的法则舍去多余的数字，再作加减运算。例如：

$$9.436+9.434+13.65+9.445+0.0082=9.44+9.43+13.65+9.44+0.01=41.97$$

(iv) 乘除运算：各值及结果所保留的有效数字位数以位数最少值为准。例如：

$$1.43\times0.020\ 568\div85=1.43\times0.0206\div85.0=3.47\times10^{-4}$$

(v) 对数运算：所取对数尾数的位数应与真数的有效数字位数相同。例如：

$$\ln(7.1\times10^{28})=28.85;\ \ln4.678=1.5429$$

(vi) 常数π、e及乘子如$\sqrt{2}$、1/3等有效数字位数可认为无限制，根据需要任意选取有效数字位数。

综上所述，一个实验工作者要想获得一个理想的实验结果，必须注意测量、计算和作图三者的精密结合。要求直接测定值的精密度互相配合，不可相差悬殊，计算时要求根据测定值的精密度保留一定有效数字，不得任意提高或降低，作图时要求坐标的比例尺读数精密度应与前二者精密度相吻合。

## 1.5　物理化学实验中的计算机处理数据方法

物理化学实验常用作图法处理数据，当参数以非线性形式出现在数学模型中时，可通过变量转化，转变为线性模型，然后用作图法或者最小二乘法进行数据处理。这种方法虽然简单，但是存在以下问题：一是模型转化过程中可能增大或减少误差传递时直接测量误差的大小；二是对于变量较多或复杂的非线性模型，线性转化比较困难，有时甚至不可能，给数据处理带来一定麻烦；三是有些实验需要用微分作图法处理数据，这样不仅麻烦，而且产生的误差比较大。因此，需要寻找一种方法来计算非线性曲线拟合过程中待定参数的方法。随着计算机的普及，运用计算机做这方面的工作已经成为可能而且也是必然的发展趋势。

实验数据处理软件有许多，有为一般目的设计的大众化软件(如Microsoft Excel和Microsoft Origin等软件)，也有为专门目的设计的特殊程序。下面对上述软件进行简要的介绍。

### 1.5.1 Microsoft Excel

1. Excel 功能和特点

Excel 的核心功能是电子表格，可以自动创建各种统计图表，同时兼顾计算、图表处理、数据分析等功能，如自动更正、自动排序、自动筛选等；运算快速准确；数据交换能力方便，还新增 Web 工具等；Excel 电子数据表软件工作于 Windows 平台，具有 Windows 环境软件的所有优点，可以根据 Excel 填写的表格内容，进行大量的表格处理和数据分析，并用表格上的数据绘制图表，对实验数据进行分析，得出有用的结果。

2. Excel 软件在物理化学实验数据处理中的应用

物理化学实验中常见的数据处理有：①数据计算，基本上所有的物理化学实验都涉及数据计算；②线性拟合，求截距或斜率；③非线性曲线拟合，并作切线，求斜率或截距；④根据实验数据作图。

最大气泡法测定液体表面张力实验的数据处理涉及数据计算、线性拟合、非线性拟合、作切线求斜率。现以该实验数据的处理过程为例，介绍 Excel 软件在物理化学实验数据处理中的具体操作方法。

将实验数据浓度 $c$、压差值$\Delta p$ 输入 Excel 电子表格中(图 1.5.1)，实验温度为 25 ℃。

1) 数据计算

本实验首先需要求取 3 次实验所测压差的平均值，得到不同浓度正丁醇和水的压差，再需要根据 25 ℃时水的表面张力，应用式(1.5.1)求正丁醇在不同浓度下的表面张力。

$$\sigma=\frac{\Delta p_{\text{正丁醇}}}{\Delta p_{\text{水}}}\times\sigma_{\text{水}} \tag{1.5.1}$$

应用 Excel 的计算功能进行数据运算的具体求解过程如下：选中要显示公式结果的单元格 E3，输入公式“=(B2 + C2 + D2)/3”，表示求解 3 次压力差的平均值，然后按“Enter”键就可以看到计算结果，将鼠标置于单元格 E3 的右下角位置，屏幕出现“+”，拖动鼠标向下，则可得到不同浓度正丁醇和水的压差平均值，利用同样的方法在单元格 F3 处输入公式“=(E3/581*0.0719)”，可求得不同浓度正丁醇的表面张力，581 为水的压差平均值，水的表面张力为 0.0719 N · m$^{-1}$，见图 1.5.2。

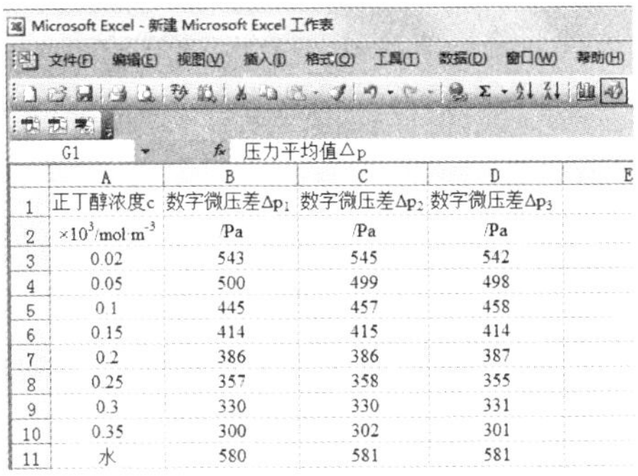


| | A | B | C | D | E |
|---|---|---|---|---|---|
| 1 | 正丁醇浓度c | 数字微压差Δp1 | 数字微压差Δp2 | 数字微压差Δp3 | |
| 2 | ×10³/mol·m⁻³ | /Pa | /Pa | /Pa | |
| 3 | 0.02 | 543 | 545 | 542 | |
| 4 | 0.05 | 500 | 499 | 498 | |
| 5 | 0.1 | 445 | 457 | 458 | |
| 6 | 0.15 | 414 | 415 | 414 | |
| 7 | 0.2 | 386 | 386 | 387 | |
| 8 | 0.25 | 357 | 358 | 355 | |
| 9 | 0.3 | 330 | 330 | 331 | |
| 10 | 0.35 | 300 | 302 | 301 | |
| 11 | 水 | 580 | 581 | 581 | |

图 1.5.1 实验数据记录表

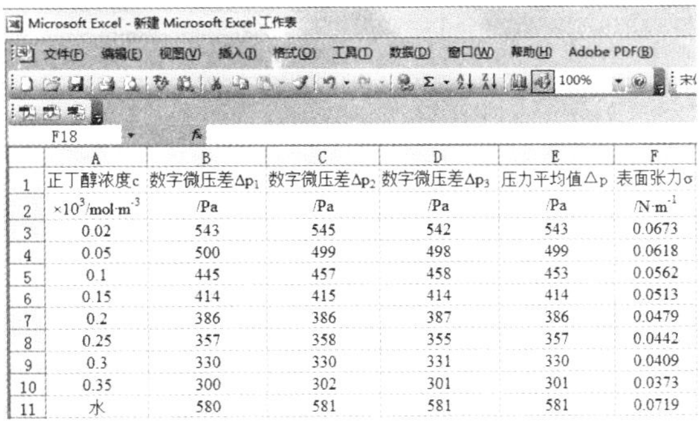


| | A | B | C | D | E | F |
|---|---|---|---|---|---|---|
| 1 | 正丁醇浓度c | 数字微压差Δp1 | 数字微压差Δp2 | 数字微压差Δp3 | 压力平均值△p | 表面张力σ |
| 2 | ×10³/mol·m⁻³ | /Pa | /Pa | /Pa | /Pa | /N·m⁻¹ |
| 3 | 0.02 | 543 | 545 | 542 | 543 | 0.0673 |
| 4 | 0.05 | 500 | 499 | 498 | 499 | 0.0618 |
| 5 | 0.1 | 445 | 457 | 458 | 453 | 0.0562 |
| 6 | 0.15 | 414 | 415 | 414 | 414 | 0.0513 |
| 7 | 0.2 | 386 | 386 | 387 | 386 | 0.0479 |
| 8 | 0.25 | 357 | 358 | 355 | 357 | 0.0442 |
| 9 | 0.3 | 330 | 330 | 331 | 330 | 0.0409 |
| 10 | 0.35 | 300 | 302 | 301 | 301 | 0.0373 |
| 11 | 水 | 580 | 581 | 581 | 581 | 0.0719 |

图 1.5.2 正丁醇浓度与压差及表面张力

2) 曲线的绘制

根据吉布斯吸附等温式(1.5.2)可知，求解不同浓度正丁醇溶液的吸附量，首先要绘出表面张力与浓度间的曲线，然后求得不同浓度对应的切线斜率 $(\partial\sigma/\partial c)_T$ ，由吉布斯吸附等温式计算求解得到不同浓度点的吸附量。

$$\Gamma = -\frac{c}{RT}\left(\frac{\partial\sigma}{\partial c}\right)_T \tag{1.5.2}$$

应用 Excel 软件进行曲线绘制的具体操作步骤如下：在 Excel 工具栏中点击图标“ ”，选择“XY 散点图”，然后点击子图表类型中第二个图标，按“下一步”按钮，出现“图表向导－图表源数据”选项框，回到 Excel 数据表中，用鼠标从 A3 拉至 F10，此区域的边框会闪动，并且 “图表向导－图表源数据”选项框中的数据区域显示“Sheet1! \$A\$3：\$F\$10”，表示要用此区域的数据作图，“系列产生在”选项选取列，按“图表向导－图表源数据”选项框中的系列按钮，显示系列所对应的数据，例如，系列 1 对应横坐标 $X$ 为从 A3 至 A10 的数据，横坐标 $Y$ 为从 B3 至 B10 的数据；若“系列产生在”选项选取行，则系列 1 对应横坐标 $X$ 为从 A3 至 F3 的数据，横坐标 $Y$ 为从 A4 至 F4 的数据。分别选取系列 1 至系列 4，按“删除”按钮删除，只保留系列 5，若在同一坐标中绘制多条曲线，可保留多个系列。系列确定后，按“下一步”按钮，出现“图表向导－图表选项”选项框，在此选项框可输入图表标题、横纵坐标物理量等，输入完毕，按“下一步”按钮，出现“图表向导－图表位置”选项框，选择“作为其中的对象插入”，按“完成”按钮，则在 Excel 窗口中插入浓度与表面张力关系图，见图 1.5.3。

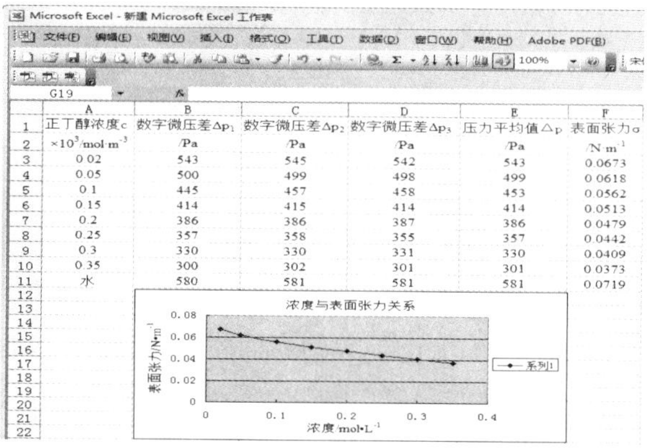

| | A | B | C | D | E | F |
|---|---|---|---|---|---|---|
| 1 | 正丁醇浓度c | 数字微压差Δp1 | 数字微压差Δp2 | 数字微压差Δp3 | 压力平均值Δp | 表面张力σ |
| 2 | ×10³/mol·m⁻³ | /Pa | /Pa | /Pa | /Pa | /N·m⁻¹ |
| 3 | 0.02 | 543 | 545 | 542 | 543 | 0.0673 |
| 4 | 0.05 | 500 | 499 | 498 | 499 | 0.0618 |
| 5 | 0.1 | 445 | 457 | 458 | 453 | 0.0562 |
| 6 | 0.15 | 414 | 415 | 414 | 414 | 0.0513 |
| 7 | 0.2 | 386 | 386 | 387 | 386 | 0.0479 |
| 8 | 0.25 | 357 | 358 | 355 | 357 | 0.0442 |
| 9 | 0.3 | 330 | 330 | 331 | 330 | 0.0409 |
| 10 | 0.35 | 300 | 302 | 301 | 301 | 0.0373 |
| 11 | 水 | 580 | 581 | 581 | 581 | 0.0719 |



图 1.5.3　表面张力与浓度关系图

3) 非线性拟合及曲线斜率的求解应用

Excel 软件进行曲线的非线性拟合及曲线斜率求解的具体操作步骤如下：点击图 1.5.3 中已绘关系图中的数据点，再单击鼠标右键，出现菜单，选择“添加趋势线(R)…”，见图 1.5.4，可根据曲线的数据关系选择回归分析类型进行线性拟合或非线性拟合，本实验选择“多项式”，阶数为 2 阶，按“选项”按钮，选择“显示公式”，按“确定”按钮，则对数据点进行非线性拟合，绘制成曲线，并给出曲线公式，见图 1.5.5。对于曲线，采用非线性 2 级拟合，得到曲线的方程 $y$=0.1267$x^2$–0.1328$x$+0.0689，式中 $y$ 为表面张力 $\sigma$，单位 N · m$^{-1}$，$x$ 为正丁醇的浓度 $c$，单位 mol · dm$^{-3}$，对此方程求导，可得求解曲线斜率公式为 $(\partial\sigma/\partial c)_T = 0.2534c - 0.1328$，求得不同浓度对应的曲线斜率，将其代入式(1.5.2)，可求得不同浓度下的表面吸附量，继而求得不同浓度下对应的 $c/\Gamma$，见表 1.5.1。

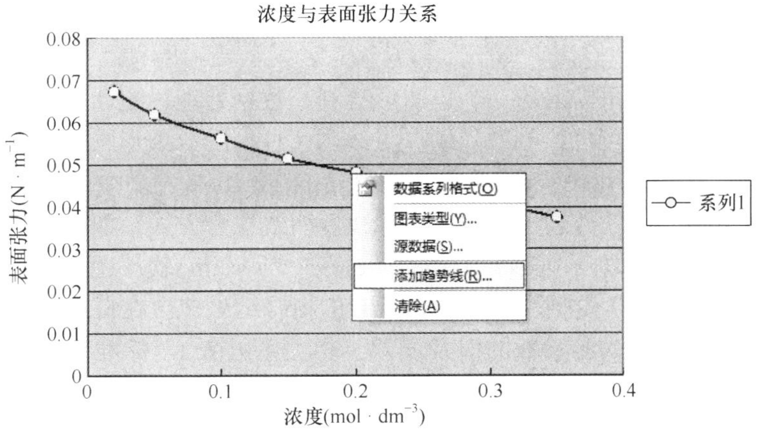


图 1.5.4　曲线拟合图

**表 1.5.1　不同浓度对应的曲线斜率及表面吸附量**

| 正丁醇浓度 $c$/(mol · dm$^{-3}$) | 切线斜率×10$^3$/(N · m$^2$ · mol$^{-1}$) | 表面吸附量 $\Gamma$×10$^6$ /(mol · m$^{-2}$) | $c/\Gamma$×10$^6$ /m$^{-1}$ |
|---|---|---|---|
| 0.02 | −0.128 | 1.032 | 0.019 |
| 0.05 | −0.120 | 2.427 | 0.020 |
| 0.10 | −0.108 | 4.340 | 0.023 |
| 0.15 | −0.095 | 5.738 | 0.026 |
| 0.20 | −0.082 | 6.623 | 0.030 |
| 0.25 | −0.069 | 6.993 | 0.035 |
| 0.30 | −0.057 | 6.849 | 0.043 |
| 0.35 | −0.044 | 6.190 | 0.056 |

4) 线性拟合

根据表 1.5.1 中正丁醇浓度与 $c/\Gamma$ 的数据，可绘制出 $c$ 与 $c/\Gamma$ 的关系，进行线性拟合，曲线斜率即为正丁醇的饱和吸附量的倒数。线性拟合的方法类似于非线性拟合，只是在添加趋势线时选择线性拟合，并显示公式，见图 1.5.6，可得正丁醇的饱和吸附量 $\Gamma_\infty$=9.7371×10$^{-6}$mol · m$^{-2}$，进一步得到正丁醇的横截面积为 1.74×10$^{-19}$ m$^2$。

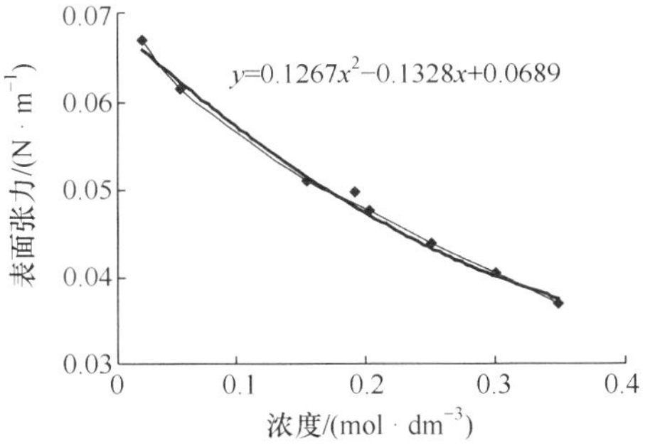


图 1.5.5　非线性拟合图

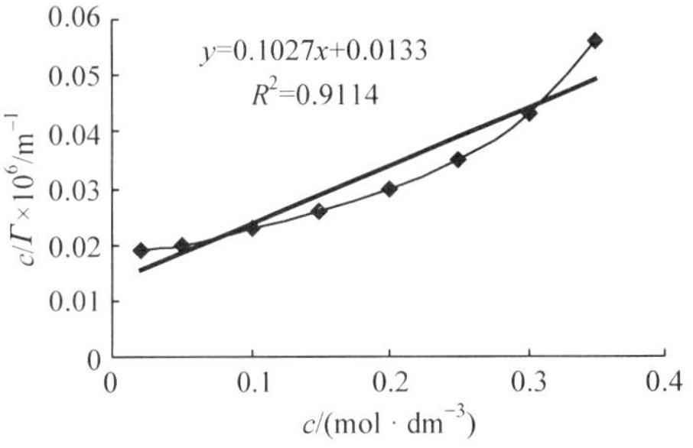


图 1.5.6　线性拟合图

### 1.5.2　Microsoft Origin

1. Origin 功能和特点

Origin 软件是微软公司推出的一个集图形绘制、数据处理、统计与分析为一体的综合应用系统，利用 Origin 软件可以绘制散点图、点线图、柱形图、条形图及双轴图形等。当绘出散点图或点线图后，选择 Analysis 菜单中的 Fit Linear 或 Tools 菜单中的 Linear Fit，即可对图形进行线性拟合。Origin 软件还提供了多种非线性曲线拟合方式，如多项式拟合、指数衰减拟合、指数增长拟合、形拟合、多峰值拟合等。另外，Origin 软件还支持用户自定义函数，可根据用户自己建立的化学模型进行拟合。所有的拟合结果包含在自动弹出的结果记录窗口中，包括拟合曲线的公式、各参数的值及误差、相关系数($R^2$)、标准偏差(SD)和数据点个数($N$)等。

2. Origin 软件在物理化学实验数据处理中的应用

1) 绘制直线图，进行线性拟合

物理化学实验数据处理中绝大多数是根据实验测定的数据，直接或经过计算后由数据点绘制直线，根据直线的斜率进一步计算相应的结果，例如，乙醇饱和蒸气压的测定实验数据见表 1.5.2。

**表 1.5.2　不同温度下乙醇饱和蒸气压的实验数据**

| $T$/K | $T^{-1}$/K$^{-1}$ | $p$/kPa | lg($p$/kPa) |
|---|---|---|---|
| 303.15 | 0.003 3 | 11.00 | 1.04 |
| 308.15 | 0.003 25 | 14.29 | 1.15 |
| 313.15 | 0.003 19 | 18.92 | 1.28 |
| 318.15 | 0.003 14 | 24.07 | 1.38 |
| 323.15 | 0.003 09 | 29.65 | 1.47 |

将 $T^{-1}$ 与 lg$p$ 的实验数据输入 Origin 数据表中后，以 lg$p$ 对 $T^{-1}$ 作散点图，选择 Analysis 菜单中 Fit Linear 对该散点图进行线性拟合，结果如图 1.5.7 所示。线性拟合的结果为：lg$p$=7.88−2072.03$T^{-1}$，$R^2$=−0.999 36。由 $R$ 值可以看出拟合效果较好。将直线的斜率代入克劳修斯-克拉佩龙方程：$\lg p = -\dfrac{\Delta H_{\mathrm{m}}}{2.303RT} + A$，可以求出乙醇的平均摩尔蒸发焓 $\Delta H_{\mathrm{m}} = 39.67\ \mathrm{kJ \cdot mol^{-1}}$。

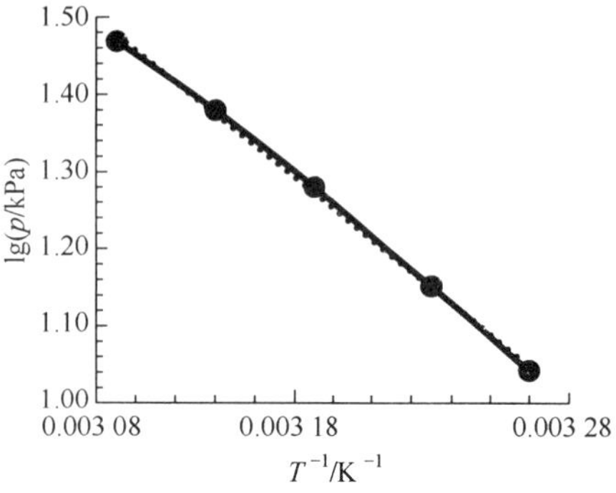


图 1.5.7　lg$p$ 与 $T^{-1}$ 关系曲线

2) 绘制曲线图、求切线斜率

在上述乙醇饱和蒸气压实验中，若要进一步研究温度与饱和蒸气压的影响时，可以先根据表 1.5.2 中的数据作出散点图，见图 1.5.8。点击 Analysis 菜单中 Fit Polyncmial，打开多项式拟合对话框，设定多项式的级数、拟合曲线的点数，进行曲线拟合。

这样，利用 Origin 的自定义曲线拟合功能，建立饱和蒸气压与温度的函数关系：$p = 0.0146T^2 - 8.1845T+1152.9$。若需求曲线上某一点的斜率，传统的处理方法是所绘曲线上任意点的切线，由于手工绘制切线的随意性较大，引入的误差很大。根据前面 Origin 拟合曲线所得的数学解析式，可以很方便地利用解析式求导法解决求曲线切线的问题，即切线方程为 $dp/dT = 0.0292T-8.1845$，根据切线方程即可求出任意温度下切线斜率。

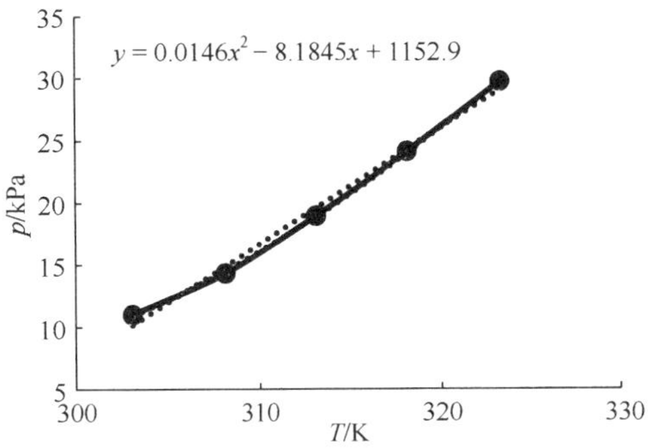

图 1.5.8 *p*-*T* 关系曲线

### 1.5.3 物理化学实验数据处理软件

1. 软件简介

该软件包含了最重要、最具有代表性的 13 个实验的数据处理程序：

实验一 纯液体饱和蒸气压的测量
实验二 分解反应平衡常数的测定
实验三 燃烧热的测定
实验四 气-液色谱法测定非电解质溶液的热力学函数
实验五 晶体碘的标准熵和升华热的测定
实验六 旋光法测定蔗糖转化反应的速率常数
实验七 电导法测定乙酸乙酯皂化反应的速率常数
实验八 最大气泡法测定溶液的表面张力
实验九 黏度法测定水溶性高聚物相对分子质量
实验十 BET 容量法测定固体的比表面积
实验十一 络合物的磁化率测定
实验十二 溶液法测定极性分子的偶极矩
实验十三 异核双原子分子的振动-转动红外光谱

2. 软件应用

**例 1.5.1** 实验三 燃烧热的测定

打开本软件，在界面中单选“软件目录”菜单，进入软件目录界面。选择“燃烧热的测定”，单击“运行”按钮，显示如图 1.5.9 所示的输入数据前界面窗口。按顺序依次输入实验数据，如图 1.5.10 所示。单击“计算”按钮，得到如图 1.5.11 所示的数据计算结果；按“打印”按钮打印出计算结果。单击“数据”按钮，返回输入数据前界面窗口(图 1.5.9)；按“图形 1”或“图形 2”按钮显示相应图形，如图 1.5.12 所示，按“打印”按钮打印出图形。

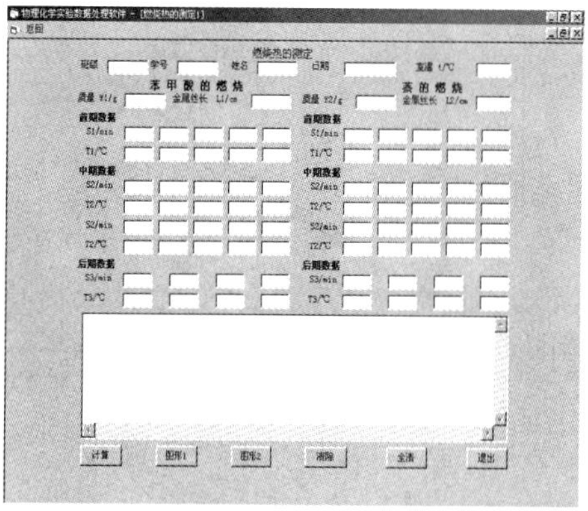

图 1.5.9　输入数据前界面窗口

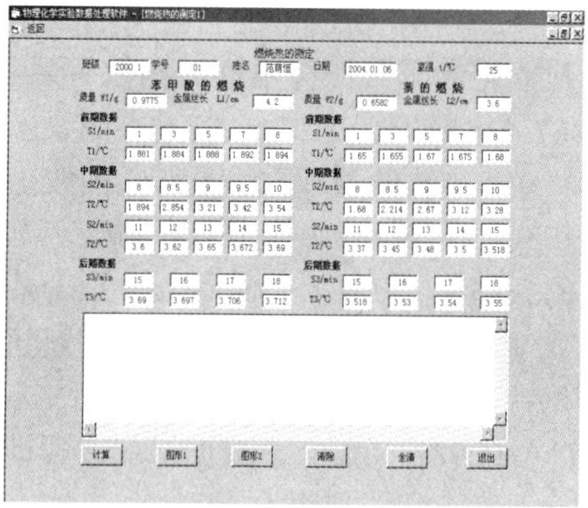

图 1.5.10　输入数据后界面窗口

燃烧热测定实验数据结果

班级：2010.1　学号：01　姓名：张三　日期：2014.01.06

测定热量计的水当量

前期组数 $N1=5$　中期组数 $N2=10$　后期组数 $N3=4$

斜率 $M=0.0019$　截距 $B=1.879$　相关系数 $R=0.9985$

斜率 $M=0.0075$　截距 $B=3.577$　相关系数 $R=0.9973$

$\Delta T1=1.745$℃　$C_1=14830$ J/g

萘的燃烧热测定

前期组数 $N1=5$ 中期组数 $N2=10$　后期组数 $N3=4$

斜率 $M=0.0045$　截距 $B=1.645$　相关系数 $R=0.9849$

斜率 $M=0.0106$　截距 $B=3.360$　相关系数 $R=0.9989$

$\Delta T2=1.768$ ℃　$Q_1=-39817$ J/g

$Q_p=-5106$ kJ/mol　相对误差=−0.9%

图 1.5.11　数据计算结果

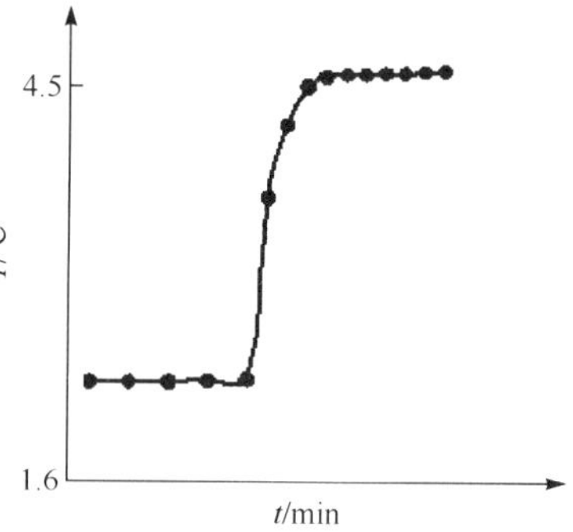


图 1.5.12　萘燃烧热的雷诺温度校正图

**例 1.5.2**　实验一　纯液体饱和蒸气压的测量

本实验采用动态法测量纯液体的饱和蒸气压。设计实验组数最多为 9 组，可根据实验情况输入实验组数。选择软件目录中本实验数据处理命令，单击“运行”按钮，显示如图 1.5.13 所示的输入数据前界面窗口。按顺序依次输入实验数据，如图 1.5.14 所示。单击“计算”按钮，

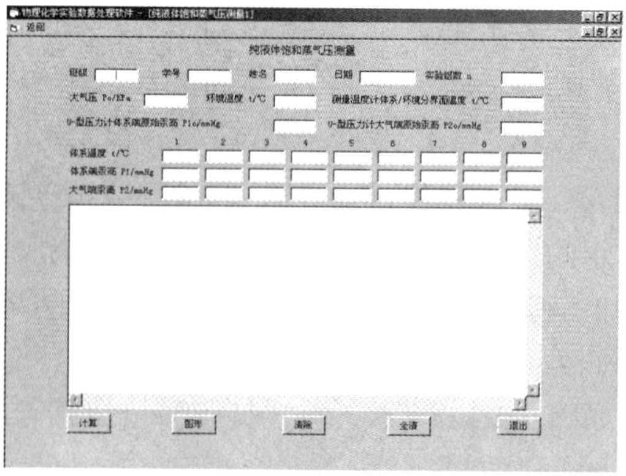

图 1.5.13　输入数据前界面窗口

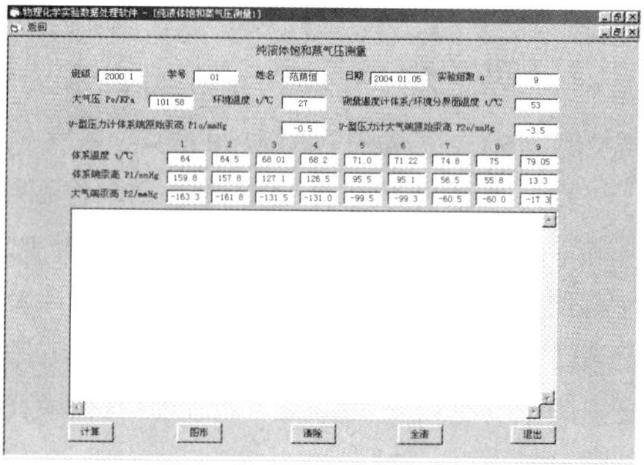

图 1.5.14　输入数据后界面窗口

得到如图 1.5.15 所示的数据计算结果；按“打印”按钮打印出计算结果。单击“数据”按钮，返回输入数据后界面窗口，如图 1.5.14 所示；按“图形”按钮显示相应图形，如图 1.5.16 所示，按“打印”按钮打印图形。

**纯液体饱和蒸气压测量试验数据结果**

班级：2010.1　学号：01　姓名：张三　日期：2014.01.06

大气压 $p_0$=101.58 kPa　测量温度计体系/环境分界面温度 $t$ =53 ℃　环境温度 $t$ =27 ℃

U-型压力计体系原始汞高 Plo=–0.5 mmHg　U-型压力计大气端原始汞高 P2o=–3.5 mmHg

| | $T$/℃ | $1/T/10^{-3}K^{-1}$ | pl/mmHg | $p2$/mmHg | $\Delta p$/mmHg | $p^*$/mmHg | $\ln p^*$ |
|---|---|---|---|---|---|---|---|
| 1 | 64.00 | 2.9655 | 159.8 | –163.3 | 318.6 | 443.3 | 6.0942 |
| 2 | 64.5 | 2.9610 | 157.8 | –161.8 | 315.1 | 446.8 | 6.1021 |
| 3 | 68.01 | 2.9303 | 127.1 | –131.5 | 254.4 | 507.5 | 6.2295 |
| 4 | 68.20 | 2.9278 | 126.5 | –131.0 | 253.3 | 508.6 | 6.2316 |
| 5 | 71.00 | 2.9046 | 095.5 | –099.5 | 191.1 | 570.8 | 6.3470 |
| 6 | 71.22 | 2.9028 | 095.1 | –099.3 | 190.5 | 571.4 | 6.3480 |
| 7 | 74.80 | 2.8726 | 056.5 | –0060.5 | 113.4 | 648.4 | 6.4745 |
| 8 | 75.00 | 2.8709 | 055.8 | –060.0 | 112.3 | 649.6 | 6.4763 |
| 9 | 79.05 | 2.8375 | 01303 | –017.3 | 027.5 | 734.4 | 6.5990 |

斜率 $m$=–4059　截距 $b$=18.127　相关系数 $R$=–0.999 17

$\Delta H$=33.75 kJ/mol　b.p.=80.00 ℃

图 1.5.15　数据计算结果

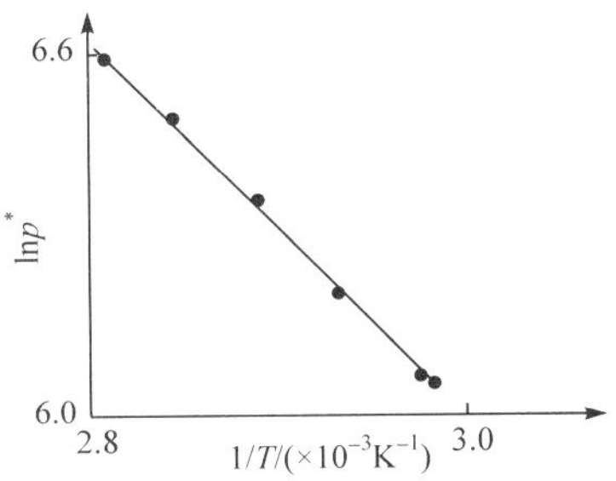


图 1.5.16　$\ln p^*$与 $1/T$ 关系曲线

其他实验用法与其相同。

本软件提供了一个全新的界面窗口，交互性好、适用面广、应用性强、使用方便，可作为高等学校化学及相关专业教师和本科生的辅助教学软件。

# 1.6　物理化学实验报告规范书写

物理化学实验课程作为一门很重要的必修课程，在实验报告的规范书写上要严格要求。物理化学实验报告分为两部分，一是预习报告，二是实验报告。具体要求如下。

### 1.6.1　预习报告规范书写及要求

要求有专用的预习报告本，无预习报告者不得进入实验室做实验。预习报告的书写格式如下：

**实验名称：×××**

1. 实验目的

(1) …………

(2) …………

2. 实验原理

(依据实验教材自己总结归纳，包括主要的概念及公式，忌全盘照抄教材)

(1) …………

(2) …………

3. 实验仪器与试剂

(1) 仪器及实验装置图……

(2) 试剂……

4. 实验步骤

(依据实验教材进行简化分步书写)

(1) …………

(2) …………

5. 注意事项

(依据实验内容，提醒自己本次实验操作过程中应注意的事项和关键环节)

(1) …………

(2) …………

6. 实验数据记录

(根据实验内容需要的数据，设计画好记录数据的表格)

预习报告是根据实验教材上的资料自己拟定做实验的方案，认真完成此项任务不仅对完成实验有益，还能训练拟定工作方案的能力。实验实际过程中有与预习中不一致的(如仪器、试剂等)应在教师讲解时及实验操作过程中在预习报告上作相应的改动，以便书写实验报告。

### 1.6.2　实验报告规范书写及要求

实验报告是对实际实验过程的真实反映。书写格式如下：

**实验名称：×××**

1. 实验目的

(1) …………

(2) …………

### 2. 实验原理

(依据实验教材自己总结归纳，包括主要的概念及公式，忌全盘照抄教材)

(1) …………

(2) …………

### 3. 实验仪器与试剂

(1) 仪器及实验装置图……

(2) 试剂……

### 4. 实验步骤

(依据实验教材进行简化分步书写)

(1) …………

(2) …………

### 5. 实验数据记录及处理

(要求作图的要用坐标纸，图有名称，横、纵坐标有相应物理量标注，点清晰)

(1) …………

(2) …………

### 6. 实验结果分析与讨论

(1) 结论(由数据处理结果总结实验结论)

(2) 误差分析(查文献值，与其比较，然后分析可能存在的误差所在)

### 7. 思考题

(回答实验教材后的思考题)

(1) …………

(2) …………

# 第 2 章　实 验 部 分

## 2.1　热力学实验

### 2.1.1　恒温水浴的组装及其性能测试

1. 实验目的

(1) 了解恒温水浴的构造及其工作原理，学会其装配技术。
(2) 测绘恒温水浴的灵敏度曲线。
(3) 掌握贝克曼温度计的使用方法。

2. 预习要点

(1) 掌握恒温水浴的恒温原理及温度调节控制方法。
(2) 掌握恒温水浴的灵敏度的意义及曲线测定方法。

3. 实验原理

恒温水浴装置示意图见图 2.1.1。恒温槽的工作原理是通过温度调节器(水银接点温度计)和继电器对加热器的自动调节来实现恒温的。恒温水浴通常以蒸馏水为工作介质。

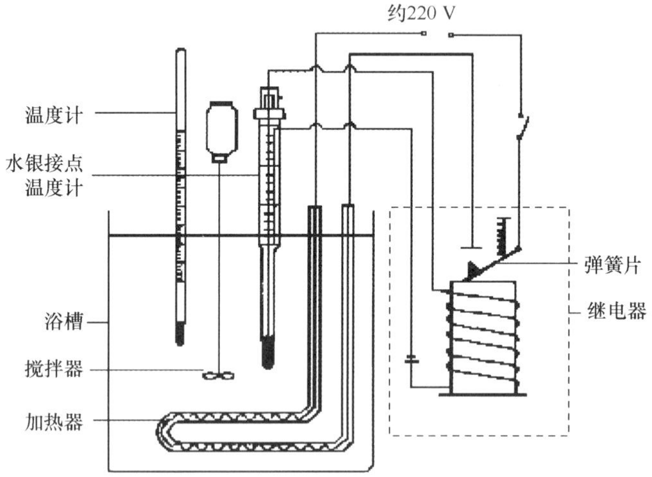


图 2.1.1　恒温水浴装置示意图

衡量恒温水浴槽品质优劣的标志是恒温水浴的灵敏度，又称恒温水浴的精确度。灵敏度 $S$ 通常以实测的最高温度值 $t_{max}$ 和最低温度值 $t_{min}$ 之差的一半来表示：

$$S = \pm\frac{t_{max} - t_{min}}{2} \tag{2.1.1}$$

灵敏度越小，表示该恒温水浴性能越好。测定灵敏度的方法是：在设定温度 $t_s$ 下，采用贝克曼温度计观察恒温水浴温度随时间的变化情况，以温度为纵坐标，与温度相应的时间为横坐标，绘制灵敏度曲线，通过对曲线的分析，可以对恒温水浴的灵敏度作出评价。较典型的灵敏度曲线见图 2.1.2，其中(a)表示灵敏度较高；(b)表示灵敏度较低；(c)表示加热器功率太大；(d)表示加热器功率太小或散热太快。

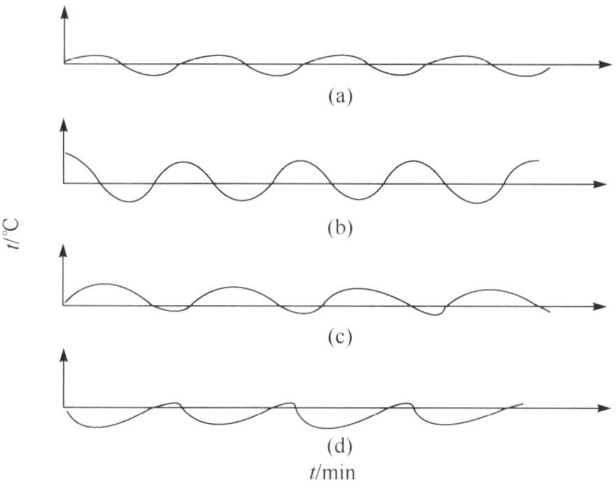


图 2.1.2 恒温水浴灵敏度曲线的几种类型

影响恒温水浴灵敏度(精确度)的因素很多，如搅拌器的性能(转速、形状)、加热器的功率大小、继电器的物理性能、水槽散热的快慢及恒温水浴中各个部件的布局是否妥当等。因此，在组装恒温水浴时应遵循以下几点：①根据设定温度 $t_s$ 的高低，选择合适的加热器、继电器及搅拌器等部件；②开动搅拌器，确定水流动方向后，停止搅拌，然后根据水先经过加热器再经过温度控制器的原则安装这两个组件；③加热器和搅拌器应放得较近，以使热量放出立即能传到恒温槽的各区域，温度调节器应放在它们的附近(这一区域温度变化幅度最大)。

4. 实验仪器与试剂

玻璃缸(10 $dm^3$ 或 20 $dm^3$，1 个)，加热器(250 W、500 W，各 1 台)，水银接点温度计(0～100 ℃，1 支)，调压变压器(2 kV · A，1 台)，1/10 水银温度计(0～100 ℃，1 支)，贝克曼温度计(1 支)，搅拌器(带变速，40 W，1 台)，5～10 倍放大镜(1 个)，6301 型继电器(1 台)，秒表(1 只)。

5. 实验步骤

(1) 组装恒温水浴。将蒸馏水灌入浴槽至容积的 4/5 处，按照有关组装原则和图 2.1.1 进行接线和装配。

(2) 将贝克曼温度计的水银柱调至刻度 2.5 ℃左右处。

(3) 调节恒温水浴至设定温度。若设定温度为 25 ℃，其调节方法是：先旋开水银接点温度计上端螺旋调节帽的锁定螺丝，再旋动磁性螺旋调节帽，使温度指示螺母位于大约 24 ℃(只是参考数值，也许更低一些，在 20 ℃左右)处。调节适当转速，开动搅拌器。经教师允许后，打开继电器电源开关，将调压变压器电压调至 220 V 进行加热。观察温度计的读数，当温度升到 24 ℃时，再次缓慢逐步转动磁性螺旋调节帽，使触点与水银柱处于通、断的临界状态(由继电器磁铁的合离或指示灯的亮光来判断)，直到温度升至 25 ℃，最后旋紧锁定螺丝。

(4) 恒温水浴各区域精确度比较。待浴槽在 25 ℃下恒温 5 min 后，在槽内选取 3～5 个点，其中一点靠近加热器，一点在远离加热器的浴槽边缘，其余三点在浴槽的中间区域。用贝克曼温度计观察这些点温度变化。

(5) 恒温水浴灵敏度曲线的测定。在中间区域的三点中，选取恒温性能最差的一点(为什么？)。利用加热器(功率可不同，如 250 W 和 500 W)测定 25 ℃下恒温水浴槽的灵敏度曲线。每隔一定时间(如 2 min)记录一次贝克曼温度计的读数，每条灵敏度曲线作 5～6 个峰即可。

实验完毕，切断电源，拆下接线及各部件。

6. 实验数据处理

(1) 图示恒温水浴内各部件的布局，并在图中标明所选 3～5 个点的位置。

(2) 列出贝克曼温度计读数与时间的数据表，绘制灵敏度曲线，计算灵敏度并讨论加热器功率对恒温水浴灵敏度的影响。

7. 问题思考

(1) 说明恒温槽的主要构造及其作用和恒温槽的恒温原理。

(2) 影响恒温水浴灵敏度的因素有哪些？怎样提高恒温水浴的灵敏度？试进行简要分析。

(3) 组装恒温槽应注意哪些问题?

8. 实验评注

(1) 利用恒温水浴和物质的相变点来实现控温，后者有较大范围的温度选择。超级恒温槽的精确度可达±0.05 ℃。在通常温度下利用恒温水浴控温是方便的，但不适用于高精确度的温度控制。后者可广泛采用比例-积分-微分(简称 PID)调节器和可控硅开关。

(2) 由于影响恒温水浴灵敏度的因素很多，所以自己组装的恒温水浴一定要精心调试和进行性能测试，以选择出最佳的控温条件。

(3) 因为恒温水浴各区域的灵敏度不一样，故测量系统不宜放在水浴槽的边缘。

(4) 设计一个优良的恒温槽应满足的基本条件是：水银接点温度计灵敏度高；搅拌强烈而均匀；加热器导热良好而且功率适当；搅拌器、水银接点温度计和加热器相互接近，使被加热的液体能立即搅拌均匀并流经水银接点温度计及时进行温度控制。

(5) 实验数据记录见表 2.1.1。

**表 2.1.1　恒温水浴灵敏度测定数据及结果**

室温：__________℃　　　　大气压：__________kPa

| 测定位置 | $t$/ ℃(每隔一定时间记录一次数据) |
|---|---|
| 1 | |
| 2 | |
| 3 | |
| 灵敏度 $S$ | |

### 2.1.2 燃烧热的测定

1. 实验目的

(1) 用氧弹式量热计测定萘的燃烧热，掌握氧弹式量热计量热的基本原理及实验技术。

(2) 明确摩尔燃烧焓的概念，了解恒压燃烧热 $Q_p$、恒容燃烧热 $Q_V$、摩尔燃烧焓$\Delta_c H_m$和摩尔燃烧热力学能$\Delta_c U_m$的差别及相互联系。

(3) 学会使用奔腾公式和雷诺图解法校正不同温度改变值。

2. 预习要点

(1) 掌握物质燃烧热测定的基本方法。

(2) 明确氧气、棉线和燃烧丝的作用。

(3) 了解温差校正的目的。

3. 实验原理

在一定的条件下，1 mol 物质完全燃烧时所放出的热量称为摩尔燃烧焓。需要注意的是，“完全燃烧”对燃烧产物有明确的规定。通过燃烧焓的测定，不仅可以求算化合物的生成焓、键焓，还具有判别工业用燃料的质量等实际应用。

一般来说，燃烧热的测定可有两种不同的条件，一是在恒压条件下测量得到恒压燃烧热 $Q_p$，二是在恒容条件下测量得到恒容燃烧热 $Q_V$。根据热力学第一定律，在不做其他功的条件下，$Q_p=\Delta_c H$，$Q_V=\Delta_c U$，对于同一反应，若把参加反应的气体和生成的气体都作为理想气体处理，反应进度为 1 mol 时，$\Delta_c H_m$和$\Delta_c U_m$应有如下关系：

$$\Delta_c H_m = \Delta_c U_m + \sum \nu_B RT \tag{2.1.2}$$

式中，$\nu_B$为化学反应方程中气体物质 B 的化学计量数，对于化学反应的反应物，$\nu_B$取负值；对于生成物，$\nu_B$取正值。

氧弹式量热计的基本原理是能量守恒定律。样品完全燃烧时所放出的热量使氧弹本身及其周围的介质和热量计有关的附件温度升高。测量整个体系在燃烧前后温度的变化值，根据体系的热容，就可以计算出待测样品的恒容摩尔燃烧热力学能，其关系式为

$$\Delta_c U_m = \frac{-C_{体}\Delta T + Q_{铁丝} + Q_{棉线}}{m/M} \tag{2.1.3}$$

式中，$m$ 和 $M$ 分别为样品的质量和摩尔质量；$\Delta_c U_m$为样品的恒容摩尔燃烧热力学能；$Q_{铁丝}$为引燃用点火丝(铁丝)所放出的热量；$Q_{棉线}$为捆扎样品的棉线所放出的热量；$C_{体}$为整个体系的热容；$\Delta T$ 为样品燃烧前后体系温度的改变值。测定热效应的仪器称为量热计。量热计的种类很多，本实验选用的是 WHR-15 微机型氧弹式量热计，它是一种环境恒温式量热计。图 2.1.3 为量热计安装示意图，图 2.1.4 为氧弹剖面图。

为了保证样品完全燃烧，氧弹中必须充以高压氧气或其他氧化剂，因此氧弹应有很好的密封性能，耐高压和耐腐蚀，氧弹应放在一个与室温基本一致的恒温套壳中，盛水桶和恒温套壳之间有一个高度抛光的挡板，以减少热辐射与空气的对流。

温差校正：主要校正体系和环境热量损失多少，有公式法和雷诺图解法两种方法。

(1) 公式法校正。

$$\Delta T = \frac{V+V_1}{2}m + V_1 r$$

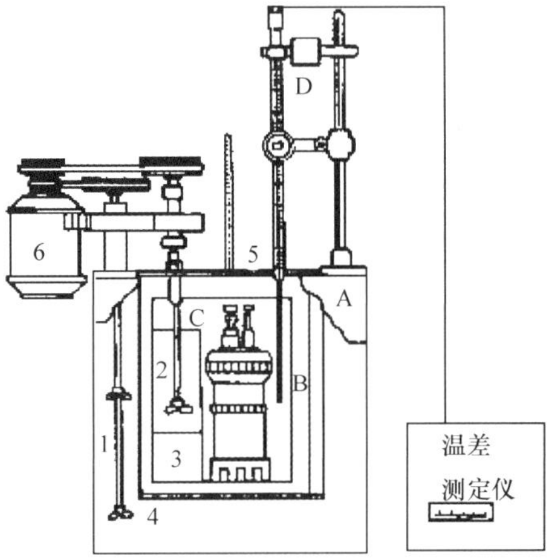


图 2.1.3　量热计安装示意图

1、2. 搅拌装置；3. 内筒；4. 外筒；5. 温度计；6. 搅拌泵；A. 厚壁圆筒；B. 内筒外侧；C. 点火电极；D. 贝克曼温度计

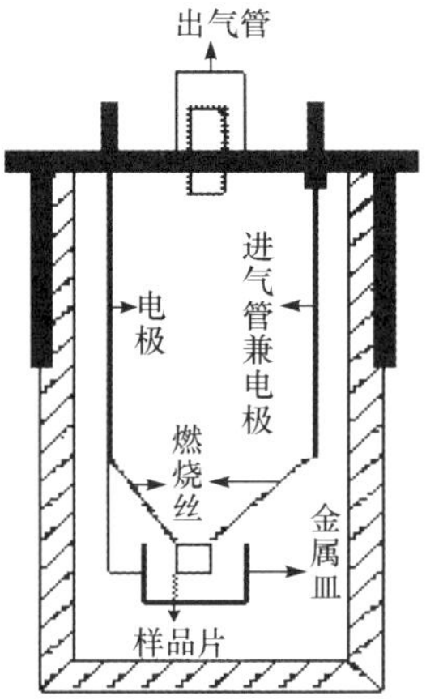


图 2.1.4　氧弹剖面图

$$V = \frac{-\Delta V_{初}}{10}$$

$$V_1 = \frac{-\Delta V_{末}}{10}$$

式中，$V$ 为初期温度变化速率；$V_1$ 为末期温度变化速率；$m$ 为燃烧(主期)阶段温度每半分钟上升不小于 0.3 K 的间隔数，第一个间隔无论每半分钟上升多少都计入 $m$ 中；$r$ 为燃烧(主期)阶段温度每半分钟上升小于 0.3 K 的间隔数。

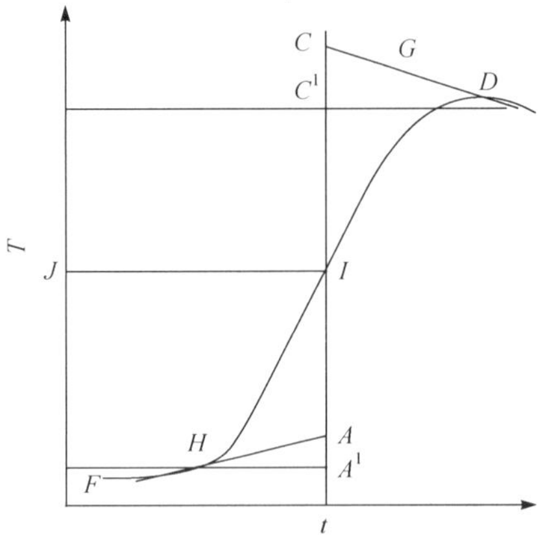


图 2.1.5　雷诺校正曲线示意图

(2) 雷诺图解法校正。

以 $t$ 为横坐标，$T$ 为纵坐标，将记录得到的数据作图，得到曲线(图 2.1.5)，$H$ 点意味着燃烧开始，热传入介质，$D$ 点表示记录的最高温度，从相当于室温的 $J$ 点作水平线交曲线于 $I$ 点，过 $I$ 点作垂线，将线 $FH$ 和 $GD$ 线延长并分别交于 $A$、$C$ 两点，$A$、$C$ 两点与 $A^1$、$C^1$ 两点的温度差值为经过校正的$\Delta T$。图 2.1.5 中，$AA^1$ 为开始燃烧至温度上升到室温这段时间内，由环境辐射和搅拌引入的能量造成的温度升高$\Delta T_1$，$CC^1$ 为由室温至最高点这段时间内，量热计向环境的热漏造成的温度下降$\Delta T_2$，因此两点比较客观地表示了样品燃烧引起的温度改变。理想情况下，$\Delta T_1=\Delta T_2$，$\Delta T_1$ 与$\Delta T_2$ 差别大小与内外温度差别大小有关；$\Delta T_1$ 和$\Delta T_2$ 的正负号表示热传递的方向，数值大小表示热量传递的多少。

4. 实验仪器与试剂

微机型氧弹式量热计(WHR-15，1 套)、点火丝(15～18 cm)、氧气钢瓶(1 套)、充氧器(1 套)、压片机(1 台)、苯甲酸(标准样品，1 瓶)、萘(A.R.，1 瓶)、容量瓶(1000 mL、2000 mL

各1个)、电吹风(1个)、万用电表(1只)。

5. 实验步骤

(1) 测量体系的热容$C_{体}$。

(i) 样品制作。用台秤称取标准苯甲酸约1 g(0.8 g<$m$<1.1 g)，用压片机压片，稍微压得紧些，用镊子将样品在干净的称量纸上轻击2～3次，除去表面易脱落的粉末后，在电子分析天平上准确称其质量。

(ii) 装样并充气。首先用10～15 cm的棉线(已在电子分析天平上准确称其质量)捆扎样品，然后将一根点火丝(约15 cm)从棉线和样品间穿过，最后都绕成十字架型，并将点火丝两端固定在两个电极上，点火丝和样品均勿接触坩埚。拧紧氧弹上的盖，将氧弹上的进气嘴对准充氧器的进气嘴，手持操纵手嘴，轻轻下压，使氧弹中充入1.6～2.0 MPa的氧气，放开操纵手柄，关闭氧气阀门，放走氧气表中的余气，用万用电表检查两电极是否接通，若不通，则开盖检查。

(iii) 测量。将装有样品并充气的氧弹放入已装有3000 mL蒸馏水的量热容器(内桶)中，若要求精确测量，则应将蒸馏水的温度调至比室温(或外桶温度)低0.7～1.0 ℃，在两电极接上点火丝，将测温探头插入内桶，使其末端处于氧弹高度1/2处，盖上盖子。开始搅拌，待温度基本恒定后，读取点火前最初(初期)阶段温度，每隔半分钟记录一次数据，共记录11次；11次记录完后，自动点火，若点火成功(成功与否计算机自动显示)进入主期，每隔半分钟记录一次数据，直到温度下降或者温度连续三次保持不变，主期温度记录结束；进入末期，每隔半分钟记录一次数据，共记录11次，实验结束。也可用计算机处理数据，并打印有关数据和结果。

(iv) 最后处理。小心地取出测温探头，然后取氧弹，放出氧弹内的气体，旋开氧弹盖，检查样品是否完全燃烧，若氧弹内有黑色残渣，则应重做实验。最后倒出氧弹内的水，用毛巾、乙醇、电吹风处理量热计各部件，确保干燥，以防生锈。

(2) 萘的燃烧热测定。

称取0.5～0.7 g萘，按上述方法进行萘的燃烧热测定。

6. 实验数据处理

(1) $C_{体}$的测定结果按以下公式计算：

$$C_{体}=\frac{-(m/M)\Delta_c U_m - Q_{铁丝} - Q_{棉线}}{T-T_0+\Delta T}$$

式中，$m$为苯甲酸的质量；$M$为苯甲酸的摩尔质量；$\Delta_c U_m$=−3231.56 kJ · mol$^{-1}$，$Q_{铁丝} = -2.9\ \mathrm{J\cdot cm^{-1}}\cdot l_{铁丝}$，$Q_{棉线} = -16.736\ \mathrm{kJ\cdot g^{-1}}\cdot m_{棉线}$；$T$为直接观测到的燃烧阶段温度开始下降时的第一个温度；$T_0$为直接观测到的点火时的温度(初期的最后一个温度)；$\Delta T$为温差校正值。

(2) 萘的恒容摩尔燃烧热力学能按以下公式计算：

$$\Delta_c U_m = \frac{-C_{体}(T-T_0+\Delta T) - Q_{铁丝} - Q_{棉线}}{m/M}$$

(3) 由$\Delta_c U_m$计算萘的恒压燃烧热$\Delta_c H_m$值。

7. 问题思考

(1) 实验中哪些为体系？哪些为环境？有无热交换？若不进行温差校正对实验有何影响？

(2) 固体样品为什么要压成片状？

(3) 进行误差分析，指出本实验的最大误差何在。

(4) 使用氧气钢瓶及氧气减压阀应注意哪些问题？

8. 实验评注

(1) 注意事项：①样品在氧弹中燃烧产生的压力可以达到 14 MPa，因此在使用后应将其内部擦干净，以免引起内壁腐蚀，并定期检查；②量热计使用完毕后，应用布擦去水迹，再用电吹风吹干，并且所用水应为软水；③氧弹及氧气通过的各个部件不允许有油污或者润滑油，以免在氧气通过时发生燃烧和爆炸；④坩埚在每次使用后，应清洗除去上面的炭化物并干燥，放入干燥皿中备用；⑤氧弹是仪器中最易损坏的部分，应注意保护和定期检测。

(2) 有些精密的测定需要对实验用的氧气中所含氮气的燃烧值作校正。方法是预先在氧弹中加入 10 mL 蒸馏水，燃烧后将生成的稀 $HNO_3$ 溶液倒出，再用蒸馏水洗涤氧弹内壁及其氧弹内各部件，一并收集到 150 mL 锥形瓶中，煮沸片刻，用酚酞作指示剂，以 0.100 $mol \cdot dm^{-3}$ NaOH 溶液标定。每毫升碱液相当于 5.98 J 的热量。这部分热量应从总的燃烧热中扣除。

(3) 本实验可以手动操作，也可以计算机自动控制，详见相关测量仪器。

(4) 本实验装置也可以测定液体和气体的燃烧热，必须在样品制作部分做特殊处理。

(5) 若用实验装置测定出苯、环己烯、环己烷的燃烧热，则可求算苯的共振能，其计算公式为

$$E=3|\Delta_c U_m(\text{环己烯})|-2|\Delta_c U_m(\text{环己烷})|-|\Delta_c U_m(\text{苯})|$$

(6) 实验数据记录见表 2.1.2。

**表 2.1.2　萘的燃烧热测定结果数据**

室温：__________℃　　　　大气压：__________kPa

| 参数 | $T$/℃及相关数据 | | | |
|---|---|---|---|---|
| 初期 | | | | |
| 主期 | | | | |
| 末期 | | | | |
| | $m=$ | $l_{\text{铁丝}}=$ | $m_{\text{棉线}}=$ | $\Delta T=$ |
| $C_{\text{体}}$ | | | | |
| $\Delta_c U_m$ | | | | |
| $\Delta_c H_m$ | | | | |

### 2.1.3　纯液体饱和蒸气压的测定

1. 实验目的

(1) 明确纯液体饱和蒸气压的定义，了解纯液体饱和蒸气压与温度的关系——克劳修斯-克拉佩龙方程。

(2) 学习用静态法测定不同温度下纯乙醇的饱和蒸气压，初步掌握真空实验技术，进一步熟悉恒温槽及数字式气压计的使用方法。

(3) 学会用图解法和最小二乘法求被测液体在实验温度范围内的平均摩尔气化热与正常沸点。

2. 预习要点

(1) 掌握克劳修斯-克拉佩龙方程的作用及静态法测定蒸气压的特点。
(2) 掌握恒温槽、真空泵和数字式气压计的使用方法。
(3) 明确该实验为什么要排空气，怎么排空气，怎么检测空气是否排完。

3. 实验原理

在一定的温度下，真空密闭容器内的液体能很快和它的蒸气建立动态平衡，即蒸气分子向液面凝结和液体中分子从表面逃逸的速率相等，就达到了动态平衡，此时气相中的蒸气密度不再改变，因而具有一定的饱和蒸气压。此时液面上的蒸气压力就是液体在该温度下的饱和蒸气压。液体的饱和蒸气压与温度有关，温度升高，分子运动加速，因而在单位时间内从液相进入气相的分子数增加，蒸气压升高；反之，温度降低，蒸气压降低。液体的饱和蒸气压与外界压力相等时，液体发生沸腾，此时的温度为沸腾温度即沸点。当外压等于饱和蒸气压且为一个标准大气压时，此时的温度称为正常沸点。

液体的饱和蒸气压与热力学温度的关系可用克劳修斯-克拉佩龙方程表示：

$$\frac{\mathrm{d}\ln p^*}{\mathrm{d}T}=\frac{\Delta_{\mathrm{vap}}H_{\mathrm{m}}}{RT^2} \tag{2.1.4}$$

在温度变化较小范围内，$\Delta_{\mathrm{vap}}H_{\mathrm{m}}$视为常数，看作平均摩尔气化热。对式(2.1.4)进行积分，得

$$\ln p^*=-\frac{\Delta_{\mathrm{vap}}H_{\mathrm{m}}}{RT}+b \tag{2.1.5}$$

式中，$p^*$为纯液体温度$T$时的饱和蒸气压(kPa)；$T$为热力学温度(K)；$\Delta_{\mathrm{vap}}H_{\mathrm{m}}$为液体摩尔气化焓($\mathrm{J\cdot mol^{-1}}$)；$R$为摩尔气体常量，即 8.314 $\mathrm{J\cdot mol^{-1}\cdot K^{-1}}$；$b$为积分常数，此常数与压力$p^*$的单位有关。

由式(2.1.5)可知，在一定的温度范围内，测定不同温度下的饱和蒸气压，以$\ln p^*$-$1/T$作图，可得一直线，直线的斜率$m=-\Delta_{\mathrm{vap}}H_{\mathrm{m}}/R$，所以就可求得摩尔气化焓。

$$\Delta_{\mathrm{vap}}H_{\mathrm{m}}=-mR \tag{2.1.6}$$

当外压为 100 kPa 时，代入式(2.1.5)计算的温度为该液体的正常沸点。

测定饱和蒸气压的方法通常有静态法、动态法和饱和气流法三种方法。本实验是用静态法，即将被测液体放在一个密闭的体系中，直接测定不同温度下液体的饱和蒸气压。

4. 实验仪器与试剂

蒸气压测定装置(1 套)、恒温装置(1 套)、缓冲瓶(1 个)、数字式气压计(1 台)、三通活塞(1 个)、等压计(带冷凝管)(1 套)、1/10 温度计(0～100℃，1 支)、真空泵(1 台)、无水乙醇(A.R.)。

5. 实验步骤

(1) 实验装置见图 2.1.6。
(2) 取实验大气压。在实验开始和结束时读取两次实验室大气压数据，取平均值。
(3) 所有接口必须封闭严密。等压计的平衡管由三根相互连通的玻管 a、b、c 组成，a 管中装有被测液体，b、c 管也装有适量的被测液体作为封闭液。在一定的温度下，当 a、b 管之间的气

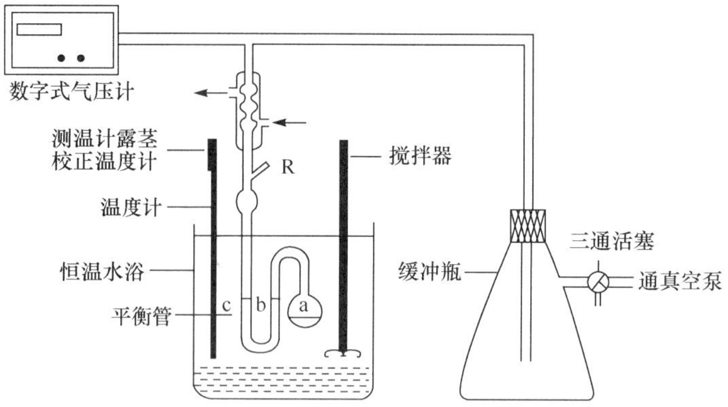


图 2.1.6　纯液体饱和蒸气压测定装置示意图

体完全被待测液体的蒸气充满时，b 管液面的压力才是待测液的蒸气压，且 b、c 管中的液面在同一水平时，c 管液面上的压力就等于该温度下待测液体的饱和蒸气压 $p$。此时液体的温度即为体系的气液平衡温度，也即沸点。等压计中的液体可用如下方法装入：从洗净烘干的等压计的 R 处注入无水乙醇，使乙醇充满 a 球体积的 2/3，使 U 形管双臂也装入适量液体作为封闭液。

(4) 系统检漏。缓慢旋转三通活塞，使系统与大气相通。开启冷却水，接通真空泵电源，使其正常运转后，调节三通活塞旋至真空泵与测量系统相通，使系统减压(注意：旋转活塞必须用力均匀、缓慢，同时观察气压计)。当气压计的示值大约为 $1\times10^4$ Pa 时，关闭三通活塞，断开真空泵的电源，此时系统处于真空状态。若在几分钟后的一段时间内，气压计的示值几乎没有明显变化，则表明系统不漏气。若有变化则应分段检查，需仔细检查各接口处，用烧热冒烟的石蜡封闭，再将等压计 R 处的玻璃旋塞涂上真空脂，塞好重新检漏，直至确信不漏气方可进行下一步的实验。

(5) 排空气。为了保证测量的准确度，必须设法排除 a 球上方存在的空气。一般的方法是先调恒温槽的温度为(20.00±0.05) ℃，然后启动真空泵，接通冷凝管，旋转三通活塞，使系统与真空泵相通进行抽气，使等压计内乙醇缓慢沸腾 2～4 min(注意：要缓慢进行，控制不能使气泡逸出速度太快)，然后旋动三通活塞，使系统与大气微微接通(断开真空泵)，使乙醇停止沸腾且使 b、c 管内的液封平齐(间歇进行)达 2 min 不变时读取气压值，重复上述操作，直到两次的气压值相差无几，即表示空气排尽，并记下 20 ℃时的气压值。

(6) 测定不同温度下纯乙醇的饱和蒸气压。缓慢升高温度，从 20～45 ℃每隔 3 ℃左右测量一次(精确温度必须在 1/10 温度计上读得)。具体方法是：在升温的同时，旋转三通活塞，使系统与大气微微接通，将 c 管上升的液面下压，在温度升至某一测量温度(如 23 ℃)时，使 b、c 管的液封平齐，且 2 min 内不变时，读取相应的气压值。

(7) 最后一次测量完毕后，旋转三通活塞与大气相通，使大气缓慢进入系统直至气压计的示数为零，否则会发生真空泵油倒吸现象。

6. 实验数据处理

(1) 进行温度和压力校正，并将 $1/T$ 和对应的 $\ln p^*$值填入表中。

(2) 作 $\ln p^*$-$1/T$ 图，由直线斜率计算乙醇在实验温度区间的平均摩尔气化焓$\Delta_{\text{vap}}H_{\text{m}}$。

7. 问题思考

(1) 如何判断 a 球上的空气已排除？如未排除，有何影响？

(2) 在开启三通活塞放空气进入系统时，放得太多应怎么办？

(3) 在体系中安置缓冲瓶和应用毛细管放气的目的是什么？

(4) 使用气压计、真空泵应注意哪些问题？

(5) 等压计 U 形管中的液体起什么作用？冷凝器起什么作用？为什么必须用待测液作 U 形管封闭液？

(6) 用此装置可以很方便地研究各种液体，如苯、二氯乙烯、四氯化碳等，这些液体中很多是易燃的，在加热时应注意什么问题？

8. 实验评注

(1) 本实验数据处理较麻烦，可用最小二乘法、微机处理并与作图结果进行比较。

(2) 操作注意事项：

(i) 测定前，必须将等压计 a、b 管间的空气排尽。在常压下利用水浴加热被测液体；恒温水浴温度控制在高于该液体正常沸点 3～5 ℃，持续约 5 min，使其自然冷却，读取大气压的沸点，再次加热并进行测定。如果数据偏差在正常误差范围内，可认为空气已被赶净。注意：切勿过分加热，否则蒸气来不及冷却就进入抽气泵，或者会因冷凝在 b 管中的液体过多，而影响下一步实验。

(ii) 在实验过程必须防止放入空气太多，使空气倒吸于 a 球上方，一旦倒吸，必须重新排气，重做实验。为了防止空气倒灌，在每次读取平衡温度和平衡压力数据后，应立即加热同时缓慢减压。

(iii) 严格控制温度，精密度要求在±0.05 ℃，因温度对饱和蒸气压影响显著。

(iv) 等压计 b、c 管封闭液面齐平 2～5 min 不变时即可读数。

(v) 为了避免抽气过程试样的损失，必须安装回流冷凝器。

(vi) 停止实验时，应缓慢地将三通活塞打开，使系统通大气，再使抽气泵通大气(防止泵中的油倒灌)，然后切断电源，最后关闭冷却水，使实验装置复原。为使系统通大气或使系统减压以缓慢速度进行，可将三通活塞通大气的管子拉成尖口。

(3) 对于易挥发性液体，真空度不一定要求很高。因此，在自来水压力较大时，可用水冲泵代替油封机械真空泵。

(4) 温度计和压力计校正方法详见技术和方法及仪器。

(5) 实验数据记录见表 2.1.3。

**表 2.1.3　纯液体饱和蒸气压的测定实验数据**

室温：__________℃　　　　大气压：__________kPa

| 组数 | 1 | 2 | 3 | 4 | 5 | 6 | 7 | 8 | 9 | 10 |
|---|---|---|---|---|---|---|---|---|---|---|
| $t$/℃ | | | | | | | | | | |
| $T$/K | | | | | | | | | | |
| $1/T$ | | | | | | | | | | |
| $p^*$ | | | | | | | | | | |
| $\ln p^*$ | | | | | | | | | | |
| $m$ | | | | | | | | | | |
| $\Delta_{vap}H_m$ | | | | | | | | | | |

(6) 参考值：$\Delta_{vap}H_m$ 为 42.73 kJ · mol$^{-1}$。

### 2.1.4 完全互溶双液系气-液平衡相图的测绘

1. 实验目的

(1) 绘制在标准压力下正丙醇-水双液系的沸点-组成图，了解相图和相律的基本概念。
(2) 掌握测定双组分液体的沸点及正常沸点的方法。
(3) 掌握阿贝折射仪的原理和使用方法。
(4) 掌握用折射率确定二元液体组成的方法。

2. 预习要点

(1) 了解双组分液体相图绘制的基本原理和方法。
(2) 了解阿贝折射仪的测量原理及使用方法。
(3) 了解沸点测量仪的使用方法及注意事项。

3. 实验原理

两种液态物质混合而成的二组分体系称为双液系，两种组分若能按任意比例互相溶解，称为完全互溶双液系。液体的沸点是指液体的蒸气压与外界压力相等时的温度。双液系的沸点不仅与外压有关，还与两种液体的相对含量有关。根据相律公式：自由度=组分数–相数+2。只要保持外压不变，对一个气-液共存的二组分体系，体系的状态可由 2 个独立变量($T$ 和 $x_B$)所决定，即通过测定不同组成双液系沸腾时的温度和气、液相组成就可绘制 $T$-$x$ 图。

完全互溶双液系的温度-组成相图分为三类：①溶液沸点介于两纯组分之间；②具有最低恒沸点的双液系相图；③具有最高恒沸点的双液系相图。其图形分别见图 2.1.7(a)～(c)。对于(a)类体系，可以通过反复蒸馏而使双液系的两个组分完全分离，对于(b)、(c)类体系，通过简单蒸馏只能获得某一纯组分和组成为恒沸点的相应混合物。体系的最低和最高恒沸点即为恒沸温度，恒沸温度对应的组成即为恒沸组成。正丙醇-水体系属于具有最低恒沸点的一类体系，见图 2.1.7(c)。

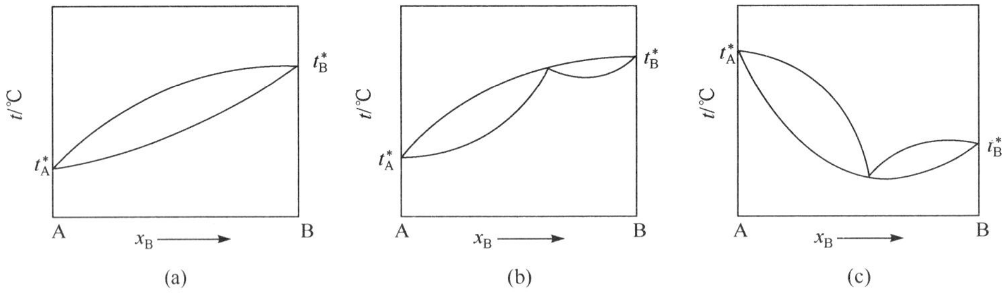


图 2.1.7 完全互溶双液系的温度-组成相图

本实验是采用回流冷凝法绘制相图，即取不同组成的溶液在沸点仪中回流，见图 2.1.8，测定其沸点及气、液相组成。沸点数据可直接由温度计获得，平衡时的气-液组成通过测定其折射率，然后由组成-折射率标准曲线确定。压力不同时，双液系相图将略有差异，本实验要求将实验压力下的沸点校正到标准压力下的沸点。

4. 实验仪器与试剂

沸点仪(2 Ω 的电阻丝，1 套)、超级恒温水浴(1 台)、1/10 温度计(50～100 ℃，1 支)、阿贝折射仪(带棱镜恒温，1 套)、移液管(5 mL、10 mL、50 mL，各 1 支)、调压变压器(0.5kV · A，1 台)、蒸馏水、正丙醇(A.R.)。

5. 实验步骤

(1) 配制含正丙醇摩尔分数约为 0.05、0.10、0.20、0.30、0.45、0.55、0.65、0.75、0.90 的正丙醇-水溶液。配制时使用的计算公式为

$$x_{正丙醇} = \frac{V_{正丙醇}\rho_{正丙醇}/60}{(50\ \mathrm{mL} - V_{正丙醇})\rho_{水}/18 + V_{正丙醇}\rho_{正丙醇}/60} \tag{2.1.7}$$

式中，$\rho_{正丙醇}$ 与温度的关系为 $\rho_{正丙醇}/(\mathrm{g \cdot cm^{-3}}) = 0.800\,90 - 0.9253\times10^{-3}(t/℃) - 0.5309\times10^{-6}(t/℃)^2$。

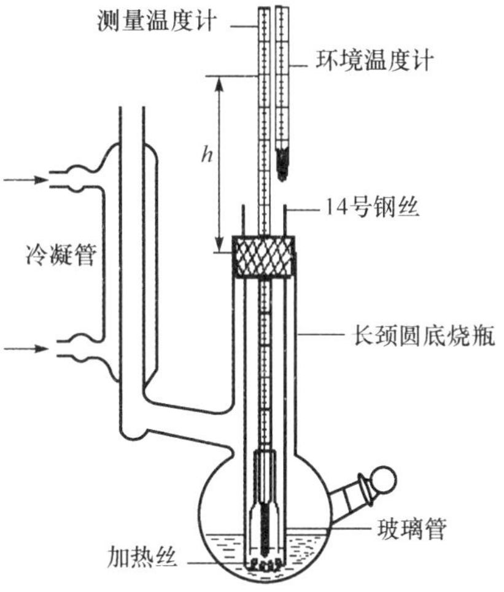


图 2.1.8 沸点仪示意图

(2) 调试恒温水浴至(20.00±0.05) ℃，并调试阿贝折射仪(参见仪器部分)。

(3) 沸点及平衡气-液两相折射率的测定。

将沸点仪清洗干净，从加样口加入含正丙醇摩尔分数约为 0.05 的溶液，使温度计水银球刚好浸没其中，温度计不得与加热丝相接触，加热丝也必须完全浸没在溶液中，接通电源加热使其沸腾，最初的分馏液不能代表平衡时气相的组成，为此必须把最初的分馏液倾回 2～3 次，待温度恒定后，用吸液管取出气相冷凝液和液相溶液，分别测定其折射率(测样动作要迅速)，每份试样测三次，每次的折射率相差不能超过 0.0002。测完后，将溶液倒入指定的储液瓶。

用同样的方法，分别测定含正丙醇摩尔分数约为 0.05、0.10、0.20、0.30、0.45、0.55、0.65、0.75、0.90 的溶液。

6. 实验数据处理

1) 绘制浓度-折射率标准曲线

已知 20 ℃时正丙醇-水二组分体系的折射率与浓度的关系见表 2.1.4。

**表 2.1.4 20 ℃时正丙醇-水二组分体系折射率与浓度的关系**

| $x_{正丙醇}$ | $n_D^{20}$ | $x_{正丙醇}$ | $n_D^{20}$ |
|---|---|---|---|
| 1.0000 | 1.3856 | 0.4047 | 1.3750 |
| 0.8953 | 1.3831 | 0.3032 | 1.3722 |
| 0.7915 | 1.3827 | 0.2003 | 1.3650 |
| 0.6918 | 1.3820 | 0.1010 | 1.3553 |
| 0.5935 | 1.3805 | 0.0000 | 1.3325 |
| 0.5030 | 1.3785 | | |

2) 沸点温度校正

(1) 温度露茎校正：除了温度计的零点和刻度误差等因素外，露茎也对温度计读数有一定的影响。这是由玻璃水银温度计未能完全置于被测体系而引起的，校正公式为

$$\Delta t_{露} = 1.6\times10^{-4} h(t_A - t_B) \tag{2.1.8}$$

式中，$t_A$为实验测得的温度值；$t_B$为露茎部位的温度值；$h$为露出在体系外的水银柱长度，即温度计的观察值与沸点仪软木塞处温度计读数之差；$1.6\times10^{-4}$为汞的膨胀系数。

(2) 压力校正：在$p^{\ominus}$下测得的沸点称为正常沸点，但通常外界压力并不恰好等于100 kPa，因此应对实验测得的沸点进行压力校正，校正公式是从特鲁顿规则及克劳修斯-克拉佩龙方程推导而得。其公式为

$$\Delta t_{压} / ℃ = \frac{(273.15 + t_A / ℃)}{10} \times \frac{(10^5 - p / \text{Pa})}{10^5} \tag{2.1.9}$$

(3) 经校正后，体系的正常沸点应为

$$t = t_A + \Delta t_{露} + \Delta t_{压} \tag{2.1.10}$$

(4) 设计表格记录原始数据和实验结果。

(5) 根据沸点-组成数据绘制$t$-$x$(或$T$-$x$)图，并确定恒沸组成和恒沸点。

7. 问题思考

(1) 如何判断气、液相已达平衡？

(2) 测定时是否需要每次把仪器烘干？

(3) 若气相冷凝液收集槽过大或过小，以及连接冷凝管和圆底烧瓶之间的连管过短或过长对实验结果有何影响？

(4) 试讨论本实验的主要误差来源。

8. 实验评注

(1) 实验体系选择：本实验所选择体系的沸点范围较为合适。在许多教材中，二元体系相图的绘制大多采用苯-乙醇、环己烷-己醇体系；由于苯有毒且为致癌物质，本实验选用正丙醇-水体系，既可减少环境污染，又较经济，且绘制的相图较好，能满足实验的教学要求。

(2) 做好本实验的关键是温度的准确控制和折射率的测定，折射率的测定要求快速、准确，如果操作不当，误差将会很大。

(3) 仪器的设计必须便于沸点和气、液两相组成的测定。蒸气冷凝部分设计是关键之一。

(4) 气-液相图的实际意义在于只有掌握了气-液相图，才有可能利用蒸馏方法使液体混合物有效分离。在石油工业和溶剂、试剂的生产过程中，常利用气-液相图来指导并控制分馏、精馏的操作条件，使液体混合物得以有效的分离。

(5) 做好本实验应注意以下几点：①电阻丝不能露出液面，一定要被欲测液体浸没，否则通电加热会引起有机液体燃烧，通电电流不能太大，只要能使欲测液体沸腾即可，过大会引起欲测液体的燃烧或烧断电阻丝；②一定要使体系达到气-液平衡，即温度读数恒定不变；③只能在停止通电加热后才能取样分析；④使用阿贝折射仪时，棱镜上不能触及硬物(如滴管)，擦棱镜时需用擦镜纸；⑤实验过程中必须在冷凝管中通入冷却水，以使气相全部冷凝。

(6) 沸点温度-压力校正公式的导出：由克劳修斯-克拉佩龙方程得

$$\frac{\mathrm{d}\ln(p/\mathrm{Pa})}{\mathrm{d}t}=\frac{\Delta_{\mathrm{vap}}H_{\mathrm{m}}}{RT^2}\quad 或 \quad \frac{\mathrm{d}p}{p\mathrm{d}t}=\frac{\Delta_{\mathrm{vap}}H_{\mathrm{m}}}{RT^2}$$

设标准大气压 $p^{\ominus}$ 时的正常沸点为 $T_{0b}$，则上式近似为

$$\frac{\Delta p}{p^{\ominus}\Delta T}=\frac{\Delta_{\mathrm{vap}}H_{\mathrm{m}}}{RT^2}$$

式中，$\Delta p=p^{\ominus}-p$，$\Delta T=T_{0b}-T_{b}$。

$$\Delta T=T_{0b}-T_{b}=\frac{\Delta p}{p^{\ominus}}\cdot\frac{RT_{0b}^2}{\Delta_{\mathrm{vap}}H_{\mathrm{m}}}$$

根据特鲁特规则：$\dfrac{\Delta_{\mathrm{vap}}H_{\mathrm{m}}}{T_{b}}\approx 88\ \mathrm{J\cdot K^{-1}\cdot mol^{-1}}$

$$\Delta T=T_{0b}-T_{b}\approx\frac{p^{\ominus}-p}{p^{\ominus}}\cdot\frac{8.314T_{b}^2}{88T_{b}}\approx\frac{T_{b}(p^{\ominus}-p)}{10\times p^{\ominus}}=\frac{273.15+t_{A}/℃}{10}\times\frac{(10^5-p/\mathrm{Pa})}{10^5}$$

(7) 实验数据记录见表 2.1.5。

**表 2.1.5　不同组成的正丙醇-水溶液的折射率**

室温：__________℃　　　　大气压：__________kPa

| 正丙醇溶液的摩尔分数 | 沸点/℃ | $n_D$(液相) | | | | $n_D$(气相) | | | | $x_{正丙醇}$(组成) | |
|---|---|---|---|---|---|---|---|---|---|---|---|
| | | 1 | 2 | 3 | 平均 | 1 | 2 | 3 | 平均 | 液相 | 气相 |
| 0.05 | | | | | | | | | | | |
| 0.10 | | | | | | | | | | | |
| 0.20 | | | | | | | | | | | |
| 0.30 | | | | | | | | | | | |
| 0.45 | | | | | | | | | | | |
| 0.55 | | | | | | | | | | | |
| 0.65 | | | | | | | | | | | |
| 0.75 | | | | | | | | | | | |
| 0.90 | | | | | | | | | | | |

(8) 文献值($p^{\ominus}$条件)最低恒沸点：87.8 ℃，最低恒沸组成：0.43(摩尔分数)。

### 2.1.5　环己烷-乙醇-水三组分体系相图的测绘

1. 实验目的

(1) 测绘环己烷($C_6H_{12}$)-乙醇($C_2H_5OH$)-水($H_2O$)三组分体系相图，掌握其原理及方法。

(2) 明确相律和等边三角形相图的规则和特点。

2. 预习要点

(1) 熟练掌握三角形坐标规则。

(2) 了解三液系相图的特点。

3. 实验原理

在环己烷-乙醇-水三组分体系中，$C_6H_{12}$-$H_2O$ 是部分互溶，而 $C_2H_5OH$-$H_2O$、$C_6H_{12}$-$C_2H_5OH$

都是完全互溶的，所以在 $C_6H_{12}$-$H_2O$ 体系中加入乙醇，能增加 $C_6H_{12}$-$H_2O$ 之间的互溶度，$C_2H_5OH$ 量增加，互溶度增大。当加入的 $C_2H_5OH$ 达到某一定数量时，$C_6H_{12}$-$H_2O$ 能完全互溶，此时三组分体系由浑变清。在恒温恒压的条件下，体系由浑变清所需要加入 $C_2H_5OH$ 的量取决于原来 $C_6H_{12}$-$H_2O$ 混合物比例及质量。反过来，把水加入 $C_6H_{12}$-$C_2H_5OH$ 均相混合体系中，却会出现由清变浑的现象，所需加入的 $H_2O$ 量也取决于原 $C_6H_{12}$-$C_2H_5OH$ 混合物的比例和质量。显然，利用体系相变的“浑浊”和“清亮”现象，可以判断体系各组分间互溶度的大小，绘制三组分体系溶解度曲线。一般来说，对于用肉眼观察的实验，由清变浊较易辨认，误差小，因此本实验均由单相体系加入第三种组分使体系变成两相的方法。

设有一个 $C_2H_5OH$-$C_6H_{12}$ 的二组分均相体系，其原始组成的物系点为 $k$，见图 2.1.9，当达到溶解度曲线上的点时，体系由单相区进入两相区，体系由清变浑，再加入一定量的水，体系点组成将沿 $dA$ 变化($C_6H_{12}$-$H_2O$ 比例不变)，当达到 $e$ 点时，体系成为清亮的单相，此体系再加入水，则体系的点组成沿 $eC$ 变化直到 $f$ 点，体系再次由清变浑，进入两相区，如此反复进行可以获得 $d$、$f$、$h$ 等位于溶解度曲线上的点。也可以将原始组成 $k$ 点置于靠近 $C_2H_5OH$ 的一端，用同样的方法也可求出曲线上的点，把这些点连起来就可得到溶解度曲线。

由于 $C_2H_5OH$ 在富环己烷层和富水层中是非等量分配的，因此平衡共存的两层溶液(共轭溶液)其相点的连线(连接线)并不一定与底边平行，见图 2.1.10。测定连接线实际上确定一对共轭溶液的组成，只要称出各层溶液的质量，测定出 $C_2H_5OH$ 的含量，结合溶解度曲线，就可确定其相点，得到连接线。

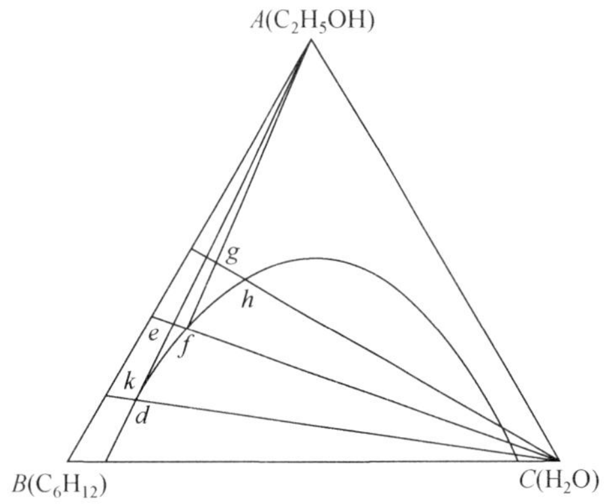


图 2.1.9　滴定路线图

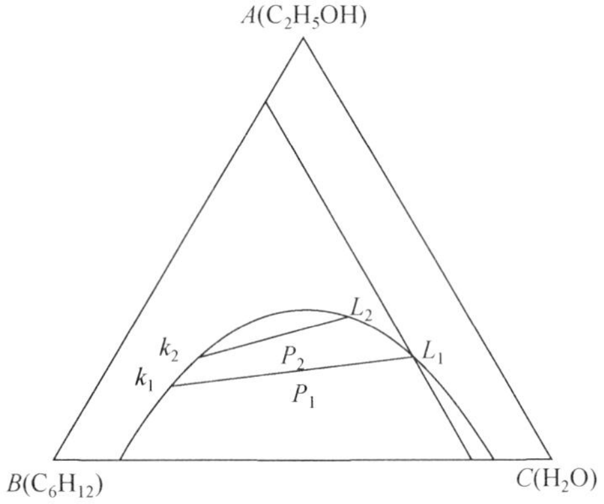


图 2.1.10　连接线的测定

4. 实验仪器与试剂

100 mL 磨口锥形瓶(3 只)、25 mL 磨口锥形瓶(2 只)、50 mL 滴定管(3 支)、200 mL 锥形瓶(2 只)、2 mL 移液管(2 支)、1 mL 移液管(3 支)、5 mL 刻度吸管(2 支)、10 mL 刻度吸管(1 支)、10 mL 微量滴定管(2 支)、振荡器(1 台)、环己烷(A.R.)、乙醇(A.R.)。

5. 实验步骤

(1) 取三支洁净的 50 mL 滴定管分别装入环己烷、乙醇及水(装环己烷和乙醇的滴定管应事先干燥)，用移液管加入 5 mL 环己烷于干燥过的 100 mL 磨口锥形瓶内，再用移液管滴入 1 mL 乙醇，摇匀成均相后，由滴定管慢慢滴入蒸馏水，边滴边摇动，直到有浑浊的“油珠”出现，记下此时所用水的体积。再加入 3 mL 乙醇，体系又成均相，继续用水滴定，使体系再由清变浑，分别记下环己烷、乙醇和水所加入的总体积，再依次加入 3 mL、3 mL、5 mL、5 mL、5 mL 乙醇，用水同法滴定，并记录各组数据。

(2) 取一个干燥过的 100 mL 磨口锥形瓶，用移液管移取 0.5 mL 环己烷及 8 mL 乙醇，用水滴定至浑浊，记下所用水的体积。再依次加入 2 mL、5 mL 乙醇，继续用水滴至终点。

在滴定时要一滴一滴慢慢地加入，特别是乙醇含量很少时，更应特别注意，在乙醇含量较多时，开始时可滴得快一些，接近终点时要慢慢地滴定，由于此时溶液接近饱和，溶解平衡需要较长的时间，因此更要多加振荡。由于分散的“油珠”颗粒能散射光线，所以只要体系出现浑浊，且在 2～3 min 不消失，可视为达到终点。

6. 实验数据处理

(1) 根据实验温度下 $H_2O$、$C_6H_{12}$、$C_2H_5OH$ 的密度，求算所有相变点时三种组分的质量及质量分数，将所有的数据列表。

(2) 根据表中数据，在等边三角形坐标上画出各个相变点，然后连成一条平滑的曲线，并标明各相区的意义。

7. 问题思考

(1) 锥形瓶为什么要事先干燥?

(2) 从测量过程来看，体系的组成能用几位有效数字表示?

(3) 当体系总组成点在曲线内与曲线外时，相数有何变化?

(4) 如果滴定过程中有一次清浊转变时读数不准，是否需要立即倒掉溶液重新做实验?

8. 实验评注

(1) 三组分部分互溶相图是液-液萃取操作的基础。例如，石油工业中某些芳烃和烷烃的沸点相差不大，经常形成恒沸物，用一般精馏方法无法分离，就是用二甘醚、环丁砜等溶剂进行萃取分离的。

(2) 学生通过本实验可熟悉三角坐标的绘制和使用。

(3) 互溶曲线的测定多采用滴定法，即先配好一系列完全互溶二元液，再用第三组分滴至由清变浑，这样就较易观察转变点。

(4) 在滴加水的过程中必须一滴一滴地加入，且不停地振摇锥形瓶，待出现浑浊并在 2～3 min 不消失，即为终点。特别是在接近终点时要多振摇，此时溶液接近饱和，溶解平衡需较长的时间。

### 2.1.6 二组分金属合金相图的测绘

1. 实验目的

(1) 学会用热分析法(步冷曲线法)测绘二组分金属合金相图。

(2) 掌握热分析法绘制相图的实验技术。

(3) 了解金属相图测定仪的原理及使用方法。

2. 预习要点

(1) 明确相律的概念及公式，应用其分析二组分系统的相数和自由度数。

(2) 了解简单的二组分金属体系的相图类型。

(3) 什么是热分析法？怎样由步冷曲线得到金属相图？

3. 实验原理

相图是研究特定体系的状态随压力、温度、组成等变量的改变而变化的图形。在压力保持不变条件下，组成-温度相图最为常用。

对于简单的二组分金属体系，相图类型主要有三种：①液相完全互溶，固相也完全互溶成固溶体的系统(Cu-Ni 系统)；②液相完全互溶，但固相完全不互溶的系统(Bi-Cd 系统)；③液相完全互溶，而固相是部分互溶的系统(Pb-Sn 系统)，该实验就以这一系统为研究对象。

对于二组分系统 $C$=2，若实验压力保持不变，则 $f^* = C + 1 - \Phi = 3 - \Phi$

$\Phi = 1$，$f^* = 2$，双变量系统；

$\Phi = 2$，$f^* = 1$，单变量系统；

$\Phi = 3$，$f^* = 0$，无变量系统。

热分析法是测绘金属相图最基本的方法之一。该方法的关键是得到步冷曲线，步冷曲线是指将固相系统加热熔化(或液相冷却凝固)，记录冷却过程中温度随时间变化的曲线。当系统有新相凝聚，放出相变热，步冷曲线的斜率发生变化，因此曲线的斜率和转折点表征了相变的信息。由体系的组成和相变点的温度作为 $T$-$x$ 图上的一个点，许多实验点的合理连接就得到完整的固液相图。

图 2.1.11 为简单二组分 A-B 金属体系相图和步冷曲线。从步冷曲线可以看出，若熔融系统在均匀冷却过程中无相的变化，其温度连续均匀下降，得到平滑的冷却曲线，若在冷却过程中发生了相变，则因放出相变热，热损失有所抵偿，冷却曲线就会出现转折或水平线段，每个转折点所对应的温度即为该组成合金的相变温度。对于简单的低共熔二组分金属体系，具有图 2.1.11 的三种形状的冷却曲线(最少五条曲线)，由冷却曲线可以得到有固体析出的温度和低共熔点温度，根据一系列组成不同的步冷曲线的转折点即可绘制出温度-组成相图，见图 2.1.11。

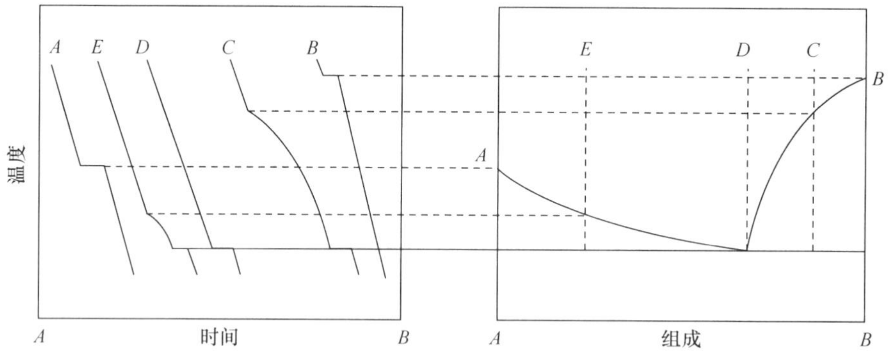


图 2.1.11　简单二组分金属体系相图(右)和步冷曲线(左)示意图

4. 实验仪器与试剂

金属相图(步冷曲线)测定装置(1 套)、计算机(1 台)、电子分析天平(1 台)、金属 Pb 和 Sn。

5. 实验步骤

(1) 配制样品。用电子分析天平称量，分别配制 Sn 含量为 80%、63%(低共熔混合物)、20%的 Pb-Sn 混合物各 100 g，另外称纯 Pb、纯 Sn 各 100 g 分别放入 5 支试管中，覆盖一层石蜡或碳粉，防止金属被氧化。

(2) 测定样品。将装有样品的试管放入相图炉内，温度计插入样品管中(使其顶部离样品管底约 1 cm 处)。接通电源，根据不同组成设置温度，按下复位键，使样品加热熔融，同时调节加热电压为 120 V。

当加温温度超过设置温度后，加热自动停止。将设置温度及电压计旋钮回至零位，此时炉内温度将继续上升，当温度计至最高点(根据具体体系设定)时，将样品管取出，用装温度计的钢套将样品小心地搅拌均匀，再将样品管放回相图炉中。

按定时键，时间间隔调为 60 s，在指示音的提示下，即可每分钟读取温度一次，待转折点出现后，温度均匀下降约 5 min 即可停止读数。

6. 实验数据处理

(1) 查出纯 Pb 和 Sn 的熔点。

(2) 找出各条步冷曲线中拐点和平台对应的温度值。

(3) 以温度为纵坐标，组成为横坐标，绘制 Pb-Sn 合金相图。

7. 问题思考

(1) 步冷曲线为什么会出现转折点和平台？纯金属、低共熔金属及合金各有几个转折点？曲线的形状为什么不同？用相律分析原因。

(2) 在作出的相图上，用相律分析低共熔混合物熔点曲线及各区域内的相数和自由度数。

(3) 为什么不同组成的步冷曲线，最低共熔点的水平线段长度不同？

8. 实验评注

(1) 关键操作及注意事项：①为使步冷曲线上有明显的相变点，必须将热电偶结点放在熔融体的中间偏下处，将纯金属放在加热的原炉中，把电压推到零，缓慢冷却；②熔化样品时，升温电压不能加热太快，要缓慢升温，一般金属熔化后，继续加热 2 min 即可停止加热；③被测样品依次按高熔点到低熔点进行测定；④实验过程中，样品管要小心轻放，插换热电偶时要格外小心，防止损坏样品管。

(2) 实验数据记录见表 2.1.6。

**表 2.1.6　Pb-Sn 体系数据记录**

室温：__________℃　　　　大气压：__________kPa

| 组成/% | 纯 Pb | 纯 Sn | Pb(20%)+ Sn(80%) | Pb(37%)+Sn(63%) | Pb(80%)+Sn(20%) |
|---|---|---|---|---|---|

(3) 文献值见表 2.1.7。

**表 2.1.7　Pb-Sn 体系的熔点对照**

| Sn/% | 0 | 30 | 50 | 61.9 | 80 | 100 |
|---|---|---|---|---|---|---|
| 熔点温度/℃ | 327 | 262 | 220 | 181 | 200 | 232 |
| 最低共熔点温度/℃ | | 181 | 181 | 181 | 181 | |
| 最低共熔混合物组成 | 含 Sn 63% | | | | | |

### 2.1.7　分配系数和化学反应平衡常数的测定

1. 实验目的

(1) 通过测定碘在四氯化碳和水中的分配系数，测定碘和碘离子的反应平衡常数。
(2) 了解温度对分配系数和平衡常数的影响。

2. 预习要点

(1) 掌握可逆反应 $I^- + I_2 \rightleftharpoons I_3^-$ 平衡常数测定的实验原理及实验注意事项。
(2) 熟悉 $Na_2S_2O_3$ 滴定 $I_2$ 的滴定操作方法。
(3) 了解化学反应平衡常数的测定方法。

3. 实验原理

碘和碘化物(如 KI)在水中有如下反应平衡存在：

$$I^- + I_2 \rightleftharpoons I_3^- \quad 或 \quad KI + I_2 \rightleftharpoons KI_3 \tag{2.1.11}$$

反应的平衡常数 $K_c$ 为

$$K_c = c(I_3^-)/[c(I^-)c(I_2)] \tag{2.1.12}$$

式中，$c(I^-)$、$c(I_2)$、$c(I_3^-)$ 分别为反应达平衡时各反应物、产物浓度。根据式(2.1.12)计算反应的平衡常数。但对该实验，不能用碘量法直接测定出化学反应平衡时 $I_2$ 的浓度。用 $Na_2S_2O_3$ 滴定平衡溶液中 $I_2$ 浓度时，随着 $Na_2S_2O_3$ 滴定 $I_2$ 的进行，平衡反应中 $I_2$ 的浓度减少，根据式(2.1.11)，化学反应的平衡会向左移动，直至 $I_3^-$ 消耗完毕，这样测得的 $I_2$ 量实际上是平衡溶液中$[I_2]$与$[I_3^-]$之和，并不是单纯溶液的$[I_2]$。因此，为了测定反应平衡时的$[I_2]$，本实验用含有适量碘的 $CCl_4$ 和 KI 溶液混合振荡，达成复相平衡；而且在 $CCl_4$ 中只有 $I_2$ 能溶，$KI_3$ 和 KI 不溶。所以，在温度和压力一定时，溶液中的 $I_2$ 不仅与水层中的 $I^-$ 和 $I_3^-$ 建立平衡，也与 $CCl_4$ 中的 $I_2$ 建立平衡，见图 2.1.12。通过测定 $I_2$ 在 $CCl_4$ 层的含量，再根据分配系数，利用式(2.1.15)就可以计算出反应达平衡时 $I_2$ 在 KI 溶液中的浓度 $c(I_2，KI)$。再滴定 KI 溶液中的碘量，计算得到的是反应达平衡时 KI 溶液中 $c(I_2)$和 $c(I_3^-)$的总和(用 $c_{总}$表示)，再减去反应达平衡时的 $c(I_2)$，即得到反应达平衡时 $c(I_3^-)$。又根据化学反应式(2.1.11)，形成一个 $I_3^-$ 要消耗一个 $I^-$，所以反应达平衡时 $I^-$ 的浓度 $c(I^-)$为

$$c(I^-) = c_0 - c(I_3^-)$$

式中，$c_0$ 为化学反应进行时 KI 溶液的初始浓度。将计算得到化学反应达平衡时的各浓度 $c(I^-)$、$c(I_2)$、$c(I_3^-)$代入式(2.1.12)，计算可得到化学反应的平衡常数 $K_c$。

$$K_c = \frac{c(I_3^-)}{c(I^-)+c(I_2)} = \frac{c_{总} - c(I_2)}{c(I_2)[c_0 - c_{总} + c(I_2)]} \tag{2.1.13}$$

在一定温度下达到平衡时，碘分别在 $CCl_4$ 层中的浓度和水溶液中的浓度之比为常数 $K_d$ [式(2.1.14)]，称为分配系数。

$$K_d = c(I_2, CCl_4)/c(I_2, H_2O) \tag{2.1.14}$$

$$c(I_2, KI) = c(I_2, CCl_4)/K_d \tag{2.1.15}$$

4. 实验仪器与试剂

恒温水浴槽(1 台)、250 mL 碘量瓶(3 只)、100 mL 容量瓶(2 支)、5 mL 移液管(3 支)、250 mL 锥形瓶(4 支)、50 mL 碱式滴定管(棕色，1 支)、洗耳球(1 个)、25mL 量筒(1 支)、10 mL 量筒(1 支)、滴定台(1 个)、微量滴定管(1 支)、50 mL 移液管(3 支)、0.1 mol · $dm^{-3}$ $Na_2SO_3$ 标准溶液、0.5% 淀粉指示剂、纯 $CCl_4$(A.R.，1 瓶)、0.1 mol · $dm^{-3}$ KI 标准溶液、0.06 mol · $dm^{-3}$ $I_2$ 的 $CCl_4$ 溶液、固体 KI(A.R.，1 瓶)。

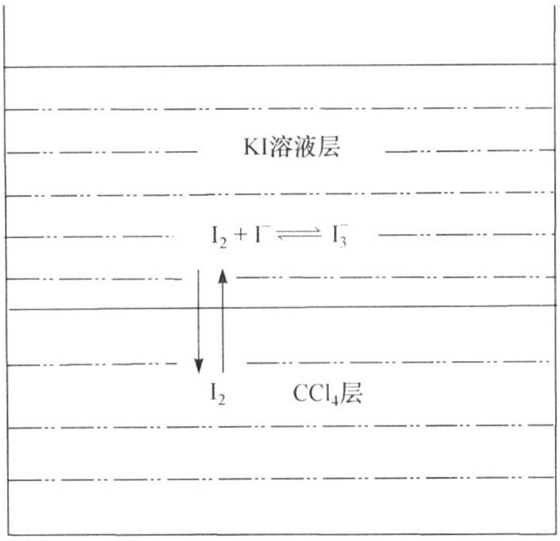


图 2.1.12 $I_2$ 在 $CCl_4$ 和水层的平衡

5. 实验步骤

(1) 调节恒温槽温度至(25.00±0.05) ℃。

(2) 配制反应体系。按表 2.1.8 所列比例在预习时配好于碘量瓶中，标上编号，小心用力振荡(避免振荡时溶液冲出)。实验时再置于恒温槽内恒温 1.5 h，恒温期间每间隔 10 min 取出摇动一次，每次不要超过 30 s，以免温度改变，影响实验结果。最后一次振荡后，必须将附在水层表面的 $CCl_4$ 振荡下去，待两层充分分离后，再吸取样品进行分析。

**表 2.1.8 反应体系的配制**

| 实验编号 | | 1 | 2 | 3 |
|---|---|---|---|---|
| 混合溶液的组成 | $H_2O$ | 200 | 100 | 0 |
| | $I_2$ 的 $CCl_4$ 溶液 | 25 | 20 | 25 |
| | KI 溶液 | 0 | 100 | 200 |
| | $CCl_4$ | 0 | 5 | 0 |

(3) 样品分析。

(i) 在各号样品瓶中准确吸取 50 mL 水溶液层样品三份(注意不能将 $CCl_4$ 溶液吸入)，放入干净的 250 mL 锥形瓶中，用 $Na_2S_2O_3$ 标准溶液滴定(1 号溶液要用微量滴定管滴定)。滴至淡黄色时加入 5～10 滴淀粉指示剂，此时溶液呈深蓝色。继续用 $Na_2S_2O_3$ 标准溶液滴至蓝色刚消失为止，记下所消耗的 $Na_2S_2O_3$ 体积。每份样品平行滴定三次，取其平均值。

(ii) 在各号样品的 $CCl_4$ 层准确吸取 5 mL 样品三份(为了不让水层样品进入移液管，必须用一指头紧压移液管上端口，至插入 $CCl_4$ 层中或者边向移液管吹气边通过水层而插入 $CCl_4$ 层)，放入盛有 10 mL 蒸馏水的锥形瓶中。加入少许固体 KI 或少量浓 KI 溶液，以保证 $CCl_4$ 层中的碘完全提取到水层中。同样用 $Na_2S_2O_3$ 标准溶液滴定(2 号、3 号溶液 $CCl_4$ 层用微量滴定管滴定)，记下所消耗的 $Na_2S_2O_3$ 体积。每份样品平行滴定三次，取其平均值。

6. 实验数据处理

(1) 根据式(2.1.14)计算 $CCl_4$ 层和水层中 $I_2$ 的分配系数 $K_d$。

(2) 根据相关公式计算化学反应达平衡时的浓度 $c(I^-)$、$c(I_2)$、$c(I_3^-)$。

(3) 根据式(2.1.13)计算反应的平衡常数 $K_c$。

7. 问题思考

(1) 在实验过程中如何加速平衡的到达?

(2) 配制 1 号、2 号、3 号溶液进行实验的目的是什么? 根据实验的结果能否判断反应已达平衡?

(3) 用 $Na_2S_2O_3$ 标准溶液滴定各样品中水溶液中的碘时，1 号样品为什么要用微量滴定管?

8. 实验评注

(1) 测定化学反应的平衡常数通常可有两种方法。①物理方法：通过测定体系物理性质如折射率、电导率、颜色等来确定平衡组成的方法，物理方法的优点是一般不扰乱体系的平衡状态；②化学方法：通过化学分析的方法确定平衡组成的方法，该法的关键是准确测定化学反应真正的平衡组成，为此常需要在分析前“冻结”反应，如“骤冷”、“除去催化剂”、“大量冲释”等。本实验巧妙地利用了复相平衡，借助分配系数 $K_d$ 得到了准确的平衡组成，在化工生产和科学研究中有一定的推广价值。

(2) 实验数据记录见表 2.1.9。

**表 2.1.9 实验数据记录**

室温：__________℃ 大气压：__________kPa

$Na_2S_2O_3$ 标准溶液浓度：__________ KI 溶液浓度：__________

| 编号 | 1 | | 2 | | 3 | |
|---|---|---|---|---|---|---|
| 取样体积/mL | 50 mL 水 | 5 mL $CCl_4$ | 50 mL 水 | 5 mL $CCl_4$ | 50 mL 水 | 5 mL $CCl_4$ |
| $V_{Na_2S_2O_3}$ /mL | | | | | | |
| $\bar{V}_{Na_2S_2O_3}$ /mL | | | | | | |
| $c_{总}/(mol\cdot dm^{-3})$ | | | | | | |
| $K_d$ | | | | | | |
| $c(I_2)/(mol\cdot dm^{-3})$ | | | | | | |
| $c(I_3^-)/(mol\cdot dm^{-3})$ | | | | | | |
| $c(I^-)/(mol\cdot dm^{-3})$ | | | | | | |
| $K_c$ | | | | | | |
| $\bar{K}_c$ | | | | | | |

(3) 文献值：$K_c$ (298.15K)=760。

### 2.1.8　凝固点降低法测定物质的摩尔质量

1. 实验目的

(1) 用凝固点降低法测定萘的摩尔质量。
(2) 通过实验掌握溶液凝固点的测定技术，并加深对稀溶液依数性的理解。

2. 预习要点

(1) 掌握稀溶液凝固点降低的计算公式。
(2) 明确温度变化的测定方法。

3. 实验原理

固体溶剂与溶液达成平衡的温度称为溶液的凝固点。含非挥发性溶质的双组分稀溶液的凝固点低于纯溶剂的凝固点。凝固点降低是稀溶液依数性质的一种表现。溶液的浓度很稀时，确定了溶剂的种类和数量后，溶剂凝固点降低值仅取决于所含溶质分子的数目。稀溶液的凝固点降低公式为

$$\Delta T_{\mathrm{f}} = \frac{R(T_{\mathrm{f}}^{*})^{2} M_{\mathrm{A}}}{\Delta_{\mathrm{fus}} H_{\mathrm{m,A}}^{*}} m_{\mathrm{B}} = K_{\mathrm{f}} \frac{W_{\mathrm{B}}}{M_{\mathrm{B}} W_{\mathrm{A}}} \tag{2.1.16}$$

式中，$\Delta T_{\mathrm{f}}$ 为凝固点降低值；$T_{\mathrm{f}}^{*}$ 为纯溶剂 A 的凝固点；$\Delta_{\mathrm{fus}} H_{\mathrm{m,A}}^{*}$ 为纯溶剂 A 的摩尔熔化热；$M_{\mathrm{B}}$ 为溶质 B 的摩尔质量；$m_{\mathrm{B}}$ 为溶质 B 的质量摩尔浓度；$K_{\mathrm{f}}$ 为溶剂的凝固点降低常数，其数值只与溶剂的性质有关；$W_{\mathrm{A}}$ 和 $W_{\mathrm{B}}$ 分别为溶剂 A 和溶质 B 的质量。

如果已知溶剂的 $K_{\mathrm{f}}$ 值，并用图 2.1.13 的凝固点测量仪测得溶剂和溶质的质量分别为 $W_{\mathrm{A}}$ 和 $W_{\mathrm{B}}$，已知溶液的凝固点降低值 $\Delta T_{\mathrm{f}}$，则溶质 B 的摩尔质量可由式(2.1.17)求得。

$$M_{\mathrm{B}} = K_{\mathrm{f}} \frac{W_{\mathrm{B}}}{\Delta T_{\mathrm{f}} W_{\mathrm{A}}} \tag{2.1.17}$$

纯溶剂在凝固前温度随时间均匀下降，当达到凝固点时，固体析出，放出热量，补偿了环境的热散失，因而温度保持恒定，直至全部凝固后，温度均匀下降，其步冷曲线见图 2.1.14(a)。实际上纯液体凝固时，由于开始析出微小晶粒的饱和蒸气压大于同温度下液体饱和蒸气压，所以往往会产生过冷现象，即液体的温度要达到凝固点以下才析出固体，随后温度再上升到凝固点，步冷曲线见图 2.1.14(b)。

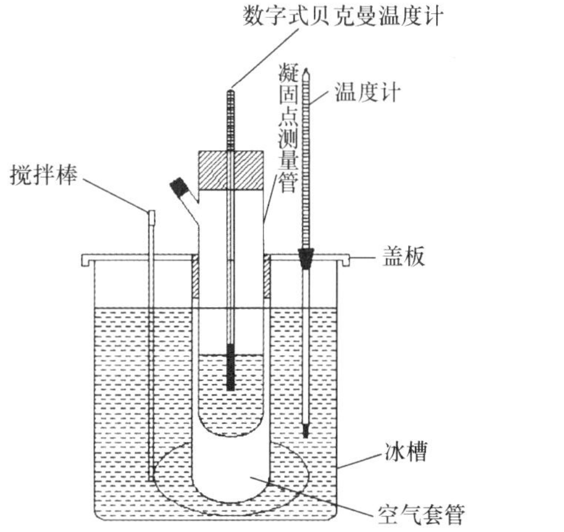

图 2.1.13　凝固点测量仪

溶液的冷却情况与此不同，当溶液冷却到凝固点时，开始析出固态纯溶剂。随溶剂

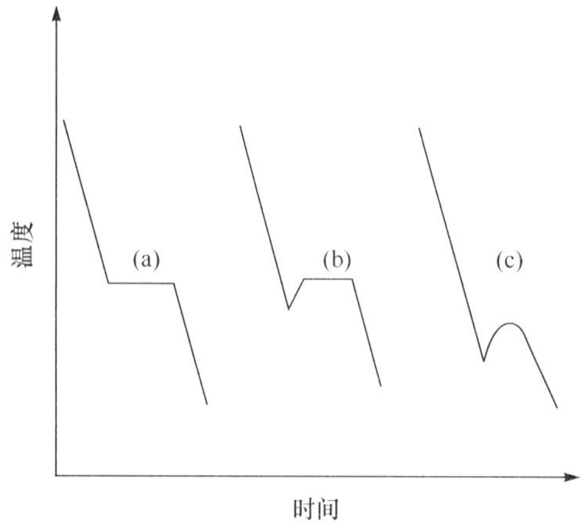


图 2.1.14　步冷曲线

的析出，溶液的浓度相应增加，所以溶液的凝固点随溶剂的析出而不断下降，在步冷曲线上得不到温度不变的水平线段。当有过此情况发生时，溶液的凝固点应从步冷曲线上待温度回升后外推而得，步冷曲线见图 2.1.14(c)。

4. 实验仪器与试剂

凝固点测量仪(1 套)、烧杯(1000 mL，1 只)、数字式贝克曼温度计(1 台)、水银温度计(分度值 0.1℃，1 支)、压片机(1 台)、萘(A.R.)、酒精温度计(1 支)、环己烷(A.R.)、移液管(25 mL，1 支)、碎冰。

5. 实验步骤

(1) 如图 2.1.13 所示安装凝固点测定仪。注意凝固点测量管、搅拌棒都必须清洁、干燥，温度测定仪的探头及水银温度计都必须与搅拌棒有一定的空隙，防止搅拌时发生摩擦。

(2) 用碎冰调节水浴温度，使其低于环己烷凝固点 2～3℃，并应经常搅拌，不断加入碎冰，使水浴温度保持基本不变。

(3) 调节温度测定仪，使探头在滴定管中时数字显示为“0”。

(4) 用移液管准确吸取 25 mL 环己烷，小心放入滴定管中，塞紧软木塞，防止环己烷挥发，温度测定仪探头置于环己烷液面下合适位置，记下环己烷的温度值。将测定管直接放在冰浴中，不断移动搅拌棒，使环己烷逐步冷却。当刚有固体析出时，迅速取出测定管，擦干管外冰水，插入空气套管中，缓慢均匀搅拌，观察温度测定仪的数显值，直至温度稳定，即为环己烷的凝固点参考温度。

取出测定管，用手温热，同时搅拌，使管中固体完全熔化，再将测定管直接插入冰浴中，缓慢搅拌，使环己烷迅速冷却，当温度降至高于凝固点参考温度 0.5 ℃时，迅速取出测定管，擦干，放入空气套管中，每秒搅拌一次，使环己烷温度均匀下降，当温度低于凝固点参考温度时，应急速搅拌(防止过冷温度超过 0.5 ℃)，促使固体析出。当固体析出时，温度开始上升，即搅拌减慢，注意观察并连续记录温度测定仪的数字变化，直至稳定，此即为环己烷的凝固点。重复测定三次，要求环己烷凝固点的平均误差小于±0.003 ℃。

(5) 溶液凝固点的测定。取出测定管，使管中的环己烷熔化，从测定管的支管加入事先压成片状的 0.2～0.3 g 萘，待溶解后，用(4)中同样的方法测定溶液的凝固点。先测定凝固点的参考温度，再精确绘制溶液步冷曲线。溶液凝固点是由步冷曲线上温度回升后外推而得。重复测定三次，要求环己烷凝固点的平均误差小于±0.003 ℃。

6. 实验数据处理

(1) 用公式 $\rho/(\mathrm{kg\cdot m^{-3}})=0.7971\times10^{3}-0.8879\times t/℃$ 计算室温时环己烷的密度，然后算出环己烷的质量 $W_1$。

(2) 利用测定的纯溶剂、溶液的凝固点求得 $\Delta T_f$ 和 $K_f$，计算萘的摩尔质量。已知环己烷的凝固点 $T_f^*$ =279.7 K，$K_f$=20.1 kg · K · mol$^{-1}$。

7. 问题思考

(1) 为什么会产生过冷现象？实验中深度过冷对实验结果有什么影响？如何控制过冷程度？

(2) 溶剂在冷却过程中，达到凝固点后步冷曲线会出现一段水平线，而溶液在冷却过程中达到凝固点后步冷曲线却是一段逐渐下降的斜线，为什么？

(3) 根据什么原则考虑加溶质的量？太多或者太少有什么影响？

8. 实验评注

(1) 冰浴温度以不低于溶液凝固点 3 ℃为宜。

(2) 测定凝固点时，注意防止过冷温度超过 0.5 ℃，可以加入少量溶液的微小晶体作为晶种，以促使晶体生成。

(3) 要保证溶剂、溶质的纯度，纯度不足会直接影响实验的结果。

## 2.2 电化学实验

### 2.2.1 原电池电动势的测定及应用

1. 实验目的

(1) 掌握补偿法测定电池电动势的原理和电位差综合测试仪的使用方法。

(2) 熟悉用电动势法测定电极的标准电极电势、难溶盐的活度积及溶解度、溶液 pH 等。

(3) 学会 Ag-AgCl 电极和汞齐化电极的制备和预处理方法。

(4) 熟悉所用仪器的使用方法。

2. 预习要点

(1) 了解可逆电池、可逆电极、盐桥等概念及其制备。

(2) 了解补偿法测定电池电动势的原理和测定线路。

(3) 了解相关仪器的使用注意事项和实验步骤。

3. 实验原理

原电池是使化学能转变为电能的装置，它由正、负两极和电解质组成。通过测定电池电动势可求算某些反应的$\Delta H$、$\Delta S$、$\Delta G$ 等热力学函数，电解质的平均活度系数，难溶盐的溶度积和溶液的 pH 等数据。通过电化学求算这些数据，必须能够设计成一个可逆电池。首先要求电池必须在可逆情况下工作，即放电过程和充电过程都必须在准平衡状态下进行，此时只允许有无限小的电流通过电池。因此，用电化学方法研究化学反应的热力学性质时，所设计的电池应尽量避免出现液接界，在精确度要求不高的测量中，常用“盐桥”减小液接

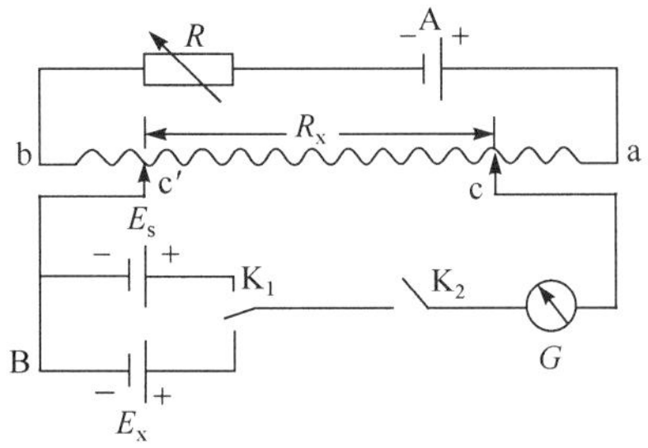


图 2.2.1　对消法测量原理示意图

界电势。

根据我国习惯规定，对任意可逆电池，其关系为

$$E=\varphi_{+}-\varphi_{-}=\varphi_{右}-\varphi_{左} \tag{2.2.1}$$

式中，$E$ 为电池电动势；$\varphi_{+}$、$\varphi_{-}$ 分别为正、负电极的电极电势。

测定电动势的方法是补偿法(对消法)，如图 2.2.1 所示，其原理参见第 3 章。

本实验测定下列几个电池的电动势：

(i) $(-)Hg(l)|Hg_2Cl_2(s)|KCl(饱和)||AgNO_3(0.01\ mol\cdot dm^{-3})|Ag(s)(+)$

(ii) $(-)Ag(s)|AgCl(s)|KCl(0.1\ mol\cdot dm^{-3})||AgNO_3(0.01\ mol\cdot dm^{-3})|Ag(s)(+)$

(iii) $(-)Hg(l)|Hg_2Cl_2(s)|KCl(饱和)||H^{+}(0.1\ mol\cdot dm^{-3}\ HAc+0.1\ mol\cdot dm^{-3}\ NaAc),Q\cdot H_2Q|Pt(s)(+)$

(iv) $(-)Zn(s)|Zn(NO_3)_2(0.01\ mol\cdot dm^{-3})||Cu(NO_3)_2(0.02\ mol\cdot dm^{-3})|Cu(s)(+)$

(1) 利用电池(i)的测定结果计算银电极的标准电极电势。

根据式(2.2.1)和能斯特公式可推得计算 Ag 电极的 $\varphi^{\ominus}_{Ag^{+}/Ag}$ 公式。

阳极电极电势　$$\varphi_{-}=\varphi_{Hg_2Cl_2(s)/Hg}$$

阴极电极电势　$$\varphi_{+}=\varphi_{Ag^{+}/Ag}=\varphi^{\ominus}_{Ag^{+}/Ag}+\frac{RT}{F}\ln a_{Ag^{+}}$$

原电池电动势

$$E=\varphi_{+}-\varphi_{-}=\varphi^{\ominus}_{Ag^{+}/Ag}+\frac{RT}{F}\ln a_{Ag^{+}}-\varphi_{Hg_2Cl_2(s)/Hg} \tag{2.2.2}$$

当 $T$=298 K 时

$$\varphi^{\ominus}_{Ag^{+}/Ag}=0.2412-\frac{0.05915}{n}\lg a_{Ag^{+}}+E \tag{2.2.3}$$

(2) 利用电池(ii)的测定结果可计算微溶盐 AgCl 的溶度积和溶解度。其具体计算过程如下：

阳极电极电势　$$\varphi_{-}=\varphi^{\ominus}_{AgCl(s)/Ag}-\frac{RT}{F}\ln a_{Cl^{-}}$$

阴极电极电势　$$\varphi_{+}=\varphi_{Ag^{+}/Ag}=\varphi^{\ominus}_{Ag^{+}/Ag}+\frac{RT}{F}\ln a_{Ag^{+}}$$

原电池电动势

$$E=\varphi_{+}-\varphi_{-}=E^{\ominus}+\frac{RT}{F}\ln(a_{Ag^{+}}a_{Cl^{-}}) \tag{2.2.4}$$

因为　$$\Delta_r G^{\ominus}=-zE^{\ominus}F=-RT\ln K^{\ominus}=-RT\ln\frac{1}{K_{sp}} \tag{2.2.5}$$

$$E^{\ominus}=\frac{RT}{F}\ln\frac{1}{K_{sp}} \tag{2.2.6}$$

所以　$$\lg K_{sp}=\lg a_{Ag^{+}}+\lg a_{Cl^{-}}-\frac{EF}{2.303RT} \tag{2.2.7}$$

在 25 ℃时，0.01 mol · dm$^{-3}$ $AgNO_3$ 的平均离子活度系数为 0.902；0.1 mol · dm$^{-3}$ KCl 的平均离子活度系数为 0.769，稀水溶液中 mol · dm$^{-3}$ 浓度可近似取 mol · kg$^{-1}$ 浓度的数值。

又因与 AgCl 电极平衡时受到 AgCl 溶度积的制约非常小，即

$$K_{sp} = a_{Ag^+} \cdot a_{Cl^-} \tag{2.2.8}$$

在纯水中，AgCl 的溶解度很小，因此活度积就是溶度积。所以，$c_{Ag^+} = c_{Cl^-} = \sqrt{K_{sp}}$，即 AgCl 在纯水中的溶解度。

(3) 利用电池(iii)的测定结果，可以计算缓冲溶液的 pH，即

阳极电极电势　$\varphi_- = \varphi_{Hg_2Cl_2(s)/Hg}$

阴极电极电势　$\varphi_+ = \varphi_{Q/H_2Q} = \varphi^{\ominus}_{Q/H_2Q} + \dfrac{RT}{F}\ln a_{H^+}$

原电池电动势

$$E = \varphi_+ - \varphi_- = \varphi^{\ominus}_{Q/H_2Q} + \frac{RT}{F}\ln a_{H^+} - \varphi_{Hg_2Cl_2(s)/Hg} = \varphi^{\ominus}_{Q/H_2Q} - \frac{2.303RT}{F}\text{pH} - \varphi_{Hg_2Cl_2(s)/Hg} \tag{2.2.9}$$

即

$$\text{pH} = \frac{\varphi^{\ominus}_{Q/H_2Q} - \varphi_{Hg_2Cl_2(s)/Hg} - E}{2.303RT/F} \tag{2.2.10}$$

由此可知，只要测出原电池(iii)的电动势，就可计算出待测溶液(HAc 和 NaAc 缓冲溶液)的 pH，式(2.2.10)适用于 pH<7 的溶液。

(4) 利用电池(iv)的测定结果，计算化学反应的 $\Delta_r G_m$、$\Delta_r G^{\ominus}_m$。

电池反应：　$Zn(s) + Cu^{2+}(a_{Cu^{2+}}) \longrightarrow Cu(s) + Zn^{2+}(a_{Zn^{2+}})$

$$\Delta_r G_m = \Delta_r G^{\ominus}_m + RT\ln\frac{a_{Zn^{2+}}}{a_{Cu^{2+}}} \tag{2.2.11}$$

### 4. 实验仪器与试剂

ZD-WC 数字电位差综合测量仪、甘汞电极、光亮铂电极、银电极(各 1 支)、广口瓶(50 mL，5 只)、移液管(10 mL，2 支)、饱和 $KNO_3$ 盐桥、氢醌固体粉末、$AgNO_3$ 溶液(0.01 mol · dm$^{-3}$)、KCl 溶液(0.1 mol · dm$^{-3}$)、饱和 KCl 溶液、HAc 溶液(0.2 mol · dm$^{-3}$)、NaAc 溶液(0.2 mol · dm$^{-3}$)、硝酸亚汞溶液(1 瓶)、$Zn(NO_3)_2$ 溶液(0.01 mol · dm$^{-3}$)、$Cu(NO_3)_2$ 溶液(0.02 mol · dm$^{-3}$)。

### 5. 实验步骤

(1) 完成电位差综合测量仪、标准电池、工作电池的接线工作，进行工作电流“标准化”操作，并熟悉仪器使用方法(图 2.2.2)，详见 3.1.5 小节。

(2) 制备电极。①Ag 电极的制备：将 Ag 丝(纯度为 99.98%)事先在 400 ℃左右退火 30 min，或用商品银电极在浓氨水浸洗后，再用水洗净，然后浸入含有少量硝酸钠的硝酸中片刻，取出用水洗净；②Ag-AgCl 电极的制备：用商品银电极进行电镀，制备成新的 Ag-AgCl 电极。

(3) 以饱和 $KNO_3$(或 $NH_4NO_3$)溶液为盐桥，测定电池(i)、(ii)、(iii)的电动势。

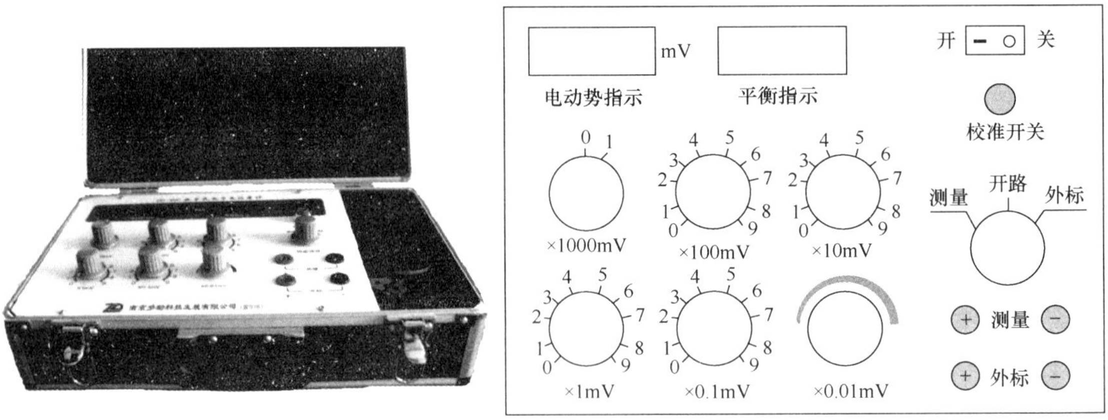


图 2.2.2　ZD-WC 数字电位综合测量仪(左图为全图，右图为操作面板)

操作时应注意以下几点：①电极的电解液可用广口瓶装入(或专用设备)，溶液量约为瓶容积 2/3；②电池与电位差计连接时应注意电极的极性，不可接错；③盐桥的两支管应有标记，让标负号的一端始终与含氯离子的溶液接触；④测完(i)号电池的溶液不要倒掉，用浸在 0.1 $mol \cdot dm^{-3}$ KCl 溶液中的 AgCl 电极代替甘汞电极作为参考电池，再组成(ii)号电池；⑤各吸取 10 mL 0.2 $mol \cdot dm^{-3}$ HAc 和 NaAc 于洗净的广口瓶中，再向其中加入少量氢醌固体粉末，摇动使其溶解并达到饱和，然后插入光亮铂电极，作为正极，把饱和甘汞电极插入待测液中，作为负极，架上盐桥组成(iii)号电池，测其电动势；⑥测定以上 4 个电池的电动势时随即记录室温。

(4) 善后处理。所有测定完毕后，应做好如下善后工作：①保留饱和 KCl 溶液及 AgCl 电极的溶液，倒去 $AgNO_3$ 及乙酸溶液；②洗净广口瓶，装入蒸馏水将铂电极和银电极插入其中保存；③盐桥两端淋洗后，保存在 $KNO_3$ 溶液中；④锌电极洗净擦干保存。

## 6. 实验数据处理

(1) 计算 25 ℃时银电极的标准电极电势 $\varphi^{\ominus}_{Ag^+/Ag}$，并与文献值比较。

(2) 计算室温下 AgCl 的活度积和溶解度。

(3) 计算 HAc-NaAc 缓冲溶液的 pH。

(4) 计算电池(iv)的 $\Delta_r G_m$、$\Delta_r G^{\ominus}_m$。

## 7. 问题思考

(1) 补偿法测电动势的基本原理是什么？

(2) 为什么用伏特表不能准确测定电池电动势？

(3) 如何维护和使用标准电池？

(4) 盐桥的作用是什么？应选择什么样的电解质作盐桥？

(5) 参比电极应具备什么条件？有什么作用？

(6) 为什么组成醌-氢醌电极时用光亮铂电极，而组成氢电极时用镀有铂黑的铂电极？

8. 实验评注

(1) 本实验均可在恒定 25 ℃下测定，为了节省实验时间可在室温下进行，但实验结果必须用以下各式换算到 25 ℃时的数据。

饱和甘汞电极：作为氧化极时，电极电势与温度的关系为

$$\varphi_{甘汞}/\mathrm{V}=0.2412-0.000\,65(t/℃-25)$$

AgCl 电极：作为氧化极时

$$\varphi_{\mathrm{AgCl}}=\varphi^{\ominus}_{\mathrm{AgCl}}-\frac{RT}{F}\ln a_{\mathrm{Cl^-}}$$

式中

$$\varphi^{\ominus}_{\mathrm{AgCl}}/\mathrm{V}=0.2224-0.000\,645(t/℃-25)$$

醌-氢醌电极：作为还原极时

$$\varphi_{\mathrm{Q/H_2Q}}=\varphi^{\ominus}_{\mathrm{Q/H_2Q}}-\frac{2.303RT}{F}\times\mathrm{pH}$$

而

$$\varphi^{\ominus}_{\mathrm{Q/H_2Q}}/\mathrm{V}=0.6994-0.000\,74(t/℃-25)$$

银电极：作为还原极时

$$\varphi_{\mathrm{Ag^+/Ag}}=\varphi^{\ominus}_{\mathrm{Ag^+/Ag}}-\frac{RT}{F}\ln\frac{1}{a_{\mathrm{Ag^+}}}$$

而

$$\varphi^{\ominus}_{\mathrm{Ag^+/Ag}}/\mathrm{V}=0.799-0.000\,97(t/℃-25)$$

(2) 在准确度要求不太高的测量中，电位差计可用数字电压表(四位或五位)替代。

(3) 实验数据记录见表 2.2.1。

**表 2.2.1 电池电动势的相关数值**

室温：__________℃ 大气压：__________kPa

| 电池 | 电池反应 | $E_{计算}$/V | | | $\bar{E}_{计算}$/V |
|---|---|---|---|---|---|
| | | 1 | 2 | 3 | |
| 电池(i) | | | | | |
| 电池(ii) | | | | | |
| 电池(iii) | | | | | |
| 电池(iv) | | | | | |

(4) 文献值见表 2.2.2(温度：298.15 K)。

**表 2.2.2 电池电动势实验的文献值**

| 原电池 | 电池反应 | $E_{文献}$/V |
|---|---|---|
| 1 | $2Ag^+ + 2Cl^- + 2Hg = 2Ag + Hg_2Cl_2$ | 0.436 78 |
| 2 | $Ag^+ + Cl^- = AgCl$ | 0.390 16 |
| 3 | $2H^+ + Q + 2Hg + 2Cl^- = Hg_2Cl_2 + H_2Q$ | 0.176 65 |
| 4 | $Zn(s) + Cu^{2+}(a_{Cu^{2+}}) \longrightarrow Cu(s) + Zn^{2+}(a_{Zn^{2+}})$ | 1.085 62 |

## 2.2.2　阴极极化曲线的测定

### 1. 实验目的

(1) 研究络合剂和表面活性剂对无氰镀锌液阴极极化作用的影响。
(2) 掌握测定阴极极化曲线的测定方法。

### 2. 预习要点

(1) 了解阴极极化、电化学极化、浓差极化等基本概念。
(2) 了解如何绘制阴极极化曲线。
(3) 了解测量不可逆电极电势的实验方法。

### 3. 实验原理

当电解池中通过直流电时，随着阴极电流密度的增加，阴极电势越来越偏离平衡电势而变得更负，这种现象称为阴极极化。电镀的实质是电结晶过程。为了获得细致、紧密的镀层，就必须创造条件，使晶核生成速度大于晶核成长速度。小晶体比大晶体具有更高的表面能，因而从阴极析出小晶体就需要较高的超电势(相当于从溶液中结晶时的过饱和)。阴极电势越负，晶核的生成速度越快，而镀层的结晶就越小。由此可知，凡能增大阴极极化作用，多数都能改变镀层质量，但若单纯增大电流密度以造成较大的浓差极化，则会形成疏松的镀层，因而应该采用能阻延电极反应、增加电化学极化的措施。

在镀液中添加络合剂和表面活性剂，就能有效增大阴极的电化学极化作用。当金属离子和络合剂络合之后，金属离子的还原就要困难得多，这是因为它还要附加破坏络合键所需的能量。而加入表面活性剂后，它吸附在阴极表面，迫使放电离子在阴极表面上进行放电反应，就需要附加克服吸附能的电势。上述两种作用都能使阴极获得较大的极化度，如图 2.2.3 所示，在单盐镀液中加入少量络合剂(氨三乙酸-氯化铵)和表面活性剂(硫脲及聚乙二醇)，极化就显著增加。

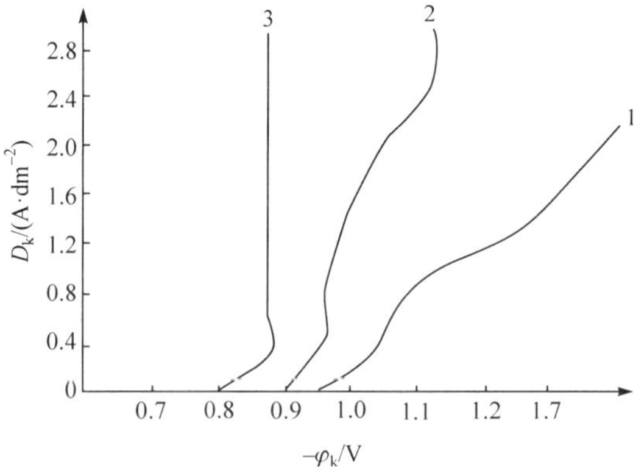


图 2.2.3　无氰镀锌阴极极化曲线

1. 0.38 mol · $dm^{-3}$ $ZnCl_2$+4.8 mol · $dm^{-3}$ $NH_4Cl$+0.2 mol · $dm^{-3}$ NTA+2 g · $dm^{-3}$ 硫脲+2 g · $dm^{-3}$ 聚乙二醇；
2. 0.38 mol · $dm^{-3}$ $ZnCl_2$+ 4.8 mol · $dm^{-3}$ $NH_4Cl$+0.2 mol · $dm^{-3}$ NTA；3. 0.38 mol · $dm^{-3}$ $ZnCl_2$+4.8 mol · $dm^{-3}$ $NH_4Cl$

本实验用恒电流法测定在不同电流密度 $D_k$ 下研究电极与参比电极所组成的电池的电动势，从而算出研究电极的电极电势 $\varphi_k$ 与电流密度 $D_k$ 的关系。实验装置如图 2.2.4 所示。

显然，当单向开关打开时，研究电极与甘汞电极组成原电池：

$$Zn(s) \mid ZnCl_2(0.38\ mol \cdot dm^{-3}) \parallel KCl(饱和) \mid Hg\text{-}Hg_2Cl_2(s)$$

则

$$\varphi_{Zn^{2+}/Zn} = \varphi_{甘汞} - E_{测} \tag{2.2.12}$$

$$\varphi_{甘汞}/V = 0.2412 - 0.000\,65(t/℃ - 25) \tag{2.2.13}$$

当单向开关闭合时，辅助电极(阳极)与研究电极组成电解池，然后测定电极极化时的电极电势 $\varphi_k$。

4. 实验仪器与试剂

数字电位差计(1 台)、WYD-4 型晶体管、直流稳压电源(双功能、1 台)、0～500 mA 安培计(1 个)、999 Ω 五钮插入式电阻箱(1 个)、锌电极(2 支)、Ⅰ～Ⅲ号镀液(各 1 瓶)、饱和甘汞电极(1 支)、饱和 KCl(1 瓶)、镀槽(1 个)、硝基清漆或石蜡、金相砂纸、滤纸、乙醇(C.P.)。

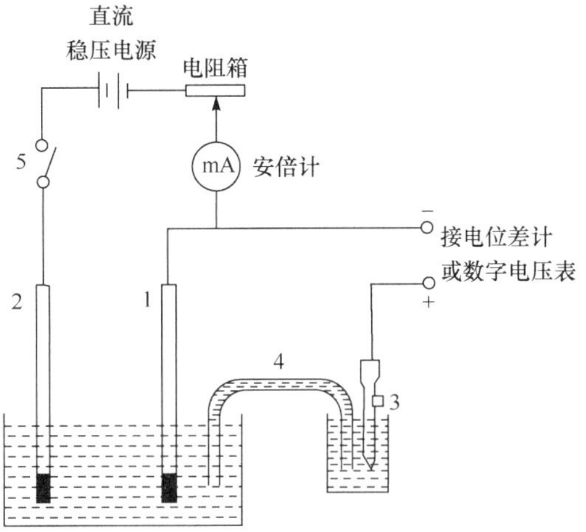


图 2.2.4 测定阴极极化曲线的线路图

1. 研究电极；2. 辅助电极；3. 饱和甘汞电极；4. 盐桥；5. 单向开关

5. 实验步骤

(1) 取锌电极(研究电极)一支，用金相砂纸磨光，最后用滤纸磨成镜面，洗净再用乙醇去油污，吹干后除一个工作面外(用直尺量好，2 cm×5 cm)，其余五个面用环氧树脂或石蜡封闭。

(2) 在镀槽中加入Ⅲ号镀液，接上研究电极与辅助电极(另一支锌电极)，按图 2.2.4 接好线路[注意：研究电极一定要与电源的负极相接，放好盐桥，盐桥的毛细管尖端紧靠被测电极(2 mm)，以尽可能消除溶液欧姆电压降的影响]。

(3) 测平衡电势($D_k$=0 时)，其操作步骤是：首先单向开关未按下，镀槽中无电流通过，$D_k$=0，在此情况下测定由研究电极(锌极、阴极)与饱和甘汞电极组成的原电池的电动势；然后，根据所测得的电动势值计算出平衡电势。

(4) 按下单向开关(接通电源)调节电流密度(由小到大)逐点测定相应的电动势，并随时注意阴极表面的变化(注意：前四五个点每隔 1 mA · cm$^{-2}$ 测定一次，以后各点每隔 4 mA · cm$^{-2}$ 测定一次，电流强度 $I_{总}$=电极面积×每平方厘米的电流强度)。

(5) 再重新处理研究电极，依次更换镀液Ⅱ号和Ⅰ号，再按如上方法分别测定其极化曲线(注意：前四五个点每隔 1 mA · cm$^{-2}$ 测定一次，以后各点每隔 2 mA · cm$^{-2}$ 测定一次)。

实验测定完毕，必须把镀液倒回原试剂瓶。

6. 实验数据处理

(1) 根据测得电动势数据，计算出研究电极电势 $\varphi_k$，并填入记录表格中。

(2) 以电流密度 $D_k$ 为纵坐标，研究电极的电势 $\varphi_k$ 为横坐标作图，即得阴极极化曲线。

7. 问题思考

(1) 为什么添加剂能够有效地提高阴极极化数值?
(2) 为什么阴极极化作用越大对电镀越有利?
(3) 本实验中，除电位差计外，还可以用什么仪器测电动势?

8. 实验评注

(1) 电镀过程中电极表面不断变化，电极电势相应波动，因此对电势测量仪器的精度不必要求过高，通常用 pH 计(带 mV 刻度)或数字电压表比较方便。如果学生在其他实验中均未使用电位差计，即可由本实验提供使用机会，每次改变电流后均经过一定时间(1～3 min)即可读数，不必追求稳定的、精确的读数。

(2) 由于阴极通常不会产生钝化现象，因而可用恒电流法进行极化曲线方式的测定。

(3) 在电解、电冶金、电镀、化学电源、金属腐蚀、电化学生产及电化学分析(电解分析、库仑分析、极谱分析、电流滴定、溶出伏安法等)中都要涉及电极过程。极化曲线的研究对弄清电极反应机理及速率控制步骤有重要的意义。

(4) 实验数据记录见表 2.2.3。

**表 2.2.3 阴极极化曲线实验数据记录**

室温：__________℃　　　　大气压：__________kPa

| 电流强度 $I$/mA | | 0 | 10 | 20 | 30 | 40 | 80 | 120 | 160 | 200 |
|---|---|---|---|---|---|---|---|---|---|---|
| 电流密度 $D_k$/(mA · cm$^{-2}$) | | | | | | | | | | |
| Ⅰ号镀液 | 电动势 $E$/V | | | | | | | | | |
| | 电极电势 $\varphi_k$ / V | | | | | | | | | |
| Ⅱ号镀液 | 电动势 $E$/V | | | | | | | | | |
| | 电极电势 $\varphi_k$ / V | | | | | | | | | |
| Ⅲ号镀液 | 电动势 $E$/V | | | | | | | | | |
| | 电极电势 $\varphi_k$ / V | | | | | | | | | |

### 2.2.3 阳极极化曲线的测定

1. 实验目的

(1) 学会测定碳钢在 $NH_4HCO_3$ 溶液中的阳极极化曲线。
(2) 了解阳极保护原理。

2. 预习要点

(1) 了解阳极极化、钝化、阳极保护等概念。
(2) 了解如何绘制阳极极化曲线。

3. 实验原理

为了探索电极过程的机理及影响电极过程的各种因素，必须对电极过程进行研究，而在该研究过程中极化曲线的测定又是重要的方法之一。在研究可逆电池的电动势和电池反应时电极上几乎没有电流通过，每个电极或电池反应都是在无限接近于平衡状态下进行的，因此电极反应是可逆的。当有电流通过电池时，则电极的平衡状态被破坏，此时电极反应处于不可逆状态，随着电极上电流密度的增加，电极反应的不可逆程度也随之增大。在有电流通过电极时，电极反应的不可逆使电极电势偏离平衡值的现象称为电极的极化。根据实验测出的数据描述电流密度与电极电势之间关系的曲线称为极化曲线。

(1) 金属的溶解过程是指金属作为阳极时，在一定的外电势下发生的阳极溶解过程，如式(2.2.14)所示。

$$M - ne^- \longrightarrow M^{n+} \tag{2.2.14}$$

此过程只有在电极电势大于其热力学电势时才能发生。阳极的溶解速度随电势变正而逐渐增大，这是正常的阳极溶出，但当阳极电势正到某一数值时，其溶解速度达到一最大值。此后阳极溶解速度随着电势变正反而大幅度地降低，这种现象称为金属的钝化现象。

处于钝化状态的金属溶解速度很小，这在金属防腐及作为电镀的不溶性阳极时正是人们所需要的。而在另外的情况如化学电源、电冶金和电镀中的可溶性阳极，金属的钝化就非常有害。利用阳极钝化，使金属表面生成一层耐腐蚀的钝化膜来防止金属腐蚀的方法称为阳极保护。

用恒电位法测定的阳极极化曲线如图 2.2.5 所示，曲线表明电势从 *a* 点开始上升(电势向正方向移动)，电流密度也随之增大，电势超过 *b* 点以后，电流密度迅速减至很小，这是因为在碳钢表面生成了一层电阻高、耐腐蚀的钝化膜。到达 *c* 点以后，电势再继续上升，电流仍保持在一个基本不变的、很小的数值上，电势升到 *d* 点时，电流又随电势的上升而增大。从 *a* 点到 *b* 点的范围称为活性溶解区；*b* 点到 *c* 点称为钝化过渡区；*c* 点到 *d* 点称为钝化稳定区；*d* 点以后称为过钝化区。对应于 *b* 点的电流密度称为致钝电流密度；对应于 *c*-*d* 段的电流密度称为维钝电流密度。如果对金属通以致钝电流，使表面生成一层钝化膜，再用维钝电流保持其表面的钝化膜不消失，金属的腐蚀速度将大大降低，这就是阳极保护的基本原理。

(2) 影响金属钝化过程及钝化性质的因素可归纳为以下几点：①溶液的组成，在中性溶液中，金属一般比较容易钝化，而在酸性或某些碱性的溶液中，则不易钝化，溶液中卤素离子(特别是 $Cl^-$)的存在能明显地阻止金属的钝化，溶液中存在某些具有氧化性的阴离子(如 $CrO_4^{2-}$)则可以促进金属的钝化；②金属的化学组成和结构，各种纯金属的钝化能力不尽相同，如铁、镍、铬三种金属的钝化能力为铬>镍>铁，因此添加铬、镍可以提高钢铁的钝化能力及钝化的稳定性；③外界因素(如温度、搅拌等)，一般来说，温度升高及搅拌加剧，可以推迟或

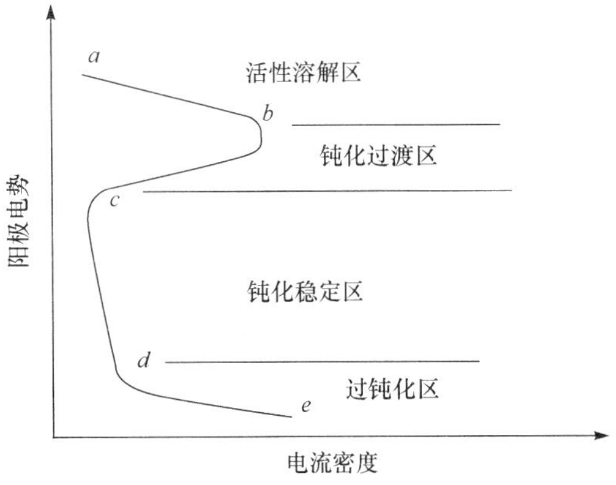


图 2.2.5　阳极极化曲线

防止钝化过程的发生，这与离子扩散有关。

(3) 极化曲线的测量。

(i) 恒电位法：将研究电极上的电势维持在某一数值上，然后测量对应于该电势下的电流。由于电极表面状态在未建立稳定状态之前，电流会随时间而改变，因此一般测出来的曲线为“暂态”极化曲线。在实际测量中，常采用的控制电势测量方法有两种。

静态法：将电极电势较长时间地维持在某一恒定值，同时测量电流随时间的变化，直到电流值基本上达到某一稳定值。如此每隔 20～50 mV 逐点地测量各个电极电势下的稳定电流值，即可获得完整的极化曲线。

动态法：控制电极电势以较慢的速度连续地改变(扫描)，测量对应电势下的瞬时电流值，并以瞬时电流与对应的电极电势作图，获得整个极化曲线。扫描速度(电势变化的速度)应较慢，使所测得的极化曲线与采用静态法的接近。

比较上述两种测量方法，静态法测量结果虽较接近稳态值，但测量的时间较长，而动态法距稳态值相对较差，但测量的时间较短，所以在实际工作中常采用动态法进行测量。

(ii) 恒电流法：将研究电极的电流恒定在某定值下，测量其对应的电极电势，得到极化曲线。恒电流法所得到的阳极极化曲线只能近似地估计被测电极的临界钝化电势和高铁(VI)及氧的析出电势，不能完全描绘出碳钢的溶解和钝化的实际过程，即极化曲线 $a$、$b$、$c$ 段就作不出来。本实验采用恒电位法，如图 2.2.6 所示。

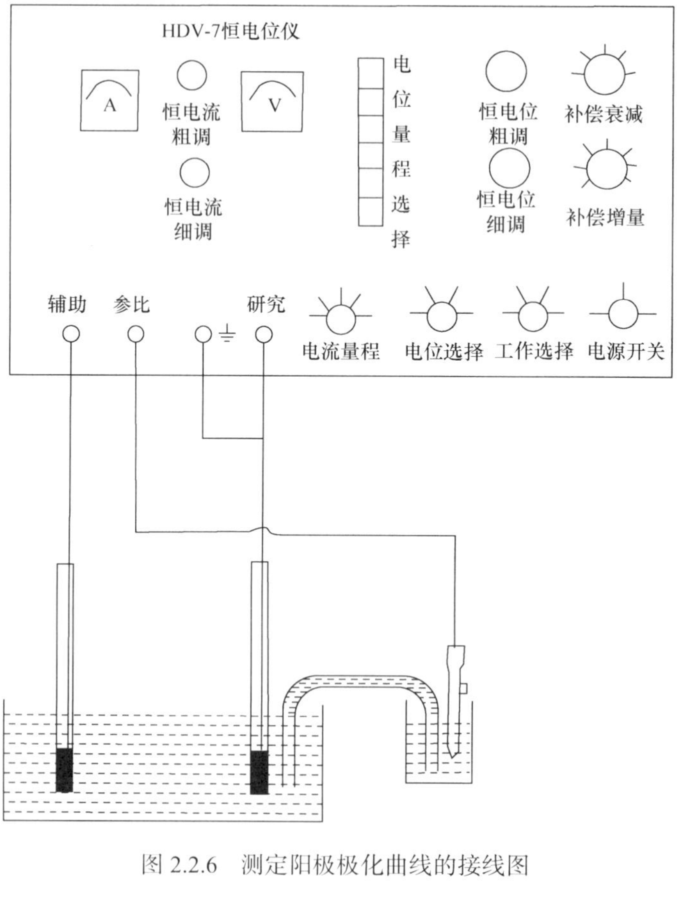


图 2.2.6　测定阳极极化曲线的接线图

4. 实验仪器与试剂

HDV-7(或 JH-2C)型晶体管恒电位仪(1 台)、H 型电解池(1 套)、碳钢电极(1 支)、铂或铅电极(辅助电极，1 支)、饱和甘汞电极(1 支)、饱和 $NH_4HCO_3$ 溶液。

5. 实验步骤

(1) 先将碳钢电极在金相砂纸上磨光，再用绒布磨成镜面，放在丙酮中除去油污，留下 1 $cm^2$ 面积，其余五面用环氧树脂或石蜡封住。每次测量前都要重复上述步骤。

(2) 研究电极和辅助电极浸入饱和 $NH_4HCO_3$ 溶液中，参比电极浸入饱和 $KNO_3$ 溶液中，两溶液用盐桥(饱和 $KNO_3$)连通，鲁金毛细管小嘴距电极约 2 mm，并按图 2.2.6 接在恒电位仪的相点接线柱上。

(3) 开机前将电流量程旋钮拨到“10 mA”挡，电位选择旋钮拨到“调零”，工作选择旋钮拨到“恒电位”，电位量程按下“−3 V～+3 V”，再把电源开关拨到“自然”，此时指示灯亮。预热约 10 min，调节“调零”电位器使伏特表指针指零。

(4) 将饱和甘汞电极接“参比”柱，用导线将“研究”和“⏚”短接，碳钢电极接“研究”柱，铂或铅电极接“辅助”柱。为方便读数和提高读数精度，可将数字电压表的“+”端接“研究”柱，“−”端接“参比”柱，直接从数字电压表读数。

(5) 将电位测量选择旋钮拨到“参比”挡，这时电压表指示出碳钢电极在研究介质中的开路电位，记下读数。

(6) 将电位测量选择旋钮拨到“给定”挡，调节恒电位粗调和细调旋钮，使给定电位等于开路电位。

(7) 电源开关拨到“极化”，电流量程拨“100 μA”挡，这时电流表指示为零，如不为零，调节电位细调使其为零，记下电位值。

(8) 将电流量程拨到“10 mA”挡，慢慢调节恒电位仪“粗”、“细”调旋钮，按顺时针方向转动。每改变 50 mV，记录一次相应的电流值。为避免电流表超载打针，在调电位时应把电流量程调到“10 mA”挡，读电流时再选择适当的低挡量程。

注意观察实验过程中析出的 $H_2$ 和 $O_2$ 的电势。

6. 数据处理

(1) 以 $E$(相对于饱和甘汞电极)为纵坐标，lg$i$($i$ 为电流密度)为横坐标作图。

(2) 从阳极极化曲线上找出维钝电势范围和维钝电流密度($A \cdot m^{-2}$)。

(3) 根据法拉第定律，计算金属的腐蚀速度($mm \cdot a^{-1}$)。

$$k = \frac{I_m tn}{26.8 \times \rho \times 10^6} \tag{2.2.15}$$

式中，$I_m$ 为维钝电流密度($A \cdot m^{-2}$)；$t$ 为时间(h)(一年按 330 天计，共 24×330 h)；$n$ 为金属的摩尔质量，$M(1/3Fe^{3+})=18.7\times10^{-3}\ kg \cdot mol^{-1}$；$\rho$ 为金属的密度($kg \cdot m^{-3}$)，对碳钢 $\rho=7.8\times10^3\ kg \cdot m^{-3}$。

7. 问题思考

(1) 在测量电路中，参比电极和辅助电极各起什么作用?

(2) 测定阳极钝化曲线为什么要恒电位仪？
(3) 开路电位，析 $O_2$ 电势和析 $H_2$ 电势各有什么意义？
(4) 什么样的介质才适于阳极保护？

8. 实验评注

(1) 阳极极化曲线是研究金属表面钝化现象、电化学腐蚀和防腐的重要手段。测试阳极极化曲线是进行阳极保护之前不可缺少的实验室研究步骤。根据实验测得致钝电流密度，维钝电流密度和钝化稳定电势区均可作为实施极化保护的参考数据。

(2) 影响金属钝化的重要因素有溶液组成和金属性质。中性溶液较酸、碱性溶液易钝化，含氧化性阴离子易钝化，含卤素离子破坏钝化。铬较铁、镍易钝化，不锈钢易钝化。

(3) 当阳极发生钝化时，电流急剧减小。用恒电流法作不出完整的极化曲线，因此必须采用恒电位法。

(4) 实验数据记录见表 2.2.4。

**表 2.2.4　阳极极化曲线实验数据记录**

室温：__________℃　　　　大气压：__________kPa

| 编号 | 电流密度 $i$ | 电位 | 电极电势 | $\lg i$ |
|---|---|---|---|---|
| 1 | | | | |
| 2 | | | | |
| 3 | | | | |
| 4 | | | | |
| 5 | | | | |
| 6 | | | | |
| 7 | | | | |
| 8 | | | | |
| 9 | | | | |

### 2.2.4　电解质溶液的电导测定

1. 实验目的

(1) 掌握用电桥法测量溶液电导的实验方法和技术。
(2) 用电导法测定 HAc 的电离平衡常数。
(3) 测定 KCl 溶液的摩尔电导率与浓度的关系式。

2. 预习要点

(1) 了解溶液的电导、电导率和摩尔电导率的概念。
(2) 了解电导法测定弱电解质解离常数的原理和实验方法。

3. 实验原理

电解质溶液的导电能力由电阻的倒数——电导 $G$(单位：S)来度量。它们之间的关系为

$$G = \frac{1}{R} = \kappa\left(\frac{A}{l}\right) \tag{2.2.16}$$

式中，$A$ 为两极的面积($m^2$)；$l$ 为两极的距离(m)；$\kappa$ 为电导率，即当 $A = 1\,m^2$、$l = 1\,m$ 时溶液的电导；$A/l$ 为电导池常数。

电解质溶液的电导率不仅与温度有关，还与浓度有关，因此常用摩尔电导率来衡量电解质溶液的导电能力。摩尔电导率是指把含有 1 mol 电解质的溶液置于相距为 1 m 的电导池的两个平行电极之间，这时所具有的电导表达式为

$$\Lambda_m = \frac{\kappa}{c} \tag{2.2.17}$$

式中，$c$ 为物质的量浓度($mol \cdot m^{-3}$)；$\Lambda_m$ 的单位是 $S \cdot m^2 \cdot mol^{-1}$，对强电解质 $\Lambda_m$ 与浓度 $c$ 满足下列关系：

$$\Lambda_m = \Lambda_m^\infty(1 - \beta\sqrt{c}) \tag{2.2.18}$$

式中，$\Lambda_m^\infty$ 为无限稀释时的摩尔电导率，可从 $\Lambda_m$ 与 $\sqrt{c}$ 的直线外推而得，弱电解质的 $\Lambda_m$ 与 $\sqrt{c}$ 没有直线关系，其 $\Lambda_m^\infty$ 可根据科尔劳施(Kohlrausch)离子独立运动定律计算，即

$$\Lambda_m^\infty = \lambda_{m^+}^\infty + \lambda_{m^-}^\infty \tag{2.2.19}$$

式中，$\lambda_{m^+}^\infty$、$\lambda_{m^-}^\infty$ 为无限稀释离子的摩尔电导率。

弱电解质的电离度与摩尔电导率的关系为

$$\alpha = \frac{\Lambda_m}{\Lambda_m^\infty} \tag{2.2.20}$$

对 1-1 价弱电解质，若起始浓度为 $c$，则电离常数 $K$ 为

$$K = \frac{c\alpha^2}{1-\alpha} = \frac{\Lambda_m^2 c}{\Lambda_m^\infty(\Lambda_m^\infty - \Lambda_m)} \tag{2.2.21}$$

因此，测定不同浓度下 $\Lambda_m$ 可计算出 $K$。

由电导的概念可知，对电导的测量也就是对电阻的测量，但测定电解质溶液的电阻时有其特殊性。当直流电流通过电极时会引起电极的极化，因此必须采用较高频率的交流电，由音频振荡器供给，由耳机或示波器示零。所用的电导池由两个镀铂黑的电极组成，以保证电极不与溶液发生反应(减少电极的极化)。

交流电桥测溶液电阻的简单线路如图 2.2.7 所示。图中 T 指用耳机(或示波器)，交流电源由音频振荡器(或讯号发生器)供给，$R_1$ 为待测的溶液电阻，$R_2$ 为四钮或五钮的精密电阻箱，$R_3$ 和 $R_4$ 常用 SDC 数字电位差综合测量仪中的电阻，在交流电路中，欲使接 $A$(滑线上接触点)、$B$ 两点的耳机真正无声(无电流通过，达到平衡)，必须满足下式条件：

$$Z_1Z_4 = Z_2Z_3 \tag{2.2.22}$$

式中，$Z=R+ix$，$Z$ 为阻抗，$R$ 为电阻，$x$ 为电抗，i 为 $\sqrt{-1}$。可证明在各桥臂中若电流和电压的相位差为 $\theta = \tan^{-1}\frac{x}{R}$。当满足下述关系：$\theta_1 = \theta_2$ 及 $\theta_3 = \theta_4$，式(2.2.22)可改写为

$$R_1R_4 = R_2R_3 \tag{2.2.23}$$

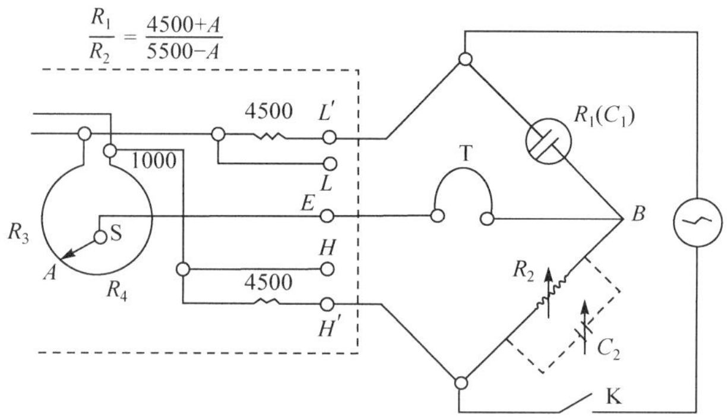


图 2.2.7　交流电桥测溶液电阻线路图

由于测量时 $A$ 值在 500 左右，$\theta_3 \approx \theta_4$，为使 $\theta_1 \approx \theta_2$，可在 $R_2$ 两端并联一个可变电容 $C_2$(在一般测量时可不用)。在测定时，同时调节 $R_2$ 与 $C_2$ 可使电桥达到平衡，此时

$$\frac{R_3}{R_4}=\frac{A}{1000-A} \tag{2.2.24}$$

则被测量电阻 $R_1$ 为

$$R_1 = R_2\frac{A}{1000-A} \tag{2.2.25}$$

更准确测量时，可将 $L$、$H$ 两点接线柱改接为 $L'$、$H'$，这时被测电阻可用下式计算：

$$R_1 = R_2\frac{4500+A}{5500-A},\quad A\approx 500 \tag{2.2.26}$$

4. 实验仪器与试剂

学生型电位差计(1 台)、YB1051 高频信号发生器(1 台)、MOS-6xx 示波器(1 台)、可变空气电容器(1 个)、精密五钮电阻箱(1 个)、恒温槽(1 套)、100 mL 容量瓶(2 支)、50 mL 移液管(1 支)、0.02 mol · dm$^{-3}$ KCl 标准溶液、0.02 mol · dm$^{-3}$ HAc 溶液。

5. 实验步骤

(1) 调节恒温槽温度在(25.00±0.05) ℃。

(2) 按图 2.2.7 连接线路(各接线柱应擦亮，接线点必须拧紧)。音频振荡器的频率选 1000 Hz 左右，打开电源开关，预热 30 min 后即可使用。

(3) 标准 KCl 溶液及 KCl 系列溶液的配制。在本实验中，电导池常数 $A/l$ 用 0.02 mol · dm$^{-3}$ KCl 标准溶液求得，其浓度要求在分析天平上准确称量配制，KCl 其他浓度的溶液用逐步稀释法配制：即洗净 2 个 100 mL 容量瓶和 50 mL 移液管，并用电导水荡洗。将容量瓶 A 用待测 0.02 mol · dm$^{-3}$ 溶液荡洗 2～3 次后，放入约 100 mL 溶液。用移液管吸取 50 mL 溶液至容量瓶 B 中，并用电导水稀释至刻度，摇匀。放在一边供第二次测量和稀释用。取剩余在容量瓶 A 中 0.02 mol · dm$^{-3}$ 溶液荡洗电导池和电导电极 2～3 次，再用此液充满电导池，测定电阻，待测完后，将容量瓶 A 中剩余的溶液倒掉。用电导水洗 2～3 次，移取容量瓶 B 中溶液 50 mL 放入容量瓶 A 中，用电导水稀释至刻度，摇匀，放在一边，供第三次测量和稀释用。重复上述操作，分别配制浓度为 0.010 mol · dm$^{-3}$、0.005 mol · dm$^{-3}$、0.0025 mol · dm$^{-3}$

和 0.001 25 mol · dm$^{-3}$ 的 KCl 溶液。

(4) 测定 KCl 系列溶液的电导。首先将电导池充满 0.02 mol · dm$^{-3}$ KCl 标准溶液，置于恒温槽中，恒温 10～15 min，测定时先将学生型电位差计的滑线上指针转至读数为 500 处，然后一边调节可变电阻，一边按电键 K，至耳机的声音最小(或示波器图形振幅最小)，然后转动 S，使耳机无声(或示波器图形为一条水平直线)，记下滑线电阻上的读数 $A$。改变 $R_2$ 再测两次。测完后，再依次测定其他浓度的 KCl 溶液的电导及重蒸水的电导。

(5) 用同样方法测定 0.02 mol · dm$^{-3}$ HAc 溶液的电导，并用上述方法依次稀释 4 次，共测 5 个浓度的 HAc 溶液的电导。

6. 实验数据处理

(1) 由 0.02 mol · dm$^{-3}$ KCl 溶液的电导率及测出的电阻求出电导池常数(KCl 溶液的电导率查表)。

(2) 计算水、各 KCl 溶液及 HAc 溶液的电导率。由此求出 KCl 溶液和 HAc 溶液的摩尔电导率 $\Lambda_m$(KCl)和 $\Lambda_m$(HAc)。

(3) 分别将 $\Lambda_m^\infty$(KCl)和 $\Lambda_m$(HAc)对 $\sqrt{c}$ 作图，将 KCl 的曲线外推至 $\sqrt{c}\to 0$，求出 KCl 的 $\Lambda_m^\infty$ 并与文献值比较。

(4) 求出 KCl 溶液的摩尔电导率与浓度的关系式：$\Lambda_m = \Lambda_m^\infty - A\sqrt{c}$。

(5) 查出 $\Lambda_m$(HAc)，并根据所测数据计算 HAc 溶液在所测浓度下的电离度 $\alpha$ 和电离常数 $K$，求出平均值并与文献值比较。

7. 问题思考

(1) 已知电导水的电导率 $\kappa$=10$^{-6}$ S · cm$^{-1}$，试估算在测量 0.001 25 mol · dm$^{-3}$ 和 0.02 mol · dm$^{-3}$ 的 KCl 溶液的摩尔电导时，由电导水不纯所引起的误差。

(2) 为什么电桥选用 1000 Hz 的频率，而不采用直流电或高频交流电源？

(3) 试用最小二乘法求 $\Lambda_m^\infty$(KCl)，并计算 $\Lambda_m^\infty$ 的误差。

(4) 影响溶液电导的因素有哪些？实验中应采取哪些相应措施防止这些因素的影响？

8. 实验评注

(1) 本实验配制溶液时均需用电导水。

(2) 用上述交流电桥进行电解质溶液电导测量时，各次测量 $A$ 的读数应为 400～600，否则会引起较大误差，并且各次测量的结果相差不得超过 1%。

(3) 精确测量电导时，要考虑水的电导率 $\kappa_{水}$ 的影响。

(4) 交流电桥若采用示波器示零时，应加隔离变压器以减小各种电磁耦合的影响，并注意它们之间的阻抗匹配，这样可提高测量精度。

(5) 电导池使用之后，要使铂黑电极浸入电导水中，以防电极干燥老化。

(6) 电导测定在科研和生产中均有广泛用途，如电导滴定、电导分析(气体溶解后引起溶液电导变化)、测定临界胶束浓度、电离常数、难溶盐溶解度、水质监测(特别是实验室用蒸馏水或离子交换水)、电解质溶液浓度控制及自动记录、物质水分含量测定及控制、借助于电导变化进行动力学研究等。

(7) 该实验还可以直接用电导率仪测量其电导率，这样就不需要求出电导池常数，数据处理的第一步也可以省略。

(8) 电导池常数及 HAc 溶液的测定数据见表 2.2.5 和表 2.2.6。

**表 2.2.5 电导池常数值**

室温：__________℃　　大气压：__________kPa

| | |
|---|---|
| 电阻 $R_x$ /Ω | |
| 电导池常数/$m^{-1}$ | |

**表 2.2.6 HAc 溶液的电离常数测定数据**

| $c$(HAc)/(mol · $dm^{-3}$) | $R_x$/Ω | 电导率 $\kappa$ | 摩尔电导率 $\Lambda_m$ | 电离度 $\alpha$ | 电离常数 $K$ |
|---|---|---|---|---|---|
| 1 | | | | | |
| 2 | | | | | |
| 3 | | | | | |
| 4 | | | | | |
| 5 | | | | | |

(9) 文献值见表 2.2.7。

**表 2.2.7 不同温度下 HAc 溶液的电离平衡常数**

| 温度/K | 278.2 | 288.2 | 298.2 | 308.2 | 323.2 |
|---|---|---|---|---|---|
| $K \times 10^5$ | 1.698 | 1.746 | 1.754 | 1.730 | 1.630 |

# 2.3 动力学实验

## 2.3.1 旋光法测定蔗糖转化反应的动力学参数

### 1. 实验目的

(1) 测定蔗糖水溶液在酸催化下化学的反应速率常数和半衰期。

(2) 明确反应物浓度与旋光度之间存在关系的原因及计算方法。

(3) 了解旋光仪的基本原理，掌握其正确使用方法及在化学反应动力学测定中的应用。

### 2. 预习要点

(1) 掌握一级反应的特点及相应的计算公式。

(2) 掌握该反应的特点以及该反应过程中反应物浓度的测定方法。

### 3. 实验原理

蔗糖在水溶液中的转化反应为

$$C_{12}H_{22}O_{11}(\text{蔗糖})+H_2O \longrightarrow C_6H_{12}O_6(\text{葡萄糖})+C_6H_{12}O_6(\text{果糖})$$

该反应本质上是二级反应，在纯水中反应速率极慢，需要在$H^+$的催化下进行。当蔗糖含量不是很高时，水大量存在，尽管有部分水分子参加了反应，但可近似认为整个反应过程中水的浓度保持不变；$H^+$是催化剂，反应前后浓度也保持不变。因此，蔗糖转化反应可以作为一级反应处理(准一级反应)，即反应速率方程为

$$r = kc_{H_2O}c_{H^+}c_{蔗} = k'c_{蔗} \tag{2.3.1}$$

式中，$k' = kc_{H_2O}c_{H^+}$，就是要测定的表观速率常数。

一级反应的动力学方程为

$$r = -\frac{dc}{dt} = kc \tag{2.3.2}$$

不定积分$\int -\frac{dc}{c} = \int k dt$，得

$$-\ln c = kt + B \tag{2.3.3}$$

定积分$\int_{c_0}^{c_t} -\frac{dc}{c} = \int_0^t k dt$，得

$$\ln\frac{c_0}{c_t} = kt \tag{2.3.4}$$

式中，$c_0$为反应开始时蔗糖的浓度；$c_t$为反应进行到$t$时刻时蔗糖的浓度。

当$c_t = \frac{1}{2}c_0$时，时间$t$用$t_{1/2}$表示，即为反应的半衰期。

$$t_{1/2} = \frac{\ln 2}{k} \tag{2.3.5}$$

从式(2.3.3)可以看出，测定不同时间反应物的相应浓度后，以$\ln c_t$对$t$作图，由直线斜率就可求得速率常数$k$。因此，该实验的关键是测定反应体系中物质的浓度，也就是如何获得不同时刻蔗糖的浓度。蔗糖及其转化产物都含有不对称的手性碳原子，它们都具有旋光性，但是旋光能力不同，因此可以利用体系在反应过程中旋光度的变化来监测反应的进程。度量旋光度所用的仪器称为旋光仪，测得的旋光度的大小与溶液中所含旋光物质的旋光能力、溶质的性质、溶液的浓度和厚度、光源波长及测量温度等有关。在其他条件不变时，旋光度与溶液的浓度呈线性关系，即

$$\alpha = Kc \tag{2.3.6}$$

式中，比例常数$K$与物质的旋光能力、溶液厚度、溶剂性质、光源波长及温度有关。

蔗糖转化反应中的反应物、产物均是旋光物质。$C_{12}H_{22}O_{11}$(蔗糖)具有右旋性质，$C_6H_{12}O_6$(果糖)具有左旋性质，而且两者旋光度差别很大。体系的总旋光度与这两者的相对含量有关，总旋光度是这两种物质的旋光度之和，随着反应进行，体系的旋光度将发生变化，最后由右旋变为左旋。因此，可以用体系旋光度的变化来度量反应的过程中浓度的变化。

假定最初体系旋光度为$\alpha_0$，蔗糖起始浓度为$c_0$，则有

$$\alpha_0 = K_{反}c_0 \quad (表示蔗糖未转化，t=0) \tag{2.3.7}$$

反应结束时体系的旋光度为$\alpha_\infty$，产物的浓度也为$c_0$，同样有

$$\alpha_\infty = K_{产} c_0 \quad (表示蔗糖已经完全转化，t=\infty) \tag{2.3.8}$$

式中，$K_{反}$ 和 $K_{产}$ 分别为反应物和产物的比例常数。

当反应时间为 $t$ 时，反应物浓度为 $c_t$，产物浓度为 $c_0-c_t$，此时体系旋光度 $\alpha_t$ 为

$$\alpha_t = K_{反} c_t + K_{产}(c_0 - c_t) \tag{2.3.9}$$

由式(2.3.7)～式(2.3.9)联合可解得

$$c_t = \frac{\alpha_t - \alpha_\infty}{\alpha_0 - \alpha_\infty} c_0 \tag{2.3.10}$$

将式(2.3.10)代入式(2.3.4)即得

$$\ln \frac{\alpha_0 - \alpha_\infty}{\alpha_t - \alpha_\infty} = kt \tag{2.3.11}$$

或者式(2.3.11)可写为

$$\ln(\alpha_t - \alpha_\infty) = -kt + \ln(\alpha_0 - \alpha_\infty) \tag{2.3.12}$$

根据式(2.3.12)，$\alpha_0$ 和 $\alpha_\infty$ 为常量。因此，只要测定了反应体系的 $\alpha_t$ 和 $\alpha_\infty$，以 $\ln(\alpha_t-\alpha_\infty)$ 对 $t$ 作图为一直线，由直线斜率即可求得反应的速率常数 $k$，进而求得半衰期 $t_{1/2}$。

测得不同温度下的 $k$ 值，根据式(2.3.13)计算蔗糖转化反应在该温度范围内的表观活化能 $E_a$。

$$\ln \frac{k_2}{k_1} = \frac{E_a}{R}\left(\frac{1}{T_1} - \frac{1}{T_2}\right) \tag{2.3.13}$$

4. 实验仪器与试剂

旋光仪(1 套)、秒表(1 只)、台秤(1 个)、50 mL 容量瓶(1 支)、25 mL 移液管(2 支)、100 mL 磨口锥形瓶(2 只)、蔗糖(A.R.)、4 mol · $dm^{-3}$ HCl 溶液。

5. 实验步骤

(1) 了解旋光仪的原理，熟悉旋光仪使用方法及操作要点。

(2) 仪器零点校正。将蒸馏水(非旋光物质)装入洁净的旋光管内(无气泡)，放入旋光仪中。打开光源，按清零键进行零点校正。

(3) 配制约 30%的蔗糖水溶液。用台秤称取约 20 g 蔗糖溶于少量蒸馏水，倾入 50 mL 容量瓶中，加水稀释至刻度。

(4) $\alpha_t$ 的测定。用移液管取 25.00 mL 蔗糖移入 50 mL 容量瓶中，用另一移液管取 25.00 mL 4 mol · $dm^{-3}$ 盐酸溶液，放入蔗糖溶液中(放入一半时开始计时，即 $t = 0$)，并摇荡混匀(动作一定要快，使溶液混合均匀)。迅速用此液淌洗旋光管 2～3 次后，再将此溶液装满旋光管，放入旋光仪中测定反应过程中不同时刻溶液的旋光度。由于初始阶段旋光度变化较快，应每隔 3 min 测定一次，15 min 后可延长时间间隔进行测定，观察的时间间隔可根据 $\alpha_t$ 变化情况由实验者调整选择，总的连续观察时间不少于 1 h。

(5) $\alpha_\infty$ 的测定。$\alpha_t$ 测定结束后，将旋光管内的反应溶液与最初配制剩余混合溶液混合在一起放入容量瓶中，置于 45～60 ℃的恒温水浴中加热 40 min，冷却到室温，测定其旋光度即为 $\alpha_\infty$。

(6) 实验完成后，用蒸馏水将旋光管洗干净，放在仪器的外面。

6. 实验数据处理

(1) 列出 $t$-$\alpha_t$ 表，并计算出相应的($\alpha_t-\alpha_\infty$)数据。
(2) 以 $\ln(\alpha_t-\alpha_\infty)$对 $t$ 作图，由直线斜率求出速率常数 $k$。
(3) 计算蔗糖转化反应的半衰期 $t_{1/2}$。

7. 问题思考

(1) 为什么配制蔗糖溶液时可用台秤称量?
(2) 混合蔗糖和盐酸时，是将盐酸加入蔗糖中，若反向加入，有何影响?
(3) 蔗糖的转化速率常数 $k$ 与哪些因素有关?

8. 实验评注

(1) 本实验成败的关键之一是时间 $t$ 与对应的 $\alpha_t$ 必须同步。实验者也可采用其他方法进行实验数据处理，但选用的实验方法必须正确且省时，在实验前考虑好实验操作步骤并报告指导教师审查。

(2) 配制约 30%的蔗糖溶液时，容量瓶一定要清洗干净，绝对不允许将盐酸混入。测定 $\alpha_0$ 时旋光管也应清洗干净，否则影响 $\alpha_0$ 值的测定(若要测此值时)。

(3) 在测定 $\alpha_\infty$时，加热使反应速率加快并完全反应。但是加热温度不要超过 60 ℃，否则发生副反应，溶液变黄。加热过程也要防止溶剂挥发，避免溶液浓度变化。

(4) 蔗糖在纯水中水解速率很慢，但在催化剂作用下会迅速加快，此时反应速率大小不仅与催化剂种类有关，还与催化剂的浓度有关。

(5) 由于酸能腐蚀仪器的金属部分，操作时应特别注意，避免酸溶液滴到仪器上。实验结束后必须将旋光管洗净。

(6) 实验数据记录见表 2.3.1。

**表 2.3.1 蔗糖水解反应实验数据记录**

室温：__________℃　　　　大气压__________kPa

| $t$/min | |
|---|---|
| $\alpha_t$ | |
| $\alpha_\infty$ | |
| $\alpha_t-\alpha_\infty$ | |
| $k$ | |
| $t_{1/2}$ | |

(7) 参考值：$c_{HCl} = 1.0\ mol \cdot dm^{-3}$，温度为 293.15 K 实验条件下，$k = 1.486\times10^{-2}\ min^{-1}$。

## 2.3.2 分光光度法测定丙酮碘化反应的速率方程

1. 实验目的

(1) 掌握用孤立法测定反应级数、速率常数和活化能的方法。

(2) 了解用分光光度法研究反应的动力学规律，并熟悉分光光度计的使用方法。

2. 预习要点

(1) 明确实验目的和原理。
(2) 熟悉分光光度计的使用方法。
(3) 设计好实验数据记录表。

3. 实验原理

(1) 孤立法(或称过量浓度法)是化学动力学中测定反应级数常用的一种方法。基本方法是在一组实验中，如果速率方程为 $r=k[\mathrm{A}]^\alpha[\mathrm{B}]^\beta[\mathrm{C}]^\gamma$，则保持除 A 以外的其他反应物浓度大大过量，这时反应过程中只有 A 的浓度有变化，而其他反应物的浓度基本保持不变；或者在每次实验中其他反应物初始浓度保持不变，而只改变反应物 A 的初始浓度，这时速率公式就转化为

$$r=k[\mathrm{A}]^\alpha$$

根据上述公式可以计算出 $\alpha$，再按上述同样思路，可以计算出 $\beta$ 和 $\gamma$，则反应级数为 $n=\alpha+\beta+\gamma$。

(2) 丙酮碘化反应是一个复合反应，初始阶段反应为

$$\mathrm{CH_3COCH_3}+\mathrm{I_2}\xrightarrow{\mathrm{H^+}}\mathrm{CH_3COCH_2I}+\mathrm{H^+}+\mathrm{I^-}$$

$H^+$是反应的催化剂，因为丙酮与碘反应本身有 $H^+$生成，所以这是一个自动催化反应。假定其反应速率方程为

$$r=-\frac{\mathrm{d}[\mathrm{I_2}]}{\mathrm{d}t}=k[\text{丙酮}]^\alpha[\mathrm{H^+}]^\beta[\mathrm{I_2}]^\gamma \tag{2.3.14}$$

式中，[丙酮]、$[\mathrm{H^+}]$、$[\mathrm{I_2}]$分别为丙酮、酸、碘液的浓度($\mathrm{mol\cdot dm^{-3}}$)；$k$ 为速率常数；指数 $\alpha$、$\beta$、$\gamma$分别为丙酮、酸、碘的反应级数。为了控制丙酮碘化反应在一元碘化阶段(可能产生多元碘化反应)，可使丙酮和酸的浓度大大过量于碘的浓度，且用初始速率来计算反应级数和速率常数。

碘溶液在可见光区有宽的吸收带，而在此吸收带中盐酸、丙酮及其他生成的产物均无明显吸收，所以可采用分光光度法直接观察碘的浓度变化，从而度量反应过程中碘的浓度变化。

根据朗伯-比尔定律，吸光度 $A$ 与碘浓度有如下关系：

$$A=ab[\mathrm{I_2}]=B[\mathrm{I_2}] \tag{2.3.15}$$

式中，$a$ 为吸光系数；$b$ 为溶液池(比色皿)的厚度。在一定的溶质、溶剂、波长及溶液厚度下，$a$、$b$ 均为常数，归并为 $B$。

将式(2.3.15)两端对时间 $t$ 求导得

$$\frac{\mathrm{d}A}{\mathrm{d}t}=B\frac{\mathrm{d}[\mathrm{I_2}]}{\mathrm{d}t}=-Br \tag{2.3.16}$$

首先在恒温、定波长下测定已知浓度碘溶液的吸光度，由式(2.3.15)计算 $B$ 值。然后在同温、同波长、同比色皿中进行丙酮碘化反应，测定不同反应时刻 $t$ 时的吸光度 $A$，作 $A$-$t$ 曲线，曲线在 $t=0$ 点的切线斜率即为初始反应的速率($\mathrm{d}A/\mathrm{d}t$)，即 $r_0$。若初始阶段所得到的 $A$-$t$ 曲线

呈线性关系，可取直线部分的斜率为初始反应的速率 $r_0$=d$A$/d$t$。

为了确定碘化反应对某一反应物的反应级数，至少需在同温度下做两次实验，这两次实验 $H^+$和碘的初始浓度必须相同，$[I_2]_{0,2}=[I_2]_{0,1}$，$[H^+]_{0,2}=[H^+]_{0,1}$，而丙酮的初始浓度不同，即 $[丙酮]_{0,2}= U\ [丙酮]_{0,1}$($U$ 为第二次丙酮浓度是第一次丙酮浓度的倍数)，此时两次实验的初始速率分别为 $r_{0,1}$ 和 $r_{0,2}$，则

$$\frac{r_{0,2}}{r_{0,1}}=\frac{k[丙酮]_{0,2}^{\alpha}[H^+]_{0,2}^{\beta}[I_2]_{0,2}^{\gamma}}{k[丙酮]_{0,1}^{\alpha}[H^+]_{0,1}^{\beta}[I_2]_{0,1}^{\gamma}}=\frac{[丙酮]_{0,2}^{\alpha}}{[丙酮]_{0,1}^{\alpha}}=\frac{(U[丙酮]_{0,1})^{\alpha}}{[丙酮]_{0,1}^{\alpha}}=U^{\alpha}$$

$$\lg\frac{r_{0,2}}{r_{0,1}}=\alpha\lg U$$

$$\alpha=\lg\left(\frac{r_{0,2}}{r_{0,1}}\right)\Big/\lg U$$

按同样的方法，采用丙酮和碘初始浓度相同而 $H^+$初始浓度不同，丙酮和 $H^+$初始浓度相同而碘初始浓度不同的各两组实验测定，可分别求得级数 $\beta$ 和$\gamma$，进而获得反应的总级数 $n$。

反应级数确定后，由反应的初始速率($r_0$) 和各反应物的初始浓度，用速率方程式(2.3.14)可计算反应的速率常数 $k$。$k$ 和 $n$ 确定后，就建立该反应的速率方程。

测得两个不同温度下的速率常数 $k_1$ 和 $k_2$，根据式(2.3.17)可计算反应的活化能 $E_a$。

$$\lg\frac{k_2}{k_1}=\frac{E_a}{2.303R}\left(\frac{T_2-T_1}{T_2T_1}\right) \tag{2.3.17}$$

4. 实验仪器与试剂

722 型分光光度计(1 台)、比色皿恒温套(1 个)、50 mL 容量瓶(5 支)、超级恒温槽(1 套)、5 mL 和 10 mL 移液管(各 3 支)、1.0000 mol · dm$^{-3}$ HCl 标准溶液、2.0000 mol · dm$^{-3}$ 丙酮标准溶液、秒表(1 只)、0.0200 mol · dm$^{-3}$ 标准碘液(含 2% KI)。

5. 实验步骤

(1) 了解分光光度计原理，熟悉分光光度计使用方法及操作要点。

(2) 调节恒温槽至(25.00±0.05) ℃，然后将分光光度计比色皿的恒温夹套与恒温槽的输出水相连接。

(3) 测 $B$ 值。准确移取 5.00 mL 0.0200 mol · dm$^{-3}$ 标准碘液于 50 mL 容量瓶中，用蒸馏水定容至刻度，摇匀。在 565 nm 波长处，用 2.0 cm 比色皿测定其吸光度 $A$，重复三次，取其平均值，再由式(2.3.15)求出 $B$ 值。

(4) 测定 1 号体系的 $A$-$t$ 值。取两支 50 mL 容量瓶①和②，先将碘液与盐酸及蒸馏水按照表 2.3.2 的体积比加入容量瓶①中，将 10 mL 丙酮溶液加入容量瓶②中，置于恒温槽中恒温。再将已恒温的容量瓶②丙酮溶液加入容量瓶①(碘液与盐酸及蒸馏水的混合液)中(丙酮加入一半时开始计时)；迅速摇匀，在 565 nm 波长处，用 2.0 cm 比色皿立即测定不同时刻体系的吸光度 $A$(每隔 1～2min 测定一次)。在测定过程中用蒸馏水多次校正透光率“0”点和“100%”点。

**表 2.3.2　丙酮碘化反应的反应体系**

| 编号 | $V(I_2)$/mL | $V(H^+)$/mL | $V$(丙酮)/mL | $V(H_2O)$/mL |
|---|---|---|---|---|
| 1 | 10 | 5 | 10 | 25 |
| 2 | 10 | 5 | 5 | 30 |
| 3 | 10 | 10 | 10 | 20 |
| 4 | 5 | 5 | 5 | 35 |

(5) 用同样的方法依次测定 2～4 号体系在不同时刻 $t$ 的吸光度 $A$。

(6) 在 35 ℃下，重复上述实验。但在测定时间上应稍有变化。

6. 实验数据处理

(1) 设计表格，列出相应的测定值及计算结果。

(2) 计算 $B$ 值。

(3) 作每一组反应的 $A$-$t$ 图，求出各组反应的初始速率，由 1 号和 2 号体系求出丙酮的反应级数 $\alpha$，由 1 号和 3 号体系求出 $H^+$的反应级数 $\beta$，由 2 号和 4 号体系求出 $I_2$ 的反应级数$\gamma$。

(4) 将反应级数代入任意一组反应求出反应速率常数 $k$，并写出该反应的实验速率方程。

(5) 根据不同温度的反应速率常数，求出反应的活化能 $E_a$。

7. 问题思考

(1) 根据实验速率方程试推测丙酮碘化反应的机理，并说明碘能否用溴来代替。

(2) 在本实验中，将丙酮溶液加入含有碘、盐酸的容量瓶时，并不立即开始计时，而注入比色皿时才开始计时，这样做是否可以？

(3) 影响本实验结果的主要因素有哪些？

8. 实验评注

(1) 控制好反应温度是获得良好实验结果的重要因素之一。为此，反应液及混合用的器皿都要预热到反应温度后再混合进行反应。测定用比色皿要用反应液洗涤几次，操作要快，测量中要防止温度不恒定。

(2) 为测得准确的 $A$ 数据，一是要使光度计光源稳定后再开始测定；二是要洗净比色皿，防止比色皿沾污；三是要经常核对、调整仪器的零点及 100%透光点。

(3) $H^+$对丙酮碘化反应既是催化剂又是反应产物，如何保持反应过程 $H^+$浓度恒定有待进一步研究。

(4) 若丙酮碘化反应动力学研究改用化学法，实验原理可简化，操作和数据处理也应做适当的变动。

(5) 标准碘液(0.0200 $mol \cdot dm^{-3}$)的配制可以用下列方法：准确称取 0.1427 g $KIO_3$ 置于 50 mL 烧杯中，加入少量的水微热溶解，加入 1.1 g KI(A.R.)加热溶解，再加入 10 mL 0.4 $mol \cdot dm^{-3}$ HCl 混合倒入 100 mL 容量瓶中稀释至刻度，反应可得。反应方程式为

$$KIO_3+5KI+6HCl=\!=\!=3I_2+6KCl+3H_2O$$

(6) 实验数据记录见表 2.3.3(25 ℃)和表 2.3.4(35 ℃)。

表 2.3.3　25 ℃丙酮碘化反应的实验数据记录

室温：__________℃　　　　大气压：__________kPa

| 编号 | t 时刻的吸光度 A | | | | | | 初始速率 $r_0$ /($mol \cdot dm^{-3} \cdot min^{-1}$) |
|---|---|---|---|---|---|---|---|
| | 1 min | 2 min | 3min | 4min | 5 min | 6 min | |
| 1 | | | | | | | |
| 2 | | | | | | | |
| 3 | | | | | | | |
| 4 | | | | | | | |
| 0.0200 $mol \cdot dm^{-3}$ 碘液 | $A_1$ | | $A_2$ | | $A_3$ | $A$(平均) | $B$ 值/($dm^3 \cdot mol^{-1}$) |
| 反应级数 | $\alpha$= | | | $\beta$= | | | $\gamma$= |
| $k$/($dm^3 \cdot mol^{-1} \cdot min^{-1}$) | | | | | | | |

表 2.3.4　35 ℃丙酮碘化反应的实验数据记录

| 编号 | t 时刻的吸光度 A | | | | | | 初始速率 $r_0$ /($mol \cdot dm^{-3} \cdot min^{-1}$) |
|---|---|---|---|---|---|---|---|
| | 1 min | 2 min | 3 min | 4 min | 5 min | 6 min | |
| 1 | | | | | | | |
| 2 | | | | | | | |
| 3 | | | | | | | |
| 4 | | | | | | | |
| 0.0200 $mol \cdot dm^{-3}$ 碘液 | $A_1$ | | $A_2$ | | $A_3$ | $A$(平均) | $B$ 值/($dm^{-3} \cdot mol^{-1}$) |
| 反应级数 | $\alpha$= | | | $\beta$= | | | $\gamma$= |
| $k$/($dm^3 \cdot mol^{-1} \cdot min^{-1}$) | | | | | | | |
| $E_a$/($kJ \cdot mol^{-1}$) | | | | | | | |

(7) 文献值：$B$=360 $mol \cdot dm^{-3}$；$\alpha$= 1，$\beta$= 1，$\gamma$= 0；$k$(25 ℃)=$1.72\times10^{-3}$ $dm^3 \cdot mol^{-1} \cdot min^{-1}$，$k$(35 ℃)= $5.28\times10^{-3}$ $dm^3 \cdot mol^{-1} \cdot min^{-1}$，$E_a$ = 86.2 $kJ \cdot mol^{-1}$。

### 2.3.3　电导法测定乙酸乙酯皂化反应的动力学参数

1. 实验目的

(1) 学会电导法测定乙酸乙酯皂化反应的速率常数和半衰期，了解反应活化能的测定方法。

(2) 了解二级反应的特点，学会用图解法求二级反应的速率常数。

2. 预习要点

(1) 明确实验目的和原理。
(2) 熟悉电导率仪的使用方法。
(3) 设计好实验数据记录表。

3. 实验原理

乙酸乙酯皂化反应是一个二级反应，反应式如下：

$$\begin{array}{lccccc} & CH_3COOC_2H_5 & + OH^- & = CH_3COO^- & + C_2H_5OH \\ t=0 & a & b & 0 & 0 \\ t=t & a-x & b-x & x & x \\ t\to\infty & \to 0 & \to 0 & \to a & \to a \end{array}$$

速率方程为

$$\frac{dx}{dt}=k(a-x)(b-x) \tag{2.3.18}$$

式中，$a$、$b$ 分别为两反应物的初始浓度；$x$ 为反应进行到 $t$ 时刻产物的浓度，$k$ 为要测定的速率常数。若取 $a=b$，则式(2.3.18)积分得

$$\frac{x}{a-x}=kat \tag{2.3.19}$$

当 $x=\frac{a}{2}$ 时，反应的半衰期为

$$t_{1/2}=\frac{1}{ka} \tag{2.3.20}$$

由式(2.3.20)不难看出，当测得反应进行到 $t$ 时刻体系中产物的浓度 $x$ 或反应物的浓度 $(a-x)$时，即可求出速率常数 $k$，进而可求出反应的半衰期。若测得两个不同温度下(其他条件相同)的速率常数 $k$，由阿伦尼乌斯公式(2.3.21)可得到反应的活化能 $E_a$。

$$\ln\frac{k_2}{k_1}=\frac{E_a}{R}\left(\frac{T_2-T_1}{T_1T_2}\right) \tag{2.3.21}$$

在反应过程中，各物质的浓度随时间而变，直接测定某一时刻某物质的浓度 $x$ 比较困难，而且不准确，而通过间接测量反应过程中与浓度有关系的物理量来计算速率常数 $k$ 较为简单。本反应中 $CH_3COOC_2H_5$ 和 $C_2H_5OH$ 是弱电解质，其导电能力与强电解质相比可以忽略不计；NaOH 和 $CH_3COONa$ 是强电解质，浓度很低时可以认为完全电离，在稀溶液中，强电解质的电导率与溶液的浓度成正比，假设其比例系数分别为 $A$ 和 $B$。在该反应体系中电导率是各离子的电导率之和，则当 $t=0$ 时，体系的电导率为 $\kappa_0$

$$\kappa_0=Aa \tag{2.3.22}$$

当 $t=t$ 时，体系的电导率为 $\kappa_t$

$$\kappa_t=A(a-x)+Bx \tag{2.3.23}$$

当 $t\to\infty$时，体系的电导率为 $\kappa_\infty$

$$\kappa_\infty=Ba \tag{2.3.24}$$

由以上三式可得

$$\frac{\kappa_0-\kappa_t}{\kappa_t-\kappa_\infty}=\frac{x}{a-x} \tag{2.3.25}$$

将式(2.3.19)代入式(2.3.25)得

$$\frac{\kappa_0-\kappa_t}{\kappa_t-\kappa_\infty}=kat \tag{2.3.26}$$

将式(2.3.26)改写为

$$\kappa_t=\frac{1}{ka}\frac{\kappa_0-\kappa_t}{t}+\kappa_\infty \tag{2.3.27}$$

以 $\kappa_t$ 对 $\frac{\kappa_0-\kappa_t}{t}$ 作图可得一直线，其斜率等于 $\frac{1}{ka}$，即为二级反应的半衰期 $t_{1/2}=\frac{1}{ka}$，将反应物的初始浓度 $a$ 代入即可求出速率常数 $k$。

4. 实验仪器与试剂

DDJS-308A 型电导率仪(1 台)、超级恒温槽(1 套)、大试管(3 支)、秒表(1 只)、1 mL 移液管(1 支)、10 mL 移液管(3 支)、200 mL 容量瓶(1 支)、约 0.0200 mol · dm$^{-3}$ NaOH 溶液、$CH_3COOC_2H_5$(A.R.)。

5. 实验步骤

(1) 了解仪器原理，熟悉电导率仪的使用方法、操作要点及注意事项。

(2) 按照 $CH_3COOC_2H_5$ 的密度及摩尔质量计算配制与 NaOH 相同浓度的乙酸乙酯溶液 200 mL 所需 $CH_3COOC_2H_5$ 的体积。于 200 mL 容量瓶中装入 2/3 容积的电导水，然后用 1 mL 移液管移取所需 $CH_3COOC_2H_5$ 于容量瓶中，用电导水定容至刻度，摇匀。

(3) 测定 $k_0$。调节恒温水浴至(25.0±0.05)℃，用干净移液管取 10 mL 约 0.0200 mol · dm$^{-3}$ NaOH 溶液放入干净的大试管中，再加 10 mL 电导水，用橡皮塞塞好，摇荡混匀后用试管夹夹住大试管放入恒温水浴中恒温 10 min 左右。将电极先用电导水淋洗干净，再用少量已恒温好的 NaOH 待测溶液(浓度约为 0.0100 mol · dm$^{-3}$)淋洗数次后插入待测溶液中，测定其电导率，每间隔 2 min 读取一次数据，重复读数三次，取其平均值，即为$\kappa_0$。

(4) 测定$\kappa_t$。用两支移液管各取 10 mL NaOH 和浓度相等的 $CH_3COOC_2H_5$ 溶液分别于两支大试管中，各塞好塞子置于恒温槽内恒温 10min 左右，然后取出两支试管迅速混合(倒入一半时开始计时)，两支试管来回往返倾倒数次(注意：此动作一要迅速，二要尽量使试管不离开恒温水浴，三不要使溶液在混合时流出试管)使其混合均匀，将电极从恒温的电导水中取出，并用该混合液淋洗数次，随即插入待测溶液进行电导率-时间测量。每隔 2～4 min 测量一次(具体间隔由实验者根据电导率变化情况而定)，直至电导率变化缓慢时(45～60 min，共读取 15～20 次数据，使点在直线上分布均匀)可停止测量。

(5) 同法测定 35 ℃时$\kappa_0$和$\kappa_t$。

(6) 全部测完后，倾去溶液，取下电极淋洗并插入电导水中。

6. 实验数据处理

(1) 设计表格，将实验原始数据和作图用数据列入表格。

(2) 分别作出两个温度下的$\kappa_t$ - $(\kappa_0 - \kappa_t) / t$图，从直线的斜率求 $k$(25 ℃)和 $k$(35 ℃)及相应的半衰期 $t_{1/2}$(25 ℃)和 $t_{1/2}$(35 ℃)。

(3) 计算此反应的活化能 $E_a$。

7. 问题思考

(1) 为什么本实验中 $CH_3COOC_2H_5$ 与 NaOH 溶液浓度必须足够稀？

(2) 若反应物 $CH_3COOC_2H_5$ 和 NaOH 的初始浓度不同，分别为 $a$ 和 $b$，则以电导率表示的速率方程为

$$\ln\frac{\kappa_t+\kappa_0\left(\frac{a}{b}-1\right)-\kappa_c\frac{a}{c}}{\kappa_t-\kappa_c\frac{b}{c}}=k(a-b)t+\ln\frac{a}{b}$$

式中，$\kappa_c$ 为反应进行完全后体系中产物 $CH_3COONa$ 的电导率；$c$ 为完成反应后 $CH_3COONa$ 的浓度(若 $a>b$ 时，$c=b$；若 $a<b$ 时，$c=a$)，试推导上述方程，并简述实验中如何测定 $a\neq b$ 体系。

(3) 若反应物浓度均为浓溶液，能否通过该实验测量速率常数 $k$？原因是什么？

(4) 为什么本实验要在恒温条件下进行？反应物在混合前必须恒温的原因是什么？

(5) 该反应为吸热反应，在反应过程中如何处理这一影响，使实验得到较好结果？

8. 实验评注

(1) 温度对反应的速率常数影响较大，测定时必须精确控制好恒温槽温度，温度波动不能超过±0.05 ℃。

(2) 实验过程必须保持电导池常数不变。操作时不要接触电极的铂黑，以防铂黑脱落而改变电导池常数。电极引线不能潮湿。电极不用时必须浸泡在蒸馏水中。

(3) 为使测量结果有较高的准确度，实验时应该用电导水随即配制新鲜的溶液，因为普通蒸馏水的电导率也会影响实验结果。由于 $CH_3COOC_2H_5$ 水解缓慢，且水解产物又会消耗部分NaOH，因此所用溶液必须新鲜配制；由于空气中的 $CO_2$ 会溶入电导水和配制的溶液中，溶液的浓度发生改变，因此实验中可以用煮沸的电导水，同时可在配制好的 NaOH 溶液上装配碱石灰等方法处理。

(4) $\kappa_\infty$的测量方法有两种。一种方法是将反应体系放置 4～5 h，使反应进行完全，然后在同样的条件下测定其溶液的电导率，即为$\kappa_\infty$；另一种方法是配制相应浓度的产物溶液在同样的条件下测定其溶液的电导率，即为$\kappa_\infty$。

(5) 电导水的制备：为了测量溶液电导率，配制溶液的水必须是高纯的水，要求除 $H^+$和$OH^-$外不含其他物质，其电导率小于 $1\times10^{-6}$ S · cm$^{-1}$，通常这种水称为电导水。一般水中含有一定量的 $CO_2$、痕量的 $NH_3$ 和有机物，使其电导率值较大，不能满足该实验的要求。通常制备的方法有重蒸馏法和离子交换法两种。电导水应保存在有碱石灰吸收管的清洁玻璃瓶中，一般保存期仅有 10 天。

(i) 重蒸馏法。在 1 L 蒸馏水中加入 3 g $KMnO_4$(氧化有机物)和 1 g $Ba(OH)_2$(沉淀 $CO_3^{2-}$)。在上述混合液加入少许沸石。用电导率仪测量水的电导率，若低于 $1\times10^{-6}$ S · cm$^{-1}$ 者为合格，若不合格再用上法蒸馏。

(ii) 离子交换法。目前已广泛采用离子交换法制备纯水，即用大型离子交换柱生产的水作为原料水，将其通过实验室小型混合树脂交换柱。测量水的电导率，若低于 $1\times10^{-6}$ S · cm$^{-1}$ 者为合格，若不合格再用上法蒸馏。

(6) 采用双室式混合器(本实验由两支试管代替)及连续测定和记录电导率变化的方法，在动力学实验及用电导率对过程进行监测和控制的场合有一定的实用价值。

(7) 有文献报道此反应实际历程并非一步完成，在反应开始的一定时间内才表现为二级反应。

(8) 实验数据记录见表 2.3.5(25 ℃)和表 2.3.6(35 ℃)。

**表 2.3.5 25 ℃时 $CH_3COOC_2H_5$ 皂化反应实验数据记录**

室温：________℃ 大气压：________kPa

| $\kappa_0$/(μS · cm$^{-1}$) | | 平均值 | |
|---|---|---|---|
| $t$/min | | | |
| $\kappa_t$/(μS · cm$^{-1}$) | | | |
| $(\kappa_0-k_t)$/(μS · cm$^{-1}$) | | | |
| $(\kappa_0-\kappa_t)/t$/(μS · cm$^{-1}$ · min$^{-1}$) | | | |
| $k$(25℃)/(dm$^3$ · mol$^{-1}$ · min$^{-1}$) | | $t_{1/2}$ (25℃)/min | |

**表 2.3.6 35 ℃时 $CH_3COOC_2H_5$ 皂化反应实验数据记录**

| $\kappa_0$/(μS · cm$^{-1}$) | | 平均值 | |
|---|---|---|---|
| $t$/min | | | |
| $\kappa_t$/(μS · cm$^{-1}$) | | | |
| $(\kappa_0-\kappa_t)$/(μS · cm$^{-1}$) | | | |
| $(\kappa_0-\kappa_t)/t$/(μS · cm$^{-1}$ · min$^{-1}$) | | | |
| $k$(35℃)/(dm$^{-3}$ · mol$^{-1}$ · min$^{-1}$) | | $t_{1/2}$ (35℃)/min | |
| $E_a$/(kJ · mol$^{-1}$) | | | |

(9) 文献值：$k$(25℃) = (6±1) dm$^3$ · mol$^{-1}$ · min$^{-1}$；$k$(35℃)= (10±2) dm$^3$ · mol$^{-1}$ · min$^{-1}$；$E_a$= 47.3 kJ · mol$^{-1}$。

### 2.3.4 $H_2O_2$ 催化分解反应速率常数的测定

1. 实验目的

(1) 掌握用量气法测定反应速率常数的方法。

(2) 测定 $H_2O_2$ 分解反应的速率常数和半衰期。

2. 预习要点

(1) 熟悉一级反应的速率方程及动力学特征。

(2) 了解反应物浓度、温度及催化剂等因素对反应速率的影响。

3. 实验原理

反应速率与反应物浓度的一次方成正比的反应称为一级反应。$H_2O_2$的分解反应为

$$H_2O_2 \longrightarrow H_2O + \frac{1}{2}O_2 \tag{2.3.28}$$

实验表明，$H_2O_2$ 在没有催化剂存在时，分解反应很慢。此反应可用许多催化剂如 KI、$MnO_2$、$FeCl_3$、Ag、Pt 等加速反应，另外其他一些物理因素也能加速 $H_2O_2$ 的分解，如光照、升温、搅拌等。$H_2O_2$ 在 KI 作用下的催化分解按下列步骤进行：

第一步：$H_2O_2 + I^- \longrightarrow IO^- + H_2O$ (慢)

第二步：$IO^- \longrightarrow I^- + \frac{1}{2}O_2$ (快)

整个反应的速率取决于第一步，因此可假定其速率方程为

$$\frac{\mathrm{d}c_{H_2O_2}}{-\mathrm{d}t} = kc_{I^-}c_{H_2O_2} \tag{2.3.29}$$

因为反应过程中 KI 不断再生，所以其浓度保持不变。式(2.3.29)可写成

$$\frac{\mathrm{d}c_{H_2O_2}}{-\mathrm{d}t} = k_1c_{H_2O_2} \tag{2.3.30}$$

所以 $H_2O_2$ 分解为一级反应，将式(2.3.30)积分得

$$\ln\frac{c}{c_0} = -k_1t \tag{2.3.31}$$

式中，$c$ 为 $t$ 时刻体系中 $H_2O_2$ 的浓度；$c_0$ 为 $H_2O_2$ 的初始浓度。若以 $\ln c$ 对 $t$ 作图，可得一条直线，其斜率为 $-k_1$，由此可得速率常数。

反应物浓度降低到初始浓度的一半所需的时间称为半衰期 $t_{1/2}$。根据式(2.3.31)得

$$t_{1/2} = \ln 2/k_2 = 0.693/k_1 \tag{2.3.32}$$

由反应方程式可知，在 $H_2O_2$ 催化分解过程中，随着 $H_2O_2$ 的分解，$O_2$ 不断产生。在定温定压下，放出 $O_2$ 的体积与分解了的 $H_2O_2$ 的浓度成正比，$O_2$ 体积的增长速率就反映了 $H_2O_2$ 分解的反应速率。因此，采用量气法测定不同时刻的 $O_2$ 体积，用所得数据作图即可求算出反应的速率常数。令 $V_\infty$ 表示 $H_2O_2$ 全部分解所放出的 $O_2$ 体积；$V_t$ 表示 $H_2O_2$ 在 $t$ 时刻放出的 $O_2$ 体积，则

$$c_0 \propto V_\infty = A(h_0 - h_\infty) \qquad c \propto (V_\infty - V_t) = A(h_t - h_\infty)$$

式中，$h_0$、$h_t$、$h_\infty$ 分别为反应计时的开始时间、时间 $t$、进行完全时量气管中液面的高度；$A$ 为量气管的横截面积，若量气管直接标注体积刻度，则 $A$=1。将上面的关系式代入式(2.3.31)得

$$\ln\frac{c}{c_0} = \ln\frac{V_\infty - V_t}{V_\infty} = \ln\frac{h_t - h_\infty}{h_0 - h_\infty} = -k_1t \tag{2.3.33}$$

或

$$\ln(h_t - h_\infty) = -k_1t + \ln(h_0 - h_\infty) \tag{2.3.34}$$

若 $H_2O_2$ 催化分解是一级反应，以 $\ln(V_\infty - V_t)$ 对 $t$ 作图应得一条直线。利用动力学方程的积分式来确定反应级数的方法称为积分法，从直线的斜率可求出表观反应速率常数 $k_1$。

4. 实验仪器与试剂

磁力搅拌器(1 台)、移液管(10 mL，1 支)、量筒(10 mL，1 支)、$H_2O_2$分解量气装置(1 套)、超级恒温水(1 套)、秒表(1 只)、水浴夹套(1 个)、0.5% $H_2O_2$溶液、0.1 mol · dm$^{-3}$ KI 溶液。

5. 实验步骤

(1) 调节超级恒温水浴水温为 25.0 ℃。

(2) 检漏。按图 2.3.1 装好仪器。打开量气管顶端的阀门(放空阀)，举起水准瓶，打开量气管下端阀门(水准阀)，使量气管中的水面上升至顶端弯管 2 cm 以下，关闭放空阀，降低水准瓶，使量气管液面差达 50 cm，关闭水准阀。若 5 min 内观察到液面高度明显变化，说明系统密封不良，应仔细检查。

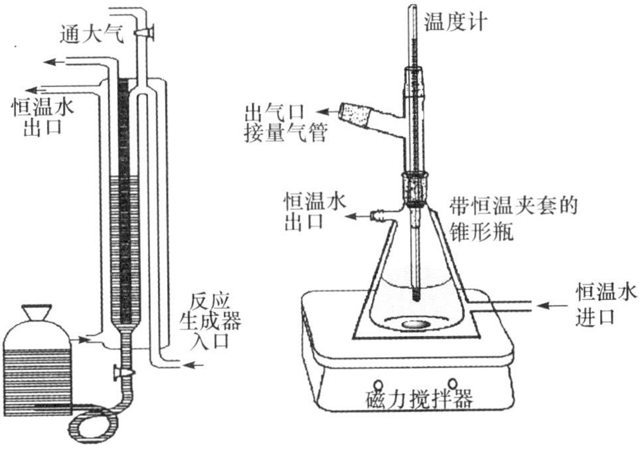


图 2.3.1　$H_2O_2$分解测定装置

(3) 将循环恒温水通入反应瓶水浴夹套，将洁净的搅拌子放入反应瓶内，再加入 25 mL 0.5% $H_2O_2$溶液。向洁净的试剂瓶内盖中加入 1 mL 已恒温的 0.1 mol · dm$^{-3}$ KI 溶液，并用长镊子小心地将其放入反应瓶中，打开放空阀。

(4) 打开磁力搅拌器，小心调节搅拌速率，以保持盛放催化剂的试剂瓶内盖不致翻倒。

(5) 塞紧反应瓶盖，恒温 5 min 后，加速搅拌至盛放催化剂的内盖翻倒，反应生成的 $O_2$ 经放空阀放空，以赶走系统中原有的空气。约 1 min 后关闭放空阀，$O_2$进入量气管。调节水准瓶高度，使 U 形量气管内液面刚好相等时，启动秒表计时，同时记下量气管中液面所处的高度 $h_0$，以后每隔 1 min 记录一次读数 $h_t$，每次读数均需调节水准瓶高度使 U 形量气管内两液面刚好相等。共记录约 20 min。

(6) 反应 20 min 后，改为每 5 min 测量一次，直至体积基本不再发生变化。此时量气管的读数即为 $h_\infty$。

(7) 调节恒温水浴温度至 35.0 ℃，重复实验步骤(1)～(6)，测定另一温度下的反应数据。

6. 实验数据处理

(1) 记录反应条件(反应温度、催化剂及其浓度)、反应时间 $t$ 和量气管读数 $h_1$ 的对应值，填入表 2.3.7，两个反应温度的数据记录格式完全相同。

**表 2.3.7　$H_2O_2$催化分解反应实验数据记录**

室温：__________℃　　　　大气压：__________kPa

| $t$/min | $h_t$/(mm · cm$^{-3}$) | $t$/min | $h_t$/(mm · cm$^{-3}$) |
|---|---|---|---|
| 0 | $h_0$= | | |
| | | ∞ | $h_\infty$= |
| $V_\infty$ | | | |

(2) 列表计算不同温度下不同时刻 $t$ 的$(h_t-h_\infty)$和$\ln(h_t-h_\infty)$，并分别作不同温度下的$\ln(h_t-h_\infty)$图，从所得直线斜率求得表观反应速率常数$k'$和$k''$。由式(2.3.32)可求得半衰期$t_{1/2}$；由$k_1=kc_{I^-}$可求得不同温度下的真实反应速率常数$k'$和$k''$。

(3) 根据阿伦尼乌斯公式计算反应的活化能：

$$E_a=\frac{RT_2T_1}{T_2-T_1}\ln\frac{k''}{k'}$$

7. 问题思考

(1) 如果在开始测定$V_0$时已经放掉一部分$O_2$，这样做对实验结果有没有影响？为什么？

(2) 若量气管漏气，对实验结果有什么影响？

8. 参考值

(1) 温度为 25.0 ℃时，表观反应速率常数$k_1=1.2\times10^{-2}\ \text{min}^{-1}$，半衰期$t_{1/2}=57.8\ \text{min}$。

(2) 温度为 35.0 ℃时，表观反应速率常数$k_1=2.32\times10^{-2}\ \text{min}^{-1}$，半衰期$t_{1/2}=29.9\ \text{min}$。

(3) 反应的活化能：49.4 kJ · mol$^{-1}$。

## 2.4　表面和胶体化学实验

### 2.4.1　最大气泡法测定溶液的表面张力

1. 实验目的

(1) 了解表面张力的性质、表面自由能的意义及表面张力与吸附的关系。

(2) 掌握最大气泡法测定溶液表面张力的原理和方法。

(3) 测定不同浓度乙醇水溶液的表面张力，并计算表面吸附量和乙醇分子的横截面积。

2. 预习要点

(1) 了解用最大气泡法测定表面张力的实验方法及基本原理。
(2) 了解影响表面张力测定的因素。
(3) 了解如何由表面张力的数据求乙醇分子的横截面积。

3. 实验原理

溶液表面可以发生吸附作用，当某一液体中溶有其他物质时，其表面张力发生变化。实验表明，溶质在溶液中的分布是不均匀的，表面层的浓度和体相不同，这就是吸附作用。例如，表层浓度大于体相浓度，称为正吸附；反之，称为负吸附。描述表面吸附量、表面张力和溶液活度之间关系的公式是吉布斯吸附方程，该方程由热力学理论导出，适用于各种界面，对于二组分稀溶液，吉布斯吸附方程可表达为

$$\Gamma = -\frac{c}{RT}\frac{\mathrm{d}\gamma}{\mathrm{d}c} \tag{2.4.1}$$

或

$$\Gamma = -\frac{1}{RT}\frac{\mathrm{d}\gamma}{\mathrm{d}\ln c} \tag{2.4.2}$$

式中，$\Gamma$ 为吸附量($\mathrm{mol \cdot m^{-2}}$)；$c$ 为溶液的浓度($\mathrm{mol \cdot dm^{-3}}$)；$\frac{\mathrm{d}\gamma}{\mathrm{d}c}$ 为溶液表面张力($\mathrm{N \cdot m^{-1}}$)随溶液浓度变化率；$T$ 为吸附温度(K)；$R$ 为摩尔气体常量。

由吉布斯吸附方程可知，当 $\frac{\mathrm{d}\gamma}{\mathrm{d}c}>0$ 时，$\Gamma<0$，即为负吸附，当 $\frac{\mathrm{d}\gamma}{\mathrm{d}c}<0$ 时，$\Gamma>0$，即为正吸附。表面活性剂都能显著降低水的表面张力，因此在水面上必为正吸附。也就是说，表面活性剂溶液的表面浓度必须大于其体相浓度。

对于液体表面和液-液界面，表(界)面张力和浓度易于测定，从而可由吉布斯吸附方程方便地计算出吸附量，根据吸附量值还可以推算出每个被吸附分子在表(界)面上所占据的平均面积，由此数值和被吸附分子的结构又可了解和推测被吸附分子的排列紧密程度和定向状况。实验表明，随着表面活性剂浓度的增加，在表面上吸附的表面活性剂分子从无一定取向的平躺状态逐步变为倾向于垂直定向排列的状态。当然，即使在定向排列时，分子所占面积仍大于由结构数据算出的分子截面积，这是由于在液体表面上仍可能有溶剂分子的存在。

应用吉布斯吸附方程计算吸附量的具体方法是：测定表面活性剂的溶液表面张力 $\gamma$ 与浓度 $c$ 的关系，作 $\gamma$-$c$[图 2.4.1(a)]或 $\gamma$-ln$c$[图 2.4.1(b)]曲线，由图可知，表面活性物质的浓度很低时，$\gamma$ 随 $c$ 的增加急剧下降，以后变化缓慢，达到临界胶束浓度(CMC)后，$\gamma$ 基本不再改变。过与 $c_1$ 相对应的 $\gamma$-$c$ 曲线上 $A$ 点作该曲线的切线，其斜率即为与 $c_1$ 相应的 $\mathrm{d}\gamma/\mathrm{d}c$，由式(2.4.1)可求出浓度 $c_1$ 时的吸附量，有时应用 $\gamma$-ln$c$ 曲线[图 2.4.1(b)]更为方便。由图 2.4.1(b)可知，当 $c$ 达到一定值后曲线趋于直线，达到 CMC 后曲线变为水平折线，在此线上作切线，用式(2.4.2)处理，也可求得不同浓度时的吸附量。

在一定温度下，吸附量与平衡浓度的关系式称为吸附等温式。朗缪尔(Langmuir)吸附等温式可描述表面活性物质溶液表面上的吸附：

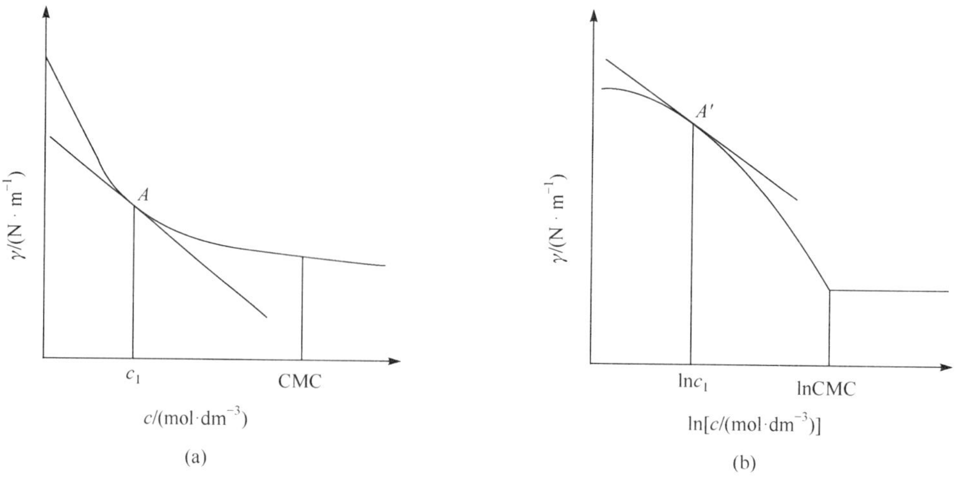


图 2.4.1　表面活性物质的表面张力与浓度的关系

$$\Gamma = \Gamma_{\infty} \frac{Kc}{1+Kc} \tag{2.4.3}$$

式中，$\Gamma_{\infty}$ 为饱和吸附量；$K$ 为常数。将式(2.4.3)重排可得

$$\frac{c}{\Gamma} = \frac{c}{\Gamma_{\infty}} + \frac{1}{K\Gamma_{\infty}} \tag{2.4.4}$$

作 $c/\Gamma$-$c$ 图，直线斜率的倒数即为 $\Gamma_{\infty}$。

如果用 $N$ 表示 1 m$^2$ 表面上溶质的分子数，则有

$$N = \Gamma_{\infty} L \tag{2.4.5}$$

式中，$L$ 为阿伏伽德罗(Avogadro)常量。由此可得每个溶质分子在表面上所占据的截面积

$$\sigma_{\mathrm{B}} = \frac{1}{\Gamma_{\infty} L} \tag{2.4.6}$$

因此，若测得不同浓度的溶液的表面张力，由$\gamma$-$c$ (或$\gamma$-ln$c$)曲线求出不同浓度的吸附量 $\Gamma$，再从 $c/\Gamma$-$c$ 直线上求出 $\Gamma_{\infty}$，便可计算出溶质分子的截面积 $\sigma_{\mathrm{B}}$。

测定液体表面张力的方法很多，本实验采用最大气泡法，其实验装置见图 2.4.2。这一方法是将一毛细管刚好与待测液液面相切，液面即沿毛细管上升，打开漏斗活塞，让水缓慢流下，使毛细管内溶液受到的压力比样品管中液面上的稍大，气泡就从毛细管口逸出，当气泡曲率半径恰好等于毛细管半径 $R$ 时，根据拉普拉斯(Laplace)公式，此时能承受的压力差为最大：$\Delta p_{最大} = p_{大气} - p_{系统}$。这一压差可由精密压差计读出。设毛细管半径为 $R$，气泡由毛细管口逸出时总作用力为 $\pi R^2 \Delta p_{最大}$，气泡在毛细管口受到表面张力引起的作用力为 $2\pi R\gamma$。当气泡逸出时，上述两压力相等

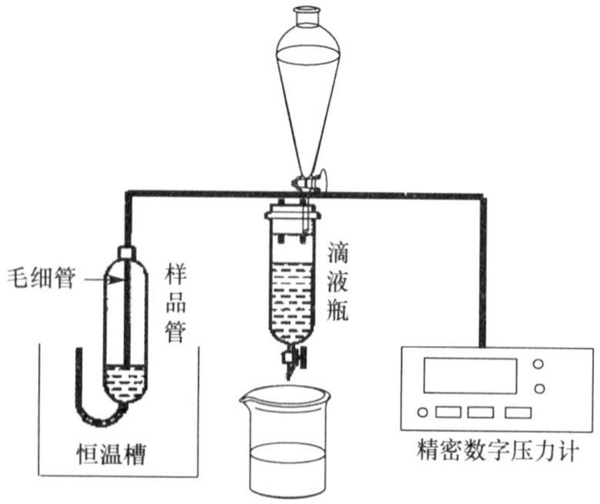


图 2.4.2　最大气泡法测表面张力装置

$$\pi R^2 \Delta p_{最大} = 2\pi R\gamma$$

若表面张力为$\gamma_1$、$\gamma_2$的两种液体，采用同一支毛细管和压力计，分别测定其最大压差，则有

$$\frac{\gamma_1}{\gamma_2}=\frac{\Delta p_{最大1}}{\Delta p_{最大2}} \tag{2.4.7}$$

$$\gamma_2=\frac{\Delta p_{最大2}}{\Delta p_{最大1}}\gamma_1=K\Delta p_{最大2} \tag{2.4.8}$$

式中，$K=\gamma_1/\Delta p_{最大1}$为毛细管常数。以已知表面张力$\gamma_1$的液体为标准，根据式(2.4.8)可求出其他液体的表面张力$\gamma_2$。

4. 实验仪器与试剂

恒温槽(1 台)、最大气泡表面张力测定仪(一套)、50 mL 容量瓶(8 支)、铁架(2 个)、乙醇(A.R.)、阿贝折射仪(一台)、量筒(5 mL、10 mL、20 mL，各 1 支)。

5. 实验步骤

(1) 配制溶液。在 8 支 50 mL 容量瓶中用量体积法粗略配制体积分数分别为 5%、10%、15%、20%、25%、30%、35%、40%乙醇溶液待用。

(2) 调节恒温槽温度为(25±0.05) ℃。

(3) 求毛细管常数。

(i) 将玻璃仪器认真洗涤干净(否则气泡不能连续稳定地逸出，使压力计的读数不稳，且影响溶液的表面张力)，在样品管中装入去离子水，使管内液面刚好与毛细管端液面相切，并将样品管置于恒温槽中恒温 10 min(注意毛细管必须与液面垂直)。然后按图 2.4.2 连接好实验装置，接通数字压力计电源。

(ii) 检查系统气密性：缓慢加压至满量程，观察数字压力计显示值变化情况，若 1 min 内显示值稳定，说明传感器及其检测系统无泄漏。确认无泄漏后，泄压至零，并在全量程反复预压 2～3 次，方可正式测试。

(iii) 松开与通大气玻璃管相连接的橡皮管，使系统与大气相通，按下数字压力计的“采零”键，对数字压力计采零，此时压力计显示为 0(将大气压力参考为 0)。再将通大气玻璃管密封。可按数字压力计的“单位”键来选择适合实验的压力单位。旋转抽气瓶活塞，使水缓慢流下，排出毛细管内气体后，调节水滴速度，使气泡形成的速率保持稳定，通常控制在每分钟 8～12 个气泡为宜，即使压力计所显示的数值发生一个一个的变化。

(iv) 观察压力计数值，待每次压力计数最大值基本一致后，记录压力计所显示最大数 3 次，取平均值，即为$p_{最大1}$。若压力计显示最大数值不稳，必须检查毛细管是否洗净，系统密闭性能是否良好，真空橡皮管内是否有水汽或污物进入。

(4) 测量各浓度下乙醇的表面张力。松开通大气玻璃管，在样品管中换入已配制好的乙醇水溶液，重复实验步骤(3)中(iii)、(iv)，得出$p_{最大2}$(注意：必须从稀到浓依次进行，每次测量前必须用少量被测液体洗涤样品管，尤其是毛细管部分，确保毛细管内外溶液的浓度一致)。

(5) 用阿贝折射仪测定系列乙醇溶液的折射率。

6. 实验数据处理

(1) 设计表格，将实验原始数据和作图所用数据列入表格。

(2) 查表 4.2.9，找出实验温度下水的表面张力$\gamma_1$，利用公式$K = \gamma_{水} / p_{最大1}$得出毛细管常数$K$(25 ℃下，$\gamma_{水} = 71.97 \times 10^{-3}\,\mathrm{N \cdot m^{-1}}$)。

(3) 根据所测折射率，代入浓度-折射率标准工作曲线：$y = 13\,718x^2 - 36\,580x + 24\,387$ [$y$为乙醇的浓度($\mathrm{mol \cdot dm^{-3}}$)，$x$为折射率]，计算各溶液的准确浓度。

(4) 由实验结果计算各乙醇水溶液的表面张力$\gamma$，并作$\gamma$-$c$曲线。

(5) 在$\gamma$-$c$曲线上任取 6 个点作曲线的切线，由切线的斜率结合式(2.4.1)求出相应浓度的吸附量。

(6) 作$c/\Gamma$-$c$曲线，利用式(2.4.4)由直线斜率求$\Gamma_\infty$，并根据式(2.4.6)计算分子的截面积$\sigma_\mathrm{B}$。

7. 问题思考

(1) 本实验为什么要读取最大压力差?

(2) 安装仪器时毛细管要与液面垂直，且管口端刚好与液面相切，如果毛细管末端插入溶液内部进行测量可以吗? 为什么?

(3) 毛细管是否清洁和温度的不恒定对测量结果有何影响?

(4) 实验时，为什么溶液浓度应由稀到浓测定为宜?

8. 实验评注

(1) 表面活性剂广泛应用于化工和日常生活中，不论是作为乳化剂、去污剂，还是作为润湿剂、起泡剂，其主要作用机理都与特殊的表面效应有关，所以研究物质的表面张力、表面吸附量等表面效应具有十分重要的现实意义。对于离子型表面活性剂，式(2.4.1)和式(2.4.2)不适用。吸附量与浓度的关系为

$$\Gamma = -\frac{1}{2RT}\frac{\mathrm{d}\gamma}{\mathrm{d}\ln c}$$

(2) 实验测量各种直链醇的分子截面积为 0.274～0.289 $\mathrm{nm^2}$，直链有机酸为 0.302～0.310 $\mathrm{nm^2}$，直链胺约为 0.27 $\mathrm{nm^2}$，这说明直链有机物的非极性基团基本上竖立于溶液表面上，由饱和吸附量$\Gamma_\infty$、溶质的摩尔质量$M$和密度$d$，还可以求出吸附层的厚度$\delta$

$$\delta = \Gamma_\infty M / d$$

(3) 由最大气泡法测定的$\gamma$常因气泡曲率半径无法测定而存在一定误差。要精确地测定溶液的表面张力，常用校正因子法加以校正，具体见表 4.2.10。

(4) 做好本实验的关键：①仪器必须清洁干净，在测定每份试样时，必须用该试样冲洗毛细管中前一次测定的残留液；②毛细管应保持垂直，其端部应平整，毛细管平面与液面接触处要相切；③读取数据时，应取气泡单个逸出时的最大值，但出泡速率不能太快，否则将使表面活性物质来不及在气泡表面达到吸附平衡，也将使气体分子之间摩擦力和流体与管壁间的摩擦力增大，这将造成压力差增大，使表面张力测定值偏高。

(5) 实验数据记录见表 2.4.1。

**表 2.4.1　不同浓度溶液的表面张力值**

室温：__________℃　　　　大气压：__________kPa

| 浓度 | 折射率 | 准确浓度/(mol · dm$^{-3}$) | 最大压力差Δ$p_{最大}$ | | | | $K$ 或 $\gamma$ |
|---|---|---|---|---|---|---|---|
| | | | 1 | 2 | 3 | 平均值 | |
| 0% | | | | | | | |
| 5% | | | | | | | |
| 10% | | | | | | | |
| 15% | | | | | | | |
| 20% | | | | | | | |
| 25% | | | | | | | |
| 30% | | | | | | | |
| 35% | | | | | | | |
| 40% | | | | | | | |
| 任意取的 6 个点浓度 | | | | | | | |
| 切线的斜率 | | | | | | | |
| 吸附量$\Gamma$ (mol · m$^{-2}$) | | | | | | | |
| $c/\Gamma$( m$^2$ · dm$^{-3}$) | | | | | | | |
| $\Gamma_\infty$/ (mol · m$^{-2}$) | | | | | | | |

(6) 文献值：最大吸附量是$(6.8\pm0.8)\times10^{-6}$ mol · m$^{-2}$；分子截面积为$(2.5\pm0.6)\times10^{-19}$ m$^2$。

### 2.4.2　溶液吸附法测定固体的比表面积

1. 实验目的

(1) 学会用次甲基蓝水溶液吸附法测定颗粒活性炭的比表面积。
(2) 了解朗缪尔单分子层吸附理论。
(3) 了解溶液法测定比表面积的基本原理。

2. 预习要点

(1) 明确实验操作步骤及数据处理方法。
(2) 了解 722 型分光光度计的使用方法。

3. 实验原理

置于液体(或者气体)中的固体，其表面的液体分子(或者气体分子)的浓度会高于液相(或气相)中的浓度，这种液体分子(或气体分子)在相界面上自动聚集的现象称为吸附。通常把起吸附作用的物质称为吸附剂，被吸附的物质称为吸附质。

按照吸附质和吸附剂相互作用的性质，可以将吸附分为物理吸附和化学吸附两类。二者的差别见表 2.4.2。

**表 2.4.2　物理吸附和化学吸附的比较**

| 性质 | 吸附热 | 吸附温度 | 活化能 | 吸附层 | 吸附平衡 | 可逆性 |
|---|---|---|---|---|---|---|
| 物理吸附 | $10^2$～$10^3$ J | 低 | 几乎不需要活化能 | 单层、多层 | 快 | 可逆 |
| 化学吸附 | 接近化学键生成热，$10^3$～$10^5$ J | 高 | 需要相当高的活化能 | 单层 | 慢 | 不可逆 |

固体物质比表面积的大小和孔径的分布情况是评述催化剂、了解固体表面性质和研究电极物质的重要参数，而固体物质的宏观结构性质的测定是以物理吸附为基础的。固体物质的比表面积是指 1 g 固体所具有的总表面积，包括外表面积和内表面积。如果 1 g 吸附剂内外表面形成完整的单分子层的吸附质分子就达到了饱和吸附。只要将该饱和吸附量(吸附质分子数)乘以每个吸附质分子在吸附剂上占的面积，就可以求得吸附剂的比表面积。

水溶性染料的吸附已应用于测定固体比表面积，在所有的染料中次甲基蓝具有最大的吸附倾向。研究表明，在一定浓度范围内，大多数固体对次甲基蓝的吸附是单分子层吸附，符合朗缪尔吸附理论。朗缪尔吸附理论的基本假设是：固体表面是均匀的，是单分子层吸附。吸附剂一旦被吸附质覆盖就不能再吸附，设固体表面的吸附位总数为 $N$，覆盖度为 $\theta$，溶液中吸附质的浓度为 $c$，则有

$$\text{吸附质分子(在溶液中)} \underset{\text{解吸} k_{-1}}{\overset{\text{吸附} k_1}{\rightleftarrows}} \text{吸附质分子(在固体表面)}$$

吸附速率 $$r_a = k_1 N(1-\theta)c$$

解吸速率 $$r_d = k_{-1} N\theta$$

当达到动态平衡时，$k_1 N(1-\theta)c = k_{-1} N\theta$，所以

$$\theta = \frac{k_1 c}{k_{-1} + k_1 c} = \frac{ac}{1+ac} \tag{2.4.9}$$

式中，$a = k_1/k_{-1}$ 为吸附平衡常数，$a$ 越大，固体对吸附质的吸附能力越强。若以 $\Gamma$ 表示浓度 $c$ 时的平衡吸附量，以 $\Gamma_\infty$ 表示全部吸附位被占据的单分子层吸附量，即饱和吸附量，则

$$\theta = \Gamma/\Gamma_\infty$$

代入式(2.4.9)，有

$$\Gamma = \Gamma_\infty \frac{ac}{1+ac} \tag{2.4.10}$$

变为直线形式可得

$$\frac{c}{\Gamma} = \frac{1}{\Gamma_\infty a} + \frac{1}{\Gamma_\infty} c \tag{2.4.11}$$

作 $c/\Gamma$-$c$ 图，从其斜率可求得 $\Gamma_\infty$，再结合截距便得到 $a$，$\Gamma_\infty$ 指每克吸附剂饱和吸附吸附质的物质的量，若每个吸附质分子在吸附剂上所占据的面积为 $\sigma_A$，则吸附剂的比表面积($S$)可以按式(2.4.12)计算：

$$S = \Gamma_\infty L \sigma_A \tag{2.4.12}$$

式中，$L$ 为阿伏伽德罗常量。

次甲基蓝是一种具有矩形结构的分子：

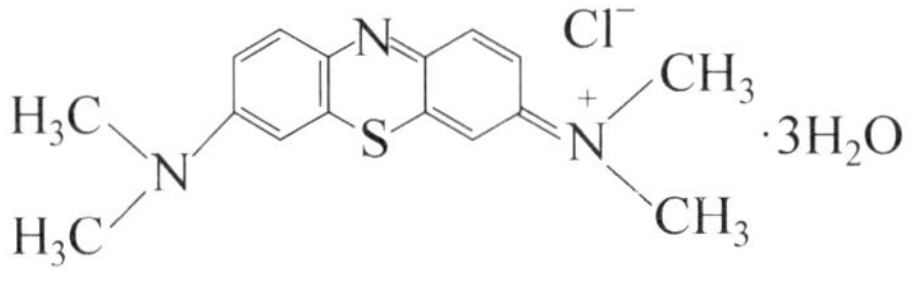

阳离子的大小为 17.0 m×7.6 m×3.25 m×$10^{-30}$ m。次甲基蓝的吸附有三种取向：平面吸附投影面积为 135×$10^{-20}$ $m^2$，侧面吸附投影面积为 75×$10^{-20}$ $m^2$。端基吸附投影面积为 39×$10^{-20}$ $m^2$。对于非石墨型的活性炭，次甲基蓝是以端基吸附取向吸附在活性炭表面，因此 $\sigma_A=39\times10^{-20}$ $m^2$。

根据光吸收定律(朗伯-比尔定律)，当入射光为一定波长的单色光时，其溶液的吸光度与溶液中有色物质的浓度及溶液层的厚度成正比

$$A=\lg\frac{I_0}{I}=\varepsilon lc$$

式中，$A$ 为吸光度；$I_0$ 为入射光强度；$I$ 为透射光强度；$\varepsilon$ 为摩尔吸光系数；$l$ 为光径长度或液层厚度；$c$ 为溶液的浓度。可见，可以通过测定溶液的吸光度来确定吸附质的浓度。

实验表明，次甲基蓝溶液在可见区有两个吸收峰：445 nm 和 665 nm，但在 445 nm 处活性炭吸附对吸收峰有很大的干扰，故本实验选用的工作波长为 665 nm，并用 722 型分光光度计进行测量。

4. 实验仪器与试剂

722 型分光光度计(1 台)、分析天平(1 台)、振荡器(1 台)、100 mL 具塞锥形瓶(5 只)、50 mL 酸式滴定管(2 支)、100 mL 容量瓶(11 支)、200 mL 容量瓶(1 支)、颗粒状非石墨型活性炭、次甲基蓝溶液(0.2%左右原始溶液、0.3126×$10^{-3}$ mol · $dm^{-3}$ 标准溶液)。

5. 实验步骤

(1) 了解 722 型分光光度计原理，熟悉其使用方法。

(2) 样品活化：将颗粒状活性炭置于瓷坩埚中，放入马弗炉中 500 ℃活化 1 h(或在真空干燥箱中 300 ℃活化 1 h)，然后置于干燥器中备用(此步骤实验前已经由实验室做好)。

(3) 溶液吸附：取 5 只洗净干燥的具塞锥形瓶，编号，在分析天平上分别准确称取活化过的活性炭约 0.1 g 置于瓶中，并按照表 2.4.3 用 50 mL 滴定管量取配制不同浓度的次甲基蓝溶液，然后塞上磨口塞，放置在振荡器上振荡 3～5 h，样品振荡达到平衡后，将锥形瓶取下，用移液管分别吸取上层清液 1 mL 放入 100 mL 容量瓶中(注意：不要将活性炭吸入移液管)，并用蒸馏水稀释至刻度待用。

**表 2.4.3　溶液的配制**

| 编号 | 1 | 2 | 3 | 4 | 5 |
|---|---|---|---|---|---|
| $V_{0.2\%次甲基蓝溶液}$ / mL | 30 | 20 | 15 | 10 | 5 |
| $V_{蒸馏水}$ / mL | 20 | 30 | 35 | 40 | 45 |

(4) 原始溶液处理：为了准确测量 0.2%左右次甲基蓝原始溶液的浓度，用移液管移取 0.5 mL 0.2%次甲基蓝溶液放入 200 mL 容量瓶中，并用蒸馏水稀释至刻度待用。

(5) 次甲基蓝标准溶液的配制：用移液管准确移取 1 mL、3 mL、5 mL、7 mL、9 mL 浓度为 0.3126×$10^{-3}$ mol · $dm^{-3}$ 标准次甲基蓝溶液于 100 mL 容量瓶中，用蒸馏水稀释至刻度待用。

(6) 测量吸光度：选取工作波长为 665 nm(或在 600～700 nm 自选最大吸收波长)，以蒸馏水为空白，分别测量 5 个标准溶液、5 个稀释后的平衡溶液及稀释后的原始溶液的吸光度。

6. 实验数据处理

(1) 设计表格，将实验原始数据和作图用数据列入表格。

(2) 作次甲基蓝溶液浓度与吸光度的工作曲线。计算出各个标准溶液的物质的量浓度，以次甲基蓝标定溶液浓度对吸光度作图，所得直线为工作曲线。

(3) 求次甲基蓝原始溶液浓度和各平衡溶液浓度。将实验测定的稀释后原始溶液的吸光度，从工作曲线上查得对应的浓度，乘上稀释倍数 400，即为原始溶液的浓度。将实验测定的各稀释后的平衡溶液吸光度，从工作曲线上查得对应的浓度，乘上稀释倍数 100，即为平衡溶液浓度 $c$。

(4) 计算吸附溶液的初始浓度。用原始溶液的浓度，按照配制方法计算各吸附溶液的初始浓度 $c_0$。

(5) 计算吸附量。由 $c$ 和 $c_0$ 数据，按式(2.4.13)计算 $\Gamma$

$$\Gamma = \frac{(c_0 - c)V}{m} \tag{2.4.13}$$

式中，$V$ 为吸附溶液的总体积 0.05 L 或 50 mL(具体根据浓度单位确定)；$m$ 为吸附剂(活性炭)的质量(g)。

(6) 作朗缪尔吸附等温线。以 $\Gamma$ 为纵坐标，$c$ 为横坐标，作 $\Gamma$-$c$ 吸附等温线。

(7) 求饱和吸附量。由 $\Gamma$ 和 $c$ 数据计算 $c/\Gamma$ 值，然后作 $c/\Gamma$-$c$ 图，由图求得饱和吸附量 $\Gamma_\infty$，将 $\Gamma_\infty$ 值用虚线作水平线在 $\Gamma$-$c$ 图上(此线为吸附量 $\Gamma$ 的渐近线)。

(8) 计算活性炭样品的比表面积。将 $\Gamma_\infty$ 值代入式(2.4.12)，算出活性炭样品的 $S$。

7. 问题思考

(1) 如何判断溶液吸附达到了平衡？

(2) 固体在稀溶液中对溶质分子的吸附和固体在气相中对气体分子的吸附有何区别？

(3) 在实验中，为什么要求对活性炭准确称取？

(4) 在实验中，为什么选用原始浓度为 0.2%的次甲基蓝溶液？

8. 实验评注

(1) 测定固体比表面积的方法很多，有 BET 低温吸附法、气相色谱法等，这些方法均需要较复杂的仪器和较长的实验时间。相比之下，溶液吸附法具有仪器装置简单、操作方便、可同时平行测量等优点，因此常被采用。但是该法存在一定的误差，其原因是非球形的吸附质在各种吸附剂表面吸附时的取向并非一致，且每个被吸附分子的投影面积可以相差甚远，因此溶液吸附测得的结果应以其他方法(一般采用 BET 法)进行校正，本法测量误差≥10%。

(2) 如果溶液吸附法的吸附质的浓度选择适当，使初始浓度和吸附平衡后的浓度避免了浓度过高导致多分子层吸附，又避免了浓度过低使吸附达不到饱和，则可使实验简化，仅需配制一个样品，就可测量算出吸附剂的比表面积。请实验者在完成本实验测量以后，提出合适的吸附质溶液的浓度范围，并写出实验测量步骤。

(3) 在实验过程中，为了消除活性炭粒度相差大及机械强度低的不利因素，可考虑对活性炭进行适当的研磨，或选用粉末活性炭，文献建议使用颗粒破碎法，取100目和300目双筛筛粉，取中间部分。但颗粒的粒度改变后，适宜的初始浓度应通过反复实验重新确定。

(4) 为了使溶液吸附一直在恒温下进行，有条件时可采用恒温水浴振荡器。

(5) 升高温度可以加快扩散和吸附过程，缩短达到吸附平衡所需的时间。因此，可以按照以下方案进行：将吸附瓶先置于70 ℃恒温水浴中，间隔几分钟用手振荡，持续1 h，然后置于电动振荡器中室温振荡2～3 h。

(6) 为测得准确吸光度(光密度)值，注意事项参阅2.3.2的实验评注(2)。

(7) 实验数据记录见表2.4.4和表2.4.5。

**表2.4.4 标准溶液和原始溶液测定数据**

室温：__________℃ 大气压：__________kPa

| | 标准溶液($0.3126\times10^{-3}$ mol · dm$^{-3}$) | | | | | 0.2%原始溶液 |
|---|---|---|---|---|---|---|
| $V$/mL | 1 | 3 | 5 | 7 | 9 | 0.5(稀释400倍) |
| $A$ | | | | | | |
| $c$/(mol·cm$^{-3}$) | | | | | | |

**表2.4.5 平衡溶液测定及计算数据**

| 编号 | 吸附前浓度 $c_0$/(mol · cm$^{-3}$) | 活性炭质量 $m$/g | 吸光度 $A$ | 平衡浓度 $c$/(mol · cm$^{-3}$) | 吸附量 $\Gamma$/(mol · g$^{-1}$) | $c/\Gamma$ /(g · cm$^{-3}$) | $\Gamma_\infty$ /(mol · g$^{-1}$) | $S$ /(m$^2$ · g$^{-1}$) |
|---|---|---|---|---|---|---|---|---|
| 1 | | | | | | | | |
| 2 | | | | | | | | |
| 3 | | | | | | | | |
| 4 | | | | | | | | |
| 5 | | | | | | | | |

(8) 参考值：100～120 m$^2$ · g$^{-1}$。

### 2.4.3 黏度法测定高聚物的相对分子质量

1. 实验目的

(1) 掌握用黏度法测定聚乙烯醇的黏均相对分子质量。

(2) 掌握用乌氏黏度计测定高聚物溶液黏度的原理和方法。

2. 预习要点

(1) 了解黏度法测定高聚物相对分子质量的基本原理和实验方法，熟悉相关的计算公式。

(2) 了解乌氏黏度计的结构和使用注意事项。

3. 实验原理

高聚物的相对分子质量不仅反映了高聚物分子的大小，而且直接关系到它的物理性能，是一个重要的基本参数。通过测定高聚物的相对分子质量，可进一步了解高聚物的性能，指导和控制聚合时的条件，以获得具有性能优良的产品。与一般的无机物或低分子的有机物不同，高聚物一般是相对分子质量大小不同的大分子混合物，所以通常所测高聚物相对分子质量是一个统计平均值。

高聚物相对分子质量的测定方法很多，对线形高聚物有端基分析、沸点升高、凝固点降低、等温蒸馏、黏度、渗透压、光散射和超离心沉降及扩散等分析方法。其中黏度法具有设备简单、操作方便、耗时较少、精确度较高、有相当好的实验精度等特点，常用于测定高聚物的相对分子质量，其适用的相对分子质量范围为 $10^4$～$10^7$。

高聚物稀溶液的黏度 $\eta$(单位 $kg \cdot m^{-1} \cdot s^{-1}$)是液体流动时分子之间内摩擦力的反映。这种内摩擦主要是溶剂分子间的摩擦 $\eta_0$、高聚物分子间的摩擦及高聚物与溶剂分子之间的摩擦三者之和。

因为液体黏度的绝对值测定很困难，所以一般都是测定溶液与溶剂的相对黏度($\eta_r$)

$$\eta_r = \frac{\eta}{\eta_0} \tag{2.4.14}$$

相对于溶剂，溶液黏度增加的分数称为增比黏度($\eta_{sp}$)，即

$$\eta_{sp} = \frac{\eta - \eta_0}{\eta_0} = \frac{\eta}{\eta_0} - 1 = \eta_r - 1 \tag{2.4.15}$$

由此可见，$\eta_r$ 是溶液黏度与溶剂黏度的比值，反映的仍是整个溶液黏度的行为，$\eta_{sp}$ 则反映了扣除溶剂分子间的内摩擦后所剩下的纯溶剂分子与高聚物分子间及高聚物分子间的内摩擦。

由于溶液的浓度越大，黏度也越大，因此高聚物浓度的大小将直接影响 $\eta_{sp}$ 的大小。为了便于比较，常采用单位浓度($g \cdot cm^{-3}$)的增加所引起的溶液增比黏度的增加($\eta_{sp}/c$)作为高聚物相对分子质量的量度。$\eta_{sp}/c$ 为比浓黏度，而 $\ln\eta_r/c$ 则为比浓对数黏度，其数值都随溶液浓度的改变而改变。在足够稀的高聚物溶液中，每个高聚物分子彼此相隔极远，其相互间的内摩擦可忽略不计，此时溶液所表现出的黏度主要反映了高聚物分子与溶剂分子间的内摩擦，定义为特性黏度[$\eta$]，其值与浓度无关，仅取决于溶剂的性质和高聚物分子的形态与大小，即

$$\lim_{c \to 0} \frac{\eta_{sp}}{c} = \lim_{c \to 0} \frac{\ln \eta_r}{c} = [\eta] \tag{2.4.16}$$

在足够稀的溶液中，有如下经验关系式：

$$\eta_{sp} / c = [\eta] + \kappa [\eta]^2 c \tag{2.4.17}$$

$$\ln \eta_r / c = [\eta] - \beta [\eta]^2 c \tag{2.4.18}$$

式中，$\kappa$ 和 $\beta$ 分别为哈金斯(Huggins)和克雷默(Kramer)常数。

由以上两式可知，通过 $\eta_{sp}/c$ 对 $c$ 或 $\ln\eta_r/c$ 对 $c$ 作图，外推至 $c=0$ 时所得两直线的截距均为[$\eta$]，见图 2.4.3。

实验证明，当聚合物、温度和溶剂确定后，[$\eta$]的数值只与高聚物平均相对分子质量有关，

它们之间的关系可用半经验的马克-豪温克( Mark - Houwink )方程表示

$$[\eta]=K\left(\bar{M}_\eta\right)^\alpha \tag{2.4.19}$$

式中，$K$ 为比例常数；$\bar{M}_\eta$ 为高聚物的黏均相对分子质量。$K$、$\alpha$ 只与温度、聚合物、溶剂性质有关,在一定相对分子质量范围内与相对分子质量无关。聚乙烯醇水溶液在 25 ℃时,$\alpha=0.76$，$K=2\times10^{-2}\ \mathrm{cm^3\cdot g^{-1}}$；在 30 ℃时，$\alpha=0.64$，$K=6.66\times10^{-2}\ \mathrm{cm^3\cdot g^{-1}}$。

本实验采用毛细管黏度计测定高聚物的 $\eta$，通过测定一定体积的液体流经一定长度和半径的毛细管所需时间而获得。实验使用的乌氏黏度计见图 2.4.4。当液体在重力作用下流经毛细管达到稳定时，促使其流动的力(重力)与阻止其流动的力(内摩擦力)相等，其遵守泊肃叶( Poiseuille )定律：

$$\eta=\frac{\pi pr^4t}{8lV}=\frac{\pi\rho ghr^4t}{8lV} \tag{2.4.20}$$

式中，$p$ 为当液体流动时在毛细管两端间的压力差(也就是液体的密度 $\rho$、重力加速度 $g$ 和经毛细管的液体平均柱高度 $h$ 三者的乘积)($\mathrm{kg\cdot m^{-1}\cdot s^{-1}}$)；$l$ 为毛细管的长度；$r$ 为毛细管的半径；$t$ 为流出时间；$V$ 为流经毛细管的液体的体积。

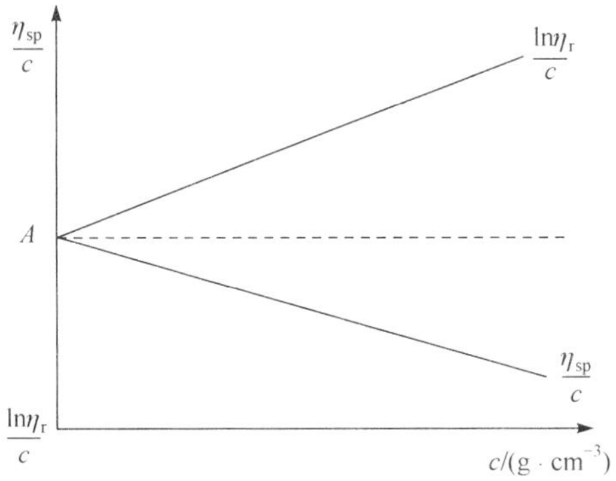


图 2.4.3　外推法求[$\eta$]

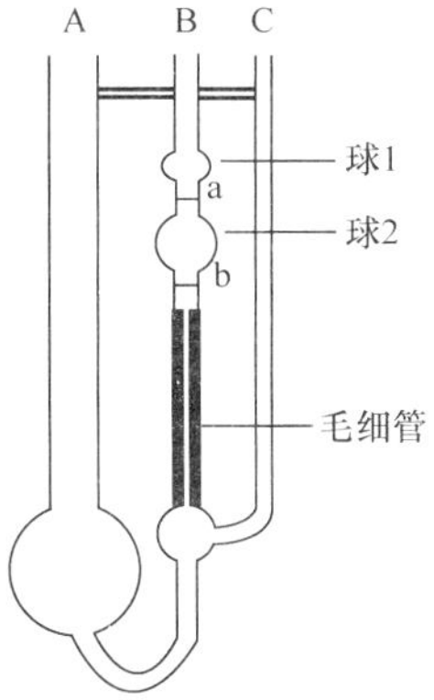


图 2.4.4　乌氏黏度计

同一黏度计在相同条件下测定液体的黏度时，它们的黏度之比就等于密度与流出时间之比：

$$\frac{\eta_1}{\eta_2}=\frac{\rho_1t_1}{\rho_2t_2} \tag{2.4.21}$$

如果用已知黏度 $\eta_1$ 的液体作为参考液体，则待测液体的黏度 $\eta_2$ 可以通过式(2.4.21)求得。

在测定溶剂和溶液的相对黏度时，如果溶液的质量浓度不大，则溶液的密度与溶剂的密度近似相等，因此

$$\eta_r=\frac{\eta}{\eta_0}=\frac{t}{t_0} \tag{2.4.22}$$

这样通过配制一系列不同浓度的溶液进行实验，测定溶液和溶剂的流出时间 $t$ 和 $t_0$，就可以算出 $\eta_r$，进而计算出 $\eta_{sp}$、$\eta_{sp}/c$ 和 $\ln\eta_r/c$ 值。以 $\eta_{sp}/c$ 和 $\ln\eta_r/c$ 为纵坐标，$c$ 为横坐标作图，得到两条直线，分别外推到 $c=0$，其截距为[$\eta$]，代入式(2.4.19)中即可得 $\bar{M}_\eta$。

4. 实验仪器与试剂

乌氏黏度计(1 支)、移液管(5 mL、10 mL，各 1 支)、恒温装置(1 套)、秒表(1 只)、洗耳球(1 个)、100 mL 烧杯(1 只)、100 mL 容量瓶(1 支)、3 号玻璃砂芯漏斗(1 个)、聚乙烯醇(A.R.)、正丁醇(A.R.)。

5. 实验步骤

(1) 高聚物溶液的配制。准确称取 0.25 g 聚乙烯醇于 100 mL 烧杯中，加入适量蒸馏水溶解，并移入 100 mL 容量瓶中定容。若产生气泡，加入 2 滴正丁醇，在溶解过程中杂质可用 3 号玻璃砂芯漏斗过滤，得浓度为 2.5 g · $dm^{-3}$的聚乙烯醇溶液(此步实验室已经配好)。

(2) 安装黏度计。实验前，应彻底清洗黏度计，放在烘箱中烘干。调节恒温槽温度为 (25±0.05) ℃，把黏度计垂直放入槽中，使球 1 完全浸入水中，放置位置要合适，便于观察液体流动情况。

(3) 溶液流出时间 $t$ 的测定。用移液管吸取聚乙烯醇溶液 10 mL 由 A 管注入黏度计内，恒温后，在 C 管(图 2.4.4)上套一软胶管，并用夹子加紧使其不漏气，然后用洗耳球在 B 管慢慢抽气，待液体上升至球 1 的 1/2 左右即停止抽气(注意：不要将溶液吸入洗耳球)，打开 C 管软管上的夹子，让溶液依靠重力流下。当液面到达刻度线 a 时，打开秒表计时，到刻度线 b 时停表，记下液体流经 a、b 之间所需的时间，重复 3 次，每次重复不应超过 0.4 s，取其平均值，即为 $t_1$；再向黏度计中加入 5 mL 蒸馏水，浓度变为 $c_2$，用夹子加紧 C 管上的软胶管，用洗耳球将溶液反复抽吸至球 1 内几次，使混合均匀，同上述方法测定流出时间 $t_2$(注意：尽量不要使 B 管液面上有气泡存在，如果有气泡会影响读数，可以在 B 管口滴半滴正丁醇)。

同样依次加 10 mL、10 mL、10 mL、10 mL 蒸馏水，使水溶液浓度变为 $c_3$、$c_4$、$c_5$、$c_6$，测定流出时间 $t_3$、$t_4$、$t_5$、$t_6$，然后将黏度计用蒸馏水洗干净备用。

(4) 溶剂流出时间 $t_0$ 的测定。将约 15 mL 蒸馏水由 A 管加入黏度计中，恒温后，同上述方法测定 3 次纯溶剂的流出时间，每次重复不应超过 0.2 s，取其平均值，即为 $t_0$。

(5) 实验结束后，取下黏度计，倒出蒸馏水后放入恒温干燥箱中使其干燥。

6. 实验数据处理

(1) 设计表格，将实验原始数据和作图用数据列入表格。

(2) 根据不同浓度 $c$ 下测得的时间 $t$，计算对应的 $\eta_r$、$\eta_{sp}$、$\eta_{sp}/c$ 和 $\ln\eta_r/c$ 并列入上表。

(3) 作 $\eta_{sp}/c$-$c$ 和 $\ln\eta_r/c$-$c$ 图，并外推至 $c$=0，求[$\eta$]值。

(4) 由公式 $[\eta]=K\bar{M}_\eta{}^\alpha$ 及所用溶剂和温度条件下的 $K$ 和 $\alpha$ 求出聚乙烯醇的 $\bar{M}_\eta$。

7. 问题思考

(1) 乌氏黏度计的 C 管有什么作用？本实验能否采用双管黏度计？

(2) 毛细管黏度计粗细有何影响？

(3) 为什么 $\lim\limits_{c\to 0}\dfrac{\eta_{sp}}{c}=\lim\limits_{c\to\infty}\dfrac{\ln\eta_r}{c}$？

8. 实验评注

(1) 在完成本实验过程中，为了得到好的结果，应注意以下几点：①黏度计和其他仪器必须清洗干净；②本实验对温度条件要求较高，恒温槽温度波动应控制在±0.05 ℃($\eta_r$的测量精密度可达0.2%)；③黏度计必须垂直安装，并避免与外界震动，毛细管的直径不宜小于0.5 mm，且溶剂流出时间不小于100 s；④溶液浓度的计算由稀释得到，因此所加蒸馏水的体积必须准确，且混合均匀；⑤聚乙烯醇搅拌抽吸混合时容易产生气泡，溶液中分散的微小气泡含有一些杂质微粒，容易局部堵塞毛细管，所以混合时应注意抽吸的速度。

(2) 在实验过程中可能会遇到如图2.4.5所示的异常现象，这并非操作不严格，而是高聚物本身的结构及其在溶液中的形态所致。目前尚不能清楚解释产生这些反常现象的原因，只能做一些近似处理。

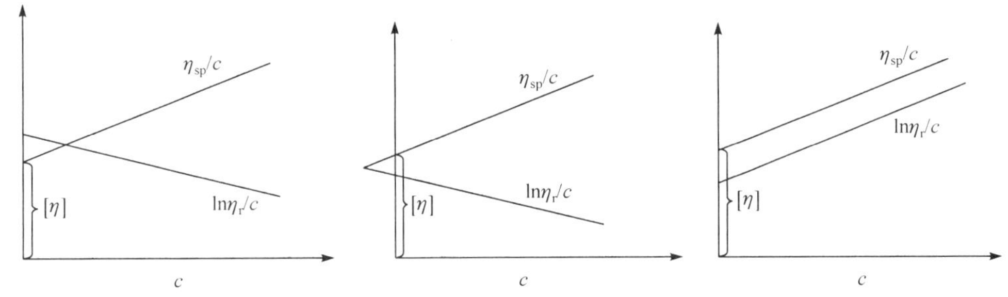


图2.4.5 黏度测定中的异常现象示意图

(3) 实验数据记录见表2.4.6。

**表2.4.6 溶液浓度与流出时间及其他实验结果**

室温：__________℃ 大气压：__________kPa

| $c$/(g · dm$^{-3}$) | $t_1$ / s | $t_2$ / s | $t_3$ / s | $t_{平均}$/s | $\eta_r$ | ln $\eta_r$ | $\eta_{sp}$ | $\eta_{sp}/c$ | ln $\eta_r$ / $c$ |
|---|---|---|---|---|---|---|---|---|---|
| 水 | | | | | | | | | |
| 2.50 | | | | | | | | | |
| 1.67 | | | | | | | | | |
| 1.00 | | | | | | | | | |
| 0.71 | | | | | | | | | |
| 0.56 | | | | | | | | | |
| 0.45 | | | | | | | | | |

(4) 参考值：在25 ℃时，聚乙烯醇的相对分子质量为(6.0～8.0)×$10^4$。

### 2.4.4 电导法测定水溶性表面活性剂的临界胶束浓度

1. 实验目的

(1) 掌握用电导法测定十二烷基硫酸钠的临界胶束浓度的方法。

(2) 了解表面活性剂的特性和胶束形成原理。

(3) 掌握电导率仪的使用方法。

2. 预习要点

(1) 了解表面活性剂的特点及胶束的形成。
(2) 了解表面活性剂的浓度与溶液电导率或摩尔电导率的关系。

3. 实验原理

表面活性剂是一类具有明显“双亲”性质的分子组成的物质。这类物质的分子既含有亲油的足够长的烃基，又含有亲水的极性基团。按照离子的类型可分为以下三大类。

(1) 阳离子表面活性剂：如烷基硫酸盐[十二烷基硫酸钠，$CH_3(CH_2)_{11}SO_4Na$]、烷基磺酸盐[十二烷基苯磺酸钠，$CH_3(CH_2)_{11}C_6H_5SO_3Na$]、羧酸盐(肥皂，$C_{17}H_{35}COONa$)等。

(2) 阴离子表面活性剂：主要是铵盐，如十二烷基二甲基叔胺[$RN(CH_3)_2HCl$]和十二烷基二甲基氯化铵[$RN(CH_3)_2Cl$]等。

(3) 非离子表面活性剂：如聚氧乙烯类[$RO(CH_2CH_2O)_nH$]等。

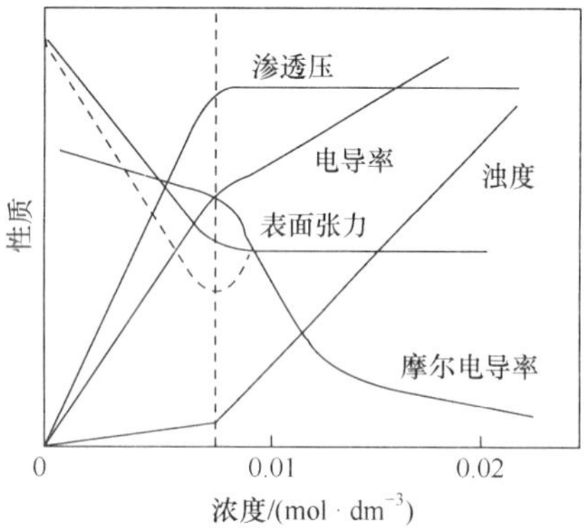

图 2.4.6 25 ℃时十二烷基硫酸钠水溶液物理性质和浓度的关系

表面活性剂溶液具有某些特殊的物理化学性质。当溶液的浓度很低时，它的性质与一般的溶液相同，当浓度增大到一定数值时，某些物化性质如表面张力、渗透压、电导等都产生突然的变化。表面张力不再随浓度的增加而改变，渗透压、电导率随浓度增加幅度降低(图 2.4.6)，这些不规则的变化主要是因为溶液中的表面活性剂分子聚集在一起形成了胶束，以胶束形式存在于水中的表面活性物质是比较稳定的。这些物化性质的突变发生在一个很窄的浓度范围，习惯上此很窄的浓度范围称为形成胶束所需的最低浓度即临界胶束浓度(critical micelle concentration，CMC)。在 CMC 点上，由溶液结构改变而导致其物理及化学性质与浓度的关系曲线出现明显的转折。

表面活性剂具有 CMC 值是其结构特征的反映。众所周知，表面活性剂分子具有两亲结构，既有疏水基团又有亲水基团，当它溶于极性很强的水中时，分子中一部分可溶于水，而另一部分有自水中“逃离”的趋势。当表面活性剂的浓度较小时，这种双重性质主要促使分子定向排列于液体表面，即产生溶液表面的吸附现象。当溶液表面吸附饱和后，进一步增加表面活性剂的浓度，这种双重性质会促使表面活性剂分子自相缔合，即疏水基团相互靠拢，亲水基团与水相接触。这种缔合体即为胶束，见图 2.4.7。随着表面活性剂浓度的进一步增加，球

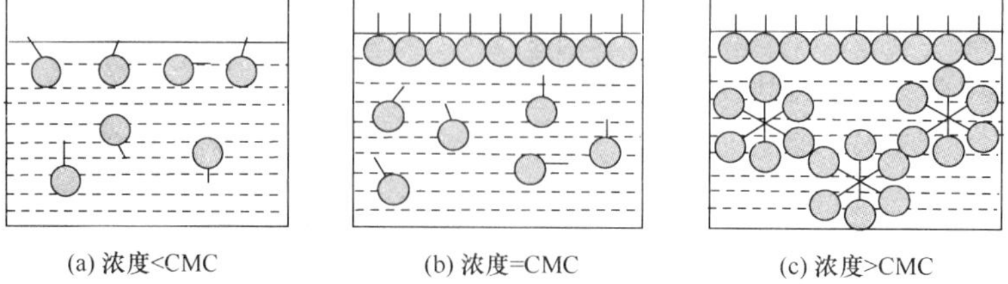

图 2.4.7 胶束形成过程示意图

形胶束还可能转化成棒形胶束甚至层状胶束(图 2.4.8)。

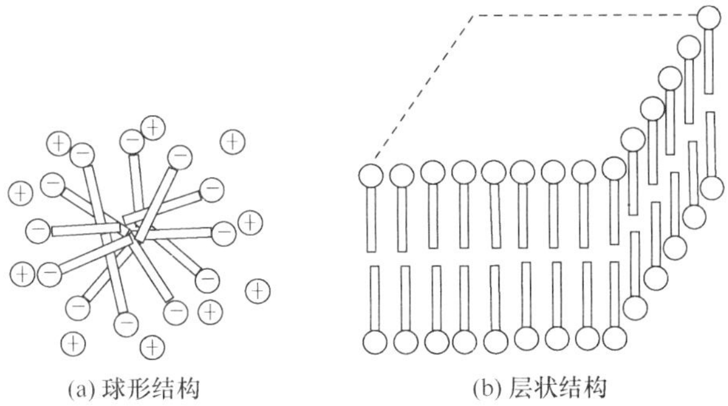


图 2.4.8　胶束的球形结构和层状结构示意图

本实验采用电导法，利用电导率仪测定不同浓度的十二烷基硫酸钠水溶液的电导率(也可以换算为摩尔电导率)，并作电导率(或摩尔电导率)与浓度的关系图，从图中的转折点即可求得 CMC。

4. 实验仪器与试剂

DDSJ-308A 型电导率仪(1 台)、260 型铂黑电极(1 支)、超级恒温槽(1 台)、50 mL 容量瓶(20 支)、250 mL 容量瓶(1 支)、移液管(2 mL、5 mL、10 mL，各 1 支)、15 mL 试管(3 支)、KCl(A.R.)、十二烷基硫酸钠(A.R.)、电导水。

5. 实验步骤

(1) 用电导水或重蒸水配制 0.01 mol · $dm^{-3}$ KCl 标准溶液。

(2) 准确称量已烘干(80 ℃，烘干 3 h)的十二烷基硫酸钠 7.209 g，加入电导水或重蒸水溶解后转入 250 mL 容量瓶中，稀释至刻度，此溶液的浓度为 0.1000 mol · $dm^{-3}$，储存备用。

(3) 用移液管分别取 0.5 mL、1.5 mL、2.5 mL、3.0 mL、3.5 mL、4.0 mL、5.0 mL、5.5 mL、6.0 mL、6.5 mL、7.0 mL、7.5 mL、9.0 mL、10.0 mL 的 0.1000 mol · $dm^{-3}$ 的十二烷基硫酸钠溶液，置于 14 个 50 mL 容量瓶中，用水稀释至刻度，配制成不同浓度的十二烷基硫酸钠待测溶液。

(4) 开启恒温槽，调节温度为(30.00±0.05) ℃。熟悉 DDSJ-308A 型电导率仪的使用方法。

(5) 将试管和电极用温热洗液洗干净，在恒温下用 0.01 mol · $dm^{-3}$ KCl 标准溶液标定电极的电导池常数(0.01 mol · $dm^{-3}$ KCl 标准溶液的电导率为 0.1411 S · $m^{-1}$)。

(6) 将试管和电极用重蒸水和待测溶液冲洗三次，按浓度由低到高的顺序测定各待测溶液的电导率，每次换溶液时，必须用待测溶液清洗铂黑电极和试管。注入待测溶液，待温度恒定后进行测定，至少需读数三次，取平均值。

(7) 列表记录溶液对应的电导率或摩尔电导率。

(8) 实验结束后，用重蒸水或电导水洗净试管和电极，并测量所用水的电导率。

6. 实验数据处理

(1) 设计表格，将实验原始数据和作图用数据列入表格。

(2) 以电导率(或摩尔电导率)对浓度作图，从图中转折点处找出 CMC。

7. 问题思考

(1) 表面活性剂溶液的表面张力、渗透压、电导等性质为什么在 CMC 处产生突然变化?

(2) 非离子表面活性剂(如脂肪醇聚氧乙烯醚)能否采用电导法测定? 为什么?

(3) 溶解的表面活性剂分子与胶束之间的平衡温度和浓度有关，其关系式可表示为 $\frac{\mathrm{d}\ln c_{\mathrm{CMC}}}{\mathrm{d}T}=-\frac{\Delta H}{2RT^2}$，如何测出其热效应值 $\Delta H$ ?

8. 实验评注

(1) 表面活性剂因具有优良的去污、分散、乳化、悬浮、吸附、解吸、润湿、渗透、气泡和增溶等特点而被广泛应用。用量较大的有日化、石油、食品、纺织、印染、农药、造纸等，此外还有皮革、电镀、建筑、矿冶、金属加工等。表面活性剂溶液的许多重要性质如加溶作用、催化作用、起泡作用、乳化作用等都与 CMC 密切相关，因此测定和研究表面活性剂的 CMC 具有十分重要的意义。CMC 越小，表示该表面活性剂形成胶束所需的浓度越低，则改变表面性质起到乳化、增溶、润湿等作用所需的浓度就越低。CMC 是表面活性剂性质发生显著变化的“分水岭”，因此大量研究工作都与体系 CMC 的测定有关。

(2) 测定 CMC 的方法很多，电化学方法有电导法、电极电势法、电容法、伏安法等。原则上，表面活性剂物理化学性质的突变都可用来测定表面活性剂的 CMC，溶液性质如冰点、渗透压、溶解度都可以用于 CMC 的测定，也可采用光学方法如光散射法、吸收光谱法进行测定。而从表面活性剂浓度与表面张力曲线确定 CMC 值更是常用的经典方法，此法无论对于高表面活性物质还是低表面活性物质都有较高的灵敏度，而且不受无机盐的干扰，还适用于非离子表面活性剂。电导法是一个简便可靠的方法，只适用于离子表面活性剂，此法对于较高活性的表面活性剂准确性高，但过量无机盐存在会降低测定的灵敏度。

(3) 测定 CMC 的表面活性剂必须纯净，若无分析纯的十二烷基硫酸钠，需用重结晶法或泡沫分离纯化十二烷基硫酸钠，直到 $\gamma$-$c$ 曲线无最低点即可使用。

(4) 为了保证读数的精确度，必须等被测溶液的温度恒定后开始读数，一般需 3～5 min，测定各溶液的电导率时，电极与液面的距离尽量保持一致。

(5) 实验数据记录见表 2.4.7。

**表 2.4.7　实验原始数据记录及实验结果**

室温：__________℃　　　　　　大气压：__________kPa

| 编号 | 浓度/(mol · dm$^{-3}$) | 电导率/(S · m$^{-1}$) | | | 平均值/(S · m$^{-1}$) | 电导池常数/m$^{-1}$ | CMC/(mol · dm$^{-3}$) |
|---|---|---|---|---|---|---|---|
| | | 1 | 2 | 3 | | | |
| 1 | 0.001 | | | | | | |
| 2 | 0.003 | | | | | | |
| 3 | 0.005 | | | | | | |
| 4 | 0.006 | | | | | | |
| 5 | 0.007 | | | | | | |
| 6 | 0.008 | | | | | | |
| 7 | 0.010 | | | | | | |
| 8 | 0.011 | | | | | | |

续表

| 编号 | 浓度/($mol\cdot dm^{-3}$) | 电导率/($S\cdot m^{-1}$) | | | 平均值/($S\cdot m^{-1}$) | 电导池常数/$m^{-1}$ | CMC/($mol\cdot dm^{-3}$) |
|---|---|---|---|---|---|---|---|
| | | 1 | 2 | 3 | | | |
| 9 | 0.012 | | | | | | |
| 10 | 0.013 | | | | | | |
| 11 | 0.014 | | | | | | |
| 12 | 0.015 | | | | | | |
| 13 | 0.018 | | | | | | |
| 14 | 0.020 | | | | | | |
| 15 | 0.000 | | | | | | |
| 16 | KCl(0.01 $mol\cdot dm^{-3}$) | | | | | | |

(6) 文献值：40 ℃时十二烷基硫酸钠的 $CMC=8.7\times10^{-3}\ mol\cdot dm^{-3}$。

# 2.5 结构化学实验

## 2.5.1 溶液法测定偶极矩

### 1. 实验目的

(1) 用溶液法测定极性物质在非极性溶剂中的偶极矩。
(2) 了解测定偶极矩的原理、方法和数据处理。
(3) 掌握溶液法测定偶极矩的实验技术。

### 2. 预习要点

(1) 熟悉偶极矩的概念及与物质极性的关系。
(2) 熟悉溶液法测定偶极矩实验与数据处理过程中公式的推导过程。
(3) 掌握密度、介电常数的测定方法。

### 3. 实验原理

(1) 偶极矩与极化。分子呈电中性，但由于空间构型的不同，正、负电荷中心可重合也可不重合，正、负电荷中心重合者称为非极性分子，否则称为极性分子，分子极性大小常用偶极矩 $\mu$ 来度量，其定义为

$$\boldsymbol{\mu}=q\cdot d \tag{2.5.1}$$

式中，$q$ 为正、负电荷中心所带的电荷量；$d$ 为正、负电荷中心间距离；$\boldsymbol{\mu}$ 为向量，其方向规定为从正到负，因为分子中原子间距离的数量级为 $10^{-10}$ m，电荷数量级为 $10^{-20}$ C，所以偶极矩的数量级为 $10^{-30}$ C · m。

极性分子具有永久偶极矩，在没有外电场存在时，由于分子热运动，偶极矩指向各方向机会均等，所以其偶极矩统计值为零。若将极性分子置于均匀的外电场中，分子会沿电场做

定向转动，同时分子中的电子云对分子骨架发生相对移动，分子骨架也会变形，这称为分子极化，极化的程度可由摩尔极化度($p$)来衡量。因转向而极化称为摩尔转向极化度($p_{转向}$)。由变形所致的称为摩尔变形极化度($p_{变形}$)。而 $p_{变形}$ 又是电子极化($p_{电子}$)和原子极化($p_{原子}$)之和，显然

$$p = p_{转向} + p_{变形} = p_{转向} + (p_{电子} + p_{原子}) \tag{2.5.2}$$

已知 $p_{转向}$ 与永久偶极矩 $\mu$ 的平方成正比，与热力学温度成反比，即

$$p_{转向} = \frac{4}{9}\pi N \frac{\mu^2}{KT} \tag{2.5.3}$$

式中，$K$ 为玻尔兹曼常量；$N$ 为阿伏伽德罗常量。

对于非极性分子，因 $\mu$=0，其 $p_{转向}=0$，所以 $p = p_{电子} + p_{原子}$。

若外电场是交变电场，则极性分子的极化与交变电场的频率有关。当电场的频率小于 $10^{10}\ \mathrm{s^{-1}}$ 的低频电场下，极性分子产生的摩尔极化度为转向极化度与变形极化度之和。若在电场频率为 $10^{12}$～$10^{14}\ \mathrm{s^{-1}}$ 的中频电场下(红外光区)，因为电场交变周期小于偶极矩的弛豫时间，极性分子的转向运动跟不上电场变化，即极性分子无法沿电场方向定向，$p_{转向}=0$，此时分子的摩尔极化度 $p = p_{变形} = p_{电子} + p_{原子}$。当交变电场的频率大于 $10^{15}\ \mathrm{s^{-1}}$(可见光区和紫外光区)，极性分子的转向运动和分子骨架变形都跟不上电场的变化，此时 $p = p_{电子}$，所以如果分别在低频和中频的电场下求出欲测分子的摩尔极化度，并把这两者相减，即为极性分子的摩尔转向极化度 $p_{转向}$，然后代入式(2.5.3)，即可算出其永久偶极矩 $\mu$。

因为 $p_{原子}$ 只占 $p_{变形}$ 的 5%～15%，而实验时由于条件的限制，一般总是用高频电场来代替中频电场，所以通常近似地把高频电场下测得的摩尔极化度作为摩尔变形极化度：$p = p_{变形} = p_{电子}$。

(2) 极化度的测定。对于分子间相互作用很小的体系，克劳修斯-莫索提-德拜(Clausius-Mossotti-Debye)从电磁理论推得摩尔极化度 $p$ 与介电常数 $\varepsilon$ 之间的关系为

$$p = \frac{\varepsilon - 1}{\varepsilon + 2}\frac{M}{\rho} \tag{2.5.4}$$

式中，$M$ 为摩尔质量；$\rho$ 为密度。

因式(2.5.4)是假定分子与分子间无相互作用而推导出的，所以它只适用于温度不太低的气相体系。然而，测定气相介电常数和密度在实验上困难较大，对于某些物质，气态根本无法获得。于是就提出了溶液法，即将欲测偶极矩的分子溶于非极性溶剂中进行实验，但在溶液中测定总要受溶质分子间、溶剂与溶质分子间及溶剂分子间相互作用的影响。若测定不同浓度溶液中溶质的摩尔极化度并外推至无限稀释，这时溶质所处的状态就与气相时接近，可消除溶质分子间的相互作用。于是在无限稀释时，溶质的摩尔极化度 $p_2^{\infty}$ 就看作式(2.5.7)中的 $p$。

海德斯特兰首先采用稀溶液的近似公式：

$$\varepsilon_{溶} = \varepsilon_1(1 + \alpha x_2) \tag{2.5.5}$$

$$\rho_{溶} = \rho_1(1 + \beta x_2) \tag{2.5.6}$$

再根据溶液的加和性，推导出无限稀释条件下溶质的摩尔极化度的公式：

$$p = p_2^{\infty} = \lim_{X_2 \to 0} p_2 = \frac{3\alpha\varepsilon_1}{(\varepsilon_1 + 2)^2}\frac{M_1}{\rho_1} + \frac{\varepsilon_1 - 1}{\varepsilon_1 + 2}\frac{M_2 - \beta M_1}{\rho_1} \tag{2.5.7}$$

上述公式中，$\varepsilon_{溶}$、$\rho_{溶}$、$x_2$ 分别为溶液的介电常数、密度、溶质的摩尔分数；$\alpha$、$\beta$ 为与相应直线斜率有关的常数；$\varepsilon_1$、$M_1$、$\rho_1$ 分别为溶剂的介电常数、摩尔质量、密度；$M_2$ 为溶质的摩尔质量。

溶液的介电常数通过测定电容，根据式(2.5.8)计算得到

$$\varepsilon = \frac{C}{C_0} \tag{2.5.8}$$

式中，$C_0$ 为电容器两极板间处于真空的电容量；$C$ 为充以电介质时的电容量。由于小电容测量仪测定电容时，除电容池两极间的电容 $C_0$ 外，整个测试系统中还有分布电容 $C_d$ 的存在，所以实测的电容 $C_x$ 应为 $C_0$ 和 $C_d$ 之和；$C_0$ 和 $C$ 应为测定值 $C_x$ 减去 $C_d$，即 $C_x=C_0+C_d$，$C_0(C)=C_x-C_d$。$C_0$ 值随介质而异，但 $C_d$ 对同一台仪器而言是定值。因此，实验时需先求出 $C_d$ 值，并在各次测量值中扣除，才能得到 $C_0$ 值。$C_d$ 是通过测定一已知介电常数的物质求得的。

根据光的电磁理论，在同一频率的高频电场作用下，透明物质的介电常数 $\varepsilon$ 与其折射率 $n$ 的关系为 $\varepsilon=n^2$。

常用摩尔折射度 $R_2$ 来表示高频区测得的极化度。此时 $p_{转向}=0$，$p_{电子}=0$，则

$$R_2 = p_{变形} = p_{原子} = \frac{n^2 - 1}{n^2 + 2}\frac{M}{\rho} \tag{2.5.9}$$

在稀溶液情况下，有近似公式

$$n_{溶} = n_1(1 + \gamma x_2) \tag{2.5.10}$$

同样，将式(2.5.9)外推至无限稀释条件下，溶质的摩尔折射度公式为

$$R_2^{\infty} = \lim_{X_2 \to 0} R_2 = \frac{n_1^2 - 1}{n_1^2 + 2}\frac{M_2 - \beta M_1}{\rho_1} + \frac{6n_1^2 M_1 \gamma}{(n_1^2 + 2)^2 \rho_1} \tag{2.5.11}$$

上述两个公式中，$n_1$、$n_{溶}$ 分别为溶剂、溶液的折射率；$\gamma$ 为常数。

(3) 综上所述，待测物质的偶极矩可用式(2.5.12)计算：

$$p_{转向} = p_2^{\infty} - R_2^{\infty} = \frac{4}{9}\pi N \frac{\mu^2}{KT} \tag{2.5.12}$$

$$\mu / (\mathrm{C \cdot m}) = 0.0426 \times 10^{-30}\sqrt{(p_2^{\infty} - R_2^{\infty})T} \tag{2.5.13}$$

4. 实验仪器与试剂

精密电容测定仪(1 台)、比重管(1 支)、阿贝折射仪(1 台)、超级恒温槽(1 台)、容量瓶(25 mL，5 支)、注射器(5 mL，1 支)、烧杯(10 mL，5 个)、移液管(5 mL，1 支)、滴定管(1 支)、四氯化碳(A.R.)、乙酸乙酯(A.R.)。

5. 实验步骤

(1) 配制溶液。配制摩尔分数 $x_2$ 约为 0.05、0.10、0.15、0.20、0.30 的乙酸乙酯-四氯化碳

溶液各 25 mL。为了配制方便，先计算出所需乙酸乙酯和四氯化碳的体积(mL)。数据处理过程中算出系列溶液的正确浓度。操作时注意防止溶液的挥发和吸收极性较大的水汽。可以根据溶质、溶剂体积 $V$、密度 $\rho$ 和摩尔质量 $M$ 计算出乙酸乙酯精确的摩尔分数。所用公式为

$$x_2 = \frac{\dfrac{\rho_2 V_2}{M_2}}{\dfrac{\rho_1 V_1}{M_1} + \dfrac{\rho_2 V_2}{M_2}} \tag{2.5.14}$$

式中，下标 2 代表乙酸乙酯，下标 1 代表四氯化碳。其密度 $\rho$ 与温度 $t$ 的关系为

$$\rho_2/(\mathrm{g \cdot cm^{-3}}) = 0.924\,54 - 1.1680\times10^{-3} t/℃ - 1.950\times10^{-6}(t/℃)^2$$

$$\rho_1/(\mathrm{g \cdot cm^{-3}}) = 1.632\,55 - 1.9110\times10^{-3} t/℃ - 0.690\times10^{-6}(t/℃)^2$$

(2) 折射率测定。在(25 ± 0.1) ℃条件下用阿贝折射仪测定四氯化碳及 5 种已配制溶液的折射率。测定时注意各样品需加样三次，每次读取三个数据，然后取平均值。

(3) 密度测定。取一洗净干燥的比重管(图 2.5.1)，先称取空瓶质量 $m_0$，然后取下磨口小帽，将 a 支管的管口插入蒸馏水中，从 b 支管管口慢慢抽气，将蒸馏水吸入比重管内，使水充满 b 端水球，也可直接用注射器将蒸馏水注入比重管(但不能使比重管内充有气泡)。将比重管的 b 端略向上仰，用滤纸从 a 支管管口吸取管内多余的蒸馏水，以调节支管的液面到刻度。将两个磨口小帽套在 a、b 管口(先套 a 端，后套 b 端)，并用滤纸吸干管外所沾的水，挂在天平上称量得 $m_{H_2O}$。

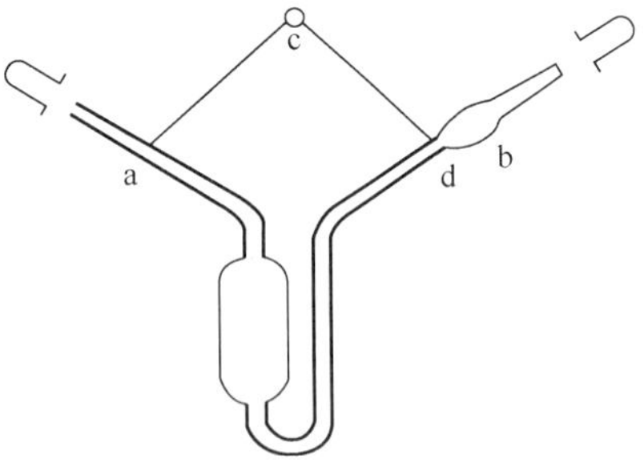


图 2.5.1　比重管示意图

同上法，对四氯化碳以及上述配制溶液分别进行测定，称得质量为 $m_i$，则四氯化碳和各溶液的密度为

$$\rho_i^{t/℃} = \frac{m_i - m_0}{m_{H_2O} - m_0}\rho_{H_2O}^{t/℃} \tag{2.5.15}$$

式中，$m_0$ 为空管质量；$m_{H_2O}$ 为水的质量；$m_i$ 为待测溶液的质量；$\rho_i^{t/℃}$ 为 $t$ ℃时待测溶液的密度。

(4) 介电常数的测定。$C_d$ 测定：以四氯化碳为标准物质，其介电常数的温度关系式为 $\varepsilon_{四氯化碳} = 2.238 - 0.002(t-20)$，$t$ 为测定时实验温度(℃)。将电容池样品室吹干，并将电容池与电容测定仪连接线接上，开启电容测定仪工作电源，预热 10 min，用调零键调零，待数值显示稳定后记下数值，即为 $C_{空}$。用移液管量取四氯化碳注入电容池样品室，然后用滴管逐滴加入样品，至数显稳定后，记录数值即为 $C_{四氯化碳}$(注意：样品不可多加，样品过多会腐蚀密封材料渗入恒温腔，实验无法正常进行；每次测定值都包含仪器自身的电容 $C_d$)，再吹干进行测定。仪器自身电容值按式(2.5.16)计算：

$$\varepsilon_{四氯化碳} = \frac{C_{空} - C_d}{C_{四氯化碳} - C_d} \qquad C_d = \frac{\varepsilon_{四氯化碳} C_{空} - C_{四氯化碳}}{\varepsilon_{四氯化碳} - 1} \tag{2.5.16}$$

按上述方法分别测定各浓度溶液的电容值后再减去仪器自身的电容值，就能得到待测物质电容值。

6. 实验数据处理

(1) 计算各溶液的摩尔分数 $x_2$。
(2) 计算出各溶液的 $\varepsilon_{溶}$，作 $\varepsilon_{溶}$-$x_2$ 图，求出 $\alpha$ 值。
(3) 计算出四氯化碳及各溶液的密度 $\rho_{溶}$，作 $\rho_{溶}$-$x_2$ 图，求出 $\beta$ 值。
(4) 以各溶液的折射率 $n_{溶}$ 对 $x_2$ 作图，求出 $\gamma$ 值。
(5) 将 $\rho_1$、$\varepsilon_1$、$\alpha$ 和 $\beta$ 代入式(2.5.7)计算 $p_2^{\infty}$。
(6) 将 $\rho_1$、$n_1$、$\gamma$ 和 $\beta$ 代入式(2.5.11)计算 $R_2^{\infty}$。
(7) 代入式(2.5.13)求算出偶极矩 $\mu$ 值。

7. 问题思考

(1) 准确测定溶质摩尔极化度和摩尔折射度时，为什么要外推至无限稀释？
(2) 试分析实验中引起误差的因素，如何改进？
(3) 用溶液法测定偶极矩 $\mu$ 时，配制溶液用的溶剂需具备什么基本条件？
(4) 测定介电常数时，如何最大限度保证 $C_d$ 为定值？

8. 实验评注

(1) 从物质偶极矩的测定可以了解分子的对称性，判别其几何异构体和分子结构等问题，研究分子中的电荷分布及成键情况。偶极矩一般是通过测定介电常数、密度、折射率和浓度来求算的。对介电常数的测定除电桥法外，其他主要还有拍频法和谐振法等，对于气体和电导很小的液体以拍频法为好；有相当电导的液体用谐振法较为合适；对于有一定电导但不大的液体用电桥法较为理想。虽然电桥法不如拍频法和谐振法精确，但是设备简单，价格便宜。测定偶极矩的方法除由对介电常数等的测定来求算外，还有多种其他方法，如分子射线法、分子光谱法、温度法及利用微波谱的斯塔克效应等。

(2) 溶液法测得的溶质偶极矩和气相测得的真空值之间存在偏差，这是由于在溶液中存在溶质分子与溶剂分子及溶剂分子与溶剂分子间作用的溶剂效应。

(3) 乙酸乙酯和四氯化碳都易挥发，且四氯化碳有刺激性，所以实验操作要迅速，各次测定之后的溶液不可乱倒，应倒入指定的回收瓶中。

(4) 如果对测定结果的准确度要求很高，则所有的测定应在恒温条件下进行，特别是测定密度时，装入蒸馏水或待测溶体后必须放入恒温槽中恒温，再调节支管的液面至刻度 d。

(5) 实验注意事项：①乙酸乙酯易挥发，配制溶液时动作应迅速，以免影响浓度；②实验溶液中为防止含有水分，所配制溶液的器具需干燥，溶液透明不浑浊；③测定电容时，应防止溶液的挥发及吸收空气中极性较大的水汽，影响测定值；④电容池各部件的连接应注意绝缘；⑤电容池的内、外电极插头及小电容面板上的插孔应保持清洁、干燥，否则对电容测量有影响。

(6) 实验数据记录见表 2.5.1～表 2.5.4。

**表 2.5.1　用量体积法配制系列溶液**

室温：__________℃　　大气压：__________kPa

| | 0.0100 | 0.0500 | 0.1000 | 0.1500 | 0.2000 |
|---|---|---|---|---|---|
| $V_{乙酸乙酯}$ | | | | | |
| $V_{四氯化碳}$ | | | | | |
| $x_{乙酸乙酯}$ | | | | | |

**表 2.5.2　四氯化碳及五种溶液折射率数据**

| 物质 | 折射率 | | | |
|---|---|---|---|---|
| | 1 | 2 | 3 | 平均 |
| 四氯化碳 | | | | |
| 0.0100 | | | | |
| 0.0500 | | | | |
| 0.1000 | | | | |
| 0.1500 | | | | |
| 0.2000 | | | | |

**表 2.5.3　空气、四氯化碳及五种溶液的电容及介电常数数据**

| | | 空气 | 四氯化碳 | 溶液 | | | | |
|---|---|---|---|---|---|---|---|---|
| | | | | 0.0100 | 0.0500 | 0.1000 | 0.1500 | 0.2000 |
| 电容/pF | 1 | | | | | | | |
| | 2 | | | | | | | |
| | 3 | | | | | | | |
| | 平均 | | | | | | | |
| | $C_0$ | | | | | | | |
| | $C_d$ | | | | | | | |
| | $C_x$ | | | | | | | |
| 介电常数 | | | | | | | | |

**表 2.5.4　水、五种溶液的密度数据及实验测定结果**

| 物质 | $W_{空}$/g | $W_{水}$/g | $W_{空+物质}$/g | $W_{物质}$/g | 密度 |
|---|---|---|---|---|---|
| $H_2O$ | | | | | |
| 0.0100 | | | | | |
| 0.0500 | | | | | |
| 0.1000 | | | | | |
| 0.1500 | | | | | |
| 0.2000 | | | | | |
| $\alpha$ | | | | | |
| $\beta$ | | | | | |
| $\gamma$ | | | | | |
| $\mu$/(C · m) | | | | | |

(7) 文献值：$5.94\times10^{-30}$ C · m。

### 2.5.2 磁化率的测定

1. 实验目的

(1) 掌握古埃(Gouy)法测定磁化率的原理和方法。

(2) 通过测定一些络合物的磁化率,求算未成对电子数和判断这些分子中金属粒子的最外层电子结构，进一步确定配位键类型。

2. 预习要点

(1) 掌握磁化率的概念、表示方法及与分子磁矩、未成对电子数之间的关系。

(2) 熟悉物质磁化率的两种实验测定方法。

3. 实验原理

1) 磁化率

在外磁场作用下，物质会产生磁化现象。物质的磁化强度 $I$(除铁磁性物质)正比于外磁场的磁场强度 $H$:

$$I=\kappa H \tag{2.5.17}$$

式中，$\kappa$ 为物质的体积磁化率，其与质量磁化率和摩尔磁化率有如下关系:

$$\chi_m = \kappa/d \tag{2.5.18}$$

$$\chi_M = (\kappa/d) \cdot M \tag{2.5.19}$$

式中，$d$、$M$ 分别为物质的密度、摩尔质量。

2) 分子磁矩与磁化率

物质的磁性与组成物质的原子、离子或分子的微观结构有关，当原子、离子或分子的两个自旋状态电子数不相等，即有未成对电子时，物质就具有永久磁矩。由于热运动，永久磁矩指向各个方向的机会相同，所以该磁矩的统计值等于零。但在外磁场作用下，具有永久磁矩的原子、离子或分子会顺着外磁场的方向排列(其磁化方向与外磁场相同，磁化强度与外磁场强度成正比)，表现为顺磁性。物质本身并不呈现顺磁性，但由于它内部电子的轨道运动产生拉莫尔进动，其方向与外磁场相反，磁化强度与外磁场成正比，随外磁场的消失而消失，表现为逆磁性。

顺磁性物质的摩尔磁化率 $\chi_M$ 是摩尔顺磁化率 $\chi_{顺}$ 和摩尔逆磁化率 $\chi_{逆}$ 的和

$$\chi_M = \chi_{顺} + \chi_{逆} \tag{2.5.20}$$

$\chi_{顺}$ 远远大于 $\chi_{逆}$，可作近似处理，$\chi_M = \chi_{顺}$。用统计力学的方法可以得到摩尔顺磁化率 $\chi_{顺}$ 和分子永久磁矩 $\mu_m$ 间的关系。物质的摩尔顺磁化率与热力学温度成反比这一关系称为居里定律，是皮埃尔 · 居里(Pierre Curie)首先在实验中发现的，$C$ 为居里常数。物质的永久磁矩 $\mu_m$ 与它所含有的未成对电子数 $n$ 之间也有一定关系，具体为

$$\chi_M = \frac{N_0\mu_m^2\mu_0}{3KT} = \frac{C}{T} \tag{2.5.21}$$

$$\mu_m = \mu_B\sqrt{n(n+2)} \tag{2.5.22}$$

式中，$N_0$为阿伏伽德罗常量；$\mu_0$为真空磁导率；$K$为玻尔兹曼常量；$T$为热力学温度；$\mu_B$为玻尔磁子。因此，对于含有单电子的顺磁性物质，只要实验测得$\chi_M$，即可求出$\mu_m$，算出未成对电子数 $n$。这对于研究物质的原子或离子的电子组态，以及判断络合物分子的配位键类型很有意义。

对于逆磁性物质，则只有$\chi_{逆}$，所以$\chi_M=\chi_{逆}$，$\chi_M$小于零。

第三种情况是物质被磁化的强度与外磁场强度不存在正比关系，而是随着外磁场强度的增加而剧烈增加，当外磁场消失后，它们的附加磁场并不立即随之消失，这种物质称为铁磁性物质。

3) 磁化率的测定

古埃法测定磁化率装置见图 2.5.2。将装有样品的圆柱形玻璃管悬挂在两磁极中间，使样品底部处于两磁极的中心，也即磁场强度最强区域，样品的顶部则位于磁场强度最弱甚至为零的区域。这样，样品就处于不均匀的磁场中，设样品的截面积为 $A$，样品管的长度方向为 $dS$ 的体积 $AdS$ 在非均匀磁场中所受到的作用力 $dF$ 为

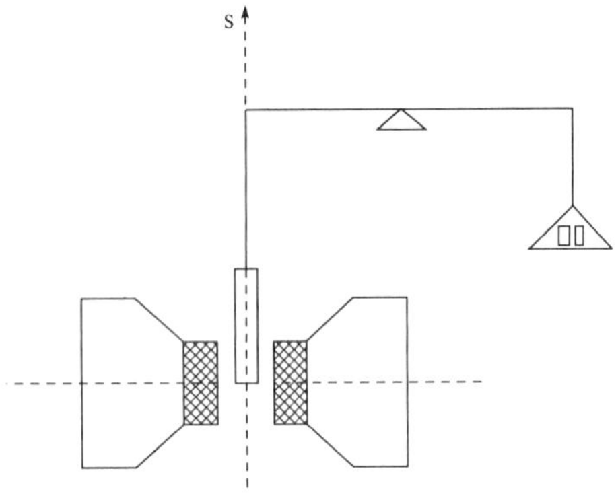

图 2.5.2　古埃磁天平示意图

$$dF=\chi\mu_0 HA\,dS\frac{dH}{dS} \tag{2.5.23}$$

式中，$dH/dS$ 为磁场强度梯度，对于顺磁性物质的作用力，指向场强度最强的方向，逆磁性物质则指向磁场强度弱的方向，当不考虑样品周围介质(如空气，其磁化率很小)和 $H_0$ 的影响时，整个样品所受的力为

$$F=\int_{H=H}^{H_0=0}\chi\mu_0 AH\,dS\frac{dH}{dS}=\frac{1}{2}\chi\mu_0 H^2 A \tag{2.5.24}$$

当样品受到磁场作用力时，天平的另一臂加减砝码使其平衡，设$\Delta m$ 为施加磁场前后的质量差，则有

$$F=\frac{1}{2}\chi\mu_0 H^2 A=g\left(\Delta m_{空管+样品}-\Delta m_{空管}\right)=g\Delta m_{样品} \tag{2.5.25}$$

由于$\chi=\chi_M\cdot\rho/M$，$\rho=\dfrac{m}{hA}$，代入式(2.5.25)整理得

$$\chi_M=\frac{2\Delta m_{样品}hgM}{\mu_0 mH^2} \tag{2.5.26}$$

式中，$h$ 为样品高度；$m$ 为样品质量；$M$ 为样品摩尔质量；$\rho$ 为样品密度；$\mu_0$为真空磁导率，$\mu_0=4\pi\times10^{-7}$ N · A$^{-2}$；$H$ 为磁场中磁场强度最大处的值，可用特斯拉计测量。

## 4. 实验仪器与试剂

古埃磁天平(1 台)、样品管(1 支)、$K_4Fe(CN)_6\cdot 3H_2O$(A.R.)、$(NH_4)_2SO_4\cdot FeSO_4\cdot 6H_2O$(A.R.)、$FeSO_4\cdot 7H_2O$(A.R.)。

## 5. 实验步骤

(1) 将特斯拉计的探头放入磁铁中心架中，套上保护套，调节特斯拉计的数字显示为“0”。

(2) 除下保护套，把探头平面垂直置于磁场两极中心，打开电源，调节“调压”旋钮，使电流增大至特斯拉计上显示约“0.3”T，调节探头上下、左右位置，观察数字显示值，把探头位置调节至显示值为最大的位置，此为探头最佳位置。用探头沿此位置的垂直线，测定离磁铁中心($H_0$=0)处，这也就是样品管内应装样品的高度。关闭电源前，调节“调压”旋钮使特斯拉计数字显示为零。

(3) 用莫尔盐标定磁场强度。取一支清洁、干燥的空样品管悬挂在磁天平的挂钩上，使样品管正好与磁极中心线齐平(样品管不可与磁极接触，并与探头有合适的距离)。准确称取空样品管质量($H$=0)时，得 $m_1(H_0)$；调节旋钮，使特斯拉计数显为“0.300 T”($H_1$)，准确称量，得 $m_1(H_1)$，逐渐增大电流，使特斯拉计数显为“0.350 T”($H_2$)，称量得 $m_1(H_2)$，然后略微增大电流，接着退至(0.350 T)$H_2$，称量得 $m_2(H_2)$，将电流降至数显为“0.300 T”($H_1$)时，再次称量得 $m_2(H_1)$，再缓慢降至数显为“0.000 T”($H_0$)，又称取空管质量得 $m_2(H_0)$。这样调节电流由小到大，再由大到小的测定方法是为了抵消实验时磁场剩磁现象的影响。

$$\Delta m_{空管}(H_1)=\frac{1}{2}\left[\Delta m_1(H_1)+\Delta m_2(H_1)\right] \qquad \Delta m_{空管}(H_2)=\frac{1}{2}\left[\Delta m_1(H_2)+\Delta m_2(H_2)\right]$$

式中，$\Delta m_1(H_1)=m_1(H_1)-m_1(H_0)$；$\Delta m_2(H_1)=m_2(H_1)-m_2(H_0)$；$\Delta m_1(H_2)=m_1(H_2)-m_1(H_0)$；$\Delta m_2(H_2)=m_2(H_2)-m_2(H_0)$。

(4) 取下样品管，用小漏斗装入事先研细并干燥过的莫尔盐，并不断让样品底部在软垫上轻轻碰击，使样品均匀填实，直至达到所要求的高度(用直尺准确测量)，按上述方法将装有莫尔盐的样品置于磁天平上称量，重复称量空管时的路程，得 $m_{1空管+样品}(H_0)$、$m_{1空管+样品}(H_1)$、$m_{1空管+样品}(H_2)$、$m_{2空管+样品}(H_2)$、$m_{2空管+样品}(H_1)$、$m_{2空管+样品}(H_0)$，求出 $m_{空管+样品}(H_1)$ 和 $m_{空管+样品}(H_2)$。

(5) 同一样品管中，同法分别测定 $FeSO_4\cdot 7H_2O$ 和 $K_4Fe(CN)_6\cdot 3H_2O$ 的 $\Delta m_{空管+样品}(H_1)$ 和 $\Delta m_{空管+样品}(H_2)$。

测定后的样品均要倒回试剂瓶，可重复使用。

6. 实验数据处理

(1) 计算 $FeSO_4\cdot 7H_2O$、$K_3Fe(CN)_6$ 和 $K_4Fe(CN)_6\cdot 3H_2O$ 的 $\chi_M$、$\mu_m$ 和未成对电子数。

(2) 根据未成对电子数讨论 $FeSO_4\cdot 7H_2O$ 和 $K_4Fe(CN)_6\cdot 3H_2O$ 中 $Fe^{2+}$的最外层电子结构及由此构成的配位键类型。

7. 问题思考

(1) 不同励磁电流下测得的样品摩尔磁化率是否相同？

(2) 为什么实验测得各样品的 $\mu_m$ 值比理论计算值稍大？

8. 实验评注

(1) 实验注意事项：①所测样品应事先研细，放在装有浓硫酸的干燥器中干燥；②空样品管需干燥洁净，装样时应使样品均匀填实；③称量时，样品管应正好处于两磁极之间，其底部与磁极中心线齐平，悬挂样品管的悬线勿与任何物件相接触；④样品倒回试剂瓶时，注意瓶上所贴标签，切忌倒错。

(2) 用测定磁矩的方法可判别化合物是共价络合物还是电价络合物。共价络合物以中心离子的空价电子轨道接受配位体的孤对电子，形成共价配价键，为了尽可能多成键，往往会发生电子重排，以腾出更多空的价电子轨道来容纳配位体的电子对。例如，$Fe^{2+}$外层含有 6 个 d 电子，它可能有两种排布结构。

$Fe^{2+}$未成对电子数为 0，$\mu_m=0$。$Fe^{2+}$外层电子结构发生了重排，形成 6 个 $d^2sp^3$ 轨道，它们能接受 6 个 $CN^-$的 6 对孤对电子，形成 6 个共价配键。例如，$[Fe(CN)_6]^{4-}$，磁矩为 0，是共价络合物。

$Fe^{2+}$在自由离子状态下外层电子结构 $3d^64s^04p^0$，当它与 6 个 $H_2O$ 配位体形成$[Fe(H_2O)_6]^{2+}$，由于 $H_2O$ 有相当大的偶极矩，与中心离子 $Fe^{2+}$以库仑静电引力相结合而成电价配键，此络合物是电价络合物。电价配键不需中心离子腾出空轨道，也就是中心离子与配位体的相对大小和中心离子所带的电荷。所以测定络离子的磁矩是判别共价配键和电价配键的主要方法，但有时以共价配键或电价配键相结合的络离子含有同数的未成对电子，就不能适用。例如，Zn(未成对电子数为零)的共价络离子如$[Zn(CN)_4]^{2-}$、$[Zn(NH_3)_4]^{2+}$等及电价络离子如$[Zn(H_2O)_4]^{2+}$等，其磁矩均为零，所以对于 $Zn^{2+}$来说，无法用测定磁矩的方法来判别其配键的性质。

(3) 有机化合物绝大多数分子都是反平行自旋电子对而形成的价键，因此这些分子的总自旋矩也等于零，它们必然是反磁性的。帕斯卡(Pascal)分析了大量有机化合物的摩尔磁化率的数据，总结得到分子的摩尔反磁化率具有加和性。此结论可以用于研究有机物分子的结构。

(4) 从磁性测量中还能得到一系列其他资料。例如，测定物质磁化率对温度和磁场强度的依赖可以判断是顺磁性、逆磁性或铁磁性的定性结果。对合金磁化率测定可以得到合金组成，也可研究生物体系中血液的成分等。

(5) 磁化率的单位从 CGS 单位制改用国际 SI 单位制，必须注意换算关系。质量磁化率、摩尔磁化率的换算关系分别为

$$1\ m^3 \cdot kg^{-1}(\text{SI 单位})=1/4\pi\times10^3\ cm^3 \cdot g^{-1}\ (\text{CGS 单位})$$

$$1\ m^3 \cdot mol^{-1}(\text{SI 单位})\ 1/4\ \pi\times10^6\ cm^3 \cdot mol^{-1}\ (\text{CGS 单位})$$

(6) 实验数据记录见表 2.5.5。

**表 2.5.5 磁化率测定实验数据记录**

室温：__________℃　　　　装样高度：__________cm

| 磁场强度/mT | 称量质量 m/g | | | | | |
|---|---|---|---|---|---|---|
| | 0 | 300 | 350 | 350 | 300 | 0 |
| 空管 | | | | | | |
| 莫尔盐 | | | | | | |
| $FeSO_4 \cdot 7H_2O$ | | | | | | |
| $K_3Fe(CN)_6 \cdot 3H_2O$ | | | | | | |
| $(NH_4)_2Fe(SO_4)_2 \cdot 6H_2O$ | | | | | | |

(7) 文献值：$\chi_M(FeSO_4 \cdot 7H_2O) =140.7\times10^{-9}\ m^3 \cdot mol^{-1}$，$\chi_M\ [K_4Fe(CN)_6 \cdot 3H_2O] = -2.16\times10^{-9}\ m^3 \cdot mol^{-1}$，$\chi_M\ [(NH_4)_2Fe(SO_4)_2 \cdot 6H_2O] = 155.8\times10^{-9}\ m^3 \cdot mol^{-1}$。

## 2.5.3 物质摩尔折射度的测定

1. 实验目的

(1) 掌握化合物的折射率和密度的测定方法。
(2) 求算化合物、基团和原子的摩尔折射度，判断各化合物的分子结构。

2. 预习要点

了解阿贝折射仪的构造、工作原理和正确的使用方法。

3. 实验原理

摩尔折射度 $R$ 是在光的照射下分子中电子(主要是价电子)云相对于分子骨架的相对运动的结果。$R$ 可作为分子中电子极化率的度量，其定义为

$$R=\frac{n^2-1}{n^2+2}\frac{M}{\rho} \tag{2.5.27}$$

式中，$n$ 为折射率；$M$ 为摩尔质量；$\rho$ 为密度。

摩尔折射度与波长有关，若以钠光 D 线为光源(属于高频电场，$\lambda = 589.3$ nm)，所测得的折射率以 $n_D$ 表示，相应的摩尔折射度以 $R_D$ 表示。根据麦克斯韦电磁波理论，物质的介电常数 $\varepsilon$ 和折射率 $n$ 之间有如下关系：

$$\varepsilon(\lambda)=n^2(\lambda) \tag{2.5.28}$$

$\varepsilon$ 和 $n$ 均与波长 $\lambda$ 有关。将式(2.5.28)代入式(2.5.27)得

$$R=\frac{\varepsilon-1}{\varepsilon+2}\frac{M}{\rho} \tag{2.5.29}$$

$\varepsilon$ 通常是在静电场或低频电场($\lambda\to\infty$)中测定的，因此折射率也应该用外推法求$\lambda\to\infty$时的 $n_\infty$，其结果才更准确，这时摩尔折射度以 $R_\infty$表示。$R_D$ 和 $R_\infty$一般较接近，相差约百分之几，只对少数物质是例外，如水 $n_D^2=1.75$，$\varepsilon=81$。

摩尔折射度有体积的量纲，通常以 $cm^3$ 表示。实验结果表明，摩尔折射度具有加和性，即摩尔折射度等于分子中各原子折射度及形成化学键时折射度的增量之和。离子化合物的分子折射度等于其离子折射度之和。利用物质摩尔折射度的加和性质，就可根据物质的化学式算出其各种同分异构体的摩尔折射度并与实验测定结果比较，从而探讨原子间的键型及分子结构。表 2.5.6 列出常见原子折射度和形成化学键时折射度的增量。

**表 2.5.6 常见原子折射度和形成化学键时折射度的增量**

| 原子 | $R_D$ | 原子 | $R_D$ |
|---|---|---|---|
| H | 1.028 | Cl | 5.844 |
| C | 2.591 | Br | 8.741 |
| O(酯类) | 1.764 | I | 13.954 |
| O(缩醛类) | 1.607 | N(脂肪族的) | 2.744 |
| OH(醇) | 2.546 | N(芳香族的) | 4.243 |

续表

| 原子 | $R_D$ | 原子 | $R_D$ |
|---|---|---|---|
| S(硫化物) | 7.921 | 三键 | 1.977 |
| CN(腈) | 5.459 | 三元环 | 0.614 |
| 碳键的增量 | | 四元环 | 0.317 |
| 单键 | 0 | 五元环 | −0.19 |
| 双键 | 1.575 | 六元环 | −0.15 |

4. 实验仪器与试剂

阿贝折射仪(1 台)、$CCl_4$(A.R.)、$CH_3CH_2OH$(A.R.)、$CH_3COOCH_3$(A.R.)、$CH_3COOCH_2CH_3$(A.R.)、$ClCH_2CH_2Cl$(A.R.)。

5. 实验步骤

(1) 折射率的测定。使用阿贝折射仪测定上述物质的折射率。

(2) 物质密度的测定。用电子分析天平称取干燥的 10 mL 容量瓶的质量，取上述物质定容到 10 mL，再称量，两次质量差即为所加物质的质量，然后计算得到该物质的密度($g \cdot cm^{-3}$)。

6. 实验数据处理

(1) 求所测各化合物的密度，并结合所测各化合物的折射率，由式(2.5.27)求出其摩尔折射度。

(2) 根据有关化合物的摩尔折射度，求出 $CH_2$、Cl、C、H 等基团或原子的摩尔折射度。

7. 问题思考

(1) 按表 2.5.6 数据，计算上述各化合物的摩尔折射度的理论值，并与实验结果比较。

(2) 讨论摩尔折射度实验值的误差来源，估算其相对误差。

8. 实验评注

(1) 对于共价键化合物，摩尔折射度的加和性还可表现为分子的折射度等于分子中各化学键摩尔折射度之和。表 2.5.7 列出了一些由实验总结出来的摩尔键折射度数据。

**表 2.5.7 共价键的摩尔键折射度**

| 键 | $R_D$ | 键 | $R_D$ | 键 | $R_D$ |
|---|---|---|---|---|---|
| C—C | 1.296 | C═C | 4.17 | C—Br | 9.39 |
| C—C(环丙烷) | 1.50 | C≡C(末端) | 5.87 | C—I | 14.61 |
| C—C(环丁烷) | 1.38 | $C_{芳香}$—$C_{芳香}$ | 2.69 | C—O(醚) | 1.54 |
| C—C(环戊烷) | 1.26 | C—H | 1.676 | C—O(缩醛) | 1.46 |
| C—C(环己烷) | 1.27 | C—F | 1.45 | C═O | 3.32 |
| C┈C(苯环) | 2.69 | C—Cl | 6.51 | C═O(甲基酮) | 3.49 |

续表

| 键 | $R_D$ | 键 | $R_D$ | 键 | $R_D$ |
|---|---|---|---|---|---|
| C—S | 4.61 | O—H(醇) | 1.66 | N—H | 1.76 |
| C═S | 11.91 | O—H(酸) | 1.80 | N—O | 2.43 |
| C—N | 1.57 | S—H | 4.80 | N═O | 4.00 |
| C═N | 3.75 | S—S | 8.11 | N—N | 1.99 |
| C≡N | 4.82 | S—O | 4.94 | N═N | 4.12 |

对于同一化合物，由表 2.5.6 和表 2.5.7 的数据求得的摩尔折射度有略微差异。

对于某些化合物，由表中数据求得的结果与实验测定结果相差较大，可能是因为表中数据只考虑到相邻原子间的相互作用而忽略了不相邻原子间的相互作用，或忽略了分子中各化学键间的相互作用。如作相应的修正，二者结果将趋于一致。

(2) 折射法的优点是快速、精确度高、样品用量少且设备简单。摩尔折射度在化学上除了可鉴别化合物、确定化合物的结构外，还可分析混合物的成分，测定浓度、纯度，计算分子的大小，测定摩尔质量，研究氢键和推测配合物的结构。此外，根据物质摩尔折射度与其他物理化学性质的关系可推求出这些性质的数据。

### 2.5.4 亲核取代反应机理的理论研究

1. 实验目的

(1) 加深对过渡态理论的理解。

(2) 掌握量子化学方法研究反应机理的方法。

(3) 学会用 GaussView 5.0 建立分子模型，初步掌握 Gaussian 09 软件的使用。

2. 预习要点

(1) 复习过渡态理论和配分函数的概念。

(2) 了解 GaussView 5.0 和 Gaussian 09 程序的安装和使用方法。

3. 实验原理

研究化学反应不仅要通过其热力学角度来观察反应发生的可能性，还要从动力学方面如反应的速率和反应机理来研究反应的现实性。过渡态理论是研究反应动力学的重要理论之一。过渡态是势能面上的非稳定点，实验上很难获得反应过渡态的信息，这给反应动力学的研究带来了困难。量子化学计算方法是研究反应机理的一种有效手段，通过理论方法可以得到有关过渡态的构型、频率和能量等数据。

根据过渡态理论，双分子基元反应速率常数可由式(2.5.30)计算得到

$$k=\frac{k_BT}{h}\frac{q^{\neq}}{q_Aq_B}e^{-E_a/RT} \tag{2.5.30}$$

式中，$k_B$ 为玻尔兹曼常量($J\cdot K^{-1}$)；$T$ 为热力学温度(K)；$h$ 为普朗克常量($J\cdot s^{-1}$)；$q^{\neq}$ 为过渡态的配分函数；$q_A$ 为反应物 A 的配分函数；$q_B$ 为反应物 B 的配分函数；$E_a$ 为反应的活化能($kJ\cdot mol^{-1}$)；$R$ 为摩尔气体常量($8.314\ J\cdot mol^{-1}\cdot K^{-1}$)。其中，配分函数包含电子、平动、转动

和振动四部分的贡献。得到反应物、过渡态和产物的构型和频率数据，就可以计算总能量、零点振动能和各物种的配分函数，从而得到活化能和反应速率常数 $k$。过渡态有且仅有一个虚频，反应物和产物没有虚频。

在 $F^-$ 和 $CH_3Cl$ 发生亲核取代反应过程中，亲核试剂 $F^-$ 进攻 $CH_3Cl$ 的中心 C 原子，同时 $CH_3Cl$ 的 Cl 基团离去，最后生成产物 $Cl^-$ 和 $CH_3F$。

$$F^- + CH_3Cl \longrightarrow Cl^- + CH_3F$$

本实验在 QCISD(T)/B3LYP/6-311+G(2df,p)水平上研究 $F^-$ 和 $CH_3Cl$ 发生亲核取代反应的机理，计算该反应的速率常数，构建反应的势能剖面。

4. 实验仪器与试剂

计算机(1 台)、GaussView 5.0 程序、Gaussian 09 程序。

5. 实验步骤

(1) 安装 GaussView 5.0 程序和 Gaussian 09 程序。

(2) 优化反应物和产物构型。打开 GaussView 5.0 程序，点击位于最左侧的 Element Fragment 图标，在显示的元素周期表中选 C 元素，然后选择下方最右侧的四面体碳结构。将鼠标移至工作窗口，点击鼠标左键，在工作窗口建立 $CH_4$ 分子结构。接着在用鼠标点击 Element Fragment 图标中的 Cl 原子，选择下方最左侧的 Cl 原子结构。将鼠标移至工作窗口，点击已建好的 $CH_4$ 分子中的 H 原子，点击鼠标左键，这样就建好了 $CH_3Cl$ 结构，点击 File，选 Save，保存为.gjf 格式，如 $CH_3Cl$.gjf。

右键点击 $CH_3Cl$.gjf 文件，选编辑打开文件，在以#开始的行中输入 B3LYP/6-311+G(2df,p) opt freq，且将原有内容删除，保存文件且关闭。然后，打开 Gaussian 09 程序，点击左上角的 File，进入选择 open，找到 $CH_3Cl$.gjf 文件的位置并打开，点击右侧 RUN 按钮，此时对 $CH_3Cl$ 分子进行构型优化和频率计算。正常结束后，文件最后会出现类似“Normal termination of Gaussian 09 at Mon May 21 15:56:44 2017.”的信息。对 $CH_3F$、$F^-$ 和 $Cl^-$ 用类似的方法处理，需要注意的是，对于 $F^-$ 和 $Cl^-$ 输入文件中电荷需改为−1。

(3) 寻找反应的过渡态。在优化过渡态时，可以设想反应过渡态中进攻的 $F^-$ 与被进攻的 $CH_3Cl$ 中的 C 原子距离较近，约为 0.208 nm，同时 C—F 约为 0.210 nm，根据过渡态中 C 原子采取 $sp^2$ 杂化方式特征设计其他键长数据，然后保存文件如 TS.gjf。编辑过渡态结构优化文件时，#行输入关键词 B3LYP/6-311+G(2df,p) opt=(ts,noeigentest) freq。最后打开 Gaussian 09 程序，点击左上角的 File，进入选择 open，找到 TS.gjf 文件的位置并打开，点击右侧的 RUN 按钮，开始进行过渡态构型优化。

(4) IRC 计算，为了验证过渡态与反应物、产物之间的关联性，将前面得到的过渡态的输出文件 TS.out 用 GaussView5.0 程序打开，另存为，输入文件命名为 IRC.gjf。编辑 IRC 计算文件时，#行输入关键词 B3LYP/6-311+G(2df,p)　irc=(calcfc, stepsize=2,maxpoint=50)。然后，打开 Gaussian 09 程序，点击左上角的 File，进入选择 open，找到 IRC.gjf 文件的位置并打开，点击右侧 RUN 按钮进行 IRC 计算。

6. 实验数据处理

(1) 计算反应的活化能。

(2) 绘制反应的势能剖面图。

(3) 计算反应在 298.15 K 时的速率常数 $k$($cm^3 \cdot molecule^{-1} \cdot s^{-1}$)。

7. 问题思考

(1) 什么是反应活化能?

(2) 什么是零点能? 计算某分子的能量时为什么要考虑零点能效应?

8. 实验评注

(1) 对于反应物和产物必须保证没有虚频，而过渡态有且仅有一个虚频，若不是仅有一个虚频，则要重新优化计算。

(2) 总能量应考虑零点能效应。

(3) 计算的反应温度 Gauss 程序默认为 298.15 K，程序计算输出的能量数据的单位默认为原子单位，键长以(Å)埃为单位。本实验的关键是寻找反应的过渡态。

(4) 所有的计算输入文件应放在英文路径下，否则程序不识别。

(5) $CH_3Cl$ 直角坐标格式的输入文件。

%chk=$CH_3Cl$.chk　　(用于保存中间计算结果，转化为 formchk 格式后可读)

%mem=20MW　　(分配计算任务的内存空间)

%nprocshared=1　　(处理器的个数)

# B3LYP/6-311+G(2df,p)　opt　freq　　(计算任务的类型即关键词，选用的计算方法，本例中则是采用 B3LYP/6-311+G(2df,p)方法对 $CH_3Cl$ 进行构型优化和频率计算)

(空一行)

Title Card Required　　(标题行，可以自己定义修改)

(空一行)

| | | | | |
|---|---|---|---|---|
| 0 | 1 | | | (两个数据依次为电荷和自旋多重度) |
| C | 0.000 | 0.000 | 0.000 | (C 原子的 $x, y, z$ 坐标) |
| H | 0.000 | 0.000 | 1.070 | (H 原子的 $x, y, z$ 坐标) |
| H | 1.009 | 0.000 | –0.357 | (H 原子的 $x, y, z$ 坐标) |
| H | –0.505 | 0.874 | –0.357 | (H 原子的 $x, y, z$ 坐标) |
| Cl | –0.830 | –1.437 | –0.587 | (Cl 原子的 $x, y, z$ 坐标) |

(6) 实验数据记录见表 2.5.8 和表 2.5.9。

**表 2.5.8　频率数据表**

室温：__________℃　　　　大气压：__________kPa

| 物种 | 频率 |
|---|---|
| $CH_3Cl$ | |
| 过渡态(TS) | |
| $CH_3F$ | |
| 中间体(IM1) | |
| 中间体(IM2) | |

**表 2.5.9　频率数据表**

| 物种 | 零点振动能 ZPE/Hartree | 电子结构能 $(E)$/Hartree | 总能量 $(E_{total})$/Hartree | 相对能 $(E_R)/(kJ\cdot mol^{-1})$ |
|---|---|---|---|---|
| $CH_3Cl$ | | | | |
| $F^-$ | | | | |
| 过渡态(TS) | | | | |
| $CH_3F$ | | | | |
| $Cl^-$ | | | | |
| 中间体(IM1) | | | | |
| 中间体(IM2) | | | | |

# 2.6　综合和设计实验

## 2.6.1　电动势法测定化学反应的热力学函数和动力学参数

1. 实验目的

(1) 测定可逆电池在不同温度下的电动势，计算电池反应的热力学函数值。
(2) 掌握可逆电动势法测定化学反应热力学函数值的原理和方法。

2. 预习要点

(1) 了解可逆电池电动势测定的基本原理及满足的条件。
(2) 熟悉热力学函数的基本公式及相互关系。

3. 实验原理

如果电池内进行的化学反应是可逆的，若在可逆条件下测定，则热力学函数值与电池电动势之间具有以下关系式：

$$\Delta G = -nEF \tag{2.6.1}$$

$$\Delta G = \Delta H - T\Delta S \tag{2.6.2}$$

$$\Delta S = -\left(\frac{\partial \Delta G}{\partial T}\right)_p = nF\left(\frac{\partial E}{\partial T}\right)_p \tag{2.6.3}$$

$$\Delta H = \Delta G + nFT\left(\frac{\partial E}{\partial T}\right)_p \tag{2.6.4}$$

选择合适的电极和电解质溶液，组成可逆电池，在 298.15 K 测定选择电池的电动势 $E$，再改变温度测定电池在不同温度下的电动势值，求得 $(\partial E/\partial T)_p$ 后，就可以计算相应的热力学参数。本实验可以选择下列电池：

$$\text{Ag,AgCl(s)} \mid \text{KCl(溶液)} \mid \text{Hg}_2\text{Cl}_2\text{,Hg(s)}$$

4. 实验仪器与试剂

电位差计及附件(1 套)、银-氯化银电极(1 支)、甘汞电极(1 支)、超级恒温槽(1 台)、标准电池(1 个)、KCl 溶液。

5. 实验步骤

(1) 电极的准备及线路连接和仪器调试。可以参阅 2.2.1 小节。

(2) 电池的组合及仪器的连接。将银-氯化银电极接电位差计负极，甘汞电极接电位差计正极，得到以下电池：

$$Ag,AgCl(s) \mid KCl(0.01\ mol \cdot dm^{-3}) \mid Hg_2Cl_2,Hg(s)$$

(3) 调节恒温槽的温度为 298.15 K、303.15 K、308.15 K、413.15 K，分别测定上述电池在该温度下的电动势值。

6. 实验数据处理

(1) 写出上述电池中，正极和负极上的电极反应和电池反应。

(2) 利用 298.15 K 测定的电动势值( $E^{\ominus}$ )，计算电池反应的 $\Delta G_m^{\ominus}$ 。

(3) 根据不同温度下测定的电动势值，计算温度系数和其他热力学函数值，并与文献值进行比较。

7. 问题思考

(1) 为什么测定电池反应的热力学函数值时，必须在可逆条件下进行测定？可逆条件满足的条件是什么？

(2) 上述电池的电动势与 KCl 溶液浓度是否有关？原因是什么？

8. 实验评注

(1) 做好该实验的关键是电极的选择，所用电极必须具有很好的稳定性和重现性。

(2) 温度必须恒定或者具有较小的灵敏度。

(3) 测定时电池电动势值可能不稳定，应采用标准电池进行校准，找出原因，稳定后进行测定。

(4) 浓度较大的 KCl 溶液对银-氯化银电极上的氯化银有溶解作用等，本实验所用 KCl 溶液的浓度应为 0.01 mol · dm$^{-3}$。

(5) 实验数据记录见表 2.6.1。

**表 2.6.1　化学反应的热力学函数数据**

室温：__________℃　　　　大气压：__________kPa

| $T$/K | $E$/V | $\partial E/\partial T$ / (V · K$^{-1}$) | $\Delta G_m^{\ominus}$ / (kJ · mol$^{-1}$) | $\Delta S_m^{\ominus}$ / (J · K$^{-1}$ · mol$^{-1}$) | $\Delta H_m^{\ominus}$ / (kJ · mol$^{-1}$) |
|---|---|---|---|---|---|
| 298.15 | | | | | |
| 303.15 | | | | | |
| 308.15 | | | | | |
| 413.15 | | | | | |

### 2.6.2　微量热法测定化学反应的热力学函数和动力学参数

1. 实验目的

(1) 掌握恒压量热计研究化学反应的热力学函数的一般方法。
(2) 掌握热力学函数之间的换算关系及计算化学反应动力学参数的基本方法。

2. 预习要点

(1) 了解微量热法的基本原理。
(2) 明确微量热法怎样计算热力学函数和动力学参数。

3. 实验原理

任何物理化学变化都伴随着相应的热效应。准确测量这些过程中的热效应及其动力学参数，研究过程的热效应变化规律，可以推测反应过程的机理、分子结构的变化和反应动力学，预测反应进行的方向和化学平衡的条件；同时也可以为化学工程的设计和施工提供可靠的热参数，无论在实践中还是在理论上都具有极其重要的意义，在国民经济建设和科学研究领域中得到了广泛的应用。

微量热法是研究化学反应的热力学函数的有效方法。利用微量热计精确测定化学反应的热效应，可计算反应的焓变；根据反应过程中热效应随时间的变化率，可计算反应的动力学参数，如速率常数、反应级数等。根据不同温度时反应的动力学参数，求算反应的活化能、活化焓、活化熵、活化吉布斯自由能等热力学函数，具体关系式如下：

$$\ln\left(\frac{1}{H}\frac{\mathrm{d}H_i}{\mathrm{d}t}\right)=\ln k+n\ln\left(1-\frac{H_i}{H_0}\right) \tag{2.6.5}$$

$$\ln k=\ln A-\frac{E_\mathrm{a}}{RT} \tag{2.6.6}$$

$$\Delta G_{\neq}^{\ominus}=RT\ln\frac{RT}{Nhk} \tag{2.6.7}$$

$$\ln\frac{k}{T}=-\frac{\Delta H_{\neq}^{\ominus}}{RT}+\frac{\Delta S_{\neq}^{\ominus}}{R}+\ln\frac{k_\mathrm{B}}{h} \tag{2.6.8}$$

4. 实验仪器与试剂

RD496 型微量热计(1 台)、容量瓶(100 mL，3～5 支)、移液管(1 mL、2 mL、5 mL，各 2 支)、KOH(A.R.)、HCl(A.R.)、二次蒸馏水。

5. 实验步骤

(1) 配制样品：用分析天平称取 KOH 0.5611 g，用移液管准确量取浓 HCl，分别于 100 mL 容量瓶中配制 0.1 $\mathrm{mol\cdot dm^{-3}}$ 的溶液。

(2) 反应热效应的测定：将微量热计预热 30 min，设置反应温度为 298.15 K，待系统稳定后，将反应物溶液置于量热计的液-液反应装置中，见图 2.6.1，平衡 1 h 左右，将玻璃杆插入，使得内管底破裂，反应液混合，记录反应过程的热效应变化曲线。

(3) 设置温度为303.15 K，重复上述实验过程，记录反应过程的热效应变化曲线。

6. 实验数据处理

(1) 利用微量热计的历史数据处理软件处理298.15 K和303.15 K的反应热曲线，分别得到反应过程的热效应$H_0$(298.15)和$H_0$(303.15)，并计算反应的焓变。

(2) 从两个温度的反应热曲线上截取最高点(或最低点)后的一段曲线，分别取$\mathrm{d}H_i/\mathrm{d}t$、$H_i/H_0$数据，按照式(2.6.5)求出两个温度的$k$和$n$值。

(3) 通过式(2.6.6)求算反应的活化能$E_a$和指前因子$A$值。

(4) 通过式(2.6.7)和式(2.6.8)求算反应的$\Delta H_{\neq}^{\ominus}$、$\Delta G_{\neq}^{\ominus}$、$\Delta S_{\neq}^{\ominus}$。

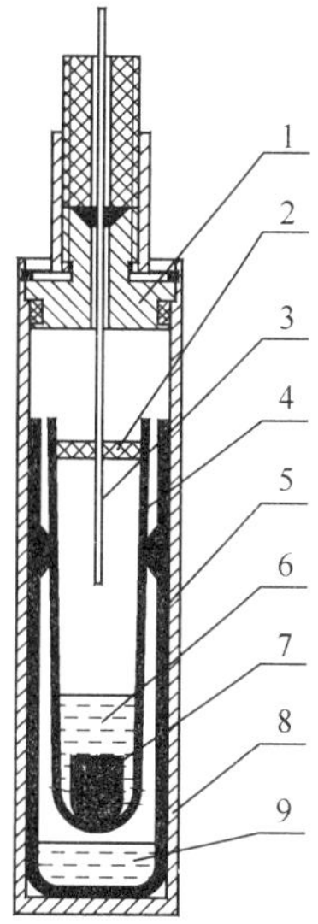


图2.6.1 液-液反应装置

1. 密封塞；2. 内管封片；3. 玻璃杆；4. 内管；5. 外管；6. 内管反应液；7. 内管底部；8. 不锈钢装置；9. 外管反应液

7. 问题思考

(1) 对于一个给定的反应，阿伦尼乌斯公式中的活化能是常数吗？该公式在应用过程中应注意什么问题？

(2) 反应焓变与反应的活化焓相同吗？

8. 实验评注

精确测量反应的热效应，需要重复测定多次，取平均值。本实验因时间关系，只设计了一次测定过程，让学生掌握反应热效应的测定方法和过程。

### 2.6.3 $TiO_2$光催化剂的制备、结构表征及光催化性能表征

1. 实验目的

(1) 掌握溶胶-凝胶法制备$TiO_2$光催化剂的原理及方法。

(2) 了解催化剂表征的基本方法。

2. 预习要点

(1) 掌握溶胶-凝胶法的基本原理。

(2) 掌握溶胶-凝胶法制备$TiO_2$光催化剂的关键步骤。

3. 实验原理

胶体(colloid)是一种分散相粒径很小的分散体系，分散相粒子的重力可以忽略，粒子之间的相互作用主要是短程作用力。溶胶(sol)是具有液体特征的胶体体系，分散的粒子是固体或大分子，分散的粒子大小为1～1000 nm。凝胶(gel)则是具有固体特征的胶体体系，被分散的物质形成连续的网状骨架，骨架空隙中充有液体或气体，凝胶中分散相的含量很低，一般为1%～3%。溶胶-凝胶法就是用含高化学活性组分的化合物作前驱体，在液相下将这些原料均

匀混合，并进行水解、缩合化学反应，在溶液中形成稳定的透明溶胶体系，溶胶经陈化胶粒间缓慢聚合，形成三维空间网络结构，网络间充满了失去流动性的溶剂，形成凝胶。凝胶经过干燥、烧结固化制备出分子乃至纳米亚结构的材料。

在溶胶-凝胶法制备纳米材料的过程中主要发生溶剂化反应、水解反应和缩聚反应，最后得到的凝胶经干燥、焙烧得到纳米粉体。主要反应如下：

溶剂化反应：$M(H_2O)_n^{z+} = M(H_2O)_{n-1}(OH)^{(z-1)}+H^+$

水解反应：$M(OR)_n+xH_2O = M(OH)_x(OR)_{n-x}+xROH$

缩聚反应：包括失水缩聚和失醇缩聚两大类反应。

失水缩聚：$—M—OH+HO—M— = —M—O—M— +H_2O$

失醇缩聚：$—M—OR+HO—M— = —M—O—M— +ROH$

在实际制备过程中，通常是将一种或几种盐均匀分散在一种溶剂中，使它们成为透明状的胶体，即成溶胶。将溶胶在一定条件(温度、酸碱度等)下进行老化处理，得到透明状的冻状物，即为凝胶。溶胶-凝胶法可精确控制各组分的含量，使不同组分之间实现分子/原子水平上的均匀混合，而且整个过程简单，工艺条件容易控制。

4. 实验仪器与试剂

全自动 X 射线粉末衍射仪(XRD-7000)、医用高速离心机(LG10-2.4A)、紫外分光光度计(UV-2550)、真空干燥箱(DZE-3)、光化学反应仪(XPA-7，具氙灯控制器和汞灯控制器)、电子天平(FA1004N)、电热恒温鼓风干燥箱(DGX-9073B-1 型)、超纯水机(1015D)、钛酸四正丁酯(A.R.，1 瓶)、无水乙醇(A.R.，1 瓶)、冰醋酸(A.R.，1 瓶)、甲基橙(A.R.，1 瓶)、$BaSO_4$(A.R.，1 瓶)。

5. 实验步骤

(1) 纳米 $TiO_2$ 的制备。将一定量的钛酸四正丁酯溶于无水乙醇形成溶液 B，搅拌 30 min，再取一定量乙醇置于另一烧杯中，然后将冰醋酸和水分别加入其中，混合搅拌 30 min 获得溶液 A。将溶液 B 慢慢滴加到溶液 A 中，搅拌 2 h 后得到白色混合溶胶，将上述白色混合溶胶陈化 2 d 后放入真空干燥箱中 80 ℃烘干，得到黄色颗粒，研磨后放入马弗炉中于 500 ℃煅烧 2 h，产品研磨后即得纳米 $TiO_2$。

(2) 光催化剂的表征。粉体的物相结构采用 X 射线粉末衍射仪(XRD)鉴定，$CuK_\alpha$(Ni 滤玻片滤波，$\lambda$=0.154 18 nm)，管电压 40 kV，管电流 30 mA，步长 0.02°；扫描范围 $2\theta$：20°～80°，扫描速度 $1° \cdot min^{-1}$；粉体 UV-Vis 吸收光谱采用紫外分光光度计测定，扫描范围 200～800 nm，标准 $BaSO_4$ 作参比。

(3) 光催化性能评价。

(i) 光催化降解实验。称取 20 mg 催化剂加入 $10 mg \cdot dm^{-3}$甲基橙溶液和卷烟厂废水中并置于黑暗中搅拌 30 min，达到吸附解吸平衡后，于氙灯下光照，每隔 10 min 取样离心，于 463.2 nm 处测甲基橙溶液吸光度，根据光照前后溶液吸光度的变化来计算甲基橙的脱色率，并以此评价催化剂的活性。

(ii) 甲基橙标准溶液的配制。准确配制浓度分别为 $1 mg \cdot dm^{-3}$、$2 mg \cdot dm^{-3}$、$5 mg \cdot dm^{-3}$、$10 mg \cdot dm^{-3}$、$20 mg \cdot dm^{-3}$的甲基橙水溶液。

(iii) 吸光度的测量。选取甲基橙的最大吸收波长为 463.2 nm，以蒸馏水为空白溶液，分别测定系列标准溶液和光照后的处理液的吸光度。

6. 实验数据处理

(1) 以甲基橙系列标准溶液的浓度对吸光度作图，所得直线为工作曲线。

(2) 计算不同光照时间次甲基蓝溶液的浓度。根据实验测定的不同溶液光照一定时间后的吸光度，从工作曲线上查得响应的浓度，绘制以不同样品为催化剂时次甲基蓝的浓度随时间的变化曲线。

7. 问题思考

(1) 如何判断三种催化剂活性的相对大小?

(2) 催化剂的活性大小与哪些因素有关?

8. 实验评注

该实验为光催化性能的测试实验，需要学生了解光催化的基本原理、催化剂的用量、催化时间及催化效率之间的关系。

### 2.6.4 差热分析和热重分析

1. 实验目的

(1) 了解差热分析和热重分析的基本原理，掌握差热分析仪的使用方法。

(2) 采用 TG-DTA 联用技术测定 $CuSO_4 \cdot 5H_2O$ 的热分析图谱，解释加热过程中所发生的物理化学变化。

2. 预习要点

(1) 明确热分析方法的基本原理和作用。

(2) 熟悉差热、热重曲线的基本形状，了解曲线中峰的位置、方向、大小、数目的物理意义。

3. 实验原理

差热分析(differential thermal analysis，DTA)是利用物质在加热或冷却过程中，当达到某一特定温度时，会发生熔化、凝固、晶形转变、分解、脱水和氧化等物理、化学变化，并伴随有热效应这一特点，在程序控温下，通过测定样品与参比物之间的温度差与温度的关系曲线，鉴别物质或确定组成、结构及转化温度、热效应等物理、化学性质的一种实验手段。它是一种较灵敏的热分析方法，广泛应用于科研和生产部门。

实验时，样品与参比物分别放在坩埚中，然后置入电炉内程序升温，见图 2.6.2。当样品没有发生变化时，样品与参比物之间的温度差$\Delta T$为零；当样品发生伴有热效应的物理、化学变化时，由于热效率的限制，样品温度较参比物温度上升速度加快(或减慢)，就产生温度差$\Delta T$。利用热电偶可以及时检测反映样品与参比样温差的热电势，再经过差热放大器放大，送入计算机即可得到 DTA 曲线的采样数据，可得如图 2.6.2 所示的 DTA 曲线。图中水平线段 ab-de-gh 表示样品无热效应，与参比物温差为零，峰形 bcd(或 efg)表明样品发生变化而产生热效应。通常规定峰顶向上的峰为放热峰，峰顶向下的峰为吸热峰。

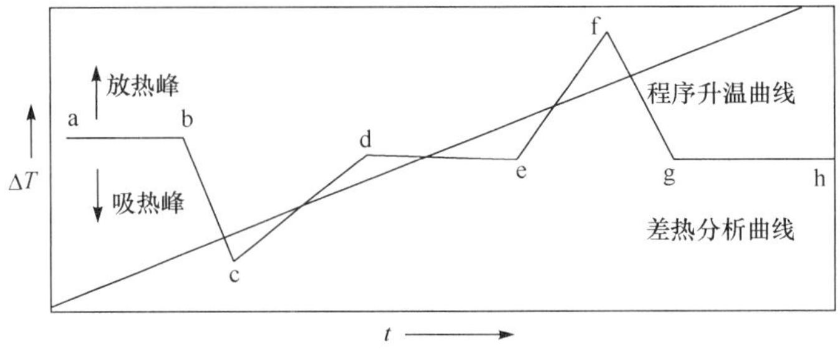


图 2.6.2 DTA 曲线

在实际测量中，影响差热分析结果的因素很多，有仪器和操作两个方面的因素。在使用相同的条件下，操作方面的因素主要包括升温速率、参比物、气氛及其压力的选择、样品的处理等。分析差热图谱可根据差热峰的数目、位置、方向、高度、宽度、对称性及面积等。峰的数目表示在测定温度范围内，样品发生变化的次数；峰的位置表示发生转化的温度范围；峰的方向指示过程是吸热还是放热；峰的面积反映热效应大小；峰高、峰宽及其对称性除与测定条件有关外，往往还与样品变化过程的动力学因素有关；反应起始温度采用国际热分析及量热学联合会推荐的外延起始温度 $T_e$。这样从差热图谱不仅可以得出热效应、反应起始温度，还可以鉴别样品的种类，计算某些反应的活化能和反应级数等。

热谱图(温度对失去的质量作图)能够给物质热稳定性以定量说明。实验时，将装好样品的坩埚放入电炉内进行程序升温，如样品在某温度下质量发生改变，天平将失衡，与天平横梁刚性连接的光闸产生位移。利用光电位移传感器(红外发光二极管、差动硅光电池)及时检测出失衡信号，热重测量系统自动改变平衡线圈中的电流，使天平恢复平衡，平衡线圈中的电流变化量正比于试样质量变化量，将此电流变化量通过采样电阻输送到计算机，即得到热重(TG)曲线的采样数据。例如，它能确定物质脱水、分解或氧化的温度，推测出产物的组成。而差热分析的热谱图(温度对温差作图)则可显示出如晶形转变、异构化、固相反应、熔化及其他伴有热效应而无质量变化的过程，这些过程用热天平是无效的，显然二者可以互相补充，使过程的变化性质获得圆满的解释。本实验就是采用 TG-DTA 联用技术，对样品进行热分析，让学生了解其基本原理、使用方法及应用，学会识图，并能解释样品的热分解历程。

4. 实验仪器与试剂

微机差热天平(1 套)、分析天平(1 台)、α-$Al_2O_3$(A.R.)、$CuSO_4 \cdot 5H_2O$(A.R.)。

5. 实验步骤

(1) 调节冷却水温度，并保持冷却水畅通。

(2) 热分析仪器预热、零位调整。

(3) TG-DTA 测量。称取一定质量的待测物放入坩埚中，按提示输入样品编号、质量、测定的温度范围等参数，仪器将自动记录数据。

(4) 使用数据分析软件绘出 TG-DTA 热分析图谱或导出实验数据，进行分析。

6. 实验数据处理

(1) 根据图谱，确定 $CuSO_4 \cdot 5H_2O$ 热分解过程中发生反应的起始温度、峰顶温度。
(2) 定性解释 $CuSO_4 \cdot 5H_2O$ 热分解历程。

7. 问题思考

(1) 为什么要控制升温速度？升温过快、过慢有何后果？
(2) 差热曲线形状与哪些因素有关？为什么差热峰位置不刚好等于能发生相变的温度？
(3) 根据无机化学知识和差热峰面积讨论5个结晶水与 $CuSO_4$ 结合的可能形式。
(4) 热重分析和差热分析各有什么特点？有何局限性？两者联用有何好处？

8. 实验评注

(1) 热重分析和差热分析是发展最早、应用最广的两种热分析技术。它们都是利用热能活化促进样品发生变化对物质进行研究的，可用于物质的组成、结构、性能的鉴定，物质热性质研究，热参数及动力学参数的测定等，广泛应用于生命科学、环境科学、材料科学、地质、催化及药物等领域。

(2) 差热分析只能反映焓变而不能反映质量改变，热重分析则只反映质量改变而不能反映焓变。因而，两种技术的同时联用可使信息相辅相成，从多侧面多角度反映物质的同一个变化过程，更利于分析、判断。

(3) 在差热分析的基础上发展起来的示差扫描量热(DSC)技术具有耗样少、操作方便、能定量测定焓变等优点，广泛应用于化工、纺织、药物、高分子等领域，也适用于新材料的热物性和化学性质的测定。在上述领域大有取代差热分析的趋势。

(4) 本实验所用样品 $CuSO_4 \cdot 5H_2O$ 的热分解历程具有典型意义，它包括脱水、分解及熔化，其中脱水分为三个步骤和四个热效应，囊括了结晶脱水可能存在的各种特性。脱水及分解既有热效应又有质量损失，而熔化只有热效应。这样学生可通过一次实验既掌握多种反应的特点，又对热分析技术有深刻的认识。

(5) 有时弄清一些未知物的分解机理，仅凭热分析结果(TG、DTA 等信息)是不够的，还需配合其他手段，如X射线衍射物相分析、气相色谱、质谱等，才能作出可靠的判断。

### 2.6.5 红外光谱法测定简单分子的结构参数

1. 实验目的

(1) 熟悉红外光谱的实验方法，了解红外光谱仪的基本原理和使用操作。

(2) 测定异核双原子分子 HCl 和 CO 的振动-转动光谱，通过谱图分析，计算分子解离能、零点振动能、力常数和核间距等一系列结构参数。

(3) 测定三原子分子 $SO_2$ 的振动光谱，了解多原子分子振动频率与力常数、配分函数和热力学函数的关系。

2. 预习要点

(1) 了解红外光谱仪的使用方法和测定简单分子结构参数的原理。

(2) 了解简单分子的红外光谱与结构的关系。

3. 实验原理

分子的振动能级发生跃迁总是伴有转动能级的跃迁，所得的振动-转动光谱出现在红外波段，因此分子的振动-转动光谱称为红外光谱。异核双原子分子如 HCl、CO 气体的红外光谱为振动-转动的典型例子。

双原子分子的转动一般可考虑用刚性转子的物理模型，并用量子力学处理得转动能量

$$E_r = BJ(J+1)hc \tag{2.6.9}$$

式中，$J$ 为转动量子数；$h$ 为普朗克常量；$c$ 为光速；$B$ 为转动常数。

$$B = \frac{h}{8\pi^2 cI} = \frac{h}{8\pi^2 c\mu R^2} \tag{2.6.10}$$

式中，$I$ 为转动惯量；$R$ 为核间距；$\mu$ 为折合质量。

分子的振动采用非简谐振子的物理模型，用量子力学处理，得振动能量

$$E_v = \left(\upsilon+\frac{1}{2}\right)hc\overline{\omega}_e - \left(\upsilon+\frac{1}{2}\right)^2 x_e hc\overline{\omega}_e \tag{2.6.11}$$

式中，$\upsilon$ 为振动量子数；$\overline{\omega}_e$ 为振动频率；$x_e$ 为非简谐常数；下标 e 为平衡态的相应值。分子的振动能量若以 $cm^{-1}$ 表示，则

$$\frac{E}{hc} = \frac{E_v + E_r}{hc} = \left(\upsilon+\frac{1}{2}\right)\overline{\omega}_e - \left(\upsilon+\frac{1}{2}\right)^2 x_e\overline{\omega}_e + B_\upsilon J(J+1) \tag{2.6.12}$$

式中，$B_\upsilon$ 为转动和振动相互作用后的转动常数。这是由于考虑到振动能量的升高使平均核间距增大，引起转动常数变化。下标 $\upsilon$ 表示 $B_\upsilon$ 是属于振动能级 $\upsilon$ 的转动常数。

$$B_\upsilon = B_e - \alpha_e\left(\upsilon+\frac{1}{2}\right)+\cdots \tag{2.6.13}$$

式中，$B_e$ 为平衡转动常数，$B_e = \dfrac{h}{8\pi^2 c\mu R_e^2}$；$\alpha_e$ 为平衡时振动-转动偶合常数，是一个小的正数。

当分子的振动-转动能级由 $E''(\upsilon'',J'')$ 跃迁到 $E'(\upsilon',J')$ 时，吸收的辐射波数为

$$\overline{\nu} = \frac{E'-E''}{hc} = \frac{E'_v - E''_v}{hc} + \frac{E'_r - E''_r}{hc} = \overline{\nu}_0 + B'_\upsilon J'(J'+1) - B''_\upsilon J''(J''+1) \tag{2.6.14}$$

$$\overline{\nu}_0 = \frac{E'_v - E''_v}{hc} \tag{2.6.15}$$

式(2.6.15)称为谱线的基线或零线，是纯振动能级跃迁($\upsilon'',J''=0\rightarrow\upsilon',J'=0$)时所吸收光的波数。

当 $\upsilon''=0,\upsilon'=1$ 时，将式(2.6.11)代入式(2.6.15)，可得基频 $\overline{\nu}_0=(1-2x_e)\overline{\omega}_e$。

当 $\upsilon''=0,\upsilon'=2$ 时，按上述方法则得 $\overline{\nu}_0=2(1-3x_e)\overline{\omega}_e$，称为倍频或第一泛频。

当 $\Delta J = J'-J'' = -1$ 时，为 P 支谱线，代入式(2.6.14)整理得

$$\overline{\nu}_P = \overline{\nu}_0 - (B'_\upsilon + B''_\upsilon)J'' + (B'_\upsilon - B''_\upsilon)J''^2$$

令 $m=-J''=-1,-2,-3,\cdots$，则

$$\bar{\nu}_{\mathrm{P}}=\bar{\nu}_0+(B'_\upsilon+B''_\upsilon)m+(B'_\upsilon-B''_\upsilon)m^2 \tag{2.6.16}$$

当 $\Delta J=J'-J''=+1$ 时，为 R 支谱线，代入式(2.6.14)整理得

$$\bar{\nu}_{\mathrm{R}}=\bar{\nu}_0+(B'_\upsilon+B''_\upsilon)(J''+1)+(B'_\upsilon-B''_\upsilon)(J''+1)^2$$

令 $m=J''+1=1,2,3,\cdots$，则

$$\bar{\nu}_{\mathrm{R}}=\bar{\nu}_0+(B'_\upsilon+B''_\upsilon)m+(B'_\upsilon-B''_\upsilon)m^2 \tag{2.6.17}$$

合并式(2.6.16)和式(2.6.17)得

$$\bar{\nu}=\bar{\nu}_0+(B'_\upsilon+B''_\upsilon)m+(B'_\upsilon-B''_\upsilon)m^2 \tag{2.6.18}$$

式中，$m=-1,-2,-3,\cdots$ 为 P 支；$m=1,2,3,\cdots$ 为 R 支。

当 HCl 吸收红外光，振动能级从 $\upsilon''=0$ 跃迁到 $\upsilon'=1$ 时，其吸收波数为

$$\bar{\nu}=\bar{\nu}_0+(B_1+B_0)m+(B_1-B_0)m^2 \tag{2.6.19}$$

根据大量实验结果，将双原子分子红外光谱图的谱线频率拟合可得经验公式

$$\bar{\nu}=c+dm+em^2 \tag{2.6.20}$$

对照式(2.6.19)，不难求出谱带零线或基线的波数 $\bar{\nu}_0$，基态和 $\upsilon=1$ 态的转动常数 $B_0$、$B_1$，由此可以进一步算出异核双原子分子的结构参数。

$SO_2$ 在红外光谱中有很高的灵敏度。在中等分辨率下就可观察 $SO_2$ 中具有红外活性的振动。电子衍射研究表明，$SO_2$ 是一个对称的非线形分子。对于含有 $N$ 个原子的非线形分子，有 $3N-6$ 个振动自由度，称为简振模式(图 2.6.3)。对 $SO_2$ 来说，3 个基频($\nu_1$、$\nu_2$、$\nu_3$)都具有红外活性，其中弯曲振动 $\nu_2$ 出现在最低频，而反对称伸缩振动 $\nu_3$ 出现在最高频。

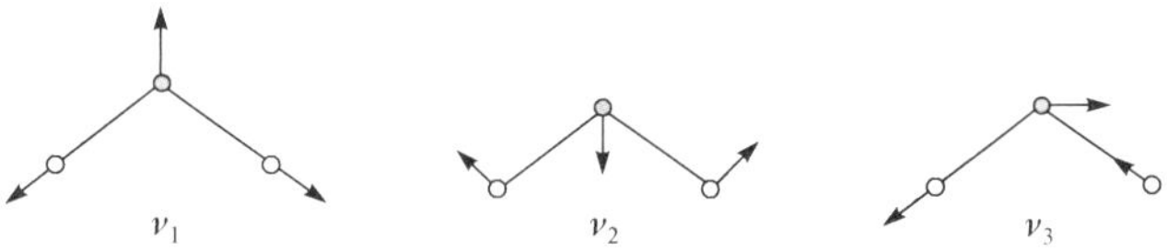


图 2.6.3　$SO_2$ 的简振模式

1) 力常数

$SO_2$ 的振动模式可以用原子质量($m_{\mathrm{s}}$ 和 $m_{\mathrm{o}}$)、O—S—O 键角($2\alpha$)和几个力常数来表示，由它们决定分子的势能。这些力常数和胡克定律非常相似。$SO_2$ 的势能公式可写成如下形式：

$$U=\frac{1}{2}[k_1(r_1^2+r_2^2)+k_\delta\delta^2] \tag{2.6.21}$$

式中，$r_1$ 和 $r_2$ 为 2 个 S—O 键长的变化值；$\delta$ 为键角的变化值；S—O 键平衡时的键长为 $l$；$k_1$ 和 $k_\delta$ 分别为伸缩振动和弯曲振动的力常数。将经典的谐振子理论用于 $SO_2$，可得以下公式：

$$4\pi^2\nu_3^2=\left(1+\frac{2m_{\mathrm{o}}}{m_{\mathrm{s}}}\sin^2\alpha\right)\frac{k_1}{m_{\mathrm{o}}} \tag{2.6.22}$$

$$4\pi^2\left(\nu_1^2+\nu_2^2\right)=\left(1+\frac{2m_{\mathrm{o}}}{m_{\mathrm{s}}}\cos^2\alpha\right)\frac{k_1}{m_{\mathrm{o}}}+\frac{2}{m_{\mathrm{o}}}\left(1+\frac{2m_{\mathrm{o}}}{m_{\mathrm{s}}}\sin^2\alpha\right)\frac{k_\delta}{l^2} \tag{2.6.23}$$

$$16\pi^4\nu_1^2\nu_2^2 = 2\left(1+\frac{2m_o}{m_s}\right)\frac{k_1}{m_o{}^2}\frac{k_\delta}{l^2} \tag{2.6.24}$$

对于 $SO_2$，$2\alpha = 119.5°$、$l = 0.1432\ \text{nm}$。

2) 配分函数

气体的热容可以看成是平动、转动和振动的共同作用。在室温以上，分子的转动和平动对 $\overline{C}_V$ 的贡献是一定的，并与温度无关。对于非线形多原子分子 $SO_2$，转动和平动的摩尔热容分别为

$$\overline{C}_V(\text{trans}) = \frac{3}{2}R \tag{2.6.25}$$

$$\overline{C}_V(\text{rot}) = \frac{3}{2}R \tag{2.6.26}$$

而振动对 $\overline{C}_V$ 的贡献随温度而改变，可以用振动的配分函数来计算：

$$\overline{C}_V(\text{vib}) = R\frac{\partial}{\partial T}\left(T^2\frac{\partial \ln q_{\text{vib}}}{\partial T}\right) \tag{2.6.27}$$

其中，振动的配分函数

$$q_{\text{vib}} = \prod_{i=1}^{3N-6} q_i^{\text{HO}} \tag{2.6.28}$$

式中，$q_i^{\text{HO}}$ 为频率 $\nu_i$ 的第 $i$ 个正则模式的谐振配分函数。谐振子的能级由 $\left(\upsilon+\frac{1}{2}\right)h\nu$ 决定：

$$q_i^{\text{HO}} = \sum_{\nu=0}^{\infty} e^{-\left(1+\frac{1}{2}\right)\frac{h\nu_i}{kT}} = \frac{e^{-h\nu_i/kT}}{1-e^{-h\nu_i/kT}} \tag{2.6.29}$$

将式(2.6.29)代入式(2.6.28)，再代入式(2.6.27)，求导计算可得

$$\overline{C}_V(\text{vib}) = R\sum_i \frac{u_i{}^2 e^{-u_i}}{\left(1-e^{-u_i}\right)^2}$$

式中，$h\nu_i / kT = 1.4388\overline{\nu}_i / T = 3.3u_i$。

本实验所用的博里叶变换红外光谱仪的主体是一台迈克尔孙干涉仪。其工作原理见图 2.6.4。

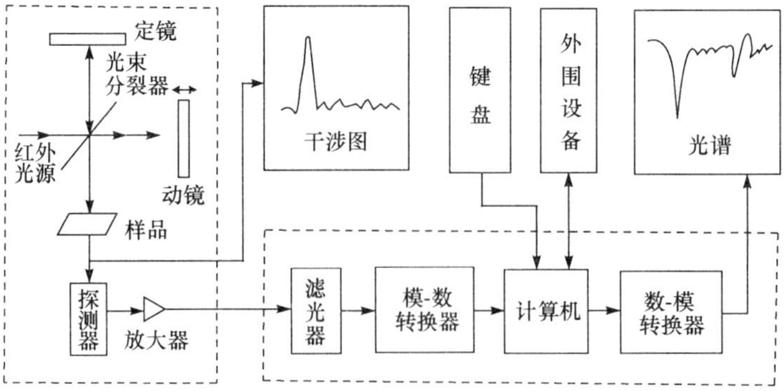


图 2.6.4　红外光谱仪工作原理

工作原理：光源发出的红外辐射经干涉仪转变成干涉图，通过试样后得到含试样信息的

干涉图，由电子计算机采集，并经过快速傅里叶变换，得到吸收强度或透光率随频率或波数变化的红外光谱图。

4. 实验仪器与试剂

红外光谱仪(1 台) 、真空系统、NaCl 和 KCl 单晶为窗口的气体样品池、浓 $H_2SO_4$(A.R.) 、$SO_2$ 气体、浓 HCl(A.R.)。

5. 实验步骤

(1) 系统检漏。按图 2.6.5 连接好真空系统。开启真空泵，对系统及储气瓶抽气后，关闭抽气活塞。如果真空表读数在数分钟内不变，则认为系统正常，如果读数有变化，则必须检查系统，直至正常。

(2) 气体的制备。

(i) HCl 气体发生装置见图 2.6.6。以浓 HCl 缓慢滴入浓 $H_2SO_4$ 中制得 HCl 气体，再通过浓 $H_2SO_4$ 进一步干燥后存入已抽成真空的储气瓶备用。

红外气体样品池以 NaCl(或 LiF)单晶片为窗口,将样品池接上真空系统后抽空系统及样品池，再依次关闭样品池的活塞及系统进气活塞。慢慢打开储气瓶活塞，放出很少量气体，同时观察真空表头，向样品池中通入约 6 kPa HCl 气体，随即关闭储气瓶和样品池的活塞，并抽空系统。取下 HCl 气体样品池待测。

(ii) CO 气体。在抽真空的气体池中通入少量煤气备用。

(iii) $SO_2$ 气体。取一干净的带两个夹子的球胆，与 $SO_2$ 钢瓶相连，注意小心开启钢瓶阀门(防止吸入鼻内)。

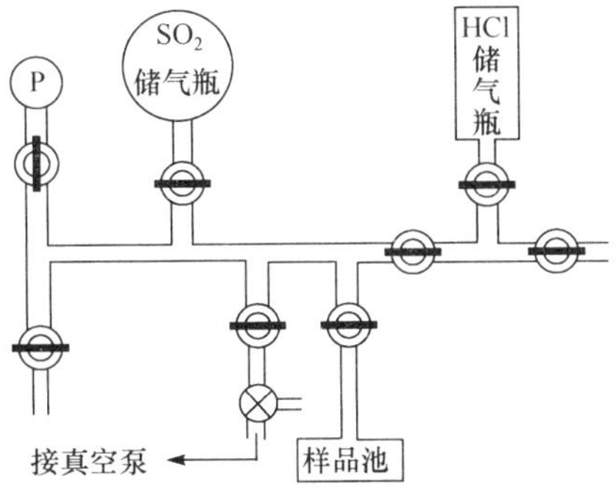


图 2.6.5 气体制备真空系统

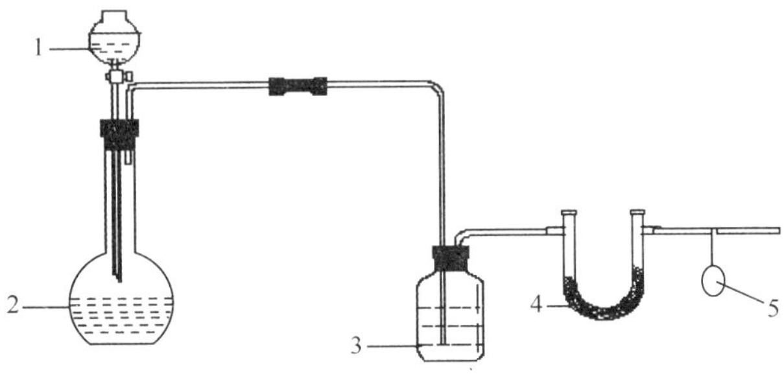


图 2.6.6 HCl 气体发生装置

1. 浓盐酸；2、3. 浓硫酸；4. 无水氯化钙；5. 球胆

(3) 红外光谱的测定。

(4) 实验后，将样品池抽空复原，关闭真空系统。

6. 实验数据处理

(1) 从所记录的图谱测量出各谱线的波数。

(2) 由式(2.6.19)及式(2.6.20)分别求得 $B_0$ 和 $B_1$ 值。

(3) 由式(2.6.10) $B=\dfrac{h}{8\pi^2 cI}$ 及式(2.6.13)下面的公式计算转动惯量 $I'$、$I''$和平衡键距 $R'_e$、$R''_e$。

(4) 用所测$\Delta J$=0 谱线峰的波数值近似为$\bar{\nu}_e$值，通过式(2.6.24)求算力常数 $k$。

7. 问题思考

(1) 为什么可以在红外区看到转动谱线的结构？它和微波区的纯转动谱线结构是否一致？为什么？

(2) 哪些双原子分子具有红外吸收谱图？哪些没有？HD 有无红外吸收谱图？

(3) 谱图中除 HCl 峰以外,还有什么分子做何种振动？为什么看不见 $N_2$ 和 $O_2$ 的吸收峰？

(4) 比较分子光谱与原子光谱的异同。

(5) 试解释 HCl 谱线强度分布。

8. 实验评注

(1) 实验中应该注意事项：①进行红外光谱实验时，必须在教师的指导下，严格按照说明书的操作规程使用红外光谱仪；②气体吸收池的 NaCl 晶体窗口切忌沾水，通入的气体样品必须预先干燥，实验结束后一定要将气体样品排空，并用 $N_2$ 或 $H_2$ 气流反复清洗气体吸收池；③排出的样品气体必须引向室外，注意保持室内干燥、通风。

(2) 本实验数据处理时，视双原子分子为刚性转子和简谐振子。实际上，双原子分子并非理想的简谐振子，其能量表示为

$$E_v = \left(V+\frac{1}{2}\right)hc\bar{\nu}_e - \left(V+\frac{1}{2}\right)^2 hcX_e\bar{\nu}_e \tag{2.6.30}$$

非简谐常数为 $X_e = \dfrac{h\bar{\nu}_e c}{4D_e}$，非简谐效应使得每个振动能级低于简谐振子的振动能级。振动能级随 $V$ 增加而相互接近，此时选律为$\Delta V=\pm1, \pm2, \pm3$，…。这样除基频谱带($V''=0\rightarrow V'=1$)外，还可观察到泛频谱带，如($V''=0\rightarrow V'=2$)或($V''=0\rightarrow V'=3$)。泛频谱带往往比基频谱带的强度小得多。

此外，还应加入非刚性转子的修正项 $J^2(J+1)^2D$($D$ 为离心变形常数)和振动转动的相互作用项 $J(J+1)\left(V+\frac{1}{2}\right)\alpha$ ($\alpha$ 为振动转动相互作用常数)。因此，双原子分子振动-转动能级跃迁可由式(2.6.31)给出

$$\bar{\nu} = \left(V+\frac{1}{2}\right)\bar{\nu}_e - \left(V+\frac{1}{2}\right)^2 X_e\bar{\nu}_e + J(J+1)B - J(J+1)\left(V+\frac{1}{2}\right)\alpha - J^2(J+1)^2 D \tag{2.6.31}$$

定义转动系数为 $B_V = B-\left(V+\frac{1}{2}\right)\alpha$，则得

$$\bar{\nu} = \left(V+\frac{1}{2}\right)\bar{\nu}_e - \left(V+\frac{1}{2}\right)^2 X_e\bar{\nu}_e + J(J+1)B_V - J^2(J+1)^2 D \tag{2.6.32}$$

当 $V''(0)\rightarrow V', J''\rightarrow J'(J''+1)$时，式(2.6.32)变为

$$\begin{aligned}\bar{\nu}_R(J'') = {} & V'[1-(V'+1)X_e]\bar{\nu}_e + 2B_V'' + J''(3B_V'' - B_V') \\ & + (J'')^2(B_V''-B_V') - 4(J''+1)^3 D \qquad J''=0,1,2,\cdots\end{aligned} \tag{2.6.33}$$

即为 R 支。

当 $V''(=0)\to V'$，$J''\to J'(J''-1)$，式(2.6.32)变为

$$\begin{aligned}\bar{\nu}_{\mathrm{P}}(J'') &= V'\left[1-(V'+1)X_{\mathrm{e}}\right]\bar{\nu}_{\mathrm{e}} - J''(B''_V + B'_V) \\ &\quad + (J'')^2(B''_V - B'_V) + 4(J'')^3 D \qquad J''=1,2,3,\cdots\end{aligned} \tag{2.6.34}$$

即为 P 支。

式(2.6.33)和式(2.6.34)中的右边第一项称为谱带原线($\Delta J=0$)，如果只考虑具有相同 $J''$值的 R 支和 P 支的组分(具有相同起始态的组分)，则得到

$$\bar{\nu}_{\mathrm{R}}(J'') - \bar{\nu}_{\mathrm{P}}(J'') = 2(2J''+1)B''_V - 4\left[(J''+1)^3 + (J'')^3\right]D \qquad J=1,2,3,\cdots \tag{2.6.35}$$

以 $\dfrac{0.5\left[\bar{\nu}_{\mathrm{R}}(J'') - \bar{\nu}_{\mathrm{P}}(J'')\right]}{2J''+1}$ 对 $\dfrac{2\left[(J''+1)^3 + (J'')^3\right]}{2J''+3}$ 作图，由斜率得到 $D$，由截距得到 $B''_V$。

若考虑具有相同终态的 R 支和 P 支组分，则得到

$$\bar{\nu}_{\mathrm{R}}(J'') - \bar{\nu}_{\mathrm{P}}(J''+2) = 2(2J''+3)B'_V - 4\left[(J''+1)^3 + (J''+2)^3\right]D \qquad J=0,1,2,3,\cdots \tag{2.6.36}$$

以 $\dfrac{0.5\left[\bar{\nu}_{\mathrm{R}}(J'') - \bar{\nu}_{\mathrm{P}}(J''+2)\right]}{(2J''+3)}$ 对 $\dfrac{2\left[(J''+1)^3 + (J''+2)^3\right]}{(2J''+3)}$ 作图，由截距得到 $B'_V$。

从式(2.6.33)和式(2.6.34)可看出，用两支组分相加可以推出包含谱带原线的方程

$$\bar{\nu}_{\mathrm{R}}(J'') + \bar{\nu}_{\mathrm{P}}(J''+1) = 2V'\left[1-(V'+1)X_{\mathrm{e}}\right]\bar{\nu}_{\mathrm{e}} + 2(J''+1)^2(B''_V - B'_V) \qquad J''=0,1,2,\cdots \tag{2.6.37}$$

以 $0.5\left[\bar{\nu}_{\mathrm{R}}(J'') + \bar{\nu}_{\mathrm{P}}(J''+1)\right]$ 对 $(J''+1)^2$ 作图，由截距得谱带原线。

由实验所得的($V'=1$)基频谱带原线与($V'=2$)的泛频谱带原线($\bar{\nu}_2=5668.05\ \mathrm{cm^{-1}}$)计算 $\bar{\nu}_{\mathrm{e}}$ 和 $X_{\mathrm{e}}$。

红外光谱除可应用于化合物的鉴定和化合物结构研究及定量分析外，还可根据化学反应过程中总有一些键生成、另一些键消失，反映在红外光谱上某些特征谱带强度随时间而变化的关系，定量地测定这些变化可以测定反应速率、研究反应机理等。

(3) 实验数据记录见表 2.6.2。

**表 2.6.2　红外光谱法实验数据记录**

室温：__________℃　　　　大气压：__________kPa

| $J$ | $\bar{\nu}_{\mathrm{P}}$ $J''$ /cm$^{-1}$ | $\bar{\nu}_{\mathrm{R}}$ /cm$^{-1}$ | $4B''$ | $4B'$ |
|---|---|---|---|---|
| 0 | | | | |
| 1 | | | | |
| 2 | | | | |
| 3 | | | | |
| 4 | | | | |
| 5 | | | | |
| 6 | | | | |

## 2.6.6　X 射线粉末衍射法物相分析

### 1. 实验目的

(1) 掌握 X 射线粉末衍射法的基本原理和技术。

(2) 初步了解 X 射线粉末衍射仪的构造和使用方法。
(3) 根据 X 射线粉末衍射图谱，分析鉴定多晶样品的物相结构。

2. 预习要点

(1) 查阅相关资料，了解晶体结构的有关知识。
(2) 了解 X 射线粉末衍射仪的工作原理。

3. 实验原理

1) 晶体结构和米勒指数

晶体的结构可以用三维点阵来表示，每个点阵点代表一个基本单元，如离子、原子、分子或配位离子等。空间点阵可以从各个方向划分而成许多组平行的平面点阵(图 2.6.7)，晶体可以看作是由一些相同的平面网按照一定的距离平行的平面排列而成的。反映整个晶体结构的最小平行六面体单元称为晶胞，晶胞的形状及大小可通过夹角 $\alpha$、$\beta$、$\gamma$和三条边长 $a$、$b$、$c$ 来表示，因此 $\alpha$、$\beta$、$\gamma$和 $a$、$b$、$c$ 称为晶胞常数。各种结晶物质的单胞大小、单胞中所含的离子、原子或分子的数目及其在单胞中的相对位置都是不尽相同的。因此，每一种晶体都必然存在一系列特定的晶面间距 $d$ 值和晶胞常数。

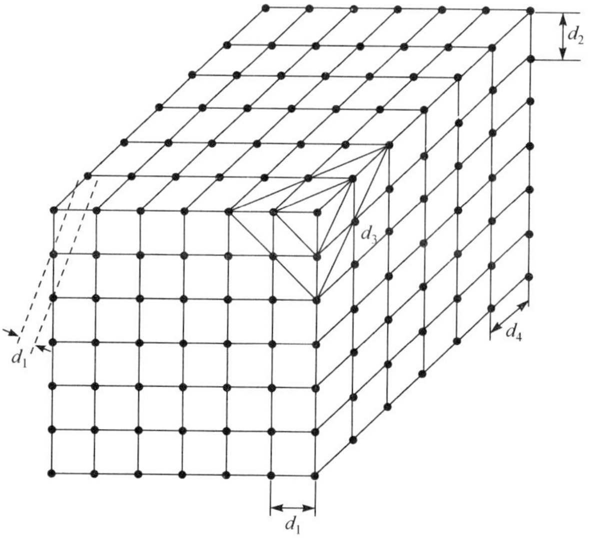


图 2.6.7 空间点阵与平面点阵

米勒(Miller)提出，利用点阵平面在三个晶轴上截数的倒易数的互质之比($h$，$k$，$l$)来表示晶面，称为米勒指数或晶面指数。选择一组能把点阵划分成最简单合理的格子的矢量 $a$、$b$、$c$，并将它们的方向分别定为坐标轴 $x$、$y$、$z$，如图 2.6.8 所示的点阵平面与三个晶轴分别交于($ra$，$sb$，$tc$)，即它们在三个坐标上的截数分别为 $r$、$s$、$t$，三个截数的倒数之比为 $\frac{1}{r}:\frac{1}{s}:\frac{1}{t}$，因为 $r$、$s$、$t$ 均为整数，可以化为互质的整数之比，即 $\frac{1}{r}:\frac{1}{s}:\frac{1}{t}=h:k:l$，其中($h$，$k$，$l$)称为米勒指数，也是该晶面的指标。如图 2.6.8 中的 $r$、$s$、$t$ 分别为 3、2、1，则其晶面可用(236)来表示。指数过高的晶面，其间距及组成晶面的点阵密度都较小，所以实际应用的米勒指数通常为 0、1、2 等数值。

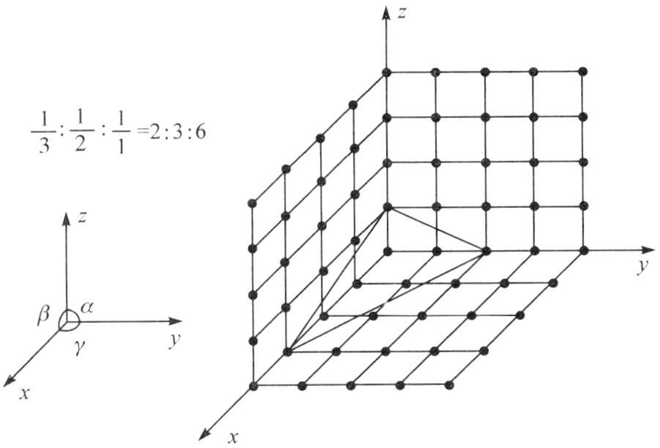


图 2.6.8　晶轴、夹角与米勒指数

2) 布拉格方程

X 射线是一种电磁波，它入射晶体时晶体中产生周期变化的电磁场。原子中的电子和原子核受迫振动，原子核的振动因其质量很大而忽略不计。振动着的电子成为次生 X 射线的波源，其波长、周相与入射光相同。基于晶体结构的周期性，晶体中各个电子的散射波可相互干涉相互叠加，称为相干散射或布拉格(Bragg)散射，也称衍射。散射波周相一致相互加强的方向称为衍射方向。衍射方向取决于晶体的周期或晶胞的大小。衍射强度是由晶胞中各个原子及其位置决定的。

波长为 $\lambda$ 的 X 射线入射任一点阵平面上，在这一点阵面上各个点阵点的散射波相互加强的条件是入射角与反射角相等，入射线、反射线和晶面法线在同一平面上。

当 X 射线入射到一组晶面间距为 $d_{(h,k,l)}$ 的面网上时，若入射线与点阵平面的交角为 $\theta$，则它们之间的关系满足布拉格方程：

$$2d_{(h,k,l)}\sin\theta = n\lambda \tag{2.6.38}$$

在同一组点阵平面上可以产生 $n$ 级衍射。$n$ 称为衍射级数，是有限的正整数，$\theta$ 为衍射角。在晶体结构分析中，常把布拉格方程写成

$$\frac{2d_{(h,k,l)}\sin\theta}{n} = \lambda \tag{2.6.39}$$

或简化为

$$2d_{(h,k,l)}\sin\theta = \lambda \tag{2.6.40}$$

式(2.6.40)将 $n$ 隐藏在晶面间距 $d$ 中，而将所有的衍射都看成一级衍射，可以使计算简化和统一。

对于未知物相结构的多晶，只要测出衍射角，就可以由布拉格方程计算出晶面间距 $d_{(h,k,l)}$，进而确定其物相结构。

3) 晶胞大小的测定

以 $\alpha=\beta=\gamma=90°, a\neq b\neq c$ 的正交晶系为例，由几何结晶学可推出

$$\frac{1}{d}=\sqrt{\frac{h^2}{a^2}+\frac{k^2}{b^2}+\frac{l^2}{c^2}} \tag{2.6.41}$$

式中，$k$、$h$、$l$ 为米勒指数。

对于四方晶系，因 $a=b\neq c, \alpha=\beta=\gamma=90°$，式(2.6.41)可简化为

$$\frac{1}{d}=\sqrt{\frac{h^2+k^2}{a^2}+\frac{l^2}{c^2}} \tag{2.6.42}$$

对于立方晶系，因 $\alpha=\beta=\gamma=90°, a=b=c$，式(2.6.41)可简化为

$$\frac{1}{d}=\sqrt{\frac{h^2+k^2+l^2}{a^2}} \tag{2.6.43}$$

对于不同晶系的晶体，其晶面间距与晶胞参数和米勒指数之间的关系见表 2.6.3。

**表 2.6.3　晶面间距与晶胞参数和米勒指数之间的关系**

| 晶系 | 晶面间距与晶胞参数和米勒指数之间的关系 |
|---|---|
| 立方 | $d_{(h,k,l)}=[(k^2+h^2+l^2)a^{-2}]^{-1/2}$ |
| 六方 | $d_{(h,k,l)}=\left[\frac{4}{3}(h^2+kh+k^2)a^{-2}+l^2c^{-2}\right]^{-1/2}$ |
| 三方 | $d_{(h,k,l)}=\left\{a^{-2}(1^2+2\cos^3\alpha-3\cos\cos^2\alpha)^{-1}\left[(h^2+k^2+l^2)\sin^2\alpha+2(hk+kl+lh)(\cos^2\alpha-\cos\alpha)\right]\right\}^{-1/2}$ |
| 四方 | $d_{(h,k,l)}=[(h^2+k^2)a^{-2}+l^2c^2)]^{-1/2}$ |
| 正交 | $d_{(h,k,l)}=(a^{-2}h^2+b^{-2}k^2+l^2c^2)^{-1/2}$ |
| 单斜 | $d_{(h,k,l)}=\left[(a^{-2}h^2+b^{-2}k^2\sin^2\beta+l^2c^{-2}-c^{-1}a^{-1}2l\cos\beta)(\sin\beta)^{-2}\right]^{-1/2}$ |

三斜晶系应用很少，表 2.6.3 未列出。由表 2.6.3 中公式可见，晶面间距既与晶胞参数有关，又与米勒指数 **hkl** 有关，**hkl** 值越小，晶面间距离越大，实际晶体外形中这个晶面出现的机会也越大。

在立方晶系中，有素晶胞(P)、体心晶胞(I)和面心晶胞(F)三种形式(表 2.6.4)。在体心晶胞中，只有 $h+k+l=$偶数的衍射线；而在面心晶胞中，却只有 $h$、$k$、$l$ 全为偶数或者全为奇数的衍射，其他的衍射线因散射线的相互干扰而消失，称为系统消光；在素晶胞中无系统消光。

如不符合上述的任何一个数值，则说明该晶体不属立方晶系，需要用对称性较低的四方、六方等由高到低的晶系逐一来分析尝试决定。

知道了晶胞常数就知道了晶胞体积，在立方晶系中，每个晶胞中的内含物(原子、离子或分子)的个数 $n$ 可按式(2.6.44)求得

$$n=\frac{\rho a^3}{M/N_0} \tag{2.6.44}$$

式中，$M$ 为待测样品的摩尔质量；$N_0$ 为阿伏伽德罗常量；$\rho$ 为该样品的晶体密度。

表 2.6.4　立方点阵衍射指标规律

| $h^2+k^2+l^2$ | P | I | F | $h^2+k^2+l^2$ | P | I | F |
|---|---|---|---|---|---|---|---|
| 1 | 100 | | | 14 | 321 | 321 | |
| 2 | 110 | 100 | | 15 | | | |
| 3 | 111 | | 111 | 16 | 400 | 400 | 400 |
| 4 | 200 | 200 | 200 | 17 | 410　322 | | |
| 5 | 210 | | | 18 | 411　330 | 411 | |
| 6 | 211 | 211 | | 19 | 331 | | 331 |
| 7 | | | | 20 | 420 | 420 | 420 |
| 8 | 220 | 220 | 220 | 21 | 421 | | |
| 9 | 300　221 | | | 22 | 332 | 332 | |
| 10 | 310 | 310 | | 23 | | | |
| 11 | 311 | | 311 | 24 | 422 | 422 | 422 |
| 12 | 222 | 222 | 222 | 25 | 500　430 | | |
| 13 | 320 | | | ⋮ | | | |

4) X 射线粉末衍射仪

X 射线粉末衍射仪的原理示意图见图 2.6.9。多晶衍射仪由 X 射线发生器、测角仪、X 射线强度测量系统及衍射仪控制系统与衍射数据的采集、处理系统四大部分组成。实验时把样品放入样品槽中压实，并使样品表面平整，然后置于样品台上。测量时样品台固定不动，X 射线发生器不断转动以改变入射线和试样表面的夹角 $\theta$，检测器以同样的速度转动，衍射角也以同样的速度改变。计算机系统会同步把各衍射线的强度记录下来。在所得的图谱中，一个坐标表示衍射角 $2\theta$，另一个坐标表示衍射强度的相对大小。

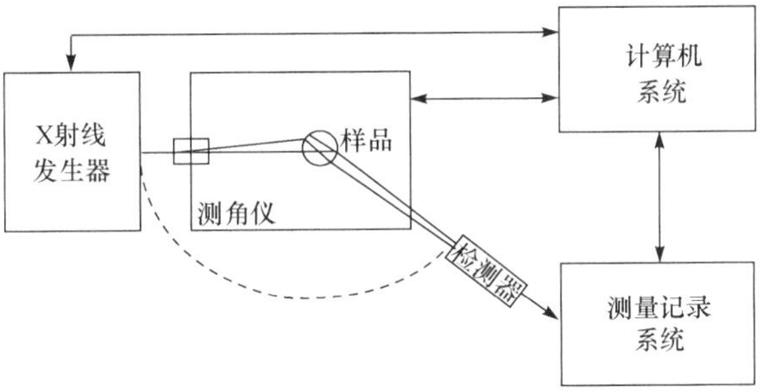


图 2.6.9　X 射线粉末衍射仪的原理示意图

4. 实验仪器与试剂

X 射线粉末衍射仪、$TiO_2$(A.R.)、Si(A.R.)、α-石英粉(研磨过 235 目筛)、$TiO_2$ 和 Si 按照质量比 1∶1 的混合物、Si 和 α-石英粉按照质量比 1∶1 的混合物。

5. 实验步骤

(1) 样品的准备：将待测样品于玛瑙研钵中研磨至粉末状，将研细的粉末均匀地撒在样品槽中，使其略高于槽的边缘，用玻璃片垂直压样品的表面，使样品足够紧密且表面平整，附着在槽内不至于脱落，然后将其放在样品加上。

(2) 打开制冷机组(制冷机的使用详见说明书)。

(3) 制冷机运转大约 10 min 后，按下衍射仪侧面的电源开关，高压指示灯亮，应急指示灯亮，此时仪器准备灯亮。

(4) 样品测试：不同型号的衍射仪的使用方法和操作及处理软件各不相同，这里简单介绍 XRD-7000 型粉末衍射仪进行样品测试的主要操作步骤。

(i) 打开计算机，主机启动后双击桌面“pmgr”图标打开主程序。

(ii) 依次选择点击下列图标：

a. 点击“Display & Setup”图标，等所有的图标志变黑后最小化。

b. 点击“XG control”图标：进入“XG Control Program”对话框，出现“Coolle”、“OV”、“OC”、“Door”等图标，分别指示冷却水、管压、管流、衍射仪门的工作状态，若某相出现故障，则在该相前面的原型绿色指示框变红，应立即检查。

c. 点击“Right Gonin Aanlysis”，并最小化对话框，进入下一步。

(iii) 设定测试参数。

a. 单击“Rright Gonin Condition”，出现“Anasysis Condition Edit Program”对话框，依次点击“File”“New”，出现“New File Mode Selct”对话框，可以选择“Standard”或“Thin Film”，点击“OK”进入下一步。

b. 双击蓝色区域，设定实验条件，填写样品信息。

c. 若选择标准条件“Standard Condition”。

d. 单击“OK”，出现对话框“File & Sample Condition Edit”，在对话框“File & Sample Condition Edit”中填写样品信息。

e. 填写好样品信息后，点击“New”，回到“Standard Condition Edit”对话框，点击“Close”，返回“Aanlysis Condition Edit Program”对话框，点击“Append”添加样品信息和测试条件。

f. 在“Aanlysis Condition Edit Program”对话框中点击“Start”，开始扫描，扫描结果将自动保存为扩展名分别为“Raw”、“RBG”、“RSM”、“RK1”四种类型。

注意：对刚开机测试的第一个样品，则在“Aanlysis Condition Edit Program”对话框和“Aanlysis & Spooler Program”对话框选项中均要点击“OK”。

(5) 实验结束后严格按照下列顺序关机：

(i) 依次关闭“XG Control Program”、“Right Gonio System”和“Untitled-Right Gonio System”三个对话框。

(ii) 退出主程序，继续开制冷机 20 min 后关闭衍射仪的电源，关制冷机(先关运行键再关电源)，最后将所有电源关闭。

(iii) 打扫实验室，盖好主体仪器的顶部，方可离开实验室。

### 6. 实验数据处理

按照下列步骤进行样品的处理。

(1) 点击“Basic Process”图标进行数据处理。

狭缝纠正：Slit Correction；平滑处理：Smoothing；背景扣除：B .D. substruction；Kα1-α2 分离：Kα1-α2 separate；系统纠错：System error Correction；选择各项处理任务后，点击“GO”。

打印则得到图谱实验条件、处理方法峰信息，其中峰数据信息列出了 10 个强峰的 2Theta、晶面间距(A)、相对强度、半峰宽(deg)、峰强度(Counts)、峰积分强度(Counts)，另外，还单独列出了三个最强峰的信息。

(2) Search match——Qualitative Analysis 定性分析。①打开*.PKK 文件；②点击 overlay, peak data；③点击 seach, prsearch,search，双击查找到的信息；④箭头进入；⑤点击 overlay,peak data，comment Seeting 选择 No,d-Vale, Miller, JCPDS, Chemical, Mineral，点击 peak data，图谱上可以显示 PDF 卡片号、晶面间距 $d$、各衍射线的米勒指数 $hkl$、化学式、晶形(图 2.6.10)。

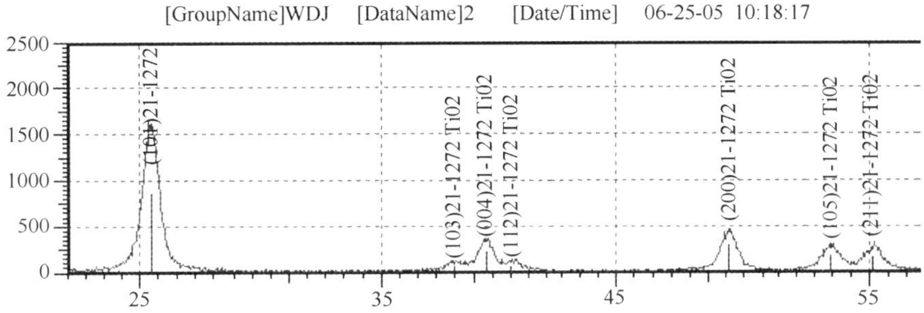


图 2.6.10 PDF 卡片的衍射指标

(3) 晶粒尺寸计算。在相同条件下测定测试样品和标准样品，标准样品和测试样品同一晶面的半峰宽由谢乐(Scherrer)公式计算(半峰宽由数据处理得到)$D=K\lambda/B\cos\theta$，本实验波长($\lambda$)为 0.154 056nm，$K$ 值为 0.89，$B$ 为衍射峰极大值一半处的峰宽。

(4) 晶胞参数的确定。

方法一：直接使用软件。

Lattice constantys：要求输入标准纯物质的晶系和晶胞参数。

操作方法：点 Lattice constantys 图标，打开测试样的*.PKK 文件，例如，Si：立方晶系(Cubic)，a：5.43A……

方法二：根据衍射指标，选择较高角度的衍射线，将晶面间距，衍射指标代入公式 $a=d_{(h,k,l)}\sqrt{k^2+h^2+l^2}$，计算 Si 的晶胞参数。

(5) 晶系统确认——Crystal System。单击 “Crystal System”图标，打开*.PKK 文件，点击“Go”，点击“Edit”、“Base condition”，输入相应信息点击“OK”。

(6) 结晶度计算——Crystallinity。单击“Crystallinity”，打开*.RAW 文件，参数 $K$、$k$ 值越小，结晶度越高。设定 setting，依据可改变参数 $K$，使得结晶部分(上部)和无定形(下部)的分界线平滑。

(7) 文件转化——file Maintenance。双击桌面图标“file Maintenance”，依次点击“XRD”、“Refer”，找到*.Raw 文件，将其转化为一个记事本文件，得到的记事本文件可以根据需要用不同的软件处理。

7. 问题思考

(1) 用 X 射线衍射进行物相分析时，如果事先不知是什么物质并且是多相复杂物质，有没有可能做出来?

(2) 粉末衍射结果与选用的仪器及工作电压电流有关吗?

(3) 进行衍射物相定性分析时，样品数量对分析结果的影响有多大?

(4) 计算晶胞参数 $a$ 为什么要用较高角度的衍射线?

8. 实验评注

(1) 物相分析是 X 射线衍射分析最重要的用途之一，考虑粉末衍射法本身的特性和基础教学的需要，选择的样品最好为对称性的晶系。

(2) X 射线衍射物相分析的优点是：能直接分析样品的物相，用量少，且不破坏原样品。其局限性是已知物质的 PDF 卡片是有限的，超出范围的样品难以鉴定。对于混合样品，一般某物质的含量低于 0.3%时就不易鉴定出来。

(3) 进行未知物的 X 射线衍射物相分析，通常应该了解其化学组成。

(4) 粉末衍射的图谱质量与样品的制备有很大关系，研磨样品时，必须以不损坏晶体的晶格为前提。通常情况下，样品越细，所得衍射线越平滑。对于立方和六方等对称性较高的晶体，通过 200 目筛就能得到较好的图谱；但单斜、三斜等晶系的样品，即使通过 325 目筛网，有时也不能得到很好的图谱。X 射线粉末衍射仪要求样品表面为非常平整的平面，试片装上样品台后其平面与衍射仪轴重合，与聚焦圆相切。

(5) 实验前要认真学习操作指南，并熟悉软件使用说明书。实验时指导教师必须在场，注意安全，严格按照操作规程使用仪器。

(6) 文献值：$TiO_2$ 的 PDF 卡片号为 21-1272，晶形为锐钛型(antase)；Si 的 PDF 卡片号为 27-1402；α-石英的 PDF 卡片号为 5-490。

# 第3章　物理化学实验仪器与技术

## 3.1　仪 器 部 分

### 3.1.1　数字式气压计

测定大气压力的仪器称为气压计。气压计的种类很多，实验室最常用的是福廷(Fortin)式气压计、固定杯式气压计和数字式气压计。数字式气压计是近年来随着电子技术和压力传感器的发展而产生的新型气压计，由于其质量轻、体积小、使用方便和数据直观，更因无汞污染而将逐渐替代上述传统的气压计。

1. 数字式气压计的工作原理

数字式气压计的工作原理是利用精密压力传感器，将压力信号转换成电信号，由于该电信号较微弱，还需经过低漂移、高精度的集成运算放大器后，再由 A/D 转换器转换成数字信号，最后由数字显示器输出。其分辨率可达到 0.01 kPa，甚至更高。

2. 型号及适用范围

1DP-AF 精密数字压力计：低真空检测仪表，适用于负压测量及饱和蒸气压测定实验，可替代 U 形水银压力计。

2DP-AG 精密数字压力计：绝压检测仪表，适用于绝压测量和对大气压进行实时显示，可替代水银气压计。

3DP-AW 精密数字压力计：微压检测仪表，适用于正、负微压测量及最大气泡法测量表面张力实验，替代玻璃 U 形管压力计。

3. 技术指标和使用条件

1) 技术指标

(1) 测量范围：DP-AF，−100～0 kPa；DP-AG，100 kPa ± 30 kPa；DP-AW，−10～10 kPa。

(2) 测量分辨率：DP-AF，0.01 kPa；DP-AG，0.01 kPa；DP-AW，0.001 kPa。

(3) 压力过载能力：≥2 倍额定压力。

(4) 外形尺寸：210 mm×240 mm×85 mm。

(5) 质量：约 1.5 kg。

2) 使用条件

(1) 电源：约 220 V±22 V，50 Hz。

(2) 环境：温度−10～50 ℃；湿度≤85%；压力传递接介质为除氟化物气体以外的各种气体。

4. 按键说明

(1) “单位”键：接通电源，初始状态 kPa 指示灯亮，LED 显示以 kPa 为计量单位的压力值；按一下“单位”键 $mmH_2O$ 或 mmHg 指示灯亮，LED 显示以 $mmH_2O$ 或 mmHg 为计量单位的压力值。

(2) “采零”键：在测试前必须按一下“采零”键，使仪表自动扣除传感器零压力值(零点漂移)，LED 显示为“0000”，保证测试时显示值为被测介质的实际压力值。

(3) “复位”键：按下此键，可重新启动 CPU，仪表即可返回初始状态。一般用于死机时，在正常测试中，不应按此键。

5. 使用方法

(1) 准备工作。

(i) 该机压力传感器和二次仪表为一体，用内径 $\Phi$4.5～6 mm 的真空橡皮管将仪表后盖板的压力传感器接口与被测系统连接。注意：DP-AG 无需连接，直接测量大气压。

(ii) 将仪表后盖板的电源插座与约 220 V 电源连接。

(iii) 打开电源开关，此时仪表处于初始状态，预热 2 min。

(2) 操作步骤。

(i) 预压及气密性检查：缓慢加压至满量程，观察数字压力表显示值变化情况，若 1 min 内显示值稳定，说明传感器及其检测系统无泄漏。确认无泄漏后，泄压至零，并在全量程反复预压 2～3 次，才可正式测试。

(ii) 采零：泄压至零，使压力传感器通大气，按一下“采零”键，以消除仪表系统的零点漂移，此时 LED 显示为“0000”。注意：尽管仪表作了精细的零点补偿，但传感器本身固有的漂移(如时漂)是无法处理的，因此每次测试前都必须进行采零操作，以保证所测压力值的准确度。

(iii) 测试：仪表采零后接通被测系统，此时仪表显示被测系统的压力值。

(3) 关机：先将被测系统泄压后，再关闭电源开关。

※ DP-AG 无“采零”键，因此也无需上述操作步骤，开机即显示大气压或系统绝压，使用完毕直接关闭电源开关即可。

6. 维护和注意事项

(1) DP-A 精密数字压力计仪表的压力测量介质为除氟化物气体外的各种气体介质。

(2) 本仪表有足够的过载能力，但超越过载能力时，传感器将有永久损坏的可能。

(3) 使用和存储时，仪表应放在通风、干燥和无腐蚀性气体的场所。

(4) 为了保证仪表正常工作，没有专门检测设备的单位和个人请勿打开盖进行检修，更不允许调整和更换组件，否则将无法保证仪表测量的准确度。

### 3.1.2 气体钢瓶和减压阀

在物理化学实验中，经常要用到氧气、氮气、氢气和氩气等气体。这些气体一般是储存在专用高压气体钢瓶中，使用时通过减压阀使气体压力降至实验所需要的范围，再经过其他控制阀门细调，输入使用系统。

最常用的减压阀为氧气减压阀，简称氧压表。它可替代氮气和氩气等永久气体的减压阀。

1. 氧气减压阀的工作原理

氧气减压阀的外观和工作原理见图 3.1.1 和图 3.1.2。

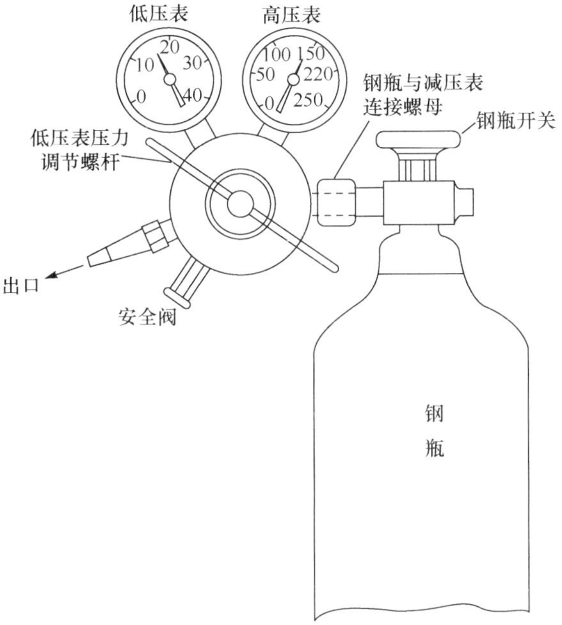


图 3.1.1 安装在气体钢瓶上的氧气减压阀示意图

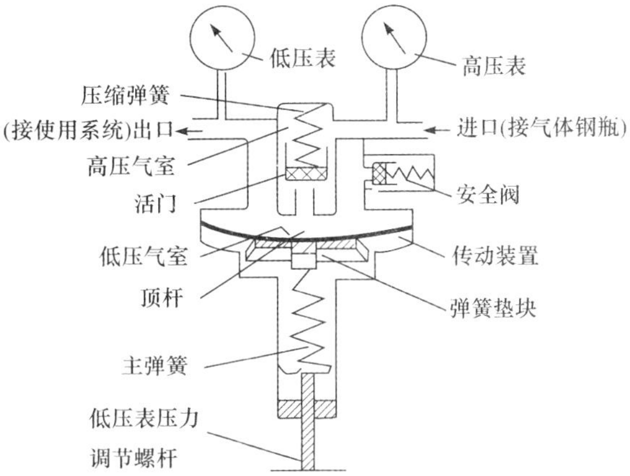


图 3.1.2 氧气减压阀工作原理示意图

氧气减压阀的高压空腔与钢瓶连接，低压腔为气体出口，通往使用系统。高压表的示值为钢瓶内储存的气体压力，低压表的出口压力可由调节螺杆控制。

使用时，先打开钢瓶开关，然后沿顺时针方向转动压力调节螺杆，使其压缩弹簧并转动薄膜，弹簧垫块和顶杆将活门打开。这样进口的高压气体经活门节流减压后进入低压气室，并经出口进入工作系统。转动压力调节螺杆，改变活门开启调节高压气体的通量并达到所需的减压气体压力。

当调节压力超过一定许可值，减压阀发生故障时，安全阀(减压阀的安全装置)会自动打开排气。

2. 氧气减压阀的使用方法

(1) 按使用要求选用各种规格的氧气减压阀，最高进口压力大多为 150 kg · $cm^2$(约 $150\times10^5$ Pa)，最低进口压力不小于出口压力的 2.5 倍。出口压力规格多，一般为 0～1 kg · $cm^{-2}$，最高出口压力为 40 kg · $cm^2$(约 $40\times10^5$ Pa)。

(2) 安装减压阀时应确定其连接规格是否与钢瓶和使用系统的接头一致。减压阀与钢瓶采用半球面连接，靠旋紧螺母来使其完全吻合。因此，在使用时应保持两个半球面的光洁，以确保良好的气密效果。安装前可用高压气体吹除灰尘。必要时也可用聚四氟乙烯等材料作垫圈。

(3) 氧气减压阀应避免撞击震动，不可与腐蚀性物质接触，更严禁接触油脂，以免发生火灾事故。

(4) 停止使用时，先关钢瓶总阀，使压力表降到零，再将减压阀中余气放净，然后拧松调节螺杆，以免弹性组件长久受压变形。

3. 其他气体减压阀

有些气体如氩气、氮气等可以采用氧气减压阀，还有一些如氨气等腐蚀性气体则需要专用减压阀。目前，常见的有氮气、氢气、氨气、乙炔、丙烷、水蒸气等专用减压阀。

这些减压阀的工作原理、使用方法及注意事项与氧气减压阀基本相同，但是还要指出：①为了防止误用，专用减压阀一般不用于其他气体；②有些专用减压阀采用特殊接口，如氢气和丙烷采用左牙纹，也称反向螺纹，乙炔的进口用轧兰，出口也用左牙纹等，安装时应特别注意。

### 3.1.3 真空泵

真空泵是利用各种方法在某一封闭空间中产生、改善和维持真空的装置，具体指能从容器(或系统)中抽出气体，使气体压力降低的装置。从其工作特点看，真空泵可以定义为：利用机械、物理、化学或物理化学的方法对被抽容器进行抽气而获得真空的器件或设备。随着真空技术的发展，真空泵的种类已发展了很多种，如水冲泵、机械真空泵、油泵、扩散泵、吸附泵、钛泵和冷凝泵等。泵的抽速从每秒零点几升到每秒几十万、数百万升，极限压力(极限真空度)从粗真空到 $10^{-12}$Pa 以上的超高真空范围。在物理化学实验中，液体饱和蒸气压的测定，某些固体物分解反应平衡常数的测定，BET 容量法测定固体的比表面积等，都必须单独(或组合)选用适合的真空泵，以获得实验所要求的真空度，才能进行实验。下面重点介绍常见的几种真空泵。

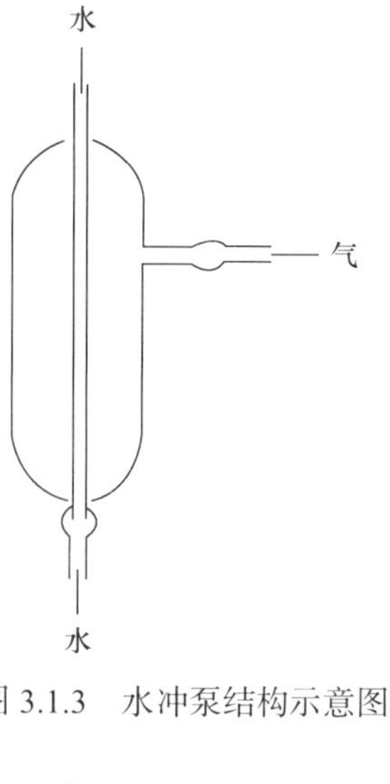

图 3.1.3　水冲泵结构示意图

1. 水冲泵

水冲泵是根据伯努利原理而设计的，其结构如图 3.1.3 所示。水冲泵能达到的极限真空度受水的蒸气压所限制。20 ℃时极限真空度约为 $2\times10^3$ Pa(17.5 torr)，随着水温升高，极限真空度降低。在实验室主要用于抽滤或产生粗真空。

2. 机械真空泵

1) 机械真空泵的分类

凡是利用机械运动(转动或滑动)以获得真空的泵，称为机械真空泵。机械真空泵按其工作原理及结构特点分述如下。

(1) 变容真空泵。这种真空泵利用泵腔容积的周期变化来完成吸气和排气以达到抽气目的。气体在排出泵腔前被压缩。这种泵分为往复式及旋转式两种。

(i) 往复式真空泵。利用泵腔内活塞往复运动，将气体吸入、压缩并排出。

(ii) 旋转式真空泵。利用泵腔内转子部件的旋转运动将气体吸入、压缩并排出。它大致可以分为如下几类：

a. 油封式真空泵。它是利用真空泵油密封泵内各运动部件之间的间隙，减少泵内有害空间的一种旋转变容真空泵。这种泵通常带有气镇装置。它主要包括旋片式真空泵、定片式真空泵、滑阀式真空泵、余摆线真空泵等。

b. 液环真空泵。将带有多叶片的转子偏心装在泵壳内。当叶片旋转时，把工作液抛向泵壳同心的液环，液环同转子叶片形成了容积周期变化的几个小的旋转变容吸排气腔。工作液通常为水或油，所以也称水环式真空泵或油环式真空泵。

c. 干式真空泵。它是一种泵内不用油类(或液体)密封的变容真空泵。由于干式真空泵腔内不需要工作液体，因此适用于半导体行业、化学工业、制药工业及食品行业等需要无油清洁真空环境的工艺场合。

d. 罗茨真空泵。泵内装有两个方向相反同步旋转的双叶形或多叶形的转子。转子与转子之间、转子与泵壁之间均保持一定的间隙。

(2) 动量传输泵。它依靠高速旋转的叶片或高速射流，把动量传输给气体或气体分子，使气体不断地从泵的入口传输到出口。这类泵可分为以下几种形式。

(i) 分子真空泵。它是利用高速旋转的转子把动量传输给气体分子，使其获得定向速度，从而被压缩、驱向排气口后为前级抽走的一种真空泵，这种泵具体分为：

a. 牵引分子泵。气体分子与高速运动的转子相碰撞而获得动量，被驱送到泵的出口。

b. 涡轮分子泵。靠高速旋转的叶片和静止的定叶片相互配合来实现抽气。这种泵通常在分子流状态下工作。

(ii) 复合分子泵。它是由涡轮式和牵引式两种分子泵串联起来的一种复合型的真空泵。

机械真空泵是真空应用领域中使用的最普遍的一类泵。它是真空获得设备的重要组成部分，其详细分类见图 3.1.4。

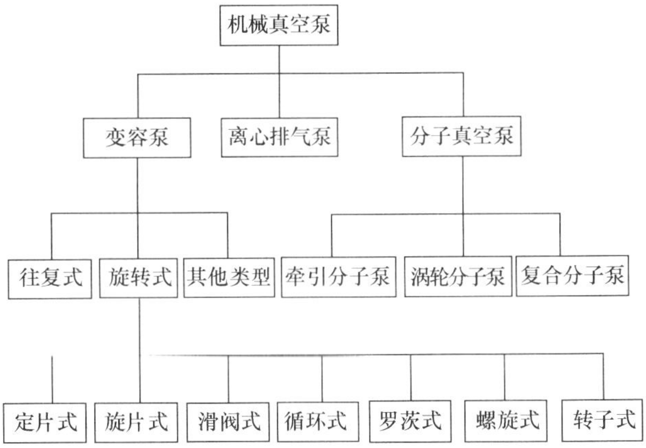


图 3.1.4 机械真空泵分类

2) 描述机械真空泵性能的主要参量

机械真空泵的性能常用下列参量或其中的几个主要参量来说明。

(1) 抽气速率(体积流量)(SI 单位：$m^3 \cdot S^{-1}$、$dm^3 \cdot S^{-1}$)：当泵装有标准实验罩并按规定条件工作时，从实验罩流过的气流量与在实验罩上指定位置测得的平衡压力之比，简称抽速，即在一定压力、温度下，真空泵在单位时间内从被抽容器中抽走的气体体积。

(2) 抽气量($Q$，单位：$Pa \cdot m^3 \cdot S^{-1}$、$Pa \cdot dm^3 \cdot S^{-1}$)：流经泵入口的气体流量。

(3) 极限压力(极限真空度，单位：Pa)：泵装有标准实验罩并按规定条件工作，在不引入气体正常工作情况下，趋向稳定的最低压力，即真空泵的入口端经充分抽气后所能达到的最低的稳定压力。

(4) 启动压力：泵无损坏启动并有抽气作用的压力。

(5) 前级压力：排气压力低于一个大气压力的真空泵的出口压力。

(6) 最大工作压力：对应于最大抽气量的入口压力。在此压力下，泵连续工作而不恶化或损坏。

(7) 压缩比：泵对给定气体的出口压力与入口压力之比。其中泵抽气速率和极限压力两个参量是在实际应用中选配真空泵的最重要的参量。

3) 机械真空泵的规格及型号表示法

国产的各种机械真空泵的型号通常用汉语拼音字母表示，见表 3.1.1。字母表示泵的类型；字母前的数字表示泵的级数，单级时“1”省略；字母后面的横线后的数字表示泵的抽速($dm^3 \cdot s^{-1}$)。

**表 3.1.1　机械真空泵的型号和名称**

| 型号 | 名称 | 型号 | 名称 |
|---|---|---|---|
| W | 往复式真空泵 | H | 滑阀式真空泵 |
| WY | 移动阀式往复泵 | YZ | 余摆线真空泵 |
| WL | 立式往复泵 | ZJ | 罗茨真空泵 |
| SZ | 水环泵 | ZJK | 真空电机罗茨真空泵 |
| SZB | 悬臂式结构水环泵 | F | 分子真空泵 |
| SZZ | 直联式水环泵 | D | 定片式真空泵 |
| X | 旋片式真空泵 | XZ | 直联式旋片泵 |

国产机械泵分为定片式、旋片式和滑阀式三种，旋片式定型系列产品有 2X 型、2XG 型、2X-2 型。其中“2”表示双级泵(可单独用或作为前级泵)，“X”表示旋片式，2X 后的“2”表示泵的抽气速率($dm^3 \cdot s^{-1}$)。2XQ 表示双级旋片式气镇真空泵系列。滑阀式(2H 系列)多用于前级泵。

4) 往复式真空泵

往复式真空泵又称活塞式真空泵，属于低真空获得设备，用于从内部压力等于或低于 1 个大气压的容器中抽出气体，被抽气体的温度不能超过 35 ℃。往复式真空泵的极限压力，单级为 $4\times10^2$～$10^3$ Pa，双级为 1 Pa，它的排气量大，抽速范围 15～5500 $dm^3 \cdot s^{-1}$。往复式真空泵多用于真空浸渍、钢水真空处理、真空蒸馏、真空结晶、真空过滤等方面的抽除气体。

往复式真空泵的工作原理见图 3.1.5。泵的主要部件是气缸及在其中做往复直线运动的活塞。活塞的驱动是用曲柄连杆机构完成的。除了上述主要部件外，还有排气阀和吸气阀。活塞运转时，在电动机的驱动下，通过曲柄连杆机构的作用，气缸内的活塞做往复运动。当活塞在气缸内从左端向右端运动时，由于气缸的左腔不断增大，气缸内气体的密度减少而形成抽气过程，此时容器中的气体经过吸气阀进入泵体左腔。当活塞达到最右位置时，气缸内就完全充满气体。接着活塞从右端向左端运动，此时吸气阀关闭。气缸内的气体随着活塞从右端向左端运动而逐渐被压缩，当气缸内气体的压强达到或稍大于 1 个大气压时，排气阀被打开，将气体排到大气中，完成一个工作循环。当活塞再自左端向右端运动时，又吸进一部分气体，重复前一循环，如此反复下去，直到被抽容器内的气体压力达到要求为止。在实际应用中，为了提高抽气效率，泵多半采用双作用气缸，即活塞能在两个方向(往复)压缩和抽气，这主要是依靠配气阀来实现的。国产的 W 型往复式真空泵即是单级的双作用泵。

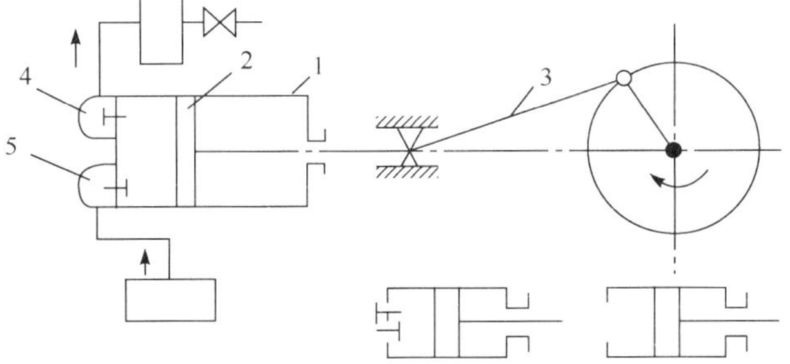


图 3.1.5　往复式真空泵工作原理

1. 气缸；2. 活塞；3. 曲柄连杆机构；4. 排气阀；5. 吸气阀

往复式真空泵有干式和湿式之分。干式泵只能抽气体，湿式泵可抽液体和气体的混合物。二者在结构方面没有原则性的不同，只是湿式泵内的死空间和配气机构的尺寸比干式大一些，因此湿式泵的极限压力要比干式泵的高。往复式真空泵有卧式和立式两种型式(国产为 W 和 WL 型)。立式泵从结构上和性能上比较先进，它是卧式泵的更新换代产品。例如，国产的 WL 系列立式泵与老式 W 型卧式泵相比有如下优点：

(1) 功率消耗平均减少了 1/3，节能显著。例如，原 W4 型功率为 11 kW，而 WL-1 型为 7.5 kW。

(2) 占地面积平均减少了 2/3。例如，原 W5 型占地为 3.8 $m^2$，而 WL-200 型为 1.2 $m^2$。震动降低。WL 系列泵消除了劣性震动，噪声平均降低 5 dB 以上。

(3) 使用寿命长。立式泵由于结构合理、受力均匀，各运动部位磨损较轻。

5) 水环式真空泵

水环式真空泵是液环式真空泵中最常见的一种。液环式真空泵是带有很多叶片的转子偏心装载泵壳内。当它旋转时，把液体抛向泵壳并形成与泵壳同心的液环，液环同转子叶片形成了容积周期变化的旋转变容真空泵。当工作液体为水时，称为水环泵。

水环泵主要用于粗真空、抽气量大的工艺过程，在化工、石油、轻工、医药及食品工业中有着广泛的应用，如真空过滤、真空浓缩、真空脱气等。

单级水环泵的极限压力可达 8～$2\times10^3$ Pa，双级水环泵的极限压力可达 $1\times10^2$ Pa，排气量为 0.25～500 $m^3/h$。

(1) 工作原理(图 3.1.6)。水环式真空泵转子在泵体中旋转时形成了水环和工作室。水环与工作轮构成了月牙形空间。右边半个月牙形的容积由小变大，形成吸收室。左边的半个月牙形的容积由大变小，构成了压缩过程(相当于排气室)。被抽气气体由进气管和进气口进入吸气室。转子进一步转动，使气体受压缩，经过排气口和排气管排出。排出的气体和水滴由排气管进入水箱，此时气体由水中分离出来，气体经排气管排到大气中，水由水箱进入泵中，或经过管道排到排水设备中。水环式真空泵的压缩比由泵的吸气口终止位置和排气口开始位置所决定。因为吸气口终止位置决定着吸入气体的体积；而排气口开始位置决定着排气时压缩了的气体的体积。对已经确定了结构尺寸的水环式真空泵，可以求出其压缩比。

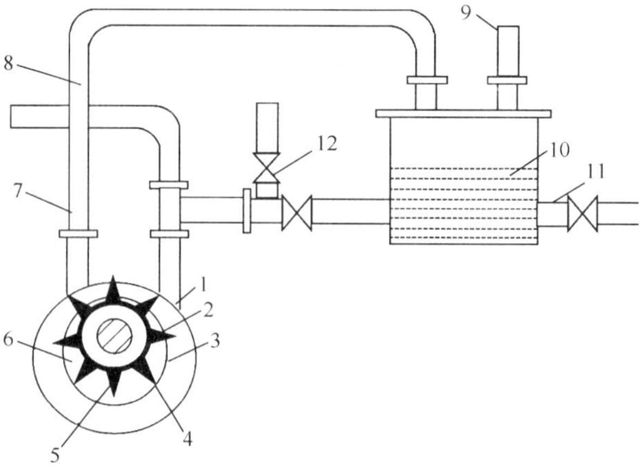


图 3.1.6　水环式真空泵工作原理

1. 泵体；2. 转子；3. 水环；4. 进气口；5. 工作室；6. 排气口；7. 排气管；8. 进气管；9. 排气管；10. 水箱；11. 管道；12. 控制阀

(2) 泵的基本类型与特点。

水环式真空泵按不同结构可分成如下几种类型：

(i) 单级作用水环泵。单级是指只有一个叶轮，单作用是指叶轮每旋转一周，吸气、排气各进行一次。这种泵的极限真空较高，但抽速和效率较低。

(ii) 单级双作用水环泵。单级是指只有一个叶轮，双作用是指叶轮每旋转一周，吸气、排气各进行二次。在相同的抽速条件下，双作用水环泵比单作用水环泵大大减少了尺寸和质量。由于工作腔对称分布于泵轮两侧，改善了作用在转子上的载荷。此种泵的抽速较大，效率也较高，但极限真空较低。

(iii) 双级水环泵。双级水环泵大多是单级作用水环泵串联而成。实质上是两个单级作用的水环泵的叶轮共享一根心轴联结而成。它的主要特点是在较高真空度下，仍然具有较大的抽速，而且工作状况稳定。

(iv) 大气水环泵。大气水环泵实际是大气喷射器串联水环泵的机组。水环泵前面串联大气泵是为了提高极限真空，扩大泵的使用范围。

水环式真空泵和其他类型的机械真空泵相比有以下优点：

(i) 结构简单，制造精度要求不高，容易加工，操作简单，维修方便。

(ii) 结构紧凑，泵一般与电动机直联，转数较高。用较小的结构尺寸，获得较大的排气量。

(iii) 泵腔内没有金属摩擦表面，无须对泵内进行润滑。转动件和固定件之间密封可直接由水来完成。

(iv) 泵腔内压缩气体过程温度变化很小，可认为是等温压缩，因此可以抽出易燃、易爆的气体。

(v) 由于没有排气阀及摩擦表面，可以抽出带尘埃的气体、可凝性气体及气水混合物。

水环式真空泵的主要缺点：

(i) 效率低，一般在 30%左右，较好的可达 50%。

(ii) 真空度低，主要是受结构和工作液饱和蒸气压的限制。

6) 定片式真空泵

(1) 工作原理：定片式真空泵是旋转泵的一类，其典型结构及工作原理见图 3.1.7。在圆柱形泵体内有旋转的偏心转子，在缸体上装有可以上下滑动的滑片，借助弹簧的作用压向转子，将泵腔分隔成 A、B 两个空间。随着转子旋转角度不同，两个空间体积交替增大或缩小，从而完成吸气和排气的作用。在泵工作过程中，滑片做垂直往复运动，并在转子表面上滑动。弹簧是通过一直角杠杆与滑片发生作用。泵内的一切运动表面都覆盖着油层，形成吸气腔和排气腔之间的油封。此外，油还充满了泵腔内的一切有害空间，以消除它们对极限真空的影响。

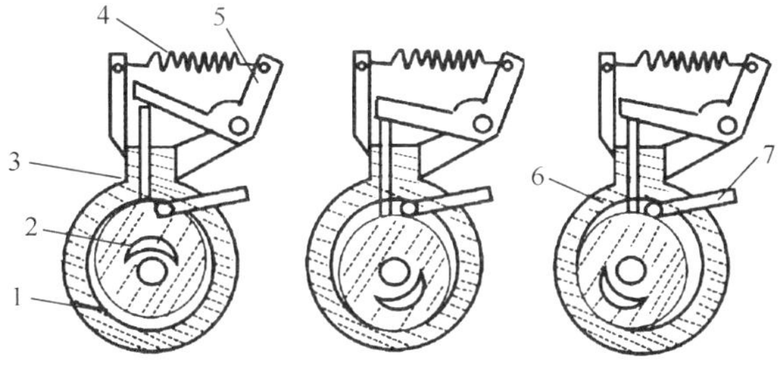


图 3.1.7　定片式真空泵结构示意图

1. 圆柱形泵体；2. 偏心转子；3. 滑片；4. 弹簧；5. 直角杠杆；6. 排气阀；7. 进气口

(2) 特点：定片式真空泵抽速小，有单级、双级之分，双级泵的极限真空度可达 $10^{-1}$ Pa。泵的结构简单、使用寿命较长、维修容易，但由于其工作性能不如旋片式真空泵，所以目前已经很少生产和应用。

7) 旋片式真空泵

旋片式真空泵是目前使用最广、生产系列最全的泵种之一。

(1) 单级旋片泵的结构与工作原理。

旋片式真空泵是常用的机械真空泵，它的结构剖面见图 3.1.8。它的主要部分是泵体和转子，装在泵体腔壁的正上方，与泵体紧密接触，在电动机带动下转子可绕其中心旋转，两个旋片横嵌在转子直径上，它们之间有一根弹簧使旋片紧贴在泵体的腔壁上，旋片将转子和泵体之间的空间分隔成两个腔室，当旋片旋转时，靠近进气管的腔室容积逐渐增大，从被抽空的容器中吸入气体，而在另一腔室中，旋片对已吸入的气体进行压缩，使其推开排气阀从排气管排出。转子不断转动，上述过程重复进行，从而达到抽气目的。

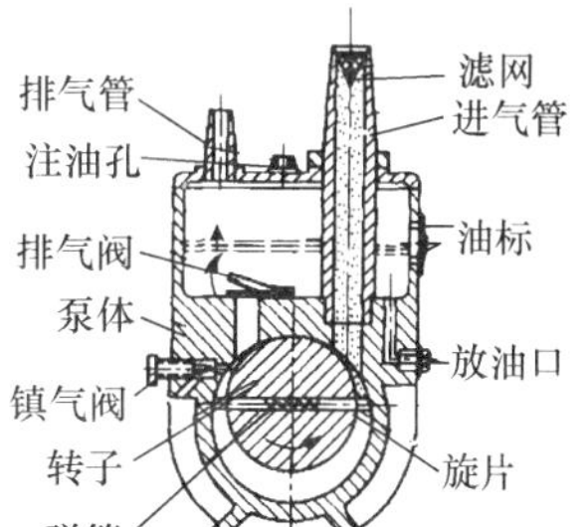


图 3.1.8　旋片式机械泵结构示意图

为了减少漏气和润滑冷却机件，其排气阀以下部分全部浸在真空油内。

旋片式真空泵的极限真空度为 $10^{-1}$ Pa ($7.5\times10^{-4}$ torr)。抽气速率一般为 10 $dm^3 \cdot min^{-1}$、20 $dm^3 \cdot min^{-1}$、30 $dm^3 \cdot min^{-1}$。

当转子在定子腔内旋转时周期性地将进气口一侧容积逐渐扩大而吸入气体，同时逐渐缩小排气口一侧的容积将已吸入的气体压缩并从排气阀排出。

排气阀浸在油中以防止大气流入泵中。泵油通过油孔及排气阀进入泵腔，使泵腔内所有的运动表面被油覆盖，形成吸气腔与排气腔之间的密封。

(2) 双级旋片泵的结构与工作原理。

单级旋片泵一般极限压力只能达到 1.3 Pa(个别可达到 0.1 Pa)，压力不能再低，主要原因是：

(i) 泵的结构上存在有害空间，该空间中的气体无法排除。当旋片转过排气口后，这一部分气体又被压缩，经过转子与泵腔间的缝隙又回到吸气空间，所以每次总有气体排不尽。

(ii) 在泵工作时，泵腔的吸气空间与排气空间存在一定的压力差。当排气空间的气体被压缩得很小时，它的压力很高，会通过各种可能的途径突破到吸气空间，使真空度下降。

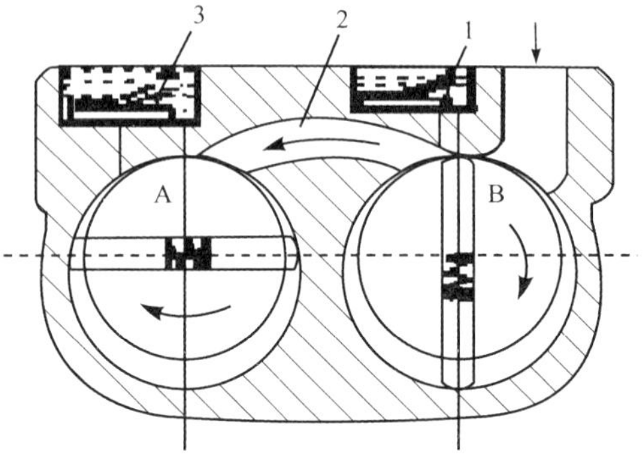

图 3.1.9　双级旋片泵结构示意图
1. 辅助排气阀；2. 级间通道；3. 排气阀

(iii) 泵油在泵体内循环流动过程中会溶解大量的气体和蒸气。在吸收侧，因为压力较低，溶解的气体又会跑出来，使泵的真空度不易提高。

为了提高泵的极限真空度，除了提高泵体、转子、旋片的加工精度，尽量减少装配间隙和有害空间外，最有效的办法就是将两个单级旋片泵串接起来，组成双级泵。图 3.1.9 是双级旋片泵的工作原理图。泵由两个工作室组成。两室前后串联，同向等速旋转，A 室是 B 室的前级，A 室是低真空级，B 室是高真空级。被抽出的气体经高真空级(B 室)进入前级，由排气阀排出泵腔，而高真空级(B 室)仅在开始工作时存有少量的油，工作一段时间后，便没有油进入泵腔了。当泵开始工作，且吸入气体的压力较高时，气体经 B 室压缩，压力急剧增加，则被压缩的气体的一部分直接从辅助排气阀排出，另一部分则经由前级排出。

当泵工作一段时间后，B 室吸入的气体压力较大时，虽经 B 室压缩，压力也达不到一个大气压以上，排不开辅助排气阀，则吸入的气体全部进入前级 A 室，经 A 室继续压缩，由排气阀排出。

泵工作一段时间后，由于高真空级进气压力大大降低，其出口压力也很小，这样 B 室进出气的压力差较小，被压缩气体返回的数量也相应减少；同时，后级泵中易蒸发的油分子不断被 A 室抽走，油蒸气的分压减少了，因而双级旋片泵的油污染比单级小，极限真空度将大大提高。目前的双级旋片泵的极限压力可达 $10^{-2}$ Pa，国外有的泵可达 $10^{-3}$ Pa。

(3) 高速直联旋片真空泵的结构与工作原理。

高速直联旋片真空泵简称直联泵，是旋片式真空泵的一种新型分支产品。老式的旋片式真空泵结构简单，应用量大、面广。但是老式结构的旋片式真空泵的转速低，大多在 400 $r \cdot min^{-1}$ 左右。采用皮带转动，体积大，质量重。欲使泵体小、质轻，从泵的几何抽速的理论计算中可知，当抽速一定时，其主要手段是提高泵的转速。欲提高泵的转速，关键是必须直接承受高转速负荷的零件适应这种工况，即泵体和旋片的材质及转子的结构应适应转速提高后的状况。1965 年，德国雷暴-海拉斯公司在原有旋片式真空泵的基础上，对泵的结构、材料和工艺都做了重大改进，成功研制了直联泵，为旋片式真空泵的小型化、仪器化开辟了新的途径。直到 20 世纪 70 年代初期，英国、美国、瑞士等国家也都相继有了直联泵系列产品。国内的许多生产厂家从 20 世纪 70 年代中期至今先后试研制成功了不同型号的直联泵，目前已经有抽速 0.5 $dm^3 \cdot s^{-1}$ 的系列产品。

直联泵采取由电动机直接驱动泵转子，把转速提高到 1400 $r \cdot min^{-1}$ 以上。这样可使泵的结构紧凑、体积显著缩小、质量减轻、泵的抽气性能提高、振动噪声大大降低。

使用机械泵时应注意的事项：

(i) 不能用来直接抽出可凝性的蒸气，如 $H_2O(g)$、挥发性液体(如苯、乙醚)等。若需用在这些场合时，必须在油泵进气口前接吸收塔或冷阱。例如，用 $CaCl_2$、$P_2O_5$ 或浓 $H_2SO_4$ 吸收水汽；用液状石蜡或吸收油吸收烃蒸气；用活性炭或硅胶吸收其他蒸气。冷阱用的制冷剂通常为固体 $CO_2$(干冰，−78 ℃)及液氮(−196 ℃)。

(ii) 不能用来抽出含有腐蚀性物质的气体，如 HCl(g)、$Cl_2$(g)或 NO(g)等。若要使用在这些场合时，进口气先经过 NaOH(s)吸收塔。

(iii) 电源电压必须与泵的电动机相匹配，运转时电动机的温度不能超过规定的温度(一般为 65 ℃)。对三相异步电机应特别注意启动时运转方向，否则向外喷油。泵在正常运转时，不应有金属摩擦撞击等异声。

(iv) 停泵前应先使泵的进气口与大气相通，以防泵油倒吸污染实验系统。因此，通常在泵的进气口前安装一个三通活塞，以便停泵前先通大气。

3. 扩散泵

扩散泵是获得高真空的重要设备。按泵的工作介质可分为汞扩散泵和油扩散泵。前者用玻璃制作，工作物质是汞；后者用金属制作，工作物质是硅油($M_r \geqslant 300$)。这里介绍实验室常用的以硅油作为工作物质的油扩散泵，其工作原理见图 3.1.10。扩散泵油的性能需要满足以下几点要求：

(1) 常温下饱和蒸气压低，工作温度下饱和蒸气压尽量高。

(2) 摩尔质量或平均摩尔质量大，最好高于 500 $g \cdot mol^{-1}$。

(3) 具有较低的(蒸发)气化潜热。

(4) 油品洁净、馏分单一，不含凝结物质和其他杂质。

(5) 具有良好的抗氧化性、抗酸碱性和抗辐射性。

(6) 油品性能、质量稳定、统一，各批号之间的差异小。

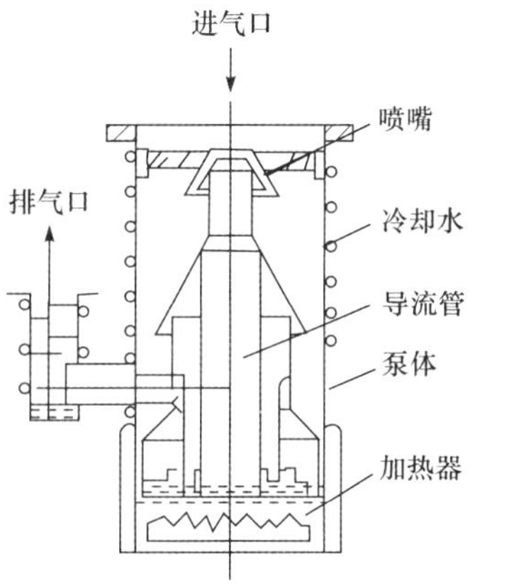

图 3.1.10 油扩散泵工作原理示意图

硅油被电炉加热沸腾气化后，蒸气上升，通过中心管从顶部喷嘴喷出，在喷口嘴处形成低压，对周围气体产生抽吸作用而将气体带向下方。硅油蒸气遇到外壳被水冷却凝结为液体，流入底部，循环使用。而被夹带在硅油蒸气中的气体在底部富集起来，随即被机械泵抽走。

为了提高真空度，可以串联几级喷嘴，这就构成多级扩散泵，三级油扩散泵的极限真空度可达 $10^{-4}$ Pa，四级油扩散泵的极限真空度可达 $10^{-7}$ Pa。

扩散泵是一种次级泵，不能单独使用，必须在一定真空度下才能正常工作(因硅油易被空气氧化)，因此必须与机械泵配合使用，先用机械泵将整个系统抽至低真空后，才能加热硅油(硅油不能承受高温，否则会裂解)。硅油的饱和蒸气压虽然极低，但仍会蒸发一定量的油分子进入真空系统，沾污被研究对象，因此一般在扩散泵和真空系统连接处安装冷凝阱(干冰或液氮)。

除以上介绍外，其他真空泵各有用途。若要获得极限真空度≤$10^{-8}$ Pa 的无油真空，可选用分子泵或钛泵(也是一种次级泵)；若要获得极限真空度为 $10^{-10}$～$10^{-9}$ Pa 的超高真空或极高真空，可选用低温泵，使用时应详细阅读说明书。

### 3.1.4　温差测量仪

在物理化学实验中，不仅要对研究体系的温度进行测定，还要有温差的测量。目前，对于温差的测量，主要有制造原理和使用方法截然相反的两种类型仪器可供选择。一种是精密电子温差测量仪器，型号有 ND21-JDT-2A、ZT-2TC、ND21-JDT4B、HD200、XTY20385、wi59805 等，其制造原理基本相似，使用较方便，因而在本书中简要说明其特点和技术参数，供实验教学参考。另一种较传统且广泛使用的温差测量仪器是贝克曼温度计。

1. 精密电子温差测量仪技术参数和特点

(1) 仪器技术参数：温差范围 0～20 ℃；测量温差的温度范围−50 ℃～+180 ℃；温差测量分辨率 0.001 ℃；数字计时范围 0～99 s 可调；温差自动调零；稳定度±0.001 ℃。

(2) 仪器特点：①传感器探头采用不锈钢无焊封装，四引线接法，稳定性好，准确度高，坚固耐用，无汞污染、不易损坏；②内含多位(至少 8 位)单片机，软件处理置零，非线性校正；③测量范围内仪器自动换挡，无需手动调节，使用方便；④测量范围内四段任意点标定；⑤接口 RS232C 或 USB 可选(可提供配备专用记录软件)；⑥数码显示或液晶显示可选；⑦对于多通道仪器，具有多种功能，其中一路为温度，另一路为温差，具有计时、定时提醒、三种模式切换等功能及定时读数显示，声、光报警功能等特点。

2. 贝克曼温度计

贝克曼温度计是一种能精密测量温差的仪器，其最小刻度是 0.01 ℃，借助放大镜读数可读到 0.002 ℃，可测量−20～+120 ℃范围内不超过 5～6 ℃的温差，因此广泛用于量热、溶液的凝固的下降和沸点上升，以及其他需要测量微小温差的实验中。其结构见图 3.1.11。

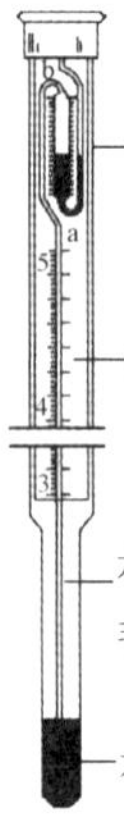

图 3.1.11　贝克曼温度计

使用贝克曼温度计时，要根据被测介质的起始温度选择毛细管中水银面的合适位置。原则上，在测量温度降低值时，应使水银柱停在刻度的上端。例如，冰点降低法测相对分子质量实验，贝克曼温度计置于被测介质中的刻度读数为 4 ℃左右。测量温度升高值时，应使水银柱停在刻度下端。例如，测定燃烧焓实验，贝克曼温度计置于被测介质中刻度读数应为 1 ℃左右。用来测定温度波动时，应使水银柱停在刻度的中间部位。例如，恒温槽灵敏度实验，水银柱应停在刻度读数为 2.5 ℃左右。如果水银球中的汞量过多或过少，刻度则达不到以上要求值，必须进行调节。主要有以下调节方法。

(1) 恒温浴调节法。

此法在调节之前，首先测定最高刻度与毛细管末端弯头外无刻度处这一段所相当的温度($R$)数值。具体方法是悬贝克曼温度计和一支 1/10 温度计于盛水烧杯中加热，汞柱从最高刻度处升至毛细管末端弯头处的温度数值由 1/10 温度计量出。

测出 $R$ 值后，继续将贝克曼温度计浸入盛水烧杯中略加热，使毛细管中的汞柱升至毛细管末端弯头并在球形出口处形成滴状，然后取出温度计，将其倒置，即可使毛细管中的汞柱与储槽中的汞相连接。再另用一水浴烧杯，其浴温视实验情况而异，但大体可分为两大类：即对于测温度上升值时，其浴温应为 $t+R+4$，对于测温度下降值时，其浴温应为 $t+R+1$，$t$ 为欲测介质的温度值(也是实验所需要的温度值)。把贝克曼温度计置于事先调好所需的恒温浴中，恒温 5 min 以上，取出温度计，用右手紧握其中部，使它近垂直，再用左手轻击右小臂，汞柱即可在弯头处断开。温度计从恒温浴中取出后，由于温度差异，水银体积会迅速变化，因此断开要求迅速、轻快，但不必慌乱，以致造成失误。调节好的温度计可置于被测介质中观察读数值，并估计量程是否符合要求。若偏差过大，则应按上述步骤重新调整。

(2) 标尺读数法。

操作比较熟练的人可采用此法。该法是直接利用贝克曼温度计上部的温度标尺，而不必另外用恒温浴来调节，其操作步骤如下：①首先根据实际要求，指定相对刻度值，如测定 25 ℃时萘的燃烧焓时，指定 25 ℃为贝克曼温度计的 1 ℃，然后计算标尺温度值，标尺温度=指定温度(25 ℃) +(最高刻度−指定相对刻度) (5 ℃−1 ℃) + $R$(3 ℃) = 32 ℃；②将温度计倒置，使水银球和毛细管中的水银缓缓注入毛细管末端的球部，再将温度计慢慢倾斜，使储槽中的水银与其相连接；③当温度标尺处的水银面到达所需温度如 32 ℃时，倒转温度计，轻轻敲击，使水银柱在弯头处断开；④在一定温度的水浴如 25 ℃中，试验贝克曼温度计刻度是否符合要求。若偏差过大，则应按上述步骤重新调整。

(3) 刻度值的校正见表 3.1.2。

**表 3.1.2　德国 Jena16Ⅲ号玻璃贝克曼温度计的校正值**

| 调整温度/ ℃ | 读数 1°相当的摄氏度数 | 调整温度/ ℃ | 读数 1°相当的摄氏度数 |
|---|---|---|---|
| 0 | 0.9936 | 55 | 1.0093 |
| 5 | 0.9953 | 60 | 1.0104 |
| 10 | 0.9969 | 65 | 1.0115 |
| 15 | 0.9985 | 70 | 1.0125 |
| 20 | 1.0000 | 75 | 1.0135 |
| 25 | 1.0015 | 80 | 1.0144 |
| 30 | 1.0029 | 85 | 1.0153 |
| 35 | 1.0043 | 90 | 1.0161 |
| 40 | 1.0056 | 95 | 1.0169 |
| 45 | 1.0069 | 100 | 1.0176 |
| 50 | 1.0081 | | |

注：若调整温度不是表中给定温度，可由数学中的内插公式求得

直接由贝克曼温度计上读出的温度差，还要作刻度值的校正。校正的因素较多，在非特别精密的测量中，只作以下两项校正。

(i) 调整温度引起的误差。贝克曼温度计水银球的体积随调整温度不同而异。通常情况下，

该温度计的刻度是在调整温度为 20 ℃(在贝克曼温度计上读数为 0 ℃时，相当于温度 20 ℃)时设定的。因此，调整温度为其他数值时就必须加以校正，见表 3.1.2。例如，调整温度 $t'$为 5 ℃时，贝克曼温度计的刻度值 1 ℃相当于 0.995 ℃。上限读数为 4.127 ℃，下限读数为 1.058 ℃，温度为：(4.127–1.058) ℃ = 3.069 ℃，此温度差相当于摄氏温标的温度：3.069 ℃ × 0.995=3.054 ℃。

(ii) 露茎校正。这是由露在环境($t$)中的水银柱与插入体系中的水银所处的温度不同所引起的。校正值($\Delta t$)的公式如下：

$$\Delta t = K(t_2 - t_1)(t' + t_1 + t_2 - t)$$

式中，$K$ 为水银在玻璃毛细管内的线膨胀系数，一般为 0.000 16；$t_1$、$t_2$分别为起始温度、终止温度。

设室温为 25 ℃，而其他数值如上，则

$$\Delta t = 0.000\,16 \times (4-1) \times (5+1+4-25) = -0.007\ ℃$$

故考虑了这两种校正后，正确的温度差值为：3.054 – 0.007 =3.047 ℃。

(4) 注意事项：贝克曼温度计属于较贵重的玻璃仪器，由薄玻璃制成，尺寸也较大，易于损坏，使用时应特别小心，要注意以下几点：

(i) 调节时，切勿使其骤冷、骤热，避免重击，不要任意放置。

(ii) 调节时，如温度计下部水银球的水银与上部储槽中的水银始终不能相接时，应停下来检查原因。也不可一味对温度计升温，致使下部水银过多地导入上部储槽中。

(iii) 放置调节好的贝克曼温度计时，勿使毛细管中水银与储槽中的水银连接。

### 3.1.5 数字电位差计

电位差计是根据补偿法(或对消法)测量原理设计的一种平衡式电压测量仪器，所以在测量中几乎不损耗被测对象的能量，而且具有很高的精密度，传统的电位差计与标准电池、检流计等配合，而数字电位差计将它们合为一体，成为电化学测量中最基本的设备。这里主要介绍几种类型的数字电位差计。

#### 1. 基本原理

电位差计补偿法原理见图 3.1.12。图中 $E_n$ 为标准电池，其电动势已经准确测定。$E_x$ 为被测电池的电动势。G 为灵敏检流计，用来作示零器。$R_n$ 为标准电池补偿电阻，其电阻值大小是根据工作电流来选择的。$R$ 为被测电阻池的补偿电阻，它由已知电阻值的各进位盘组成，通过它可以调节不同的电阻数值使其电位降与 $E_x$ 对消。$r$ 为调节工作电流的变阻器。$E$ 为工作电源。K 为换向开关。

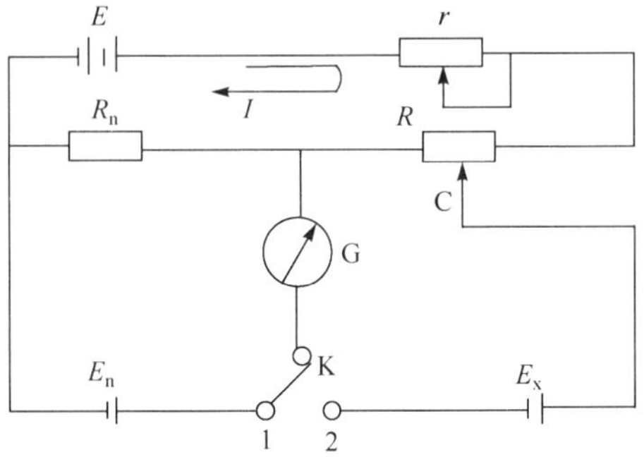

图 3.1.12 电位差计工作原理示意图

测量时先将 K 合在 1 的位置上，调节 $r$ 使 G 指示为零，此时有如下关系：

$$E_n = IR_n \tag{3.1.1}$$

式中，$I$ 为流过电阻 $R_n$ 和 $R$ 上的电流，称为电位差计的工作电流，即

$$I = \frac{E_n}{R_n} \tag{3.1.2}$$

$I$ 调节好后，将 K 合到 2 的位置上，同时旋转各进位盘的触头 C，再次使 G 指示为零，设 C 处的电阻值为 $R_c$，则有

$$I = \frac{E_x}{R_c} \tag{3.1.3}$$

并考虑式(3.1.2)，则得

$$E_x = E_n \frac{R_c}{R_n} \tag{3.1.4}$$

由此可见，用补偿法测量电动势的特点是：在完全补偿(G 为零位)时，工作回路和被测回路之间均无电流通过，不需要测出工作回路中的电流 $I$ 的数值，只要测得 $R_c$ 与 $R_n$ 的比值即可，而这两个补偿电阻的制造精度很高，且 $E_n$ 也经过用标准方法精确测定，在测量中 $E_n$ 与 $R_n$ 在数值上相等，所以只有用高灵敏度检流计示零，才能准确测量 $E_x$。

2. 数字式电子电位差计

数字式电子电位差计是数字、电子技术发展的产物，由于其测量精度高、装置简单和读数直观等特点，将逐渐替代传统的电位差计。这里主要以 ZD-WC 或 SDC-Ⅱ数字电位差综合测试仪和 EM-2A 型数字式电子电位差计为例说明其使用方法和注意事项。

1) ZD-WC 或 SDC-Ⅱ数字电位差综合测试仪

ZD-WC 或 SDC-Ⅱ数字电位差综合测试仪采用国内先进技术与高精、高稳元器件精心设计、生产，能在较宽的温区内保证精度和稳定性，其性能和价格远优于国内外同类产品，是一种理想的实验设备。其面板图见图 3.1.13。

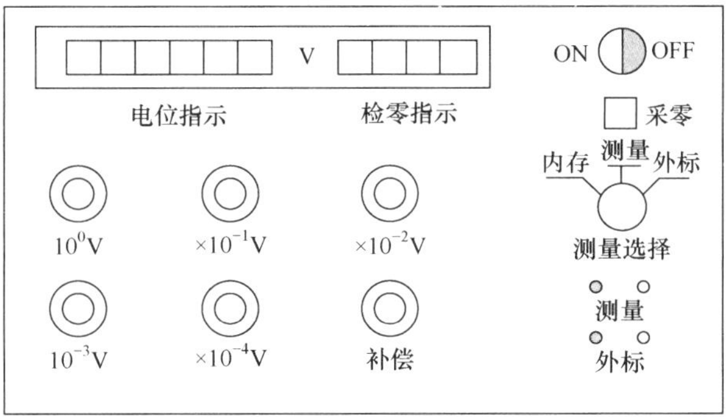


图 3.1.13　数字电位差综合测试仪面板图

(1) 特点。

(i) 一体设计：将 UJ 系列电位差计、光电检流计、标准电池等集成一体，体积小，质量轻，便于携带。

(ii) 数字显示：电位差值六位显示，数字直观清晰、准确可靠。

(iii) 内外基准：既可使用内部基准进行测量，又可外接标准电池作基准进行测量，使用方便灵活。

(iv) 误差较小：保留电位差计测量功能，真实体现电位差计对比检测误差微小的优势。

(v) 性能可靠：电路采用对比漂移抵消原理，克服了元器件的温漂和时漂，提高测量的准确度。

(2) 技术指标和使用条件。

(i) 技术指标：

| 测量范围 | 测量分辨率 | 线性误差 | 外形尺寸 | 质量 |
|---|---|---|---|---|
| 0～±5 V | 10 μV(六位显示) | 内标：0.05%ES，外标以外电池精度为准 | 380 mm×170 mm× 225mm | 约 2 kg |

(ii) 使用条件：电源 220 V±22 V，50 Hz；环境，温度−10～40 ℃，湿度≤85%。

(3) 使用方法。

(i) 开机：用电源线将仪表后面板的电源插座与 220 V 电源连接，打开电源开关(ON)，预热 15 min。

(ii) 以内标或外标为基准进行测量：将“测量选择”旋钮置于“内标”；再将“$10^0$”位旋钮置于“1”，其他旋钮均置于“0”，“补偿”旋钮逆时针旋到底，此时，“电位指示”显示“1.0000”V；待“检零指示”显示数值稳定后，按一下“采零”键，此时检零指示应显示“0000”。若采用外标法，先将标准电池按“+”、“−”极性与“外标插孔”连接；再调节“$10^0$～$10^{-4}$”5 个旋钮和“补偿”旋钮，使“电位指示”显示的数值与外标电池数值基本相同；待“检零指示”显示数值稳定后，按一下“采零”键，此时“检零指示”显示“0000”。

(iii) 测量：将“测量选择”置于“测量”位置；将待测电池按“+”、“−”极性与“测量插孔”连接；调节“$10^0$～$10^{-4}$”5 个旋钮，使“检零指示”显示数值为负且绝对值最小；调节“补偿旋钮”，使“检零指示”显示“0000”，此时“电位显示”数值即为被测电动势的值。注意：测量过程中，若“检零指示”显示溢出符号“OUL”，说明“电位指示”显示的数值与被测电动势值相差过大。

(iv) 关机：首先关闭电源开关(OFF)，然后拔下电源线。

(4) 注意事项。

(i) 置于通风、干燥、无腐蚀性气体的场合。

(ii) 不宜放置在高温环境，避免靠近发热源如电暖气或炉子等。

(iii) 为了保证仪表工作正常，没有专门检测设备的单位和个人，请勿打开机盖进行检修，更不允许调整和更换组件，否则将无法保证仪表测量的准确度。

2) EM-2A 型数字式电子电位差计

EM-2A 型数字式电子电位差计采用了内置的可替代标准电池，且精度较高的参考电压集成块作为比较电压，因此其保留了传统的平衡法测量电动势仪器的基本原理。该仪器的线路采用全集成器件，被测电池的电动势与参考电压经过高精度的放大器比较输出，通过调节达至平衡时就可得到被测电动势的数值。采集、显示采用高精度的 A/D(24 bit)模数转换芯片和 6 位数字显示器，仪器的分辨率可达 0.01 mV，测量量程为 0～1.5 V。

仪器的面板示意图如图 3.1.14 所示。面板左上方为 6 位数码管显示“电动势指示”窗口；右上方为 4 位数码管显示“平衡指示”窗口；左边的开关可置“调零”或“测量”挡；右下角有 3 个电位器，分别进行“平衡调节”和“零位调节”。其中，“平衡调节”包括“粗”和“细”两个电位器；“电位选择”拔挡开关可根据测量需要选挡；标记为“+”和“−”的接线柱分别连接被测电池的正极、负极。

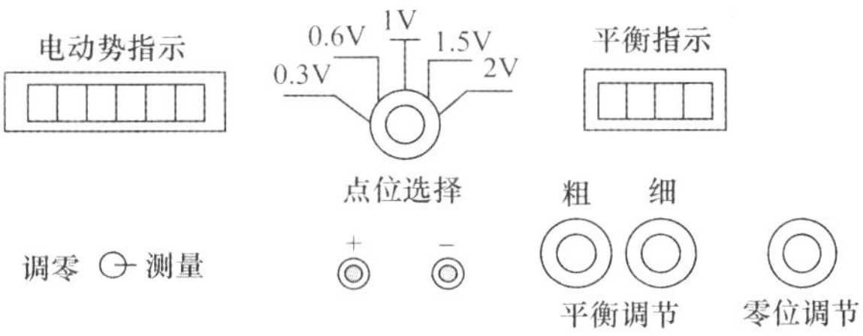


图 3.1.14　EM-2A 型数字式电子电位差计面板示意图

(1) 使用方法。

(i) 接通电源，预热 5 min。将被测电池按正负极性接在仪器的接线柱上。

(ii) 将开关置于“调零”挡，调节“零位调节”旋钮使“平衡指示”窗口显示为正零。

(iii) 根据理论估算被测电池的电动势，将“电位选择”开关置于相应的位置。

(iv) 将开关置于“测量”挡，调节“平衡调节”的“粗调”旋钮，使“电动势指示”窗口的数值接近估算值，然后调节“细调”旋钮使“平衡指示”窗口显示零，此时“电动势指示”窗口显示的数据即为被测电池的电动势。

(2) 注意事项。

(i) 当“电动势指示”窗口的数值接近实际值的±10 mV 时，“平衡指示”窗口才显示数值，否则显示“999”或“−999”。

(ii) 由于仪器的精度较高，每次调节“平衡调节”旋钮后，“电动势指示”窗口的显示值需经过一定的时间才能稳定。

(iii) 测量时仪器须单独放置，也不要用手触摸仪器外壳。

(iv) 测量完毕后，须将开关置于“调零”挡，并将被测电池及时取下。

### 3.1.6　数字小电容测量仪

1. 基本原理

电桥法测定液体电容的电路见图 3.1.15。

这是一个交流阻抗电桥，电桥平衡条件是

$$\frac{C_x}{C_s}=\frac{U_s}{U_x} \tag{3.1.5}$$

式中，$C_x$ 为电容池两极间的电容；$C_s$ 为一个标准差动电容器。桥路两侧的电压降 $U_s$ 和 $U_x$ 相等，因此示零检流计的输出应为零。当检流计读数达到最小时，由仪器刻度盘上读出相应的 $C_d$ 值则可认为是电容池的电容值。但是电容池的电容实际上应为电容池两极间的电容 $C_c$ 和整个测试系统中的分布电容 $C_d$ 并联构成。$C_c$ 值随介质而异，而 $C_d$ 是一个恒定值，它与仪器的性质有关，或可称为仪器的本底值，在测量中应予扣除。实验中可用一已知介电常数的标准物质与空气进行测定，其实测值 $C'$ 可表示如下(可近似为空气与真空的电容相等，即 $C_{空}=C_0$)，$\varepsilon_{标}$ 可查表得到。所以，测定了空气及标准物质的

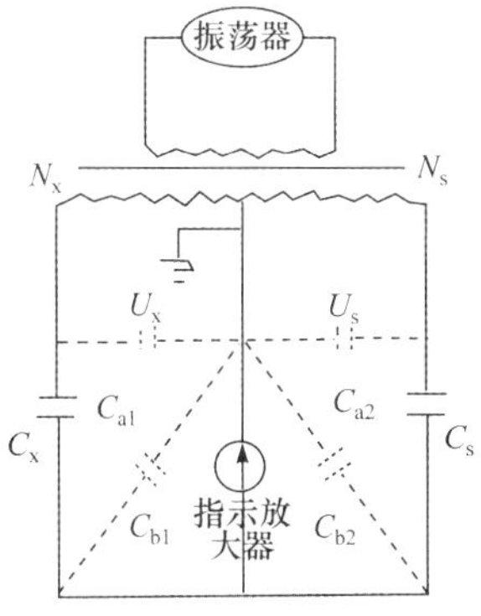


图 3.1.15　电容电桥示意图

电容后，就可求得 $C_d$，然后从待测液体的测量电容中将此扣除，即为测定液体的实际电容值。

$$C'_{标} = C_{标} + C_d$$

$$C'_{空} = C_{空} + C_d = C_0 + C_d$$

$$\varepsilon_{标} = \frac{C_{标}}{C_0}$$

由上述三式可解得

$$C_d = \frac{\varepsilon_{标} C'_{空} - C'_{标}}{\varepsilon_{标} - 1}$$

2. PCM-Ⅱ型数字小电容测量仪的使用

PCM-Ⅱ型数字小电容测量仪主要测量无线电组件的小电容分布。若要测定溶液介电常数，还需另外配置一个特殊设计的电容池。在实验时将外电极插座与数字小电容测试仪的“电容池”插座连接。将内电极插座与数字小电容测量仪的“电容池座”插座连接。旋下加料盖，从此处加入待测液体介质。

1) 测量介电常数方法

(1) 准备。

(i) 将电容测量仪的电源打开，此时 LED 显示某一电容值，预热 5 min。

(ii) 用丙酮或乙醚对电容池的内、外电极之间间隙进行数次冲洗，并用电吹风吹干。

(iii) 用配套的测试线将数字小电容测量仪的“电容池座”插座与电容池的“内电极”插座相连，将另一根测试线的一端插入数字小电容测量仪的“电容池”插座，插入后顺时针旋转一下，以防脱落，另一端悬空。

(iv) 等待显示稳定后，按一下“采零”键，以消除系统的零位漂移，使显示器显示“00.00”。

(2) 空气电容的测量。将测试线悬空一端插入电容池“外电极”插座，插入后顺时针旋转一下，此时仪表显示值为空气介质的电容($C_{空}$)与系统分布电容($C_d$)之和。

(3) 液体介质电容的测量。

(i) 逆时针旋转，拔出电容池“外电极”插座一端的测试线。打开电容池加料口盖子，用移液管向池内注入待测液体介质，液体注入量以测量仪显示数据不变为止(高于池内铜柱平台为佳)，旋进加料口盖子。待显示稳定后，按一下“采零”键，显示器显示“00.00”。

(ii) 将拔下的测试线的一端插入电容池“外电极”插座(插入后顺时针旋转一下)，此时显示器显示值即为所测液体的电容($C_{液}$)与系统分布电容($C_d$)之和。

(4) 关机。实验完毕，关闭电源开关，拔下电源线。

2) PCM-Ⅱ型数字小电容测量仪的维护注意事项

(1) 测量空气或液体介质时，必须先拔下电容池“外电极”插座一端的测试线，然后进行采零操作，以消除系统的零位漂移，保证测量的准确度。

(2) 带电电容请勿在测量仪上进行测试，以免损坏仪表。

(3) 易挥发的液体进行测试时，加入液体介质后，必须盖紧盖子，以防液体挥发影响测试的准确度。

(4) 仪表应放置在干燥、通风及无腐蚀性气体的场所。

(5) 一般情况下，尽量不要拆卸电容池，以免因拆卸时不慎损坏密封件，造成漏液，而影响实验的顺利进行。

### 3.1.7　数字旋光仪

旋光仪是研究溶液旋光性的仪器，用来测定平面偏振光通过具有旋光性物质的旋光度大小和方向，从而定量测定旋光物质的浓度，确定某些有机物分子的立体结构。旋光性是指某一物质在一束平面偏振光通过时能使其偏振方向转过一个角度的性质。这个角度称为旋光度。

1. 基本原理

1) 平面偏振光的产生

一般光源发出的光，其光波在与光传播方向垂直的一切可能方向上振动，这种光称为自然光，或称非偏振光，而只在一个固定方向有振动的光称为偏振光。当一束自然光投射到各向异性的晶体(如方解石，即 $CaCO_3$ 晶体)中时，产生双折射。折射光线只在与传播方向垂直的一个可能方向上振动，因此可分解为两束互相垂直的平面偏振光，从而获得了单一的平面偏振光，见图 3.1.16。旋光仪的主要部件尼科尔(Nicol)棱镜就是根据这一原理设计的，尼科尔棱镜是由两个方解石直角棱镜所组成(图 3.1.17)，将方解石晶体沿一定对角面剖开再用加拿大树胶黏合而成。当自然光进入尼科尔棱镜时就分成两束互相垂直的平面偏振光，由于折射率不同，当这两束光到达方解石与加拿大树胶的界面上时，其中折射率较大的一束被全反射，而另一束光则可自由通过。全反射的光被直角面上的黑色图层吸收，从而在尼科尔棱镜的出射方向上获得一束单一的平面偏振光。在这里，尼科尔棱镜称为起偏镜，用它来产生偏振光。

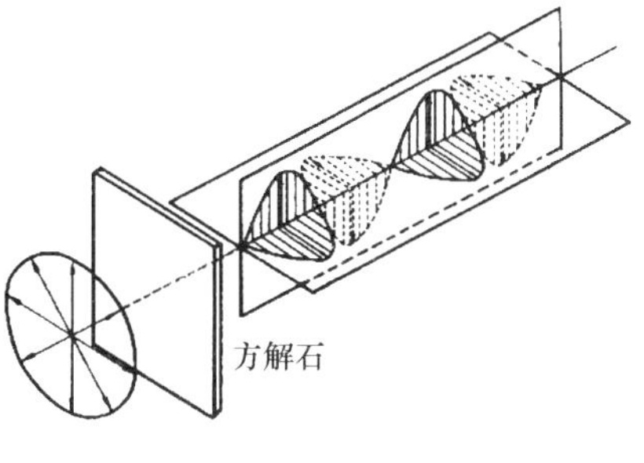


图 3.1.16　平面偏振光的产生

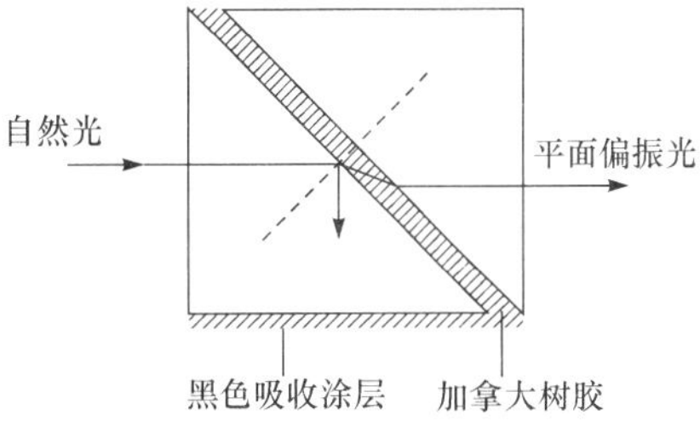


图 3.1.17　尼科尔棱镜起偏振的原理图

2) 平面偏振光角度的测量

偏振光振动平面在空间轴向角度位置的测量也是借助于一块尼科尔棱镜，这里称为检偏镜，它是由偏振片固定在两保护玻璃之间，并随刻度盘同轴转动，见图 3.1.18。当一束光经过起偏镜后，光沿 $OA$ 方向振动(图 3.1.19)，即只允许在这一方向上振动的光通过此平面。$OB$ 为检偏镜的透射面，只允许在这一方向上振动的光通过。两透射面的夹角为 $\theta$，振幅为 $E$ 的 $OA$ 方向的平面偏振光可以分解为振幅分量分别为 $E\cos\theta$ 和 $E\sin\theta$ 的两互相垂直的平面偏振光，并且只有 $E\cos\theta$ 分量(与 $OB$ 相重)可以透过检偏镜；而 $E\sin\theta$ 分量不能透过。当 $\theta=0°$ 时，$E\cos\theta=E$，此时透过检偏镜的光最强；当 $\theta=90°$ 时，$E\cos\theta=0$，此时没有光透过检偏镜。如以 $I$ 表示透过检偏镜的光强；$I_0$ 表示透过起偏镜入射的光强，当 $\theta$ 在 0°～90°变化时，则有以下关系：$I = I_0\cos^2\theta$，旋光仪就是通过透光强弱明暗来测定其旋光度，在起偏镜与检偏镜之间放置被测物质时，由于被测物质的旋光作用，原来由起偏镜出来的偏振光转过一个角度，因而检偏镜只有相应转过一个角度，才能使透过的光强与原来相同。

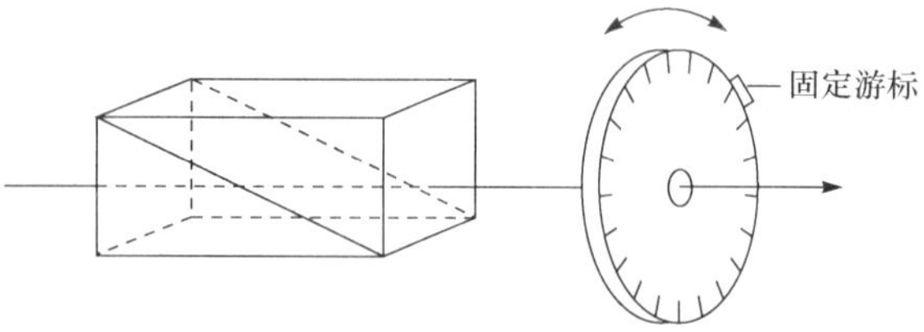


图 3.1.18　尼科尔检偏镜与刻度盘的相对关系

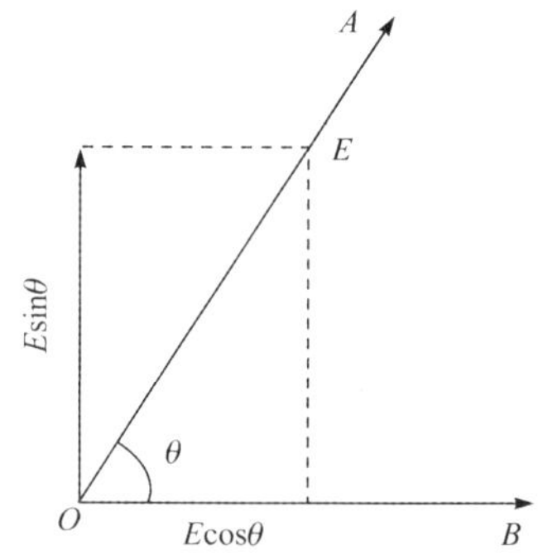


图 3.1.19　检偏原理示意图

旋光仪就是利用检偏镜来测定旋光度的。若调节检偏镜使其透过的轴向角度与起偏镜的透光轴向角度相互垂直，则在检偏镜前观察到的视场呈黑暗，再在起偏镜与检偏镜之间放入一个盛满旋光物质的样品管，由于物质的旋光作用，原来由起偏镜出来在 $OA$ 方向振动的偏振光转过一个角度 $\alpha$，这样在 $OB$ 方向上有一个分量，所以视野不呈黑暗。若将检偏镜也相应地转过一个 $\alpha$ 角度，这样视野才重新恢复黑暗。因此，检偏镜由第一次黑暗到第二次黑暗的角度差即为被测物质的旋光度，见图 3.1.20。

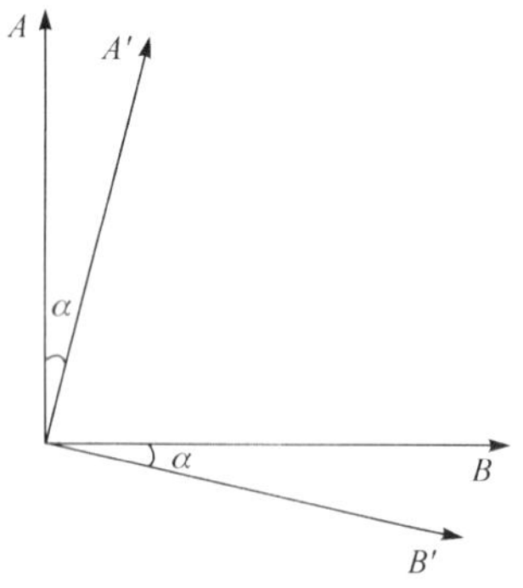


图 3.1.20　物质的旋光作用

实际观测时肉眼对视野场明暗程度的感觉是不灵敏的。为了精确地确定旋转角，常采取比较的办法，即设计一种三分视场(也有二分视场)的方法，以提高测量的准确度。三分视场的装置和原理(图 3.1.21)：在起偏片后的中部装一狭长的石英片，其宽度约为视野的 1/3。由于石英片具有旋光性，从石英片中透过的那一部分偏振光被旋转了一个角度，如图 3.1.21(a)所示，此时从望远镜视野看起来透过石英片的那部分光稍暗，两旁的光很强。旋转检偏镜使 $OB$ 与 $OA'$垂直，则沿 $OA'$方向振动的偏振光不能通过检偏镜，如图 3.1.21(b)所示，视野中间一条是黑暗的，而石英片两边的偏振光 $OA$ 由于在 $OB$ 方向上有一个分量 $ON$，因而视野的两边较亮。同理如调节 $OB$ 与 $OA$ 垂直，则视野两边黑暗、中间较亮，如图 3.1.21(c)所示。如果 $OB$ 与半暗角中的等分线 $PP'$垂直时，则 $OA$、$OA'$ 在 $OB$ 方向上的分量 $ON$ 和 $ON'$ 相等，如图 3.1.21(d)所示，视野中三个区内的明暗相等，此时三分视野消失，因此用这样的鉴别方法测量半暗角是最灵敏的。具体办法是：在样品管中充满无旋光性的蒸馏水，调节检偏镜的角度使三分视野消失，将此时的角度读数作为零点，再在样品管中换以被测试样，由于 $OA$ 与 $OA'$ 方向振动的偏振光都被转过了一个 $\alpha$ 角度，所以必须将检偏镜也相应转过一个 $\alpha$ 角度，才能使 $OB$ 与 $PP'$重新垂直，三分视野再次消失，这个 $\alpha$ 角度，即为被测试样的旋光度。从图 3.1.21(e)可以看出，如果将 $OB$ 再沿顺时针方向转过 90°，使 $OB$ 与 $PP'$重合，则 $OA$ 与 $OA'$在 $OB$ 方向上的分量仍然相等，但该分量太强，整个视野显得特别亮，反而不利于判断三分视野是否消失，因此不能以这样的角度作为标准来测量旋光度。

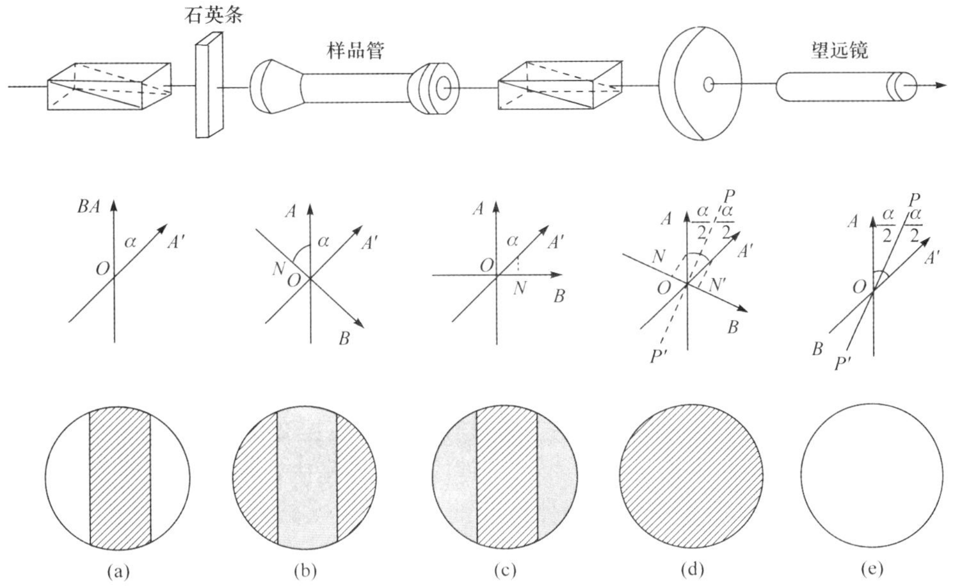


图 3.1.21　旋光仪的构造及其测量原理

2. WZZ 型自动数字显示旋光仪

目前国内生产的旋光仪，其三分视野检测、检偏镜角度的调整采用光电检测器，通过电子放大及机械反馈系统自动进行，最后数字显示。该旋光仪具有体积小、灵敏度高、读数方便、减少人为的观察三分视野明暗度相同时产生的误差，对弱旋旋光性物质同样适应。

(1) 旋光仪的外形及纵断面示意图见图 3.1.22。

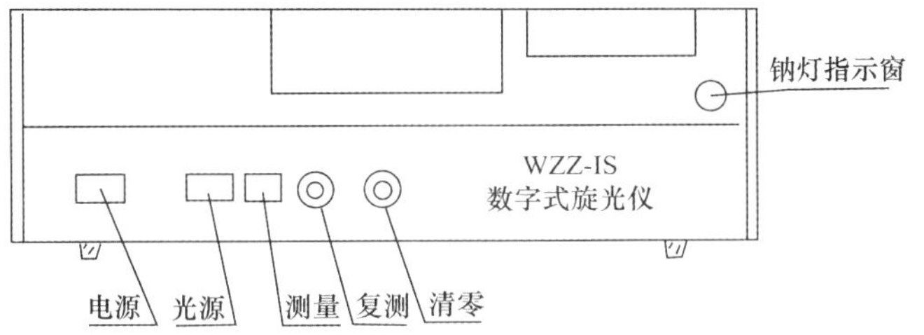


图 3.1.22　仪器正前方图

(2) WZZ 型自动数字显示旋光仪仪器结构与原理。

该旋光仪的结构原理见图 3.1.23。该仪器用 20 W 钠光灯为光源，并通过可控硅自动触发恒流电源点燃，发出的波长为 589.44 nm 的单色光依次通过聚光镜、小孔光栅、物镜、起偏器、法拉第调制器、准直镜，形成一束振动平面随法拉第线圈中交变电压而变化的准直的平面偏振光，经过装有待测溶液的试管后射入检偏器，再经过接收物镜、滤色片、小孔光栅进入光电倍增管，光电倍增管将光强信号转变成电信号，并经前置放大器放大。

若检偏器相对于起偏器偏离正交位置，则说明有具有频率厂的交变光强信号，相应地有频率厂的电信号，此电信号经过选频放大，功率放大，驱动伺服电机通过机械传动带动检偏器转动，使检偏器向正交位置趋近直到检偏器到达正交位置，频率厂的电信号消失，伺服电机停转。

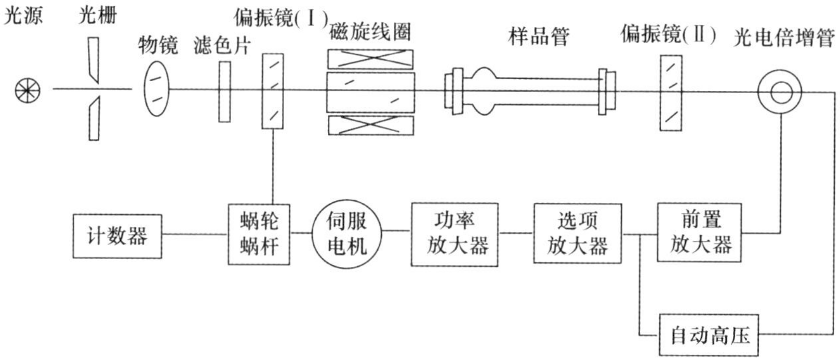


图 3.1.23　旋光仪的结构原理示意图

仪器一开始正常工作，检偏器即按照上述过程自动停在正交位置上，此时将计数器清零，定义为零位，若将装有旋光度为 $\alpha$ 的样品的试管放入试样室中，检偏器相对于入射的平面偏振光又偏离了正交位置 $\alpha$ 角，于是检偏器按照前述过程再次转过，获得新的正交位置。模数转换器和计数电路将检偏器转过的 $\alpha$ 角转换成数字显示，就测得了待测样品的旋光度。

(3) 操作步骤。

(i) 安放仪器。本仪器应在正常的照明、室温和湿度条件下使用，防止在高温高湿的条件下使用，避免经常接触腐蚀性气体，否则将影响使用寿命，承放本仪器的基座或工作台应牢固稳定，并基本水平。

(ii) 接通电源。将随机所附电源线一端插 220 V、50 Hz 电源(最好是稳压电源)，另一端插入仪器背后的电源插座。

(iii) 接通电源后，将电源开关按向上，等待 5 min 使钠灯发光稳定。

(iv) 将光源开关按向上，此时钠灯在直流供电下点燃。

(v) 准备试管。

(vi) 将测量开关按向上，数码管将出现数字。

(vii) 清零。在已准备好的试管中注入蒸馏水或待测试样的溶剂放入仪器试样室的试样槽中，按下“清零”键，使数码管示数为零。一般情况下本仪器如在不放试管时示数为零，则放入无旋光度溶剂后(如蒸馏水)测数也为零，但须注意倘若在测试光束的通路上有小气泡或试管的护片上有油污，不洁物或将试管护片旋得过紧而引起附加旋光数，将会影响空白测数，在有空白测数存在时必须仔细检查上述因素或者用装有溶剂的空白试管放入试样槽后再清零。

(viii) 测试。除去空白溶剂，注入待测样品，将试管放入试样室的试样槽中，仪器的伺服系统动作，数码管显示所测的旋光度值，等到表示测数稳定的位于符号管上方的红点亮后再读取读数。

(ix) 复测。按下“复测”键，取几次测量的平均值作为测量结果。注意：须待表示示数稳定的红点出现后再进行此操作，否则有可能引起下一次测数的误差。

(x) 温度校正。测试前或测试时，测定试样溶液的温度，进行温度校正计算。

(xi) 测深色样品。当被测样品透光率接近 1%时，仪器的示数重复性将有所降低，此为正常现象。

(xii) RS232 接口(WZZ-2S、WZZ-2SS)。仪器可以用附给的连线同计算机连接(参数：波率 9600；数据位 8 位；停止位 1 位；字节总长 18)。此外，用户也可使用随机附送的联机程序实现和计算机的联机。

### 3.1.8　电导率仪

电解质溶液的电导率测量也可以直接采用电导率仪来测量。目前实验室用到的电导率仪主要有两种类型：一种是传统、直读式的，如 DDS-11 型电导率仪和 DDS-11A 型电导率仪等；另一种是数字化、集成电路的，如 DDJS-308A 型电导率仪和 DJS-307 型电导率仪等。

1. DDSJ-308A 型电导率仪

DDJS-308A 型电导率仪见图 3.1.24，其特点有：仪器可进行电导率、TDS、盐度、温度的测量；仪器采用点阵式液晶显示，全中文操作界面使用简单方便，仪器采用新颖轻触键，可靠性好；仪器采用微处理器技术，具有自动温度补偿、自动校正、量程自动切换、溶液温度系数可调、断电自动保护功能，在正常或非正常断电的情况下，仪器内部储存的数据或者参数不会丢失；对测量结果可以储存、删除、查阅、打印，最多可以储存 50 套数据；具有标定功能，可以标定电极常数及 TDS 转化系数；带有 RS-232 接口，可接 TP-16 型打印机等。

图 3.1.24　DDJS-308A 型电导率仪

1) 仪器主要技术性能

(1) 测量范围。

(i) 电导率测量范围为 0～$1.999\times10^5$ μS · $cm^{-1}$，共分成六挡量程，六挡量程间自动切换。具体如下：

0～1.999 μS · $cm^{-1}$　2～19.99 μS · $cm^{-1}$　20～$199.9\times10^5$ μS · $cm^{-1}$

200～1999 μS · $cm^{-1}$　2～$19.99\times10^5$ mS · $cm^{-1}$　20～199.9 mS · $cm^{-1}$

(ii) TDS 测量范围为 0～$1.999\times10^4$ mg · $dm^{-3}$，共分成五挡量程，五挡量程间自动切换。具体如下：

0～10.00 mg · $dm^{-3}$　10.00～100.0 mg · $dm^{-3}$　100～1000 mg · $dm^{-3}$

1.0～10.00 g · $dm^{-3}$　10.0～19.9 g · $dm^{-3}$。

(iii) 盐度的测量范围为 0.0～80.0 ppt。

(iv) 温度的测量范围为−5.0～105.0 ℃。

(2) 电子单元基本误差：

(i) 电导率±0.5%(FS)±1 个字。

(ii) 盐度±1.0 ppt。

(iii) 温度±0.3 ℃。

(3) 稳定性：±0.3%(FS)±1 个字/3 h。

(4) 重复性：0.16%(FS)。

(5) 仪器工作条件：环境温度 5～35 ℃，相对湿度不大于 85%；供电电源为 CD965K 通用电源器，除地磁场外，周围无电磁场干扰。

2) 仪器使用

(1) 了解仪器的结构、各功能键的作用及附件的使用。

仪器面板上共 15 个操作键，分别为：“模式”、“打印 1”、“打印 2”、“查阅”、“储存”、“删除”、“标定”、“电极常数”、“温补系数”、“▼”、“▲”、“保持”、“确认”、“取消”、“ON/OFF”。各功能键分别定义如下：

“模式”键：用于电导率、TDS 及盐度测量工作状态之间的切换。

“打印 1”键：用于打印当前的测量数据。

“打印 2”键：用于打印储存的测量数据。

“查阅”键：用于查阅仪器所储存的测量数据。

“储存”键：用于储存测量数据。

“删除”键：用于删除全部储存的测量数据。

“标定”键：用于标定电极常数或 TDS 转换系数。

“电极常数”键：用于设置电极常数或 TDS 转换系数。

“温补系数”键：用于设置温度补偿系数。

“▼”、“▲”键：用于调节有关参数。

“保持”键：用于锁定本次测量数据。

“确认”键：用于确认仪器当前的操作数据或操作状态。

“取消”键：用于从各种工作状态返回测量状态。

“ON/OFF” 键：用于仪器的开机或关机。

(2) 测量。首先按“模式”键确定测量状态，进行电极常数和温度系数或者转化系数的设置，最后进入测量。测量完成后将测量数据进行记录或者打印。测量完成后电极必须浸泡在水中。

3) 使用注意事项

(1) 电极的连接需可靠，防止腐蚀性气体浸入。

(2) 如仪器显示“溢出”，则说明所测值已超出仪器的测量范围，此时应立即关机，并换电极常数更大的电极，然后再进行测量。

(3) 在测量电导率和 TDS 时，温度电极接上仪器，自动按设置的温补系数将测量值补偿为 25 ℃；温度电极不接仪器，仪器显示未经补偿的原始测量值。

(4) 使用电极时必须注意所选择的电极与溶液浓度的关系。一般情况下溶液浓度越大，要求所用电极的电极常数越大。

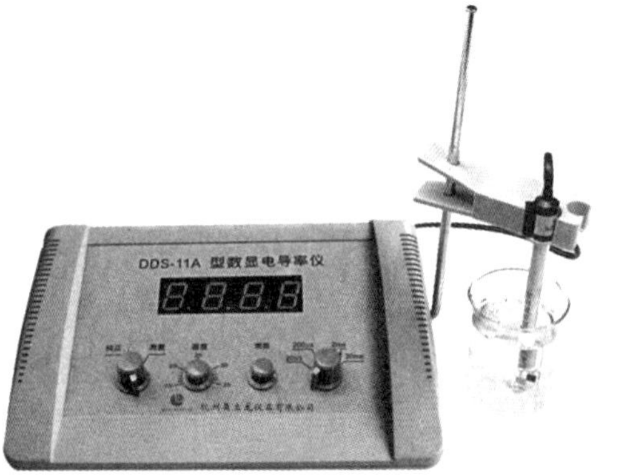


图 3.1.25　DDS-11A 型电导率仪

2. DDS-11A 型电导率仪

1) 基本原理

DDS-11A 型电导率仪如图 3.1.25 所示，其原理图如图 3.1.26 所示，稳压电源输出稳定的直流电压，供给振荡器和放大器，使它们工作在稳定状态。振荡器输出电压不随电导池电阻 $R_x$ 的变化而改变，从而为电阻分压回路提供一稳定的标准电势 $E$。电阻分压回路由电导池 $R_x$ 和测量电阻箱 $R_m$ 串联组成。$E$ 加在该回路 AB 两端，产生测量电流 $I_x$，根据欧姆定律

$$I_x = \frac{E_s}{R_x + R_m} = \frac{E_m}{R_m}$$

所以

$$E_m = \frac{E_s R_m}{R_m + R_x} = \frac{E_s R_m}{R_m + 1/G}$$

式中，$G$ 为电导池溶液电导。

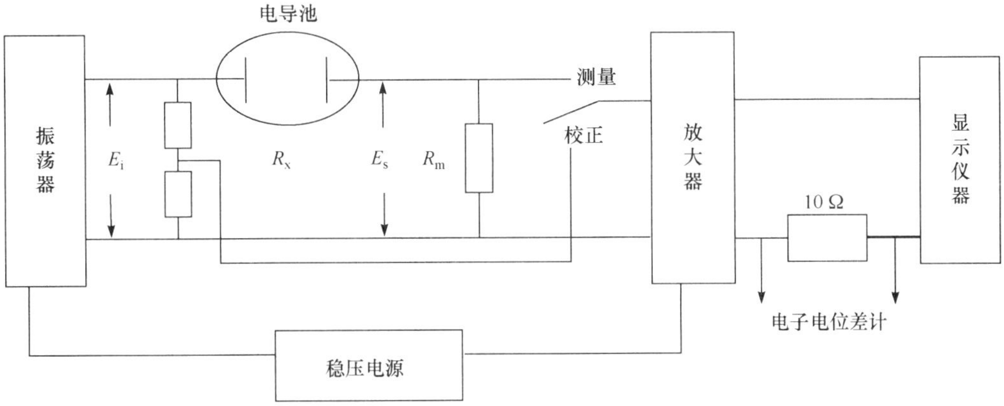


图 3.1.26　DDS-11A 型电导率仪原理

上述公式中 $E$ 不变，$R_m$ 经设定后也不变，所以电导 $G$ 只是 $E_m$ 的函数。$E_m$ 经放大检波后，在显示仪表(直流电表)上用换算的电导值或电导率值显示出来。

2) 使用方法

(1) 未开电源前，观察表针是否指零。如不指零，可调整表头上的螺丝，使其指零。

(2) 将校正测量开关扳在“校正”位置。

(3) 插接电源线，打开电源开关，预热数分钟，调节校正调节器使电表满刻度指示。

(4) 当使用(1)～(8)量程测量电导率低于 300 $\mu S \cdot cm^{-1}$ 的液体时，将开关扳到“低周”，信号频率为 140 Hz；当使用(9)～(12)量程测量电导率为 300～105 $\mu S \cdot cm^{-1}$ 的液体时，将开关扳到“高周”，信号频率为 1100 Hz。

(5) 将量程选择开关扳到所需要的测量范围，如预先不知被测液体电导率的大小，应先扳在最大电导率测量挡，然后逐挡下降，以防表针打弯。

(6) 电极的选用。当被测液的电导率低于 10 $\mu S \cdot cm^{-1}$ 时，使用 DJS-1 型光亮电极；当被测液的电导率为 10～$10^4$ $\mu S \cdot cm^{-1}$ 时，使用 DJS-1 型铂黑电极；当被测液的电导率大于 $10^4$ $\mu S \cdot cm^{-1}$ 以致用 DJS-1 型电极不能测出时，可选用 DJS-10 型铂黑电极，此时应将电极常数调节器旋在所用电极的 1/10 电极常数位置上。电极选好后，将其插头插入电极插口内，旋紧插口上的紧固螺丝，再将电极浸入待测液中。把电极常数调节器旋在该电极的电极常数位置处。电极常数的数值已贴在电极的胶木帽上。

(7) 进行校正。将校正测量开关扳到“校正”，调节校正调节器使电表指针满刻度。注意：为了提高测量精度，当使用 $1\times10^3$ $\mu S \cdot cm^{-1}$ 和 $1\times10^4$ $\mu S \cdot cm^{-1}$ 这两挡时，校正必须在电导池接妥(电极插头插入插孔，电极浸入待测液中)的情况下进行。当用 0～0.1 $\mu S \cdot cm^{-1}$ 或 0～0.3 $\mu S \cdot cm^{-1}$ 这两个量程挡测高纯水时，先把电极引线插入电极插孔，在电极未浸入高纯水之前，调节电容补偿调节器使表头指示为最小值(由于电极铂片间存在漏电阻，调节不能使表头指零，只能达最小值)再进行测量。

(8) 进行测量。将开关扳到“测量”，这时指针指示数乘以量程选择开关的倍率即为被测液的实际电导率，量程开关扳到红点位置，读表头红线刻度值数，否则读黑线刻度续数。

(9) 若要了解在测量过程中电导率随时间的变化情况，把自动平衡记录仪与 10 mV 输出插口相接即可。

3) 注意事项

(1) 溶液的电导测量常使用电导池，在使用过程中，必须保证电导电极完全浸入溶液。

(2) 电导与测定体系的浓度有关。在某些实验中电导测定有浓度的适用范围。

(3) 电导除与溶液浓度有关外，还与温度有关，所以在测量时，应保持被测体系温度的恒定。

### 3.1.9　阿贝折射仪

阿贝折射仪可测定液体的折射率，定量地分析溶液的成分，检验物质的纯度。它也是测定分子结构的重要设备，如求算摩尔折射度、极性分子的偶极矩等都需要折射率的数据。阿贝折射仪所需的样品很少，数滴液体即可进行测量；测定方法简便，无需特殊光源设备，普通日光或其他白光即可；棱镜有夹层，可同恒温水流保持所需的恒定温度；对透明液体的折射率数据能够直接读到小数点后第 4 位，精确度高，可重复性大，是物理化学实验室中常用的光学仪器。

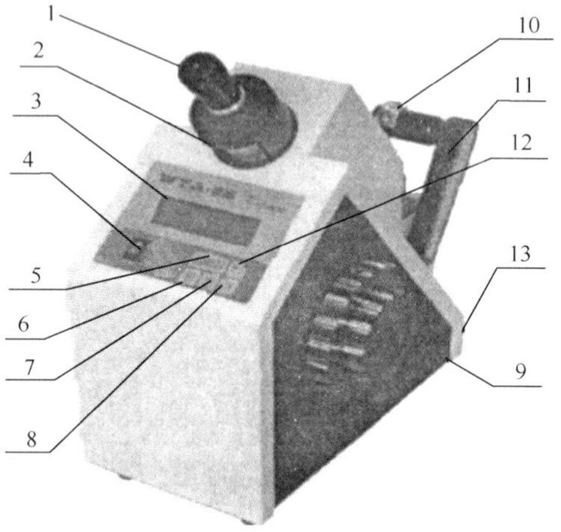


图 3.1.27　阿贝折射仪外形图

1. 目镜；2. 色散校正手轮；3. 显示窗；4. POWER 电源开关；5. READ 读数显示键；6. BX-TC 经温度修正锤度显示键；7. $n_D$ 折射率显示键；8. BX 未经温度修正锤度显示键；9. 调节手轮；10. 据光照明部件；11. 折射棱镜部件；12. TEMP 温度显示键；13. RS323 接口

1. 阿贝折射仪的构造

阿贝折射仪是根据光的全反射原理设计的仪器，利用全反射临界角的测定方法测定未知物质的折射率。其外形如图 3.1.27 所示。

2. 阿贝折射仪的光学原理

1) 全反射原理

光从一种介质进入另一种介质时，在界面上发生折射，对任何两种介质，在一定波长和一定外界条件下，入射角和折射角之比为一常数，也就等于光在这两介质中的速度之比

$$n=\frac{v_1}{v_2}$$

若取真空为标准($v=c$，$n_0$=1.0000)，则任何介质的绝对折射率 $n=c/v$。空气的折射率是 1.000 29。若取空气为标准，这样得到的各种物质的折射率称为常用折射率。同一种物质的两种折射率表示法的关系为

绝对折射率=常用折射率×1.000 29

光线自介质 A 进入介质 B，图 3.1.28(a)示出入射角 $\alpha$ 与折射角 $\beta$ 的关系：

$$\frac{\sin\alpha}{\sin\beta}=\frac{n_B}{n_A}=\frac{v_A}{v_B} \tag{3.1.6}$$

式中，$n_A$、$n_B$和 $v_A$、$v_B$分别为介质 A、B 的折射率和光在其中的速度。折射率是物质的特性常数，对一定波长的光在一定温度压力下，折射率是一个定值。如果 $n_A>n_B$(A 称为光密介质，B 称为光疏介质)，则折射角$\beta$必大于入射角 $\alpha$。当 $\alpha=\alpha_0$时，$\beta_0=90°$达到最大。此时光沿介质方向前进，如图 3.1.28(b)所示。若 $\alpha>\alpha_0$，则光线不能进入介质 B，而从介质反射，如图 3.1.28(c)所示。这种现象称为“全反射”，$\alpha_0$称为临界角。

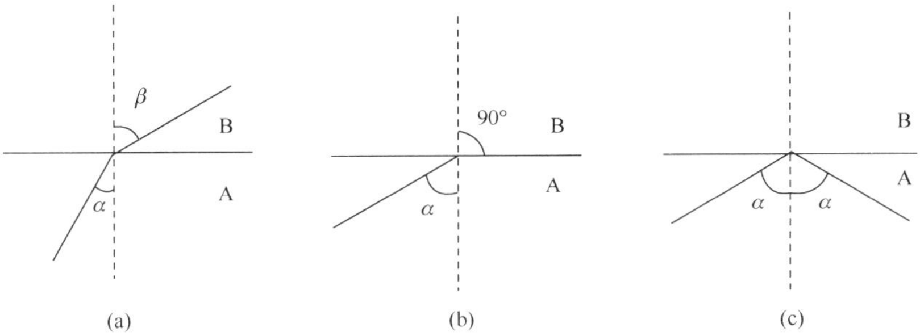

图 3.1.28　光的折射

2) 阿贝折射仪中棱镜的构造和光程

阿贝折射仪就是根据折射和全反射原理设计而成的。由图 3.1.29 可以看到，光线由反射镜进入棱镜 F 后，由于 F 镜上的 DC 面为一毛玻璃面，所以光在 DC 面上漫射，并以不同方向进入 AB 与 DC 间的液体薄层，然后达到 AB 面，并折射入镜 E 中。在 AB 面上光线的入射角为 0°～90°，因棱镜折射率 $N$ 比液体折射率 $n$ 大，因此折射角$\beta$比入射角 $\alpha$ 小，即所有入射线全部能进入棱镜 E 中。光线到达 BK 面时又发生折射，入射角为 $S$，折射角为 $\gamma$，根据式(3.1.6)可得

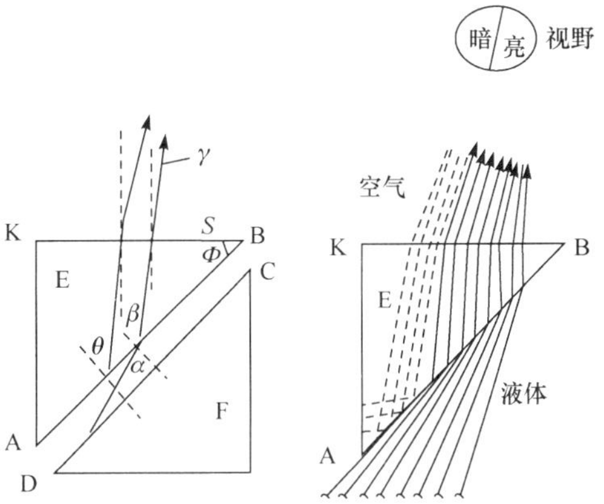

图 3.1.29　阿贝折射仪明暗界线形成原理

$$\frac{\sin\alpha}{\sin\beta}=\frac{n}{N} \tag{3.1.7}$$

$$\frac{\sin\gamma}{\sin S}=\frac{N}{1}\quad(\text{以空气的 } n_0=1) \tag{3.1.8}$$

由图 3.1.29 可知 $\Phi+(90°+S)+(90°-\beta)=180°$，即

$$\beta=\Phi+S \tag{3.1.9}$$

代入式(3.1.7)，得

$$\begin{aligned}
n&=\frac{N}{\sin\alpha}\sin\beta=\frac{N}{\sin\alpha}\sin(\Phi+S)\\
&=\frac{N}{\sin\alpha}(\sin\Phi\cos S+\cos\Phi\sin S)\\
&=\frac{N}{\sin\alpha}\sin\Phi\sqrt{1-\sin^2 S}+\frac{N}{\sin\alpha}\cos\Phi\sin S\\
&=\frac{\sin\Phi}{\sin\alpha}\sqrt{N^2-N^2\sin^2 S}+\frac{N}{\sin\alpha}\cos\Phi\sin S
\end{aligned}$$

$$n=\frac{\sin\Phi}{\sin\alpha}\sqrt{N^2-\sin^2\gamma}+\frac{\sin\gamma\cos\Phi}{\sin\alpha} \tag{3.1.10}$$

可以看出，不同的 $N$、$\gamma$、$\Phi$、$\alpha$ 都将反映出不同的 $n$。对一定棱镜，$N$ 和 $\Phi$ 都是定值，因此 $n$ 仅由 $\gamma$ 和 $\alpha$ 的不同来反映。

如果各次测量中都选用同样的 $\alpha$，则 $n$ 只与 $\alpha$ 有关。$A$ 的选择就是利用了全反射原理。入射角本是从 0°到 90°皆有；而最大入射角 $\alpha_0$=90°时，折射角最大(临界角)，入射线为折射光线。因 $\theta$ 最大，所以在其左面不会有光，是黑暗部分；而另一面则是明暗两部分。明暗两部分的界线很容易在目镜中找到，如图 3.1.29 所示。

将 $\alpha_0$=90°代入式(3.1.10)，得

$$n=\sin\Phi\sqrt{N^2-\sin^2\gamma}+\sin\gamma\cos\Phi$$

这样，由于每一棱镜有一定的 $N$ 和 $\Phi$，不同 $n$ 的液体就有不同 $\gamma$ 来反映。

在测量时，要把明暗界线调到目镜中十字线的交叉点，因这时镜筒的轴与折射光线平行。读数指针是和棱镜连在一起转动的，标尺就是根据不同 $\gamma$ 而刻出。阿贝折射仪中将 $\gamma$ 换算成 $n$，故在标尺上读得的已是折射率。

3) 色散的消除

前面讲的是使用单色光的情形。但阿贝折射仪是用白光作为光源。我们常会在目镜中看到一条彩色的光带，而没有清晰的明暗界线，这是因为对波长不同的光折射率不一样，因而 $\gamma$ 不同。折射率是对确定波长而言，那么现在是对什么波长来讲呢？又如何从这彩色光带中找出这特定波长的光呢？安装在阿贝折射仪的镜筒中的消色散棱镜，又称为补偿棱镜或阿密帅棱镜(Amici prism)，可以同时解决这两个问题。

消色散棱镜是由两块相同但又可反向转动的阿密帅棱镜组成。光通过这种棱镜后，能产生色散。若这两块棱镜的相对位置相同，则光线通过第一块棱镜后发射色散 $d$，通过第二块棱镜又发生色散 $d$，总色散为 2 $d$。将两块棱镜各反向转动 90°，则第一块色散为 $d$，而第二块色散是 $-d$，互相抵消，总体来讲没有色散，出来的光为白光。若各反向转 90°，则第一块色散为 $-d$，第二块色散为 $-d$，总色散为 $-2d$。

若让已有色散的光进入消色散棱镜，可调节两块棱镜的相对位置，使原有的色散恰被消色散棱镜的色散所抵消，使出来的各色光平行，明暗界线清楚，解决了彩色光带的问题。

至于选定哪一个特定波长的光，是由阿密帅棱镜本身的特点所决定的。因钠光 D 线通过阿密帅棱镜时，它的方向不变，所以当色散消除时，各色光均和钠光 D 线平行。当半明半暗时，镜筒轴与 D 线方向平行，因此测得的折射率为该物质对钠光 D 线的折射率。

### 3. WAY-2S 数字阿贝折射仪的使用

1) 阿贝折射仪的操作

(1) 安装。将阿贝折射仪放在光亮处，但避免阳光直接暴晒，用超级恒温槽将恒温水通入棱镜夹套内，按下电源开关，显示窗显示 0000。

(2) 装样。打开折射棱镜部件，检查上、下棱镜表面，并用水或乙醇小心清洁其表面。测定每个样品以后要仔细清洁两块棱镜的表面。用擦镜纸顺单一方向轻擦镜面(不能来回擦)。用滴管在棱镜工作表面上滴 2～3 滴待测液体(滴管切勿触及镜面)，并将上面的进光棱镜盖上。旋紧聚光照明部件的转臂和聚光镜筒式上面的进光棱镜使表面得到均匀照明。

(3) 调色散度。旋转调节手轮，使明暗分界线落在交叉线视场中。如果从目镜中看到视场

是暗的，可将调解手轮逆时针旋转；如果看到视场是明亮的，则将调节首轮顺时针旋转。明亮区域是在视场顶部。在明亮视场情况下可旋转目镜，调节适度看清晰交叉线。旋转色散校正手轮，同时调节聚光镜位置，使视场中明暗两部分有良好的反差和明暗分界线具有最小的色散，并使明暗分界线对准交叉线的叉点。

(4) 读数。按 READ 读数显示键，显示窗显示被测样品的折射率。BX-TC、$n_D$及 BX 显示键是用于选定测量方式。经选定后，再按 READ 键，显示窗就按预定的测量方式显示。按 TEMP 温度显示键，显示窗将显示样品温度。

(5) 后处理。测试完后，在棱镜面上滴几滴水或乙醇，并用擦镜纸擦干。最后用单层擦镜纸夹在两棱镜间，以防留在棱镜上细小硬粒损坏棱镜工作表面。对有腐蚀性的液体如强酸、强碱以及氟化物，不能使用阿贝折射仪测定。

2) 阿贝折射仪的校正

仪器要定期进行校正，校正用蒸馏水或玻璃标准块。如测量数据与标准有误差，可用钟表螺丝刀通过色散校正手轮中的小孔，小心旋转里面的螺钉，使分划板上交叉线上下移动，然后再进行测量，直到测数符合要求为止。样品为标准块时，测数要符合标准块上所标定的数据。样品为蒸馏水时，测数要符合表 3.1.3。

**表 3.1.3　不同温度时校正数据**

| 温度/℃ | 折射率($n_D$) | 温度/℃ | 折射率($n_D$) | 温度/℃ | 折射率($n_D$) |
|---|---|---|---|---|---|
| 18 | 1.333 16 | 23 | 1.332 70 | 28 | 1.332 17 |
| 19 | 1.333 08 | 24 | 1.332 60 | 29 | 1.332 05 |
| 20 | 1.332 99 | 25 | 1.332 50 | 30 | 1.332 93 |
| 21 | 1.332 89 | 26 | 1.332 39 | | |
| 22 | 1.332 80 | 27 | 1.332 28 | | |

3) 温度和压力对折射率的影响

液体的折射率是随温度变化而变化的，多数液态有机化合物当温度每升高 1 ℃时，其折射率下降 $3.5\times10^{-4}$～$5.5\times10^{-4}$。纯水在 15～30 ℃，温度每升高 1 ℃，其折射率下降 $1\times10^{-4}$，若测量时要求准确度为$\pm1\times10^{-4}$，则温度应控制在($t\pm0.1$) ℃，此时阿贝折射仪需要超级恒温槽配套使用。压力对折射率有影响，但不明显，只有在很精密的测量中才考虑压力的影响。

4) 阿贝折射仪的保养

仪器应放置在干燥、空气流通的室内，防止受潮后光学零件发霉。仪器使用完毕后要做好清洁工作，并将仪器放入箱内，箱内放有干燥剂硅胶。经常保持仪器清洁，严禁油手或汗手触及光学零件。如光学零件表面有灰尘，可用高级鹿皮或脱脂棉轻擦后，再用洗耳球吹去。如光学零件表面有油垢，可用脱脂棉蘸少许汽油轻擦后再用二甲苯或乙醚擦干净。仪器应避免强烈震动或撞击，以防止光学零件损伤而影响精度。

### 3.1.10　分光光度计

分光光度计种类较多，但就其结构来说都是由光源、分光系统、吸收池、检测系统、显示系统等组成。光源：分光光度计所用的光源，应在尽可能宽的波长范围内给出连续光谱，应有辐射强度足够、辐射稳定性良好、辐射能量的分布不随波长而变化等特点。分光系统：是一种能把光源辐射的复合光按波长的长短色散，并能方便地从其中分出所需单色光的光学装置，包括狭缝和色散组件两部分。吸收池：是由无色透明的光学玻璃或熔融石英制成，用于盛装试液和参比液。检测系统：是把透过吸收池后的透射光强度转换成电信号的装置。检测系统应具有灵敏度高、对透射光的响应时间短且响应的线性关系好及对不同波长的光具有相同的响应可靠性等特点。显示系统：一般的显示装置有光电式检流计、微安表、电位计、数字电压表、自动记录仪等。

基础物理化学实验室用的分光光度计主要有 722 型。下面介绍 722 型分光光度计的原理及使用方法。

1. 工作原理

722 型分光光度计能在近紫外、可见光区内对样品物质进行定性和定量分析。基本原理是溶液中的物质在光的照射激发下，产生了对光的吸收效应，物质对光的吸收是具有选择性的。各种不同的物质都具有其各自的吸收光谱，因此当某单色光通过溶液时，其能量就会被吸收而减弱。光能量减弱的程度和物质的浓度有一定的比例关系，也即符合比色原理——比尔定律，有以下公式：

$$T = I / I_0 \qquad \lg(I_0 / I) = \varepsilon cb \qquad A = \varepsilon cb$$

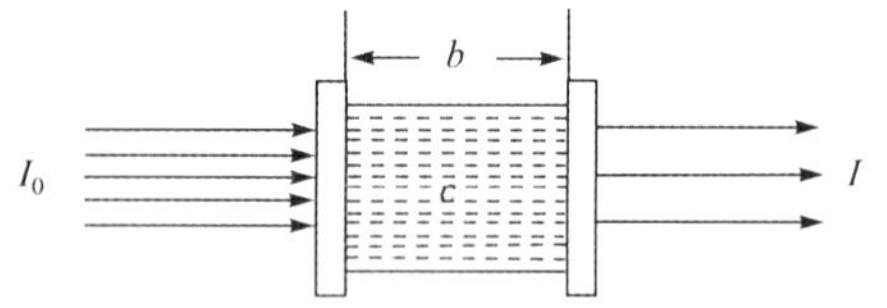

图 3.1.30　比色原理示意图

式中，$T$ 为透射比；$I$ 为透射光强度；$I_0$ 为入射光强度；$A$ 为吸光度；$\varepsilon$为摩尔吸光系数；$c$ 为溶液的浓度；$b$ 为溶液的光径长度。

从以上公式可以看出，当入射光、摩尔吸光系数和溶液的光径长度不变时，透射光随溶液的浓度而变化。722 型可见分光光度计的基本原理是根据上述物理光学现象而设计的(图 3.1.30)。

2. 仪器的光学原理

722 型可见分光光度计采用光栅自准式色散系统和单光束结构光路(图 3.1.31)。钨卤素灯发出的连续辐射光经滤光片选择后，由聚光镜聚光后投向单色器入射狭缝，此狭缝正好位于聚光镜及单色器内准直镜的焦平面上，进入单色器的复合光通过反光镜反射及准直镜准直变成平行光射向色散组件光栅，光栅将入射的复合光通过衍射作用形成按照一定顺序均匀排列的连续的单色光谱，此单色光谱重新回到准直镜上，由于仪器出射狭缝设置在准直镜的焦平面上，从光栅色散出来的光谱经准直镜后利用聚光原理成像在出射狭缝上，出射狭缝选出指定带宽的单色光通过聚光镜落在试样室被测样品中心，样品吸收后透射的光经光门射向光电池接收，转换为透射比或吸光度。

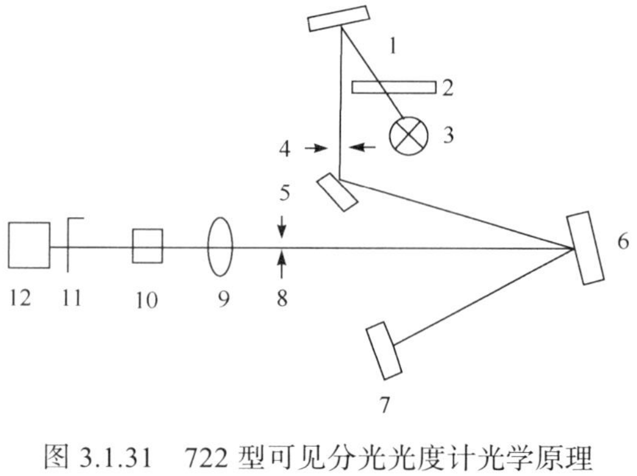

图 3.1.31　722 型可见分光光度计光学原理

1. 聚光镜；2. 滤光片；3. 钨卤素灯；4. 入射狭缝；5. 反光镜；6. 准直镜；7. 光栅；8. 出射狭缝；9. 聚光镜；10. 试样室；11. 光门；12. 光电池

3. 仪器的使用

(1) 准备和预热：接通电源，预热 30 min

后方可开始工作。

(2) 调节测定波长：将波长调到要求的波长数值上。

(3) 仪器功能键介绍：本仪器键盘共有 4 个键，分别为：①A/T/C/F；②SD；③▽/0%；④△/100%。

A/T/C/F 键：每按此键来切换 A、T、C、F 之间的值。A 表示吸光度(absorbance)；T 表示透射比(transmission ratio)；C 表示浓度(concentration)；F 表示斜率(factor)。

SD 键：该键具有 2 个功能。①用于 RS232 串行口和计算机传输数据(单向传输数据，仪器发向计算机)；②当处于 F 状态时，具有确认的功能，即确认当前的 $F$ 值，并自动转到 C，计算当前的 $C$ 值($C=FA$)。

▽/0%键：该键具有 2 个功能。①调零：只有在 T 状态时有效，打开样品室盖，按键后应显示 000.0；②下降键：只有在 F 状态时有效，按本键 $F$ 值会自动减 1，如果按住本键不放，自动减 1 会加快速度，如果 $F$ 值为 0，再按键它会自动变为 1999，再按键开始自动减 1。

△/100%键：该键具有 2 个功能。①只有在 A、T 状态时有效，关闭样品室盖，按键后应显示 0.000、100.0；②上升键：只有在 F 状态时有效，按本键 $F$ 值会自动加 1，如果按住本键不放，自动加 1 会加快速度，如果 $F$ 值为 1999，再按键它会自动变为 0，再按键开始自动加 1。

(4) 仪器校正：①在四个比色皿中，一个装空白溶液或蒸馏水，其余三个装未知溶液，先使空白溶液正对于光路上；②将 A/T/C/F 键置于透射比 $T$ 值；③打开样品室盖，按▽/0%键后应显示 000.0；④关闭样品室盖，按键后应显示 100.0；⑤重复步骤③、④，直到仪器校正好为止。

(5) 样品测试：①将 A/T/C/F 键置于吸光度 $A$ 值；②将比色皿拉杆拉出一格，使第二个比色皿的未知溶液进入光路，显示数值即为溶液的吸光度，然后测定另外两个未知液。

### 3.1.11　古埃磁天平

古埃磁天平的特点是结构简单、灵敏度高。用古埃磁天平法测量物质的磁化率，进而求得永久磁矩和未成对电子数，这对研究物质结构有重要意义。

1. 基本原理

古埃磁天平的工作原理见图 3.1.32。

将圆柱形样品(粉末状或液体状装入匀称的玻璃样品管中)悬挂在分析天平的一个臂上，使样品底部处于电磁铁两极的中心，即处于均匀磁场区域，此处磁场强度最大。样品的顶端离磁场中心较远，磁场强度很弱，而整个样品处于一个非均匀的磁场中。但由于沿样品轴心方向，即图示 $s$ 方向($z$ 方向)存在一磁场强度梯度 $\partial H/\partial z$，因此样品沿 $z$ 方向受到磁力的作用，它的大小为

$$f_z = \int_H^{H_0} (\chi - \chi_{空})\mu_0 AH\left(\frac{\partial H}{\partial z}\right)\mathrm{d}z \qquad (3.1.11)$$

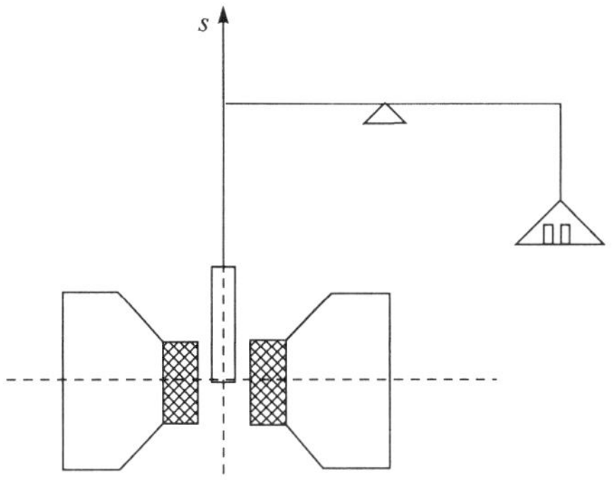


图 3.1.32　古埃磁天平原理示意图

式中，$H$ 为磁场中心的磁场强度；$H_0$ 为样品顶端处的磁场强度；$\chi$为样品的体积磁化率；$\chi_{空}$ 为空气的体积

磁化率；$A$ 为样品的截面积(位于 $xy$ 平面)；$\mu_0$ 为真空磁导率。通常 $H_0$ 即为当地的地磁场强度，约为 40 A · m$^{-1}$，一般可略去不计，则作用于样品的力

$$f_z = \frac{1}{2}(\chi - \chi_{空})\mu_0 H^2 A \tag{3.1.12}$$

由天平分别称得装有被测样品的样品管和不装样品的空样品管在有外加磁场和无外加磁场时的质量变化。显然，某一不均匀磁场作用于样品的力可由下式计算：

$$f_z = (\Delta m_{样品+空管} - \Delta m_{空管})g \tag{3.1.13}$$

于是有

$$\frac{1}{2}(\chi - \chi_{空})\mu_0 H^2 A = (\Delta m_{样品+空管} - \Delta m_{空管})g \tag{3.1.14}$$

整理得

$$\chi = \frac{2(\Delta m_{样品+空管} - \Delta m_{空管})g}{\mu_0 H^2 A} + \chi_{空}$$

物质的摩尔磁化率 $\chi_M = \frac{M\chi}{\rho}$，而 $\rho = \frac{m}{hA}$，故

$$\chi_M = \frac{2(\Delta m_{样品+空管} - \Delta m_{空管})ghM}{\mu_0 m H^2} = \frac{2\Delta m g h M}{\mu_0 m H^2} \tag{3.1.15}$$

式中，$h$ 为样品的实际高度；$m$ 为无外加磁场时样品的质量；$M$ 为样品的摩尔质量；$\rho$ 为样品密度(固体样品指装填密度)；$g$ 为重力加速度；真空磁导率 $\mu_0=4\pi\times10^{-7}$N · A$^{-2}$；磁场两极中心处的磁场强度 $H$ 可用 ST5A 型特斯拉计测量，或用已知磁化率的标准物质进行间接测量。空气的体积磁化率 $\chi_{空}= 3.64\times10^{-7}$ (SI 单位)，但因样品管体积很小，因此忽略不计。该式右边的其他各项都可通过实验测得，因此样品的摩尔磁化率可由式(3.1.15)计算。常用的标准物质有莫尔盐$(NH_4)_2SO_4 \cdot FeSO_4 \cdot 6H_2O$、纯水、$NiCl_2$ 水溶液、$CuSO_4 \cdot 5H_2O$ 和 $Hg[Co(NCS)_4]$等。

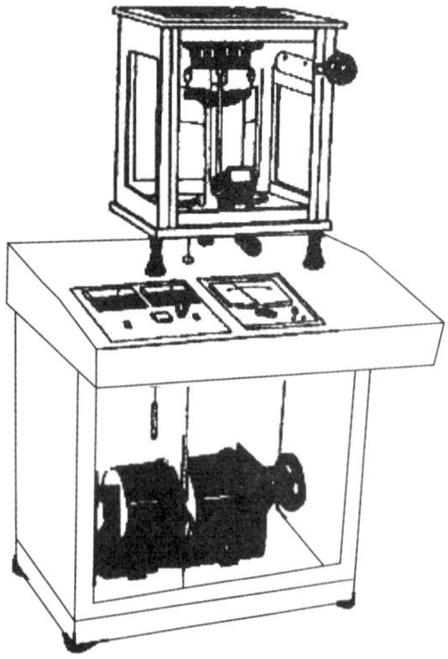

图 3.1.33　FMT-1 型古埃磁天平的整机结构示意图
1. 分析天平；2. 样品管；3. 电磁铁；4. 霍尔探头；5. 电源开关；6. 调节电位器；7. 电流表；8. 电压表；9. 特斯拉计；10. 温度计

2. FMT-1 型古埃磁天平的结构及使用方法

(1) 整机结构。FMT-1 型古埃磁天平的整机结构见图 3.1.33。它是由电磁铁、稳流电源、分析天平、CT5A 型特斯拉计及仪表、照明和水冷却等部件构成的。

(2) 电磁铁。仪器的磁场由单轭水冷却型电磁铁构成，在材料选择上，磁极材料用软铁，在励磁线圈中无电流时，剩磁为最小。磁极端为截锥的圆锥体，极端面平滑均匀，使磁极中心磁场强度尽可能相同。磁极间的距离连续可调，便于实验操

作。为了使磁铁在工作中升温不大，在励磁线圈内加有水冷却装置。

(3) 稳流电源。励磁线圈中的励磁电流由稳流电源供给。磁天平的电路方框图见图 3.1.34。电源线路设计时，采用了电子反馈技术，可获得很高的稳定度，并能在较大幅度范围内任意调节其电流强度。

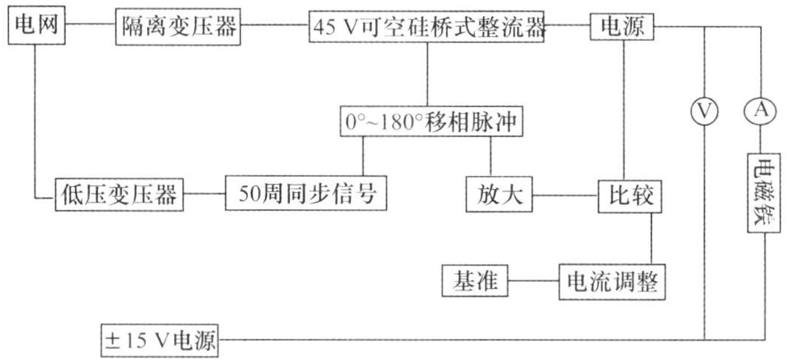


图 3.1.34 FMT-1 型古埃磁天平电路方框图

(4) 分析天平。FMT-1 型古埃磁天平需自配分析天平。在磁化率测量中，常配以半自动电光天平。在安装时需作些改装，将天平左边盘底托盘拆除，改装一根细铁丝。在铁丝中点系一根细的尼龙线，线从天平左边托盘处孔口穿出，线下端连接一个和样品管口径相同的橡皮塞，用以连接样品管。

(5) 样品管。样品管由硬质玻璃管制成，直径 0.6～1.2 cm，高度大于 16 cm，一般样品管露在磁场外的长度应为磁极间隙的 10 倍或更大；样品管底部用喷灯封成平底，要求样品管圆而均匀。测量时，将上述橡皮塞紧紧塞入样品管口，样品管将垂直悬挂于天平盘下。注意：样品管底部应处于磁场中部。

(6) 样品。金属或合金物质可做成圆柱体直接挂在天平上测量；流体样品则装入样品管测量；固体粉末状物质要研磨后再均匀紧密地装入样品管测量。古埃磁天平不进行气体样品的测量。微量的磁铁性杂质对测量结果影响很大，因此制备和处理样品时要特别注意防止杂质的沾染。

(7) CT5A 型特斯拉计使用说明。CT5A 型特斯拉计面板结构见图 3.1.35。其操作步骤说明如下：

(i) 机械零位调节。范围旋钮指示在“关”，未通电源，用螺丝刀旋动中央螺丝，使指针在零位。

(ii) 接通电源。特斯拉计使用 220 V 交流电为电源，接于磁天平的电源开关上。

(iii) 仪器校正。CT5 型产品在表上有一校正线。打开电源开关数分钟后，可将范围旋钮旋至“校准”，调节右下“校准”螺丝，使指针在校准线上。CT5A 型对每台都作调校，并注明其校正值。所以应将指针调到该数值位置。

(iv) 放大器零位调节。范围旋钮调至“0”挡，调节右下“0”孔中凹槽，使指针为零位。

(v)“调零”调节。是一个补偿组件的不等位电势装置，使用时，各挡测量范围的精度不同。可将选择开关置于 50 mT 这一挡，

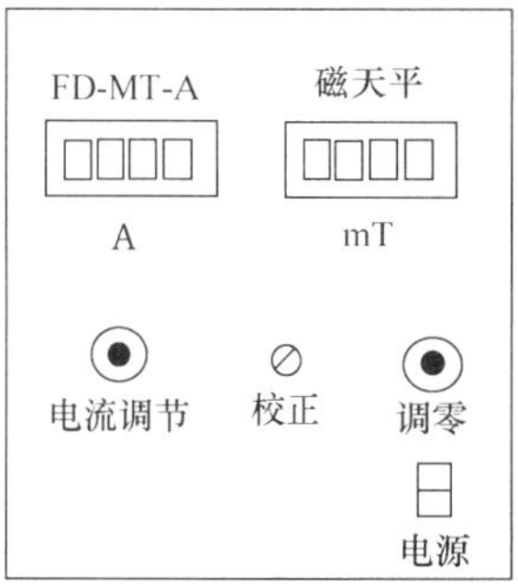


图 3.1.35 特斯拉计面板结构示意图

调节“调零”电位器，使指针指于 0.10 mT 这一挡较为精确，应单独调零。

(vi) 探头的位置必须放在磁场强度最大处，霍尔片平面必须与磁场方向垂直。

(8) 注意事项。

(i) 磁天平的总机架必须水平放置。

(ii) 磁天平工作前须接通冷却水，保证励磁线圈及大功率晶体管处于良好的散热状态。

(iii) 开启电源开关后，让电流电压逐渐升到 2～3 A 时预热 2 min，然后逐渐上升至需要的电流。电源开关关闭前，先将电位器逐渐调节至零，然后关闭电源开关，以防止反电动势将晶体管击穿。严禁在负载时突然切断电源。

(iv) 励磁电流的升降应平稳、缓慢。

(v) 霍尔探头两边的有机玻璃螺丝可使其调节至最佳位置，在某一励磁电流下，打开特斯拉计，然后稍微转动探头使特斯拉计指针指在最大值，此即为最佳位置。将有机玻璃螺丝拧紧。如发现特斯拉计指针反向，只需将探头转动 180°即可。

### 3.1.12　微量热计

1. 概述

任何物理化学变化都伴随着相应的热效应。准确测量这些过程中的热效应及其动力学参数，研究过程的热效应变化规律，可以推测反应过程的机理、分子结构的变化和反应动力学，预测反应进行的方向和化学平衡的条件，同时也可以为化学工程的设计和施工提供可靠的热参数，无论在实践中还是在理论上都具有极其重要的意义，在国民经济建设和科学研究领域中得到了广泛的应用。

基础物理化学实验室用的微量热计为 RD496 型精密微量热计，量热范围：2 μW～1 W；测量动态范围：$8\times10^6$ 点；最高分辨率：0.001 μV；基线稳定性：±0.1 $\mu V\cdot 4h^{-1}$；噪声：0.01～0.03 μV；灵敏度：50～70 $\mu V\cdot mW^{-1}$；实验温度范围：−196～200 ℃连续可调；恒温温度稳定性：±0.001 $℃\cdot h^{-1}$；程控升(降)温速率：0.1～5 $℃\cdot h^{-1}$。

RD496L 微量热器(简称炉体)是 RD496 型微量热计的主要组成部分之一。它是根据 Tian-Calvet 原理构成的示差热导式热流计，是一种通用型量热器。该仪器有极高的灵敏度，能检测微瓦级热流，即相当于 $10^{-6}$ ℃级的温差。仪器有良好的稳定性和复现性；实验温度范围较宽(−196～+200 ℃)，能较快地达到热平衡状态；仪器配用的反应池尺寸适中，较易设计成各种反应所特需的结构，也容易实现反应中必需的某些动作；仪器有良好的密封性，量热部分气氛可人为控制，因而它适合于测量记录实验过程中热量的细微变化。

该仪器特别适合于测量微小的缓慢的热量变化。例如，比热容等材料参数测量；高聚物结构研究；等温吸附热测量；化学、生物学变化中的动态过程研究；液-液、气-液、气-固、气-液反应中焓变和动态过程研究；金属或其他材料在低温下等温转变研究；气体的液化、固化等温凝聚的研究；材料相态变化中焓变测量；反应条件如温度、压力、气氛等对反应影响的研究；放射性物质衰变热的测量；材料老化的研究；医学研究等。

2. 技术性能

实验温度：−196～+200 ℃；恒温下温度稳定性：优于±0.001 $℃\cdot h^{-1}$；程序线性升降温：0.1～5 $℃\cdot h^{-1}$；允许最高升降温速率：50 $℃\cdot h^{-1}$；量热器容积：约 18 $cm^3$；反应池外形：

$\Phi$16.9 mm×80 mm；检出功率范围：2 μW～1 W；检出能量下限：根据实验器具及方法有所不同，约可达 200 μJ；灵敏度：50～70 μV · mW$^{-1}$(佩尔捷效应补偿应为原值的约 3/4)；基线稳定性：2 μW/4 h(约对应为±0.1 μV/4 h)；复现性：±0.1%(相对标准偏差)；响应时间常数：约 250 s(用焦耳池测量)；现行升降温对基线影响：0.4 μV · ℃$^{-1}$；佩尔捷效应电流热当量：1～2 mW · mA$^{-1}$(与实验器具条件有关)；加热方式：电加热；负载电阻：10Ω±20%；最大额定加热功率：300 W；制冷方法：液氮制冷；液氮消耗量：连续工作时 0.5～3 kg · h$^{-1}$；外形：约 $\Phi$400 mm×1100 mm；质量：85 kg。

3. 原理与结构

1) 炉体构造

RD496 型微量热计结构示意图见图 3.1.36，外保温腔是一个双层密封的杯形圆筒，夹层中填充优良的保温材料；腔内气体通过真空阀与外部相通；在要求有更良好保温时，如注入液氮，可将其抽成真空。内炉筒也是一个杯形圆筒，它依靠密封圈与外保温腔密封配合；内炉筒底部有小孔，在快速降温时可打开快速降温阀，使液氮流入内炉筒的夹层内，迫使降温过程加速；筒体内上部有多层热阻片以利于保温。液氮腔内外炉筒之间的空腔有液氮入口(图 3.1.36)及氮气出口与外部相通。此外，快速降温阀也通过内圆筒夹层及底部小孔使液氮腔与外部相通。仪器在低温下做实验时，液氮由液氮入口注入并及时补充，蒸发的氮气由氮气出口排出。在快速降温时，快速降温阀被打开，液氮进入内炉筒的夹层中。液面探测器在腔内用于探测液氮高度，以保证液面高度稳定。

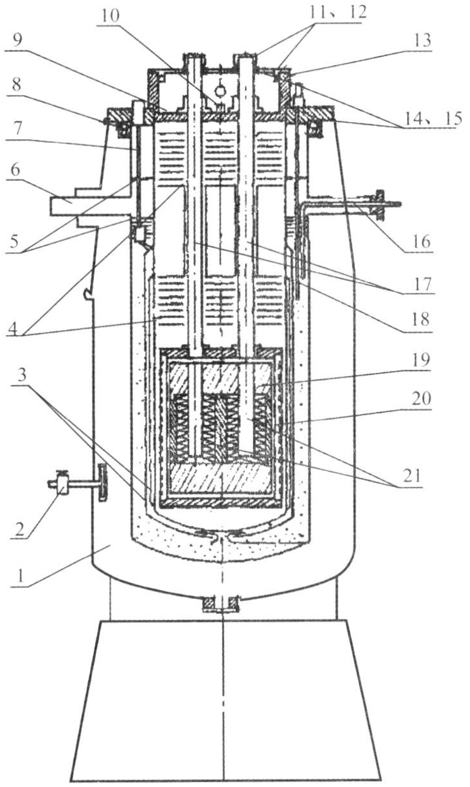

图 3.1.36　RD496 型微量热计结构示意图

1. 外保温腔；2. 真空阀；3. 内炉筒；4. 热阻片；5. 热阻片；6. 氮气出口；7. 快速降温阀；8. 密封圈；9. 盖加热板；10. 盖温探测器；11、12. 密封圈；13. 配电盘；14、15. 密封圈；16. 液氮入口；17. 量热通道；18. 液面探测器；19. 匀热块；20. 加热筒；21. 热流探测器

2) 量热部分

量热部分见图 3.1.36，依靠配电盘将整个量热部分悬吊在炉体中央。由密封圈完成量热部分的密封，以利于构成理想的实验气氛；配电盘上有量热部分与外部全部电连接的插座，以及用于控制内部气氛用的气体导入、导出口及接真空泵用的真空阀的接口；配电盘内还装有盖加热板及盖温探测器。在炉体中心部位悬吊着由加热筒包裹着的匀热块，它们通过量热通道与上部相通，上、下之间有多层热阻片隔热，以利于保温。加热筒上绕有电热丝，用于加热筒加热，使匀热块能均匀地升温。加热筒上装有感温铂电阻，以控制加热筒温度恒定在给定的温度上。匀热块是一个有很大热容及良

好导热性能的金属块。它为热流探测器提供了作测量用的外界面；匀热块的温度由加热筒严格地控制着；“测量”和“参考”两个热流探测器对称地安装其中；匀热块上还装有测温铂电阻，以测量匀热块温度。

3) 量热原理

热流探测器装在量热室与匀热块之间由 496 对热电偶构成的热电堆中。热电堆以量热室为内界面，以匀热块为外界面，并且均匀而严密地包裹着量热室。这些热电偶在制造时严格地注意了一致性，分布极均匀。微量热法是研究化学反应热力学函数的有效方法。通过 RD496 型微量热计精确测定化学反应的热效应，可计算反应的焓变；根据反应过程中热效应随时间的变化率，可计算反应的动力学参数，如速率常数，反应级数等。通过不同温度时反应的动力学参数，求算反应的活化能、活化焓、活化熵、活化吉布斯自由能等热力学函数，具体关系式如下：

$$\ln\left(\frac{1}{H}\frac{\mathrm{d}H_i}{\mathrm{d}t}\right)=\ln k+n\ln\left(1-\frac{H_i}{H_0}\right) \tag{3.1.16}$$

$$\ln k=\ln A-\frac{E_\mathrm{a}}{RT} \tag{3.1.17}$$

$$\Delta G_{\neq}^{\ominus}=RT\ln\frac{RT}{Nhk} \tag{3.1.18}$$

$$\ln\frac{k}{T}=-\frac{\Delta H_{\neq}^{\ominus}}{RT}+\frac{\Delta S_{\neq}^{\ominus}}{R}+\ln\frac{k_\mathrm{B}}{h} \tag{3.1.19}$$

4. 微量热计的应用

微量热计可用于熔化热和熔化温度的测定；晶形转化温度和转化热的测定；溶解热和混合热的测定；稀释结晶热的测定；比热容的测定；其他物理变化热的测定；火炸药热分解研究；炸药合成工艺的研究及水解反应和高分子化学、物理、生物化学及农业科学。

### 3.1.13　X 射线衍射仪

X 射线衍射仪采用 X 射线检测器来检测衍射强度及衍射方向，通过测量记录系统及计算机处理得到多晶衍射数据并可绘制出衍射图谱。X 射线多晶衍射的仪器多种多样，基本组成均包括：X 射线发生器、测角仪、X 射线探测器及仪器控制、数据采集和处理系统。

1. X 射线发生器

X 射线发生器主要由 X 射线管、高压发生器、管压管流稳定电路和各种保护电路组成。

1) 电源

图 3.1.37 是一种用于产生 X 射线的简易电源系统。高压变压器 $T_2$ 的初级接一自耦变压器 $T_1$，使 $T_2$ 次级输出的交流高压可在 10～50 kV 连续调节。桥式整流电路采用 4 个 2 DL 型高压硅柱。$T_3$ 为灯丝变压器，加热电流可在 0～50 mA 调节。由于操作电压较高，因此阳极接地以保证安全，毫安表的负端处于地电位，用于监测 X 射线直流工作电压的伏安表正端也可近似看作处于地电位。

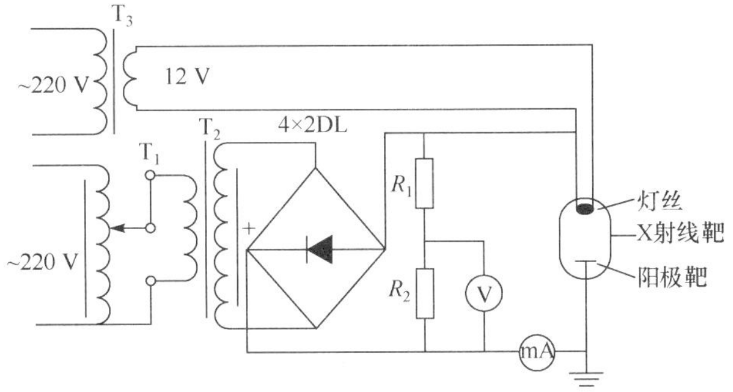


图 3.1.37　自整流 X 射线发生器主要线路

2) X 射线管

结构分析用的热灯丝型 X 射线管是一个封闭式的高真空热阴极电子管，其基本结构见图 3.1.38。阴极由绕成螺丝形的钨丝制成，其周围包以阴极聚焦套管。阴极电流将钨丝加热到 2500 K 以上。由阴极发射出的电子流撞击到阳极靶上。衍射实验最常用的阳极靶材料为铜、铁、钼及钴等，因为这些金属熔点高、导热性好、蒸气压低，更为重要的是因为其发出的 X 射线波长与晶面间距相似。从阳极靶表面辐射出来的 X 射线强度与辐射方向有关，垂直于电子束方向上的 X 射线强度最大，所以最好沿靶面成 6°交角的方向上。靶面上受电子束轰击的地方称为焦斑，它是 X 射线的关键部位。焦斑上单位面积的发射功率是衡量 X 射线管质量的重要指标。焦斑的形状与灯丝有关，螺线形灯丝产生长方形焦斑，其大小一般为 1 mm×10 mm 左右。这样，在 X 射线管周围可投影出两个近乎点状的 X 射线束。

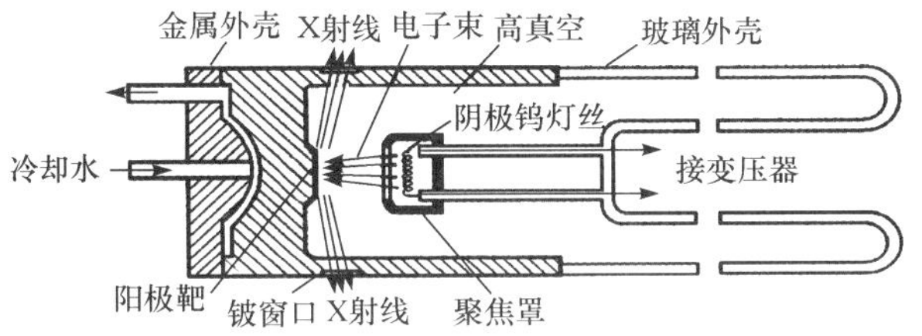


图 3.1.38　X 射线管平面示意图

以铍作为 X 射线窗口的材料最为理想。因为以铍作为材料的管子不仅保持高真空度，而且对 X 射线的吸收很少。例如，0.5 nm 厚的铍窗口，对 $CuK_\alpha$ 射线的透过率达 0.93，对 $MoK_\alpha$ 更高达 0.98。

2. 测角仪

测角仪用于控制样品的方向、探测器的位置，以精确测量衍射角度。它是 X 射线衍射仪的核心组成部分。图 3.1.39 为测角仪的示意图。测角仪由两个同轴的分别装有步进马达的圆形盘组成，用于固定样品及探测器。样品位于测角仪的中心，X 射线通过入射光阑照射到样品的表面。在测量时，样品台固定不动，入射线转动改变与样品的夹角为 $\theta$，探测器则同时绕中心轴转动在相应的 $2\theta$ 方向测定衍射强度。根据测试要求，入射光线和测量角仪以 1∶2 的角速度联合驱动。

商用粉末衍射仪一般使用 Bragg-Brentano 聚焦原理，见图 3.1.40。测试样品的表面中心位于测角仪圆的中心，X 射线源的焦点 F、样品的表面和探测器的接收狭缝 G 都同时位于聚焦圆上，其半径随入射线与样品的表面夹角 $\theta$ 改变。聚焦圆的半径 $l$ 与 $\theta$ 的关系为

$$\frac{R}{2l}=\cos\left(\frac{\pi}{2}-\theta\right)=\sin\theta$$

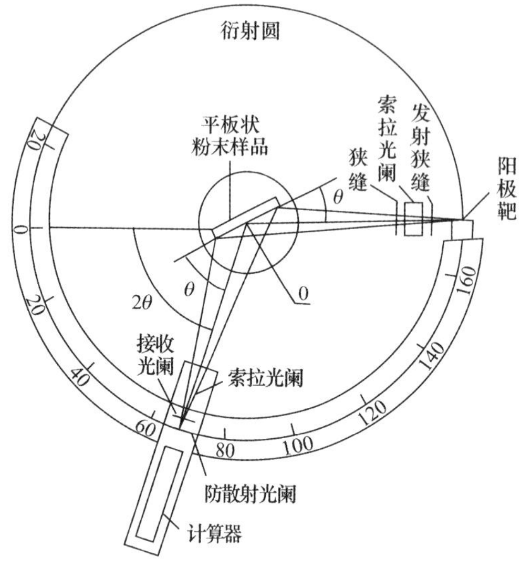


图 3.1.39　测角仪的示意图

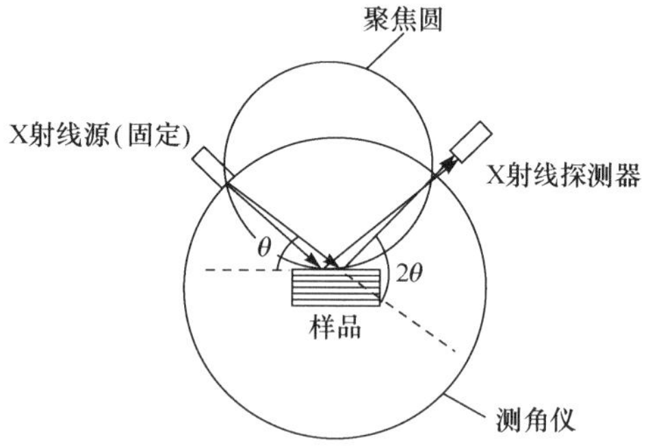


图 3.1.40　衍射仪 Bragg-Brentano 衍射几何

两个圆有两个相交点，一个相交点固定不动，X 射线的焦点 F 位于其上；而另外一点即为接收狭缝 G，它的位置随测定角度 $\theta$ 变化。因此，在一定的衍射条件下，由 F 点发射出的 X 射线经样品衍射后只能有一条衍射线聚焦在测角仪圆上。样品转动角为 $\theta$ 时，接收狭缝和探测器必须转动 $2\theta$，使得探测器总是位于能够满足布拉格方程的衍射位置上，依次测量衍射线。

粉末衍射仪使用线焦斑 X 射线源，测角仪配有一套光路狭缝系统，见图 3.1.41，在入射线光路上，使用发散光阑和索拉光阑的组合光阑。而在测角仪光路上使用狭缝光阑和索拉光阑组合。索拉光阑是一组平面薄片光阑，由一组等间距的平行金属薄片组成。狭缝大小可根据实验要求确定。

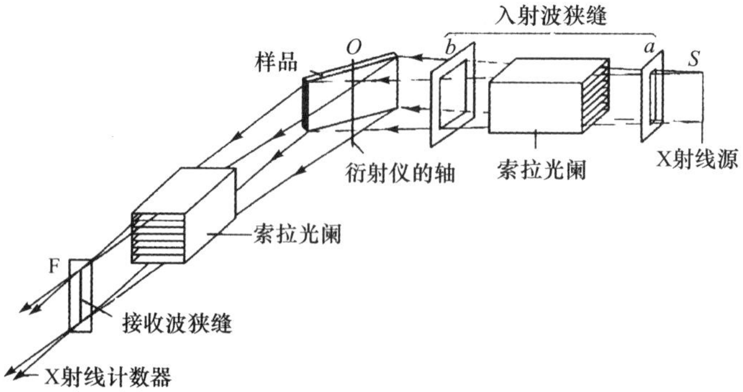


图 3.1.41　测角仪的光路示意图

3. X 射线探测器

在 X 射线粉末衍射仪中，用于测定 X 射线的方法主要有闪烁计数器、正比计数器、位敏正比计数器及新型的 X 射线二维探测器(CCD)等。闪烁计数器、正比计数器由于其稳定性好、使用寿命长、价格适中等优点而被广泛应用。

1) 正比计数器

正比计数器(图 3.1.42)是利用气体在辐射光子的作用下产生电力的计数器。它是由一个直径约为 25 nm 的金属圆筒(C)作为阴极，圆筒轴心有一根钨丝(A)作为阳极，金属圆筒内充满约 1 个大气压的气体，气体由 90%氩气及 10%左右的猝灭气体(如 $CH_4$ 或乙醇等)组成。计数器的 X 射线接收窗口(W)由铍箔制成。

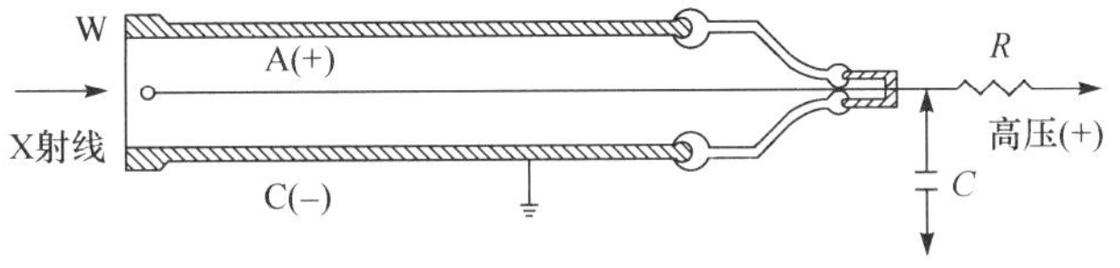


图 3.1.42　正比计数器的结构

正比计数器使用时，两电极间加上 1000～2000 V 的直流高压。每当 X 射线光子进入计数器时，管内的气体电离产生电子和正离子，在电场的作用下，它们分别向两极移动。在运动过程中电子不断碰撞其他的中性气体分子，由此发生二次以至多次的电离，产生大量电子，从而形成放电(俗称“电子雪崩”)，在阴极上即可记录到该电子脉冲。

2) 闪烁计数器

闪烁计数器是利用固体发荧光的计数器，其基本构造如图 3.1.43 所示。其主要组成包括：闪烁体、光电倍增管和前置放大器。在 X 射线分析中，一般使用 1～2 mm 厚掺杂少量铊(约 0.5%)作活化剂的碘化钠(NaI)单晶作为闪烁体。

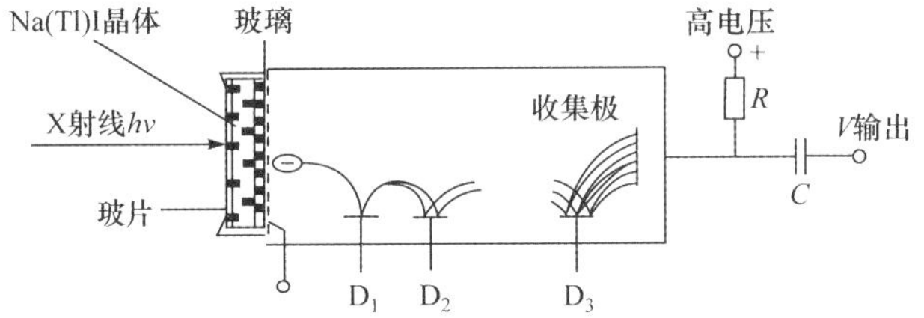


图 3.1.43　闪烁计数器示意图

晶体密封在一面为铍窗、另一面为光学玻璃的盒子中，光学玻璃的一面与光电倍增管的阴极紧密相连。当 X 射线照射时，闪烁体晶体可发射蓝色可见光。NaI 晶体每吸收一个 X 射线光子，就可产生一个闪烁。闪烁光照射到光电倍增管的光敏阴极上，可激发产生许多电子。这些电子经过光电倍增管中多个联极(通常在闪烁计数器有 10 个联极，以 $D_n$ 表示，$n$=1, 2, 3, …, 10)的放大倍增作用，最后获得为初始电子数 $10^6$～$10^7$ 倍的电子，从而产生可检测的电脉冲信号。闪烁计数器的波长使用范围为 0.5～3 Å，适用于 Mo、Cu、Co 及 Cr 等靶。

4. 制冷系统

X 射线管在工作时会有很高的热效应，为了防止高温受损，因此需外加循环水制冷机组，以保证 X 射线管内的温度不会过高。根据不同情况可采用不同的制冷机型号。制冷机组的冷却水要使用蒸馏水并定期更换。

5. 其他附件

(1) 毛细管(PCL)。利用毛细管的聚焦功能，可以使平行的 X 射线聚集，使其强度变大，衍射信号增强。在 Bragg-Brentano 图上明显可以看出，使用毛细管后衍射峰比平行光增强 3 倍左右。

(2) 高温控制装置。使用高温，可以测试不同温度条件下物质的晶相变化，得到动态的衍射图谱。具体的使用详见说明书。

## 3.2 实验技术部分

### 3.2.1 热化学测量技术

研究化学过程中热效应及其规律的科学称为热化学。热化学研究的范畴包括：生成热、燃烧热、化学反应热及溶解、混合、吸附、相变等物理及生物过程的热效应。它的实验数据有其明确的实际使用价值，而且以此为基础，还可以进一步获得反应的平衡常数和热力学的其他基本参数，并可得到有关化合物稳定性、分子的结构等方面的信息。

热是能量交换的一种形式，其唯一的表现形式是热流。或者说，热就是在一定时间内以热流形式进行的能量交换。因此，测量一定条件下热效应的大小及其对时间的函数关系，可研究其相应的动力学行为。程序控温技术[如差热分析、示差扫描量热及热脱附(TPD)等]是一种非等温的实验方法。它连续记录待测体系的某些性质随时间或温度变化关系，不仅反映了体系在各平衡态的信息，还可提供各平衡态之间转变的动力学信息。

热的测量一般是通过温度的测量来实现的。温度是表述宏观物质体系状态的一个基本参量，同时也反映了物质内部大量分子和原子平均动能的大小。不同温度的物质相接触，通过热能的交换达到热平衡时，其温度相同(测量的基础)。当温度计与被测体系之间真正达到热平衡时，与温度有关的物理量才能用以表征体系的温度。而温度的量值与温标的选定有关。

本节结合基础物理化学实验的需要，介绍温标和温度计、热分析技术、热焓的测定方法及热容的测定等内容。

1. 温标

温标是温度量值的表示方法。确定一种温标要完成三个方面的工作：选择测量仪器，确定固定点(或基准点)，对分度方法加以规定。下面介绍三种最常用的温标。

1) 摄氏温标

摄氏温标使用较早，应用方便，它以水银-玻璃温度计来测定水的相变点。规定在标准压力下，以水的凝固点(0 度)和沸点(100 度)为两个固定点，定点间划分为 100 等份，每一等份代表 1 度，用 $t$ 表示，单位符号为 ℃。

摄氏温标是假设工作物质的某种特性(如水银的膨胀和收缩)与温度呈线性关系。而实际上并非呈简单的线性关系，所以不同工质的温度计测量同一体系时，往往显示的温度是不相同的。

2) 热力学温标

为了克服摄氏温标的缺点，1948 年开尔文(Kelvin)提出了热力学温标。它是建立在卡诺循环基础上的，是一种理想的科学温标，即

$$T_2 = \left|\frac{Q_2}{Q_1}\right| \times T_1 \tag{3.2.1}$$

可见，若 $T_1$ 固定，$T_2$ 即可获得，因此热力学温标是用单一固定点定义的，即定义水的三相点的热力学温度为 273.16 度(1948 年第 9 次国际计量大会决定)，水的三相点到绝对零点之间的 1/273.16 为热力学温标的 1 度，用 $T$ 表示，单位符号为 K。热力学温标是与一种工作物质性质无关的、理想的科学温标。对于理想气体有 $pV=nRT$ 的线性函数关系，所以国际上选定用气体温度计来实现热力学温标。在温度较高和压力较低的情况下，He、$H_2$、$N_2$ 等气体均可视为理想气体。

当规定水三相点的热力学温度为 273.16 度时，水的沸点和凝固点之差仍保持 100 度，这就使热力学温标与摄氏温标之间差一个常数。因此，以热力学温标对摄氏温标重新定义如下：

$$t/\ ℃ = T/\mathrm{K} - 273.15 \tag{3.2.2}$$

根据定义，273.16 为摄氏温标零度的热力学温度值，它与水的凝固点不再有直接联系。不过其优越性是明显的，开尔文温度与摄氏温度的分度值相同，因此温度差可用 K 表示也可用 ℃表示。

3) 国际实用温标

气体温度计的装置十分复杂，使用不便。为了更好地统一国际的温度量值，现在采用 1990 年国际实用温标(ITS-90)表示(我国从 1994 年 1 月 1 日起全面实施)。它是以一些可复现的平衡态(定义固定点)的指定值及在这些温度点上分度的标准仪器作为基础的。

(1) 固定点。温度计只能通过测温物质的某些物理特性来显示温度的相对变化，其绝对值还要用其他方法予以标定。通常以一定条件下某些高纯物质的相变温度作为温标的定义固定点(17 种)。此外还规定了一些参考点，通常称为第二参考点。有关数据详见附录。

(2) 温度计。国际实用温标规定，从低温到高温划分成四个温区，在各温区分别选用一个高度稳定的标准温度计来度量各固定点之间的温度值，这四个温度区及相应的标准温度计见表 3.2.1。

**表 3.2.1　国际实用温标的四个温区及标准温度计**

| 温度范围 | | 标准温度计 |
|---|---|---|
| $T$/K | $t$/ ℃ | |
| 13.81～273.15 | −259.34～0 | |
| 273.15～903.89 | 0～630.74 | 铂电阻温度计 |
| 903.89～1337.58 | 630.74～1064.43 | 铂铑(10%)-铂热电偶 |
| >1337.58 | >1064.43 | 光学高温计 |

(3) 分度法。由于标准温度计的特性变化与温度的变化并非呈简单的线性关系，因此在固定点之间的温度值采用一些比较严格的内插公式求得，力求与热力学温标相一致，详细计算方法有专门这方面的相关论述。

2. 温度计

温度计是利用某些物质对温度敏感，且能高度重现的物理性质(如体积、压力、电阻、温差电势、频率及辐射波等)设计制成的测温仪器。例如，利用体积改变而设计的水银-玻璃温度计或其他液体温度计；利用压力改变的定容氢温度计；利用电阻改变的电阻温度计；利用热电势差异的热电偶温度计；利用光强改变的光学高温计等。

温度计的种类很多，通常可分为接触式和非接触式两大类。如按用途分，有温度测量和温差测量两类。接触式温度计(触及被测温体系)是基于热平衡原理设计的。利用物质的体积、电阻、热电势等物理性质与温度之间的函数关系制成的温度计都属于这一类。测温时需将温度计触及被测体系，使其与体系处于热平衡，两者温度相等。这样由测温物质的特定物理参数就可换算出体系的温度值，也可将物理参数值直接转换成温度值显示出来。常见的水银温度计就是根据水银的体积直接在玻璃管壁上刻以温度值的。铂电阻温度计和常见的热电偶温度计则分别利用其电阻和温差电势来指示温度。

利用电磁辐射的波长分布或强度变化与温度间的函数关系制成的高温计是非接触型的。例如，全辐射光学高温计、灯丝高温计和红外光电温度计都属于这一类。

在精密的热效应测量中，都使用精度较高的接触式温度计。下面介绍几种常用温度计的构造和使用。

1) 液体-玻璃温度计

(1) 液体温度计。

通常所称的液体温度计，应为液体-玻璃温度计较合理。以液体作为测温物质，由于玻璃的膨胀系数很小，而毛细管又是均匀的，因此测温液体的体积变化可用长度改变量表示，在毛细管上直接标出温度值。液体温度计要达到热平衡需较长时间，特别是在体系降温的测量中常会发生滞后现象，但其构造简单，读数方便，价格较低，所以迄今仍是使用最为普遍的一个大类，如酒精温度计。

(2) 水银温度计。

它是液体-玻璃温度计的一种，是摄氏温标的基础。因为水银容易提纯，热导率大，比热容小，膨胀比较均匀，不容易附着在玻璃壁上，不透明便于读数等，所以水银温度计在实验室中常用。如按其刻度和量程范围不同，还可将水银温度计分为五类，见表 3.2.2。

**表 3.2.2　水银温度计的分类**

| 类型 | 刻度间隔 $\Delta t$/ ℃ | 量程范围 $\Delta t$/ ℃ | 说明 |
|---|---|---|---|
| 一般使用 | 1 或 0.5 | 0～100、0～250、0～360 | |
| 分段测量 | 0.1 | −10～200<br>−40～400 | 分 24 支，每支 10 ℃<br>每隔 50 ℃一支 |
| 量热用 | 0.002 或 0.01 | 9～15, 12～18, 15～21,<br>18～24, 20～30 | 作为量热计或精密控温仪附件 |
| 测温差 | 0.01 | −6～120 | 分上升和降低两种 |
| 测高温 | 1 或 0.5 | 600 或 750 | 特硬玻璃管，充以氮气或氩气，<br>以石英制成 |

(i) 水银温度计的校正。大部分水银温度计为全浸式的，使用时应将其完全置于被测体系中，使两者完全达到热平衡。但实际使用中往往做不到这一点，所以在较精密的测量中需作校正。除此之外，还有其他因素会影响测量的可靠性，也需校正。通常引起误差的主要原因和校正方法有：

a. 零点校正。水银温度计下端玻璃球大约容纳了相当于 6000 刻度的水银，球体积的微小变化在温度计上会产生很大的效应，因此必须校正零点。校正方法是，把温度计与标准温度计进行比较，或用纯物质的相变点标定校正，冰水体系是最常用的一种。

b. 露茎校正。全浸式水银温度计如有部分露在被测体系外，则温度差异必然引起误差，这就必须作露茎校正。其方法是：首先测露出于被测体系之外的水银柱长度，即露茎高度 $h$，然后用一支辅助温度计(其水银球应置于测量温度计 $h$ 的中部)测出环境温度 $t_{环}$。校正值按式(3.2.3)计算：

$$\Delta t_{露} = 1.6\times10^{-4}\ ℃^{-1} h(t_{观} - t_{环}) \tag{3.2.3}$$

式中，系数 $1.6\times10^{-4}\ ℃^{-1}$ 为水银对玻璃的相对膨胀系数；$t_{观}$ 为测量温度计上的读数。

c. 其他因素的校正。使用精密温度计时，读数前须轻轻敲击水银面附近的玻璃壁以防止水银的黏附，应待温度计和被测体系真正建立热平衡，水银面不再变动才能读数。变温体系的温度测量往往会造成滞后误差(或称迟缓误差)，也应予以校正，其计算较为复杂，可参阅温度测量方面的专著。此外，还应避免太阳光、热源、高频场等辐射能的干扰。

(ii) 使用水银温度计注意事项。使用水银温度计除应进行校正外，还应严格遵守操作规则，尽量避免不规范的操作。例如，以温度计代替搅拌棒；和搅拌器相碰；放在桌子边缘滚下地；装在盖子上的温度计不先取下，而充当支撑盖子的支柱；套温度计的塞子孔太大，使温度计滑下或孔太小，硬将温度计塞进，折断温度计等，这些都是不合规定的操作，应尽力避免。万一温度计损坏，内部水银洒出，应严格按“汞的安全使用规程”处理。

(3) 热电偶温度计。

(i) 热电偶温度计原理：两种金属导体构成一个闭合线路，如果连接点温度不同，回路里将产生一个与温差有关的电势，称为温差电势。这样的一对导体称为热电偶温度计，简称热电偶。因此，可用热电偶的温差电势测定温度。

(ii) 热电偶温度计的优点：

a. 灵敏度高。例如，常用的镍铬-镍硅热电偶的热电系数达 40 μV·℃$^{-1}$，镍铬-考铜的热电系数更高达 70 μV·℃$^{-1}$。用精密的电位差计测量，通常可达到 0.01 ℃的精度。如将热电偶串联组成热电堆(图 3.2.1)，则其温差电势是单对热电偶电势的加和，选用较精密的电位差计，检测灵敏度可达 $10^{-4}$ ℃。

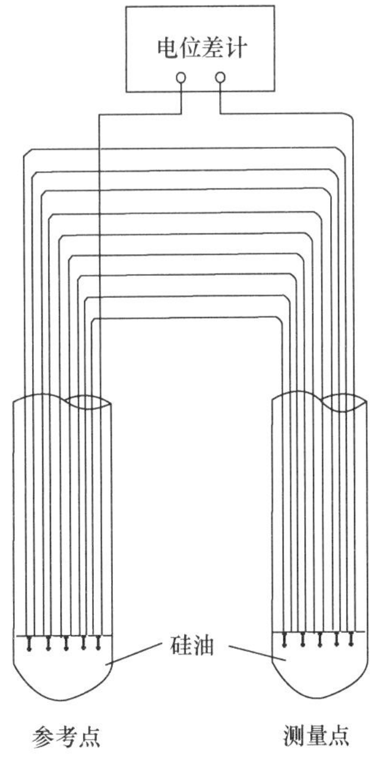

图 3.2.1　热电堆结构原理示意图

b. 复现性好。热电偶制作条件的不同会引起温差电势的差异。但一支热电偶制作后，经过精密的热处理，其温差电势-温度函数关系的复现性极好。由固定点标定后，可较长期使用。热电偶常被用作温度标准传递过程中的标准量具。

c. 量程宽。热电偶的量程仅受其材料适用范围的限制，见表 3.2.3。

**表 3.2.3　几种常用国产热电偶的主要技术规范**

| 类别 | 型号 | 分度号 | 使用温度(*t*)/ ℃ | | 热电势允许偏差* | | 偶丝直径(*φ*)/mm |
|---|---|---|---|---|---|---|---|
| | | | 长期 | 短期 | 温度区间 | 允许偏差 | |
| 铂铑 10-铂 | WRLB | LB-2 | 1300 | 1600 | 0～600 ℃ | ±2.4 ℃ | 0.4～0.5 |
| | | | | | >600 ℃ | ±0.4%*t* | |
| 铂铑 30-铂铑 6 | WRLL | LL-2 | 1600 | 1800 | 0～600 ℃ | ±3 ℃ | 0.5 |
| | | | | | >600 ℃ | ±0.5%*t* | |
| 镍铬-镍硅(铝) | WREU | EU-2 | 1000 | 1300 | 0～400 ℃ | ±4 ℃ | 0.5～2.5 |
| | | | | | >600 ℃ | ±0.7%*t* | |
| 镍铬-考铜 | WREA | EA-2 | 600 | 800 | 0～400 ℃ | ± 4 ℃ | 0.5～2 |
| | | | | | >600 ℃ | ±1%*t* | |

* *t* 为实测温度值，单位 ℃。化学成分：镍硅(铝)合金——Ni 95%，Si、Al、Mn 5%；考铜合金——Cu 56%，Ni 44%；镍铬合金(Chromel)——Ni 90%，Cr 10%；康铜合金——Cu 60%，Ni 40%

d. 非电量变换。热电偶是一种比较理想的把非电参量-温度变换为电参量-电势或电量的变换器，因此在现代的科学实验和工业生产中常用于温度的自动记录、处理和控制。

(iii) 热电偶温度计种类：热电偶的种类繁多，各有其优缺点。表 3.2.3 列出几种常用的、国产热电偶的主要技术规范。除此之外，套有柔性不锈钢管的各种铠装热电偶也已日益普及。管内装有 $\varphi$ = 0.5 mm 的热电偶丝，用熔融氧化镁绝缘，外径可细到 $\varphi$=1 mm，长度可按需要自行截取，剥去铠装使热电偶丝露出绞合后焊接即可使用。

(iv) 热电偶温度计实验室制作：实验室用热电偶常按实验要求自行设计制作。其主要制作工艺是将两根不同的偶丝焊接在一起。如果是裸露的偶丝，为了绝缘起见，须先将它穿在各种绝缘套管(最好用双孔瓷管)中，然后焊接。焊接工艺如下：清除两根偶丝端部的氧化层，用尖嘴钳将它们绞合在一起(两端大约 5 mm 处)。微微加热，立即蘸以少许硼砂。再在热源上加热，使硼砂均匀地覆盖住绞合头，并熔成小珠状，这样可防止下一步高温焊接时偶丝金属氧化，然后进行焊接。焊接通常采用空气-煤气、氧-煤气、氧-氢及直流或交流电弧。产生电弧的方法是：用一个调压变压器，将 220 V 电压变成 22 V 左右，以碳棒为一极，绞合头为另一极(要用绝缘良好的夹子夹住)，使两棒相碰产生电弧。刚焊接成的热电偶均存在内应力，金相结构不符合要求，这会导致热电偶在使用过程中产生不稳定的温差电势，使结果重现性差，因此精密测量用的热电偶均需进行严格的热处理。一般使用的热电偶也要进行缓慢退火，以消除内应力。

(v) 热电偶温度计的使用：

a. 热电偶保护管的使用。热电偶保护管为了避免热电偶遭受被测介质的侵蚀和便于热电偶的安装，使用保护管是必要的，根据温度要求，可用石英、刚玉、耐火陶瓷等作为保护管。低于 600 ℃可用硬质玻管。在实验工作中有时为了提高测量和控温的响应速度，在对热电偶损害不大的气氛中短期使用，可以不用保护管。但这时应经常进行校正工作，才能保证结果可靠。

b. 冷端补偿。冷端补偿表明热电偶的热电势与温度的关系的分度见表 3.2.4，表 3.2.4 是在冷端温度保持 0 ℃时得到的，因此在使用时最好能保持这种条件，即直接把热电偶冷端或用导线把冷端延出来，放在冰水浴中。若没有冰水，应使冷端处于较恒定的室温，在研究温度时，将测得的热电势加上 0 ℃到室温的热电势(室温高于 0 ℃时)，再查分度表(或由热电偶说明书提供的分度表直接查出温度)。如果用直读式高温表，则应把指针零位拨到相当于室温的位置。热电偶冷端温度波动引起的热电势变化也可用补偿电桥法补偿。市售的冷端补偿器有按冷端是 0 ℃或 20 ℃设计的，购买时要说明配用的热电偶。如热电偶长度不够，也需用补偿导线与补偿器连接。使用补偿导线时切勿用错型号或把正、负号接错。

**表 3.2.4 几种常用热电偶的分度表**

| 热端温度 $t$/ ℃ | 当冷端温度为 0 ℃时热电偶的热电势 $E$/mV | | | |
|---|---|---|---|---|
| | 铂铑-铂(LB-3) | 镍铬-镍硅(EU-2) | 镍铬-考铜(EA-2) | 铜-康铜 |
| 0 | 0.000 | 0 | 0 | 0 |
| 100 | 0.643 | 4.10 | 6.95 | 4.28 |
| 200 | 1.436 | 8.13 | 14.66 | 9.29 |
| 300 | 2.316 | 12.21 | 22.90 | 14.86 |
| 400 | 3.250 | 16.40 | 31.48 | 20.87 |
| 500 | 4.220 | 20.65 | 40.15 | |
| 600 | 5.222 | 24.90 | 49.01 | |
| 700 | 6.256 | 29.13 | 57.74 | |
| 800 | 7.322 | 33.29 | 66.06 | |
| 900 | 8.421 | 37.33 | | |
| 1000 | 9.556 | 41.27 | | |
| 1100 | 10.723 | 45.10 | | |
| 1200 | 11.915 | 48.81 | | |
| 1300 | 13.116 | 52.37 | | |
| 1400 | 14.313 | | | |
| 1500 | 15.504 | | | |
| 1600 | 16.688 | | | |

c. 温度的测量。要使热端温度与被测介质温度完全一致，首先要求有良好的热接触，使二者快速建立热平衡；其次要求热端不向介质外传递热量，以免热端与介质永远达不到热平衡而存在一定温差。热电偶的测量精度受测量温差电势的仪表所制约。直流毫伏计、数字电压表和电位差计均可测量温差电势。毫伏计精度较差(±2 ℃左右)；数字电压表测量方便，精度高，可自动采样，但它的绝对测量值需作标定；经典的测量方式是使用电位差计以补偿法测量其绝对值。

d. 标定和校正。热电偶的温差电势 $E$ 与温度值 $T$ 之间关系的标定一般不是按内插公式进行计算，而是采用实验方法以列表或工作曲线形式表示。标定时通常以水的冰点作为参考温度，然后根据所需工作范围选择附录所列的某些固定点进行标定。测量时应确保热电偶两端处于各自的热平衡状态。标定后的热电偶通称标准热电偶。

工作热电偶常以标准热电偶校正。通常是将它和标准热电偶的热端用铂丝捆在一起放在某一恒温介质中，冷端置于冰水浴中，再用切换开关使两热电偶与同一电位差计相连。逐步改变恒温介质的温度，在热平衡状态下测量一系列温度下的温差电势，制作成工作曲线。

商品型热电偶制作工艺统一，在精度要求不很高的情况下，可以由表 3.2.4 的分度表查出。有些较好的热电偶还附有该热电偶的校正数据。

(4) 金属电阻温度计。

利用测温材料的电阻随温度变化的特性制成的温度计称为电阻温度计。它们与热电偶一样可用于温度的电量转换。在各种纯金属中，铂、铜和镍是制造电阻温度计最合适的材料。其中，铂的熔点高，易于提纯，在氧化性介质中很稳定。它的热容极小，对温度变化响应极快，而且有良好的重现性。所以，规定将铂电阻温度计定为 13.81～903.89 K(–259.34～630.74 ℃)温度范围内，体现国际实用温标的标准温度计。

由于铂电阻的阻值变化为每摄氏度大约只有 0.4%，因此应使用高精度的测量仪表。测量回路内电阻、接点的寄生温差电动势及测量电流引起铂电阻的焦耳等问题都应尽可能消除。电阻温度计的标定方法与热电偶相同。

(5) 石英频率温度计。

利用石英晶体的共振频率作为频率标准，通常要选择其温度系数最小的切割晶面。而石英频率温度计是利用共振频率与温度关系最大的晶面制成测温组件，以振荡器测量晶体的共振频率。这种晶体振动频率与温度近似于线性函数关系，可用于–80～120 ℃调节，测温量程为 10 ℃，这时测量准确度可达 0.001 ℃。

(6) 蒸气压低温温度计。

液体的蒸气压是温度的函数。图 3.2.2 为低温下 7 种气体的饱和蒸气压与温度的关系曲线。如用蒸气压测量并计算温度，其精度很高。图 3.2.3 就是根据这一原理设计的氧气压力温度计。它常用于测定液氮的温度，因而也就可以算出该液氮的饱和蒸气压。

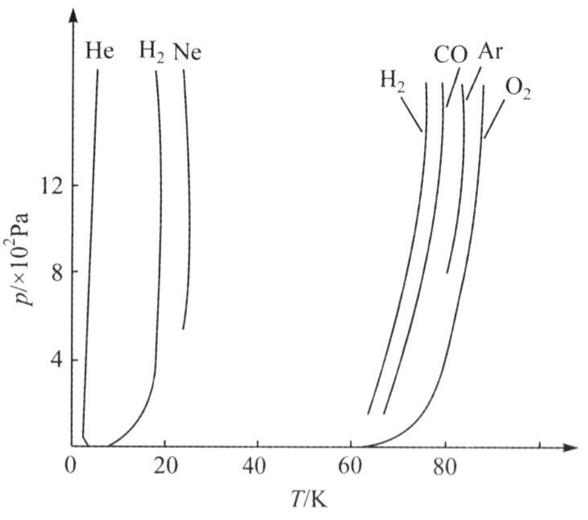


图 3.2.2　气体的饱和蒸气压与温度的关系曲线

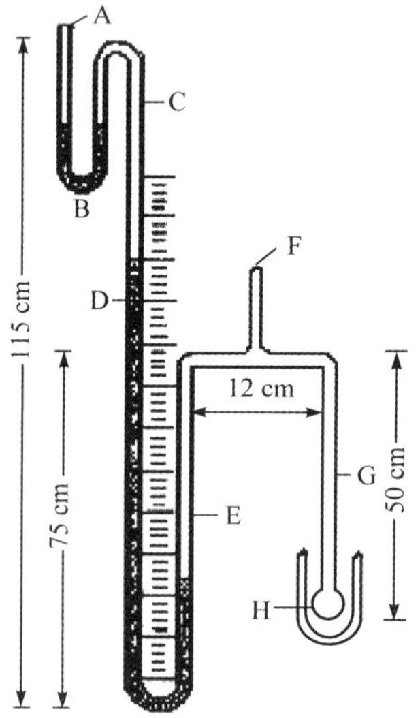


图 3.2.3　氧气压力温度计示意图

氧气压力温度计的制作步骤如下：由 F 将适量纯净水银注入 D～E 管中。在 A 端焊接上真空三通，抽真空并将其熔封。将压力计缓慢向 D 侧倾斜，使一部分水银经 C 流入 B 管，再将压力机复位，这样可在 C 处获得极高的真空度。在 F 端也接上真空三通活塞，对 E、G 管抽真空，充入纯净、干燥的氧气。再反复抽真空、充氧气 3～5 次。最后充入氧气，使其在室温下管内的压力达到 $1.07\times10^5$ Pa 左右。关闭三通活塞，用液氮将小球 H 冷却，熔封 F 端。测量时，将小球连同部分 G 管浸入被测介质中，此时管内部分氧气凝聚成液态，空间被饱和的氧气所充满。D、G 管中水银柱高度差即为被测介质温度下氧的饱和蒸气压。

蒸气压低温温度计体积较大，达到热平衡需要的时间较长。其主要缺点是每种工作物质只能测量略低于其正常沸点的一个较小量程。

(7) 光学高温计(或称辐射式温度计)。

对较高温度下的被测物体，可利用光辐射进行测量。测温上限可达 2000 ℃以上。尽管在 2000 K 以至更高温度下，光学高温计是唯一可行的测温方法，但其误差一般较大，在热化学测量中使用不多。

(8) 温差测量温度计。

对于一个热效应，体系温度差的精确测量往往比准确测定体系温度本身更加重要。这里介绍几种常用的温差测量温度计。

贝克曼温度计是精密测量温度差的温度计，也是水银温度计的一种，由于它要求精度达到 0.002 ℃(最小刻度为 0.01 ℃)，量程仅为 5～6 ℃，所以与一般水银温度计不同。它的构造和特点及使用方法参见仪器部分。

石英频率温度计如用两个探头就可作为温差测量。在外界温度变化不大时，以精度较高的振荡器作为标准，其分辨率可达 $10^{-4}$ ℃。

目前，常用的热敏电阻是由 Fe、Ni、Mn、Ti、Mg、Cu 等金属氧化物半导体材料制成的，可以做成各种形状。图 3.2.4 是珠形热敏电阻温度计示意图。半导体小珠外表被一层玻璃膜保护，由两根细的导线引出，外套玻璃(或其他)保护管。它的电阻温度系数为−0.01～−0.06 $℃^{-1}$，是对温度变化极其敏感的组件。对温度的灵敏度要比铂电阻、热电偶等其他感温组件高得多。它能直接将温度变化转换成电性能的变化(电阻、电压或电流变化)，测量后者便可知道温度的变化。热敏电阻的阻值大，因此由导线和接点引起的阻值变化可以忽略，从而简化测量技术。它具有构造简单、体积小、热容小、响应快、便于自动记录等优点。在测量温度范围较小的情况下，测温差的精确度足以和贝克曼温度计相比，有取代贝克曼温度计的趋势。

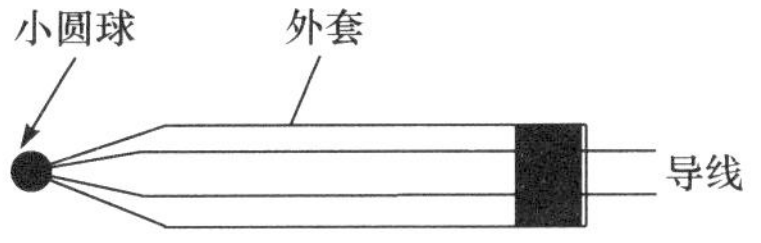

图 3.2.4　珠形热敏电阻温度计示意图

根据电阻-温度特性可将热敏电阻温度计分为两类：①具有正温度系数的热敏电阻温度计(简称 PTC)；②具有负温度系数的热敏电阻(简称 NTC)。后者是在工作温度范围内，其电阻温度系数为−0.01～−0.06 $℃^{-1}$，它的电阻与温度的关系为

$$R_T = A\mathrm{e}^{-B/T} \tag{3.2.4}$$

式中，$R_T$ 为温度 $T$ 时热敏电阻的阻值；$A$、$B$ 是由热敏电阻器的材料、形状、大小和物理特性所决定的两个常数。即使是同一种类、同一阻值的热敏电阻，其 $A$、$B$ 也不完全一样。但当测量温度范围较小时，式(3.2.4)近似为线性关系。

由于热敏电阻的阻值随温度的变化不是线性的，因而测温电桥的灵敏度(温度变化 1 K，电桥不平衡输出电流或电压的变化)将随温度而变，这就给利用电桥不平衡输出进行温差的测

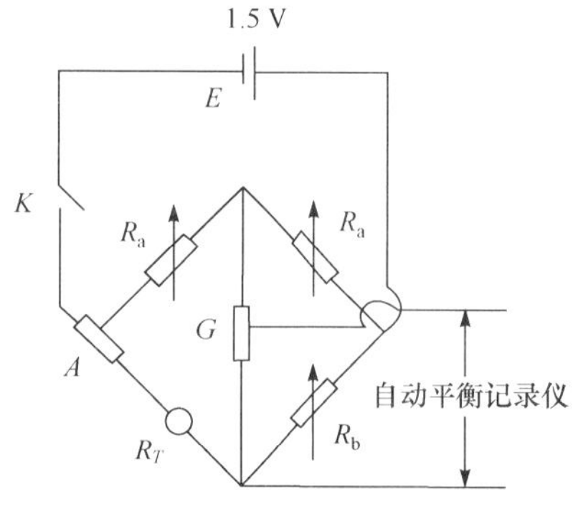


图 3.2.5　恒灵敏度测温电桥

定带来极大的不便。为此，1962 年 Pitts 设计出恒灵敏度测温电桥，见图 3.2.5。经实验检验，它在温差 15 ℃范围内保持灵敏度不变。

由图 3.2.5 知，热敏电阻 $R_T$是作为电桥的一个臂。随着被测介质温度的升高，$R_T$ 值将减小，其电阻随温度的变化率也减小，电桥灵敏度下降。为补偿灵敏度的下降，可增大电源电压以提高电桥灵敏度。当 $R_T$减小，$R_a$和 $R_b$不变的条件下，增大 $A$ 的阻值，减小电桥与电源串联的电阻，从而提高了电源电压，起到了补偿的作用。由于电桥灵敏度与电源电压有关，因此应保持电源电压稳定。如有变化应重新确定灵敏度。

当用记录仪记录温差时，首先根据已做出的关系曲线将电位器 $A$ 调到被测介质相应的温度，然后按待测温差的大小和变化方向调整记录仪量程和记录笔位置。从记录曲线的峰高和电桥灵敏度即可算出温差值。实验时要特别注意防止热敏电阻器两条引线间漏电，否则将影响所测结果和记录仪的稳定性。这种测量电桥适用于燃烧热、溶解热、凝固点降低和液体比热容测定等实验。

3. 量热方法

量热通常包括物质计量和热量测定两个部分。物质的计量与变化过程的机理及物质的纯度有关。热效应的大小与参比态及体系本身的 $p$、$V$、$T$ 等状态有关。所以，量热的测量必须标明各种有关参数，以便比较。在条件允许时应尽可能在标准状态或某一特定状态下进行测定。热的测量用量热计。按其测量原理分为补偿式和温差式两大类，按工作方式又可分为绝热、恒温和环境恒温三种。

1) 量热计的测量原理

(1) 补偿式量热。将研究体系置于量热计中，热效应必将引起体系温度的变化，补偿式量热方法是以热流形式及时、连续地予以补偿，使体系温度得以保持恒定，利用相变潜热和电热或电冷效应是常用的两种方法。

(i) 相变补偿量热。设将一反应体系置于冰水浴中，其热效应将使部分冰融化或使部分水凝固。已知冰的单位质量融化焓，只要测得冰水转变的质量，就可求得热效应的数值。这是一种最简单的冰量热计，这类量热计简单易行，灵敏度和准确度都较高，热损失小。然而，热效应是处于相变温度这一特定条件下发生的。这为确定热效应的环境温度提供了精确的数据，但限制了这类量热计的使用范围。表 3.2.5 列出几种较常见的相变体系及其特定温度值。

**表 3.2.5　若干种低温相变体系的相变温度和相变热**

| 相平衡体系 | 相变温度 | | 相变热 | 外界压力 |
|---|---|---|---|---|
| | $T$/K | $t$/ ℃ | /(J · g$^{-1}$) | /Pa |
| 氮，液-气 | 77.35 | −195.80 | 199 | $10^5$ |
| 干冰/丙酮，固-气 | 194.7 | −78.5 | | 101 325 |
| 氨，液-气 | 240.0 | −33.0 | 1370 | $10^5$ |
| 水，固-液 | 273.15 | 0 | 333.7 | 101 325 |

续表

| 相平衡体系 | 相变温度 | | 相变热 | 外界压力 |
|---|---|---|---|---|
| | $T$/K | $t$/ ℃ | /(J · g$^{-1}$) | /Pa |
| 二苯醚，固-液 | 300.1 | 26.9 | | 101 325 |
| $Na_2SO_4 \cdot 10H_2O$ * | 305.53 | 32.38 | | 101 325 |
| 丙酮，液-气 | 329.30 | 56.15 | | 101 325 |
| 水，液-气 | 373.15 | 100.0 | 2356 | $10^5$ |

* $Na_2SO_4 \cdot 10H_2O$ 可以表示为 $Na_2SO_4 \cdot H_2O$ 或 $Na_2SO_4/H_2O$

(ii) 电效应补偿量热:对于一个吸热的化学或物理变化过程,可将体系置于一液体介质中,利用电热效应对其补偿，使介质温度保持恒定。这类量热计的工作原理与恒温水浴相似，由测量系统将测得值与设定值比较后反馈给控制系统。其不同点在于：加热器所消耗的电功可由电压 $U$、电流 $I$ 和时间 $t$ 的精确测定求得。如不考虑体系的介质与外界的热量交换，则该变化过程的焓变 $\Delta H$ 为

$$\Delta H = Q_p = \int U(t)I(t)\mathrm{d}t \tag{3.2.5}$$

显然，介质温度可根据需要设定。温度波动情况可用高灵敏度的温差温度计显示。电量的测量精度远高于温度的测量精度，只要介质恒温良好，焓变的测得值就可靠。介质与外界的热交换，介质搅拌所产生的热量及其他干扰因素的影响都可以通过空白实验予以校正。

电子控制系统的设计及操作参数的选择直接影响温度恒定情况，即控温品质是否良好。图 3.2.6 表示流向样品的热流、温度控制系统的温度波动及电热功率随时间变化的情况。图中为信号反馈的时间常数。曲线①为漂移型，曲线②为振荡型，曲线③为非周期性变化较为理想的情况。

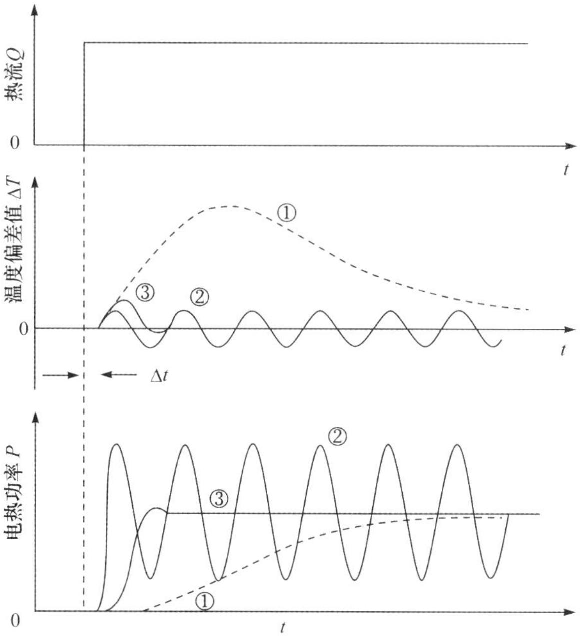


图 3.2.6　反馈控制系统对吸热补偿的品质

对于放热效应就必须使用电制冷组件，利用佩尔捷效应来补偿。在两种不同金属组成的回路上通以一定的电流，双金属的接点上将分别形成冷端和热端。佩尔捷功率在两端的分配比例与电流大小有关。两端功率相等时的回路电流为 $I_0$。在某一小于 $I_0$ 的工作电流 $I$ 时，其制冷功率为

$$P_{冷} = \eta I(1 - I / I_0) \tag{3.2.6}$$

式中，$\eta$ 为佩尔捷系数，它与所用组件材料及工作温度有关。实际上，冷热端之间导热，将使得制冷效率低于计算值。这会给放热效应的测量带来一定的系统误差。不过，目前为止，电冷效应补偿量热计的应用仍为数不多。

(2) 温差式量热。

量热计中发生的热效应导致量热计温度变化的情况下，热的测量可以用不同时间 $t_i$ 或在不同位置 $x_i$ 测得温度差来表示：

$$\Delta T = T(t_1) - T(t_2) \tag{3.2.7}$$

或

$$\Delta T = T(x_1) - T(x_2) \tag{3.2.8}$$

(i) 时间温差测量方法。燃烧热测量所用的氧弹式量热计就是根据温度随时间变化的原理设计的，其热效应为

$$Q_v = C_{计} \Delta T \tag{3.2.9}$$

式中，$C_{计}$ 为量热计的热容，它包括构成量热计的各部件、工作介质及研究体系本身。$C_{计}$ 与测量时的温度甚至与热效应所造成的温度差$\Delta T$ 有关。同时，量热计与环境水夹套的热交换，即所谓热漏，是不可避免的。因此，$C_{计}$ 必须用已知热效应值的标准物质或用电能，在相近的实验条件下进行标定，再以雷诺(Reynolds)作图法或奔腾公式予以修正。

(ii) 位置温差测量方法。体系的热效应以一定的热流形式向量热计或周围环境散热，其间存在温度梯度。同时测量两个位置的温度 $T(x_1)$和 $T(x_2)$，由其温差对时间积分可以测得热量：

$$Q = K \int \Delta T(x_i) \mathrm{d}t \tag{3.2.10}$$

式中，$K$ 为仪器常数，由标定求得。图 3.2.7 为管式液-液反应的流动式量热计的示意图。设处于相同温度 $T(x_1)$的两个反应物连续流入反应管，混合后发生反应并伴有热效应。设在 $x_2$ 处其反应已全部完成。一定时间后，反应管与周围环境的热交换将处于稳定状态，则$\Delta T$ 也将恒定。$\Delta T(x)$与反应热成正比，其比例系数也同样需标定。

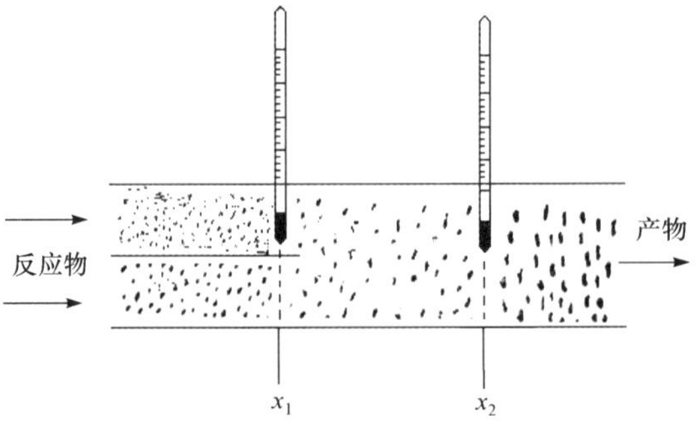


图 3.2.7　流动式量热计测定反应热示意图

2) 量热计的工作方式

按工作方式量热计又可分为绝热、恒温和环境恒温三种。

(1) 恒温式。

恒温式条件要求苛刻，即 $T_{体} = T_{环} =$ 恒定值，且热阻值 $R_{热}$ 趋于零，即体系与环境的热交换可在瞬间完成。

实际上，环境需用上述相变或电补偿效应予以补偿才有可能抵消体系传导出来的热效应。而热效应的大小恰好可以通过补偿的能量计算出来。在理想条件下，如图 3.2.8 所示，体系温度 $T_{体}$ 等于环境温度 $T_{环}$，不随时间和空间而异。实际测量中，体系、测量组件、介质、加热或冷却组件之间的差异及滞后是必然存在的。恒温只是恒温变化的幅度可以忽略。尽管如此，恒温量热在热化学测量中仍占有很重要的地位。

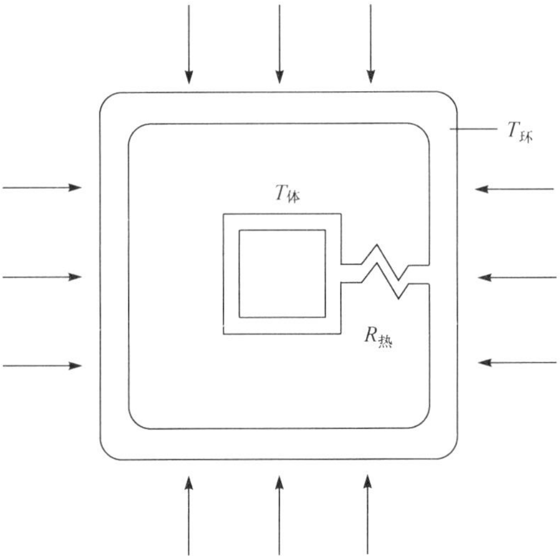


图 3.2.8　量热计的三种工作方式示意图

1. 恒温：$T_{体} = T_{环} =$ 恒定值，$R_{热} \to 0$；2. 环境恒温：$T_{体} = f(t)$，$T_{环} =$ 定值，$R_{热}$ 有一定值；3. 绝热：$T_{体} = T_{环} = f(t)$，$R_{热} \to \infty$

(2) 环境恒温。

环境恒温就是在环境温度恒定的条件下测量体系温度变化的情况。环境通常是一个恒温浴，相变浴或金属恒温块。在燃烧焓测定实验中所用到的氧弹式量热计尽管没有恒温浴，但可认为它是以室温水夹套作为环境的，所以可将其当作环境恒温测量方式的一个例子。由图 3.2.8 可知，$T_{体} = f(t)$，$T_{环} =$ 定值，$R_{热}$ 有一定值。热交换以合理速率通过热阻进行。热流大小只是环境与体系温度差的函数，实际上则只是体系温度的线性函数。热损失或热漏在量热实验中往往是引起误差的重要因素。而环境恒温测量方法没有必要将热损失减至最小。关键在于，在一定温差时，热漏情况应有较好的重现性以便通过标定予以校正。当然，热漏过分严重，必将降低量热计的灵敏度，这是不可取的。

热导式量热计是一种较为常见的环境恒温量热计。体系产生的热效应有一部分 $Q_R$ 通过热阻流向环境，其余的热量 $Q_C$ 将使体系及其容器的温度改变。在该过程的某一时刻，热效应 $Q$ 的功率为

$$P = \frac{dQ}{dt} = \frac{dQ_C}{dt} + \frac{dQ_R}{dt} \tag{3.2.11}$$

将热流与电流相比较，温差相当于电压，则通过热阻 $R_{热}$ 的热传导达到稳态时，热流 $\mathrm{d}Q_R/\mathrm{d}t$ 应为 $\Delta T/R_{热}$， $\mathrm{d}Q_C = C_{计}\Delta T$，将两者代入式(3.2.11)得

$$P = C_{计}\frac{\mathrm{d}(\Delta T)}{\mathrm{d}t} + \frac{\Delta T}{R_{热}} \tag{3.2.12}$$

式中， $C_{计}$ 为量热容器及其内含物总的有效热容。

体系与环境之间传导热流的热阻可由测量两者温差的热电堆组成。它所输出的温差电动势在记录仪上的响应值 $h$ 与 $\Delta T$ 成正比，令其比例系数为 $g$。式(3.2.11)和式(3.2.12)合并的积分式为

$$Q = \int_{t_1}^{t_2} P\mathrm{d}t = C_{计}\int_{T_1}^{T_2}\mathrm{d}(\Delta T) + \frac{1}{R_{热}}\int_{t_1}^{t_2}\Delta T\mathrm{d}t = \frac{C_{计}}{g}\int_{h_1}^{h_2}\mathrm{d}h + \frac{1}{R_{热}g}\int_{t_1}^{t_2}h\mathrm{d}t \tag{3.2.13}$$

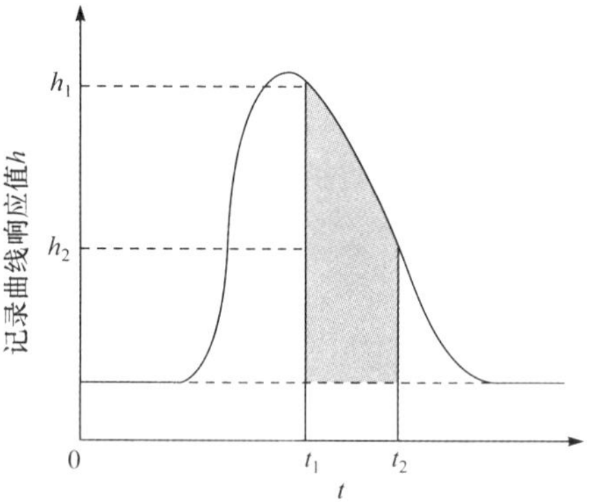


图 3.2.9　热导式量热计记录曲线

设定边界条件下就可得到某一段时间内体系产生的热量。由图 3.2.9 可以看出，若 $t_1$ 和 $t_2$ 分别选定于热效应的前后，$h_1$ 和 $h_2$ 都将在热谱曲线的基线上，d$h$=0，即式(3.2.13)右边的第一项为零，则热效应计算式变为

$$Q = \int_{-\infty}^{+\infty} P\mathrm{d}t = \frac{1}{R_{热}g}\int_{-\infty}^{+\infty}h\mathrm{d}t \tag{3.2.14}$$

即整个变化过程的热效应可用热谱曲线下的峰面积来计算。与仪器及操作条件有关的常数 $C_{体}$、$R_{热}$ 和 $g$ 都可借助与测定相近条件下的电能加以精确标定。

(3) 绝热。

理想的绝热状态意味被测体系与环境之间无热量交换。如果热效应过程极其迅速，在整个测量中来不及进行热交换，或者体系与环境的隔热十分完善，热阻无限大，这都可达到绝热的目的。显然，这两种方法在实际使用中都难以实现。较为实际可行的一种办法是：让环境温度随体系温度改变，且两者始终保持一致，即

$$T_{环} = T_{体} = f(t) \tag{3.2.15}$$

不过，若被测体系与环境的接触面很大，或体系温度变化过于急剧，则因传热过快或环境补偿滞后，将引起较大误差。一般来说，这种绝热测量方法宜用于热效应变化较慢的过程。在扫描量热中，热效应 $Q$ 的数值可通过测定用于补偿所消耗的电功来计算。

扫描的量热方式、基本实验技术与下面介绍的热分析方法相似。

3) 空白、标定及其他

为了提高热测量结果的可靠性，通常可在实验完全一致的操作条件下做一空白实验，以校正由搅拌、热导、热漏等因素带来的影响。

如前所述，这台仪器 $C_{体}$、$R_{热}$ 和 $g$ 常数与各台仪器性能、外界条件及热效应大小和样品性质本身都有关系，只有通过标定才能精确求得。通常，热效应的大小是通过与另一已知能量定量转化的热效应相比较而求得的，所以量热计可看作一个用于比较热效应的工具。已知热效应与未知热效应之间的联系就是仪器常数，如氧弹式量热计，$C_{体}=Q_V/\Delta T$，实验中常采

用已知反应热的化学反应或精确测量的电能作为标定基础，而电补偿恒温和绝热测量方法就是直接以电能来度量热效应。

在较精密的测量中，为避免外界条件波动的影响，常设计一个作为参比的量热容器与测量容器组成双体式结构。参比容器的一切条件都尽可能与体系容器相一致。而热效应的测量是以两者的温差为基础的。

图 3.2.10 以电热为例表示电标定工作系统的线路。环境为一恒温金属块，参比管与量热管的热电堆对接输出。稳定的外加电压通过精密数字电压器测量，借助标准电阻也可以电压形式测得电流强度，时间可用电子计时器自动控制。设电热转换效率为 100%，根据式(3.2.5)即可算出热效应。通过记录仪的响应与电能关系就可求出仪器常数。

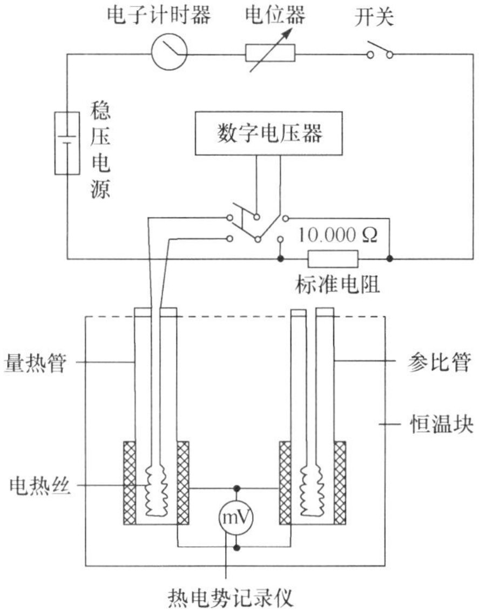

图 3.2.10　电标定工作系统示意图

电热补偿恒温或绝热，其电热组件置于液态介质的环境中。所消耗电功的记录系统与温度控制系统相连以记下电压和电流强度随时间变化的情况。通常可用专用微处理机积分求得总的结果。

量热过程能量变化与时间的关系，实质上是该变化过程的动力学性质的体现。在仪器的热滞后可以忽略的情况下，一条完整的热化学曲线不仅给出了一定时间内热效应大小 $Q$ 值，同时还反映该变化过程的动力学特性。无论用等温方法和非等温方法都可以测定不同体系(如气相反应、溶液反应和固相反应)的反应动力学参数。近 20 年来，这种热动力学研究方法在科学和技术中的应用已取得较快的发展。

4. 热分析方法

1) 概述

熔融、升华或晶形转化及化学反应等变化过程总是要吸热或放热的。这些物理变化和某些化学变化往往只需升高样品的温度就可以发生。伴随这些变化过程的热效应与时间或温度的函数关系是热分析方法的基础。热分析方法可以测定固体样品热容、纯度及提供绘制相图的资料和动力学数据，已广泛用于石油产品、高聚物、金属、配合物、液晶、生物体系、医药等有机和无机化合物，成为研究有关问题的有力工具。

热分析是指在过程控制温度的条件下，测量物质的物理性质与温度之间关系的一类技术。这里只讨论程序升温时物质的焓变和热容与温度的关系，至于程序降温或其他控温形式及升温时其他物理性质的变化及测量将不作涉及。

选取一种对热稳定的物质作为参比物，将其与样品一同置于加热炉内，以一定速率 $\beta$ 使参比物的温度升高

$$T = T_0 + \beta \mathrm{d}t \tag{3.2.16}$$

当体系温度 $T_{体}$ 达到一定值时，样品发生变化，伴随热效应使得 $T_{体}$ 偏离程控温度。$\Delta H<0$(放

热)，样品温度 $T_{样}$ 偏高；相反，$\Delta H$>0(放热)，样品温度 $T_{样}$ 偏低，均会产生温差。研究样品与惰性参比物的温度差与时间或温度关系的技术称为差热分析。如果以电能对 $\Delta H$ 进行补偿，通过样品和惰性参比物在相同温度下所需热流的差值来测定的这些过程的焓变化，则称为功率补偿型示差扫描量热技术。根据补偿电功率 $P$ 可以求算热流差

$$P=\frac{\delta Q_{样}}{\mathrm{d}t}-\frac{\delta Q_{参}}{\mathrm{d}t}=\frac{\mathrm{d}H}{\mathrm{d}t} \tag{3.2.17}$$

样品与参比物之间的热流之差等于单位时间内样品的焓变。按照惯例，在 DTA 曲线上，放热效应使样品温度高于参比物，以向上的峰表示：DSC 曲线则因热焓减小而以峰顶向下表示，见图 3.2.11。通常从 DSC 得到的实验数据比从 DTA 得到的更为定量，并更易于作理论解释。

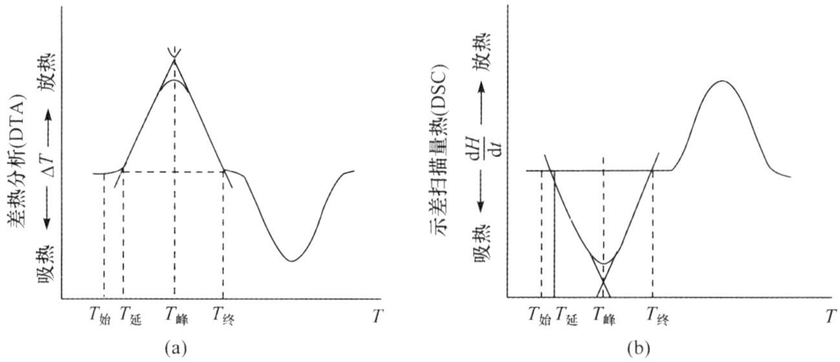


图 3.2.11　热分析曲线示意图

图中 $T_{始}$ 表示热效应开始，曲线偏离基线，则称为起始温度；$T_{峰}$ 表示峰顶温度，不对称峰的峰顶位置由两侧最大斜率外延交点决定；$T_{终}$ 表示终止温度。然而，国际热分析及量热学联合会规定：用峰前缘上斜率最大的一点作切线与外延基线的交点 $T_{延}$ 作为表征某一特定变化过程的温度，并将 $T_e$ 命名为外延起始温度。实验证明，$T_{延}$ 受操作条件影响最小，它与其他方法求得的结果也比较一致。

2) 热分析仪器基本原理

图 3.2.12 表示 DTA 和 DSC 工作原理的基本情况，经典 DTA 常用一金属块作为样品保持器，以确保样品与参比物处于相同的加热条件下，Boersma 式 DTA 对样品容器作了改进，对定量测定有所改善。DSC 的主要特点是样品和参比物分别各有独立的加热组件和测量组件，

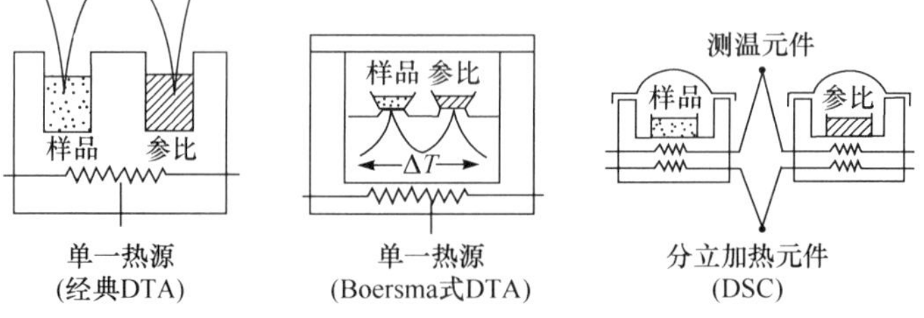


图 3.2.12　三种热分析仪示意图

并由两个系统进行监控。其中一个用于控制升温速率，另一个用于补偿试样和惰性参比物之间的温差，工作框图如图 3.2.13 所示。为了提高灵敏度，DSC 所用的样品容器与电热丝紧密接触。但由于制造技术上的问题，目前最高使用温度只能达到 1200 ℃。而 DTA 一般可用到 1600 ℃的高温，最高可达到 2400 ℃。

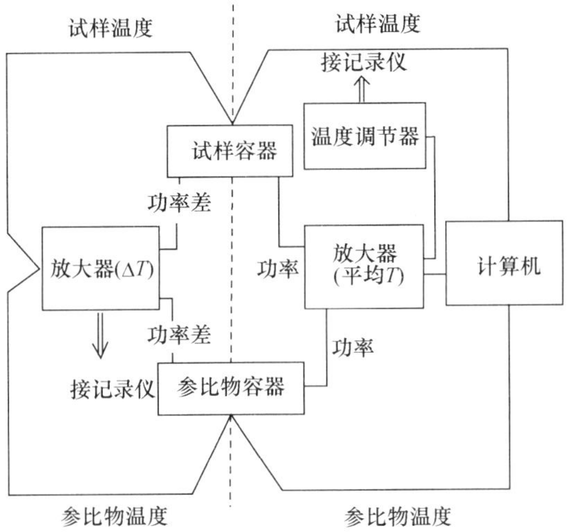


图 3.2.13　功率补偿型 DSC 的控制线路图

3) 主要影响因素

热分析是一种动态技术，许多因素会对所得曲线有较明显的影响。实验条件的变化不仅会改变峰的温度，有时甚至连峰及峰的个数都会有所不同。因此，热分析必须严格控制实验条件，而且还应详细标明。

(1) 温度的标定。热分析曲线是以温度作为变量的。为了正确表示变化过程的温度，必须对仪器标示的温度加以标定。国际热分析及量热学联合会的标准委员会确定了 14 种标准物质作为热分析仪的温度标定(表 3.2.6)。标定方法是：按所需温度范围，选取若干标准物质，测定其熔点或晶形转变点的外延起始温度 $T_e$，作为仪器的温度校正曲线，根据曲线以校正对应的观察温度 $T_{延}$。

**表 3.2.6　热分析仪温度标定用的标准物质***

| 相平衡体系 | 相变点** | DTA 平均值 | |
|---|---|---|---|
| | $t$/ ℃ | $T_e$/ ℃ | $T_p$/ ℃ |
| 环己烷，固-液 | −86.9 | −86.1 | −81.5 |
| 1,2-二氯乙烷，固-液 | −35.6 | −35.8 | −31.5 |
| 二苯醚，固-液 | 26.9 | 25.4 | 28.7 |
| 邻三联苯，固-液 | 56.2 | 55.0 | 57.9 |
| $KNO_3$，固-固 | 127.7 | 128 | 135 |
| In，固-液 | 156.6 | 154 | 159 |

续表

| 相平衡体系 | 相变点** | DTA 平均值 | |
|---|---|---|---|
| | $t$/ ℃ | $T_e$/ ℃ | $T_p$/ ℃ |
| Sn，固-液 | 231.9 | 230 | 237 |
| $KClO_4$，固-固 | 299.5 | 299 | 309 |
| $Ag_2SO_4$，固-固 | 430 | 424 | 433 |
| $SiO_2$(石英)，固-固 | 573 | 571 | 574 |
| $K_2SO_4$，固-固 | 588 | 582 | 588 |
| $K_2CrO_4$，固-固 | 665 | 665 | 673 |
| $BaCO_3$，固-固 | 810 | 808 | 819 |
| $SrCO_3$，固-固 | 925 | 928 | 938 |

* 国际热分析及量热学联合会标准委员会确认

** 标准压力 $p^{\ominus}$ 下

(2) 仪器方面的因素。例如，加热炉的形状和尺寸、样品或支架的材料、大小和几何形状及记录仪的响应和走纸速率等对热分析结果都有影响。

(3) 实验条件对热分析曲线的影响。

(i) 升温速率：一般来说，升温速率$\beta$增大，一个热效应的$T_{始}$、$T_{峰}$和$T_{终}$都会有不同程度的偏高，峰形尖锐，峰面积略增。此外，升温速率$\beta$还会影响峰的检测灵敏度、相邻峰的分辨率。以 $CuSO_4 \cdot 5H_2O$ 的脱水为例，其受热过程可解释为

$$CuSO_4 \cdot 5H_2O \longrightarrow CuSO_4 \cdot 3H_2O + 2H_2O(l)$$

$$H_2O(l) \longrightarrow H_2O(g)$$

$$CuSO_4 \cdot 3H_2O \longrightarrow CuSO_4 \cdot H_2O + 2H_2O(g)$$

$$CuSO_4 \cdot H_2O \longrightarrow CuSO_4 + H_2O(g)$$

在其他条件相同的情况下，不同升温速率对其曲线的影响可见图 3.2.14。通常，低升温速率有利于改善分辨率，但本例的脱水起于大约 90 ℃，其后液态水气化。在低升温速率时，这两个步骤同时完成，反而使分辨率降低。当然，如果升温速率再继续提高到 32 ℃ · $min^{-1}$ 乃至 64 ℃ · $min^{-1}$，可以看到相邻峰的分辨率确实有偏差。

(ii) 炉内气氛：静止或流动的氧化性、还原性、惰性气氛及真空状态对某些 DTA 或 DSC 曲线有明显影响。这主要与化学反应或化学平衡有关。例如，草酸钙吸热分解生成的 CO，在氧化性气氛中会燃烧，在曲线上会出现一个较大的放热峰将原来的吸热峰完全掩盖。又如，碳酸盐的分解产物 $CO_2$ 若被气流或真空泵带走，将会导致分解吸热峰向较低温度方向移动。

(iii) 热电偶位置：DTA 所用样品较多，热电偶又是直接插在样品中，若其位置偏离中心或浮在样品表层上，显示的温度往往会偏高。

(4) 待测试样的情况：试样的热导性能及气体在样品中的扩散性质都将改变热分解曲线的形状。

(i) 样品用量多，测定灵敏度提高，结果的偶然误差也将减少；样品用量少，样品基本上

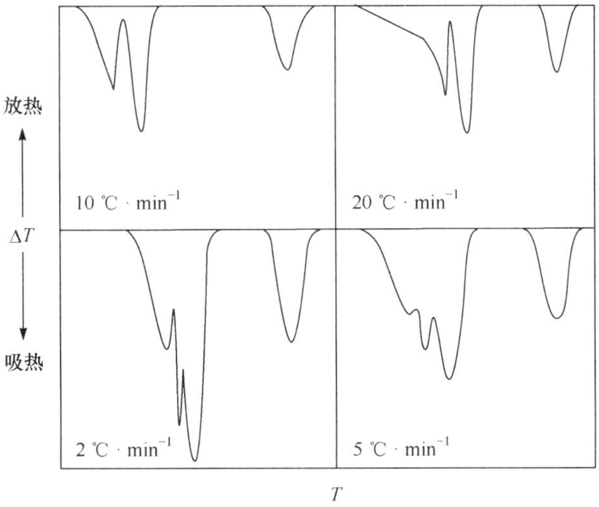


图 3.2.14　不同升温速率下 $CuSO_4 \cdot 5H_2O$ 脱水过程的 DTA 曲线(静态空气 50 mg 样品)

处于相同的温度和气氛条件下，均一性较好。正常情况下，用量过多往往使样品存在温度梯度，导致峰形扩大、分辨率下降。

(ii) 样品粒度较大的颗粒峰形较宽，分辨率也差些，特别是受扩散控制的反应过程与样品粒度关系更为明显。还以上述 $CuSO_4 \cdot 5H_2O$ 脱去 4 个水分子的过程为例：大颗粒表面上的分子先脱去两个水分子，这些水的蒸发将与内部分子的脱水同时发生。另外，脱离晶体的水分子从内部向表面扩散需要一定时间，所以两个峰就会重合。过细颗粒的表面积很大，脱结晶水的反应温度都会下降，第二个峰与第三个峰重合。所以，对于一个未知样品，必须尝试各种不同的操作条件。总体来说，颗粒必须均匀，而且以大约 200 目的细颗粒为宜。DTA 曲线见图 3.2.15。

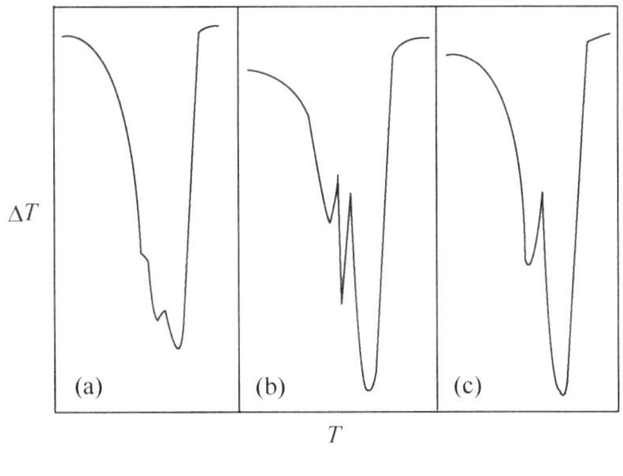


图 3.2.15　$CuSO_4 \cdot 5H_2O$ 在 $N_2$ 中脱 4 个水分子的 DTA 曲线
$\beta$=10 ℃ · $min^{-1}$，(a) 14～18 目；(b) 52～72 目；(c) 72～100 目(石英制)

(iii) 装填情况。DTA 所用样品较多，样品装填不均易引起导热及温度的差异，曲线将会出现一些无法解释的小峰，主峰的位置也会移位。

(iv) 稀释剂的影响。为防止样品烧结，或为了改善样品的导热、透气性质、改善基线等情况，有时在样品中加入参比物或其他热惰性材料作为稀释剂。

(5) 操作参数的选择。由于许多操作条件因样品而异，所以在正式测定之前，最好能对每一种参数都细加考虑，先尝试后选定最佳条件。表 3.2.7 所列热分析的一些主要操作参数仅供选择。

**表 3.2.7　热分析主要操作参数**

| 主要参数 | 欲获得较佳分辨率 | 欲获得较佳灵敏度 |
| --- | --- | --- |
| 样品粒度 | 宜小 | 宜大 |
| 样品保护器 | 金属恒温块 | 小容器 |
| 气氛 | $H_2$、He 等 | 真空 |
| 升温速率 | 宜慢 | 宜快 |

4) 热焓的测定

在实验条件精心选择之后，可以 DTA 或 DSC 曲线峰的面积来测量一个热效应值的大小。其计算公式为

$$\Delta H = KA / m \tag{3.2.18}$$

式中，$m$ 为样品的质量；$K$ 为仪器系数；$A$ 为曲线峰面积。由于将 DTA 曲线的峰面积转换成热量关系的因素较为复杂，因此在定量测量方面，DSC 的精度高于 DTA。

(1) 峰面积的表示及处理。DSC 直接记录的是热流量随时间变化曲线，该曲线与基线所构成的峰面积与 $\Delta H$ 成正比。若不考虑比热容及样品不均匀性等因素的影响，DTA 曲线的峰面积同样也与 $\Delta H$ 成正比。所以，在不同情况下正确求算峰面积是较为关键的工作。四种较常见峰面积的确定方法见图 3.2.16。图 3.2.6(a)面积容易求算，图 3.2.6(b)和(c)通常是由样品在变化过程热容改变而引起的。对于图 3.2.6(b)，尚可采用基线连接以构成峰面积；而图 3.2.6(c)基线的漂移表示产物的热容与原样品明显不同，因此常将峰面积分成两部分加和。图 3.2.6(d)是分辨情况不够理想的两个相邻峰，在两峰面积相差不大的情况下，可以按峰谷为分界线分别计算。原则确定后，可采用求积仪、剪纸称重法或用微处理机处理。数据微处理机对图 3.2.6(a)和(b)的处理可得到非常精确的结果。至于图 3.2.6(c)和(d)与程序的设计及参数的设定有关，应谨慎处理。

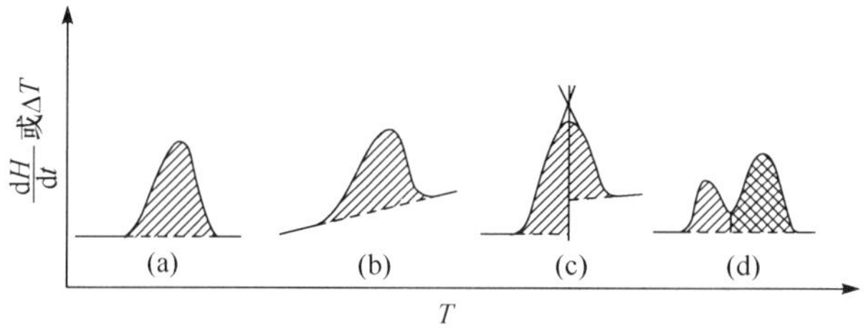


图 3.2.16　热分析曲线峰面积的确定

(2) 仪器系数 $K$。与量热方法所述一样，仪器系数可通过测定已知热效应物质的方法来求得。应指出，尽管 DSC 的定量精度较高，但其 $K$ 在一定程度上与温度有关，因此有必要使用多种标定物质在若干温度下测定 $K$。通常，在低于 750 ℃的温度区间，大多以 DSC 方法测定其焓变 $\Delta H$，高于 750 ℃以上则用 DTA 方法测定。为了正确求出各个温度区间的仪器系数，表 3.2.8 列出国际热分析及量热学联合会推荐作为量热校正的标准物质，计 14 种共 17 个转变温度。

**表 3.2.8　国际热分析及量热学联合会推荐作为量热校正的标准物质**

| 化合物 | 温度 | 转变 | $\Delta H$ /(kJ · mol$^{-1}$) | 平均标准偏差 | | 性质 |
|---|---|---|---|---|---|---|
| | | | | ±kJ · mol$^{-1}$ | ±% | |
| $H_2O$ | 0 | m.p. | 6.03 | 0.12 | 2.0 | |
| AgI | 149 | p.t. | 6.56 | 0.05 | 0.7 | Ⅰ |
| In | 157 | m.p. | 3.26 | 0.02 | 0.6 | |
| $RbNO_3$ | 166 | p.t. | 3.87 | 0.02 | 0.6 | |
| $AgNO_3$ | 168 | p.t. | 2.27 | 0.01 | 0.3 | Ⅰ |
| $AgNO_3$ | 211 | m.p. | 12.13 | 0.08 | 0.7 | Ⅰ |
| $RbNO_3$ | 225 | m.p. | 3.19 | 0.01 | 0.4 | |
| Sn | 232 | m.p. | 7.19 | 0.03 | 0.4 | |
| Bi | 272 | m.p. | 11.09 | 0.12 | 1.1 | |
| $RbNO_3$ | 285 | p.t. | 29 | 0.01 | 0.5 | |
| $NaNO_3$ | 306 | m.p. | 15.75 | 0.11 | 0.7 | Ⅰ |
| Pb | 327 | m.p. | 4.79 | 0.07 | 1.4 | |
| Zn | 419 | m.p. | 7.10 | 0.04 | 0.6 | |
| $Ag_2SO_4$ | 426 | p.t. | 15.90 | 0.16 | 1.0 | Ⅰ |
| CsCl | 476 | p.t. | 2.90 | 0.03 | 1.0 | |
| $Li_2SO_4$ | 576 | p.t. | 24.46 | 0.07 | 0.3 | Ⅱ |
| $K_2CrO_4$ | 668 | p.t. | 6.79 | 0.10 | 1.5 | Ⅲ |

注：m.p.为熔点，p.t.为多晶转变；Ⅰ为易分解，Ⅱ为具有吸湿性，Ⅲ为基线校正困难

5) 固体恒压热容的测定

热容数据在理论和实际上都具有重要意义。热容数值不仅与过程有关，也与温度有关。能斯特曾设计绝热真空量热计，逐点精确测量热容与温度的函数关系。他还利用所测得的大量固体热容数据验证了热定理。

现代的自动低温绝热热容量热计就是在能斯特工作的基础上发展起来的。基本方法是：在样品管的电阻丝上输入恒定的电功率 $UI$。记录温度 $T$ 对时间 $t$ 的关系曲线，由曲线上任意温度下的 $\mathrm{d}t/\mathrm{d}T$ 值计算相应的热容

$$C_p=\left(\frac{\mathrm{d}Q}{\mathrm{d}T}\right)_p=UI\frac{\mathrm{d}t}{\mathrm{d}T} \tag{3.2.19}$$

这种方法通常用于测定低温下的热容。虽然它最高也可用到 1700 K，不过 373 K 以上的固体热容常用高温跌落式量热计测定。用热分析方法测定热容，尽管其测量精度较差，但由于操作较方便，使用范围较广，因此常被采用。

当样品物质的温度以线性增长时，流入样品的热流与样品的瞬时热容成正比

$$\frac{\mathrm{d}H}{\mathrm{d}t}=C_p\frac{\mathrm{d}T}{\mathrm{d}t} \tag{3.2.20}$$

由于实验测得的 $\mathrm{d}H/\mathrm{d}t$ 和 $\mathrm{d}T/\mathrm{d}t$ 数据有一定误差，所以并不直接由式(3.2.20)求得 $C_p$ 值，通常用已知质量和热容的标准物质(如蓝宝石)与样品在同样条件下作比较，就能得到样品的热容随温度变化的函数关系，所得热容的精度可达 0.3%。其测定方法简介如下：将两个空的铝质样品皿分别放在样品支架和参比支架上，在较低温度先记录一条恒温基线(350 ℃)。然后程序升温扫描测定温区，停止温度扫描，再记录较高温度时的另一段恒温基线，见图 3.2.17 中的 370 ℃基线。同样品皿依次测定已知质量 $m$ 的样品和蓝宝石，在相同条件下分别测得其 DSC

曲线。根据同一温度下两曲线的高度 $h_{蓝}$ 和 $h_{样}$，计算 $C_{p,样}$，即

$$C_{p,样} = C_{p,蓝} \frac{h_{样}}{h_{蓝}} \frac{m_{蓝}}{m_{样}} \tag{3.2.21}$$

式中，$C_{p,蓝}$ 已经精确测定，可从手册中查得不同温度下的数据，代入式(3.2.21)即可得样品的比热容。由于所测焓的变化微小，应选用较高的灵敏度和较大的升温速率以提高曲线的高度。

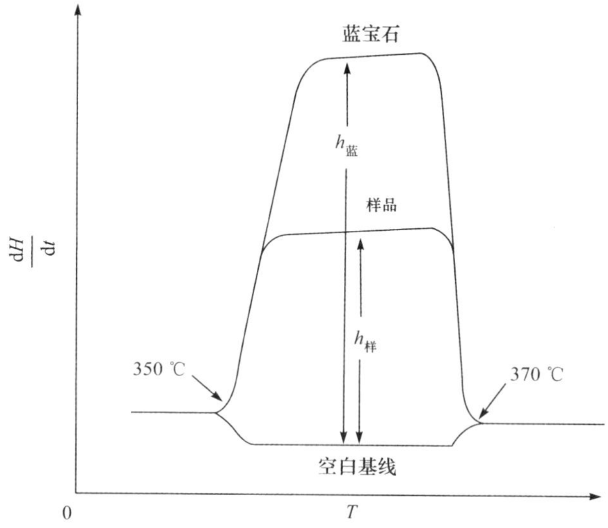


图 3.2.17　DSC 温度扫描区 350～370 ℃的示意图

热分析方法用于有关动力学方面的研究已派生出了热力学的一个分支——热动力学，可参阅有关专著。

### 3.2.2　电化学测量技术

电化学测量在物理化学实验中占有重要地位，可用于测量电解质溶液的许多物化性质，如电导或迁移数，氧化还原反应的有关热力学函数(如电极过程动力学参数和交换电流 $i$ 等)，还广泛应用于化学工业、冶金工业、金属防腐，且在生物过程等其他实际领域也得到了广泛的应用；现代常用的仪器大多也是以电动势、电阻的测量为基础的。随着电子技术的发展，电化学仪器、电化学测量技术也上了一个新台阶。电化学测量技术内容丰富，这里只简介电导、电动势及有关电极过程动力学实验方法。

1. 电导的测量

电导($G$)是电化学中一个重要参量，它不仅能反映电解质溶液中离子运动的一些信息，而且由于 $G$ 在离子浓度 $C_B$ 趋于零的溶液中与 $C_B$ 呈线性关系，因而被广泛应用于分析化学和化学动力学的测量中。

根据 $G = 1/R$，测电导实为测电阻，但由于电解质溶液的特殊性，测量时会产生极化现象，为防止电极极化现象的产生，用较高频率的交流电源、镀有铂黑的电极来减小极化作用。

1) 电导的测量方法

(1) 交流电桥法。已在仪器部分作了详细介绍，这里不再赘述。

(2) 电导率仪测量。实验室常用的电导率仪是 DDS-11A 型和 DJS-308A 型，它可以测定一般溶液和高纯水的电导率。若要观察电导率随时间的变化情况，可在 DDS-11A 型电导率仪的 0～10 mV 信号输出上接自动平衡记录仪；DJS-308A 型电导率仪可以直接将结果打印。

电导率的测量原理不同于交流电桥，它是一种基于“电阻分压”原理的不平衡测量方法，其块型测量原理示意图见仪器部分的图示。图中稳压电源输出一个稳定的直流电压给振荡器和放大器，使它们工作在稳定状态。振荡器用变压器耦合输出，具有很低的输出阻抗，而使输出电压($E_s$，测量信号)为电阻分压回路(由 $R_x$ 和测量电阻箱 $R_m$ 串联组成)提供一个稳定的音频(140、1100Hz)标准电压 $E_s$，$E_s$ 加在回路 AB 两端，产生一个测量电流 $i_x$，根据欧姆定律得

$$i_s = \frac{E_s}{R_m + R_x} \tag{3.2.22}$$

$E_s$、$R_m$ 恒定不变，$R_m \ll R_x$，可得

$$i_s \propto 1/R_x \tag{3.2.23}$$

由此可见，溶液电导的测量变为电流测量，调节测量电阻箱，使 $R_m \ll R_x$，当 $i_x$ 流过 $R_m$ 时，所产生的电位差 $E_m$ 也正比于 $i_x$，因此 $E_m$(测量信号)经放大器线性放大后，经毫安表显示的示值也就直接与电导成正比。

为扩大测量范围，在不同电导值的情况下都能保证 $R_m \ll R_x$，将 $R_m$ 设计成电阻箱，共有 11 个量程，即 1.5 μS、5 μS、15 μS、50 μS、150 μS、500 μS 及 1.5 mS、5 mS、15 mS、50 mS、150 mS。

在放大器的输出回路里串联一个 10 Ω 的标准电阻，从此电阻两端可输出一个 mV 级的直流电压信号(最大 10 mV)以供电子电位差计记录，把电导值随时间变化的规律直接显示出来。为提高测量准确度，电路中设有校正电路。当 $S_W$ 拨至校正端时，从 $R_A$ 和 $R_B$ 组成的分压器取出的分压送入放大器，并用电表显示。调节振荡电路中的输出幅度调节器使电表指针指在校正刻度处，即可达到校正目的。

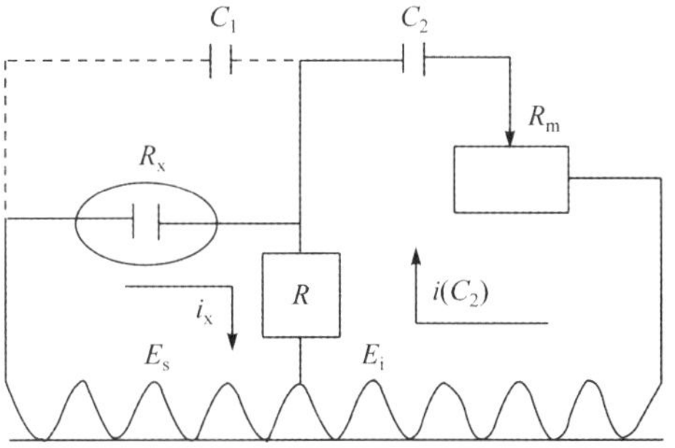

图 3.2.18　电导率仪中电容补偿电路

当用 DDS-11A 型电导率仪时，需按所用电极的电池常数拨正仪器上的电池常数旋钮。在 DDS-11A 型电导率仪中设有电容补偿电路，以消除电导池分布电容对 $R_x$ 的影响，其电路见图 3.2.18。信号源输出变压器的次级有两个输出信号 $E_s$ 和 $E_1$，$E_s$ 的作用与块型原理图中的 $E_s$ 相同，$E_1$ 作为电容的补偿电源。$E_s$ 和 $E_1$ 的相位相反，所以由 $E_1$ 引起的电流 $i(C_2)$ 流经 $R_m$ 的方向与测量信号 $i_x$ 流过 $R_m$ 的方向相反。由于电导池中存在分布电容 $C_1$，因此测量信号 $i_x$ 中包括通过电导池中纯电阻 $R_x$ 的电流 $i(R_x)$ 和通过分布电容 $C_1$ 的电流 $i(C_2)$。由图 3.2.18 知 $i_x$ 和 $i(C_2)$ 通过 $R_m$ 的方向相反，而 $i(C_1)$ 与 $i(C_2)$ 的相位相同，故调节电阻($R_ω$)可使 $i(C_2)$ 与 $i(C_1)$ 相抵消，两者在 $R_m$ 的电位差也正好抵消。在测量高纯水的电导率时，必须用电容补偿。

2) 电导池

实验室常用的浸没式电导池构成见图 3.2.19，一般用高度不溶性玻璃或者石英制成，主要是由两个平行设置的电极构成，电极间充满待测溶液。使用时应注意以下几点：

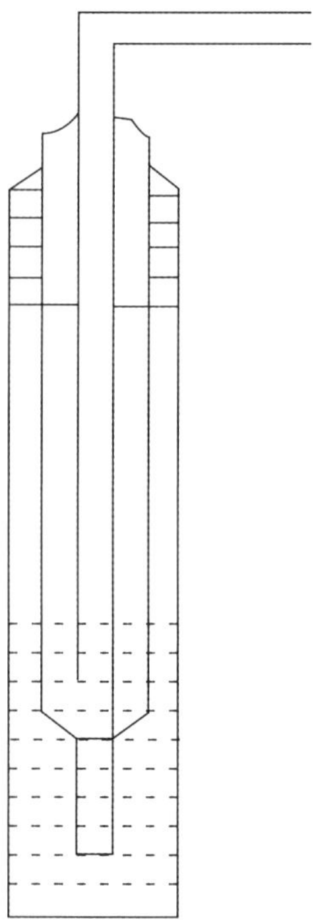

图 3.2.19　浸没式电导池

(1) 配制溶液的水要采用电导水或重蒸水，其电导率约为 $10^{-6}$ S · m$^{-1}$。

(2) 为了精密地测量待测溶液的电导值，应尽量减少电极极化。根据科尔劳施理论，由极化引起的误差取决于 $P^2/\omega R^2$($P$ 为极化电动势，$R$ 为电解质电阻，$\omega$ 为交流电频率)。要减少误差使 $P^2 \ll \omega R^2$，一般 $\omega$ 通常为 1000～4000 Hz，$100\Omega \leqslant R \leqslant 5\times10^5\ \Omega$，此时电桥平衡可用耳机检测,若 $R$ 过大则不平衡信号就难以检出。在电导测量中，为满足 $P^2 \ll \omega R^2$，则采用低导低周、高导高周的原则；同时镀有铂黑的电极因大大增加了电极表面积，减少了电流密度，铂黑又能起触媒作用，降低活化超电势，所以此电极可以减少电极极化，使 $P$ 值减少。

(3) 对某一给定电导池，要求被测体系溶液的 $R_{最高}:R_{最低} \leqslant 50:1$，以减少测量误差。

(4) 电极和电导池的选择：

(i) $5\times10^{-6}$ S · cm$^{-1}$，此时极化不严重可用光亮的 260 型电极。

(ii) 在 $5\times10^{-6}$～$5\times10^{-1}$ S · cm$^{-1}$，必须用铂黑电极。(i)和(ii)均选用浸没式电导池。

(iii) 在 $1.5\times10^{-1}$～$5\times10^{-1}$ S · cm$^{-1}$，用 U 形电导池。这种电导池两极间距离为 5～10cm，因而电导池常数 $K$ 值将很小，实际是一般电导池两极间距离增加。

(5) 电导池常数 $(l/A)$ 是电导池的特征值，由于要准确测量 $l$ 值与 $A$ 值是很困难的，因而一般用已知电导率的标准溶液间接求得，由式(3.2.24)计算：

$$G = \kappa\left(\frac{l}{A}\right)^{-1} \tag{3.2.24}$$

式中，$G$ 的单位为西门子(S)；电导率 $\kappa$ 的单位为 S · m$^{-1}$；电导池常数的单位为 m$^{-1}$。

铂黑电极的制备原理见图 3.2.20，镀液为 3% $H_2PtCl_6$+0.08% $PbAc_2 \cdot 3H_2O$，调节可变电阻器，一般控制电流密度约为 20 mA · cm$^{-2}$，使电极上稍有气泡逸出即可，每 30 min 通过换向开关使电流换向一次，连续电镀 10 min 后，使两块电极都镀上铂黑，取出电极洗净，再在 1 mol · dm$^{-3}$ $H_2SO_4$ 溶液中电解，电解时以铂黑电极为阴极，另外用一铂电极为阳极，利用电解时产生的 $H_2$ 除去吸附在电极上的 $Cl_2$。电解 10 min，移去 $H_2SO_4$ 溶液，将铂黑电极洗净，浸在蒸馏水中备用。

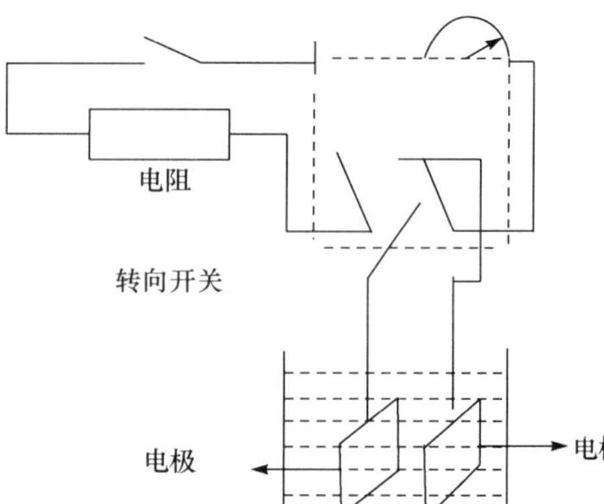


图 3.2.20　电镀铂黑电极原理

3) 电导测量的应用

溶液电导率数据的应用是很广泛的，举例说明如下：

(1) 测定水的纯度。一般水由于含有一些电解质，因而都具有较大的电导率，对蒸馏水，其电导

率约为 $10^{-3}$ S · m$^{-1}$，去离子水和重蒸水约为 $10^{-4}$ S · m$^{-1}$，电导水约为 $10^{-6}$ S · m$^{-1}$。因此，通过测量水的电导率，就可以知道水的纯度。

(2) 测量难溶盐的溶解度。对于一些难溶盐如 $BaSO_4$、AgCl 等，它们的溶解度是很难直接测量的。但利用电导测定的方法可以方便地求得其溶解度，其方法是先测定难溶盐饱和溶液的电导率$\kappa$(溶液)，然后测定纯水的电导率$\kappa$(水)；由于难溶盐极稀，所以溶液的电导率必然是盐和水的电导率之和：

$$\kappa(\text{盐})=\kappa(\text{溶液})-\kappa(\text{水}) \tag{3.2.25}$$

难溶盐的摩尔电导率 $\Lambda_{\mathrm{m}}$(盐)为

$$\Lambda_{\mathrm{m}}(\text{盐})=\kappa(\text{溶液})/c \tag{3.2.26}$$

式中，$c$ 为溶液的物质的量浓度，由于溶液浓度极稀，所以可以认为难溶盐的摩尔电导率 $\Lambda_{\mathrm{m}}$(盐)与其极限摩尔电导率 $\Lambda_{\mathrm{m}}^{\infty}$ 近似相等，由极限离子摩尔电导率求得。

(3) 电导滴定。电导滴定就是利用滴定过程中溶液电导变化并出现转折点，以此来确定滴定终点的方法，如图 3.2.21 所示。具体电导滴定方法只需要测定若干个实验点，然后将各个实验点连接，求出连接两条直线交点所对应的滴定体积，就是滴定终点。这种方法不需要加入指示剂，因而对于有颜色或者在滴定终点颜色变化不明显的体系可收到较好的效果。

(4) 电导测量方法的应用是相当广泛的，除上述外还可以测定弱电解质的电离度和电离平衡常数、水的离子积、一些反应的速率常数、水溶性表面活性剂的临界胶束浓度等。

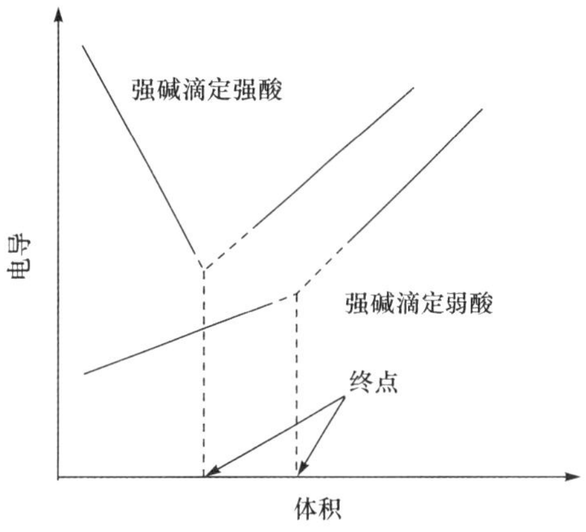

图 3.2.21　电导滴定示意图

2. 电动势与电极电势的测量

1) 电动势测量原理

电动势($E$)的测定必须在可逆条件下进行，否则所得的电动势数据没有任何热力学价值。可逆一般包括两个条件：①电极本身及电池反应可逆；②测量回路中 $I\rightarrow 0$。为此，在测量装置中设计一个方向相反而数值与 $E_{\text{待测}}$ 几乎相等的外加电动势，以抵消 $E_{\text{待测}}$，此方法称为对消法。当 $I\rightarrow 0$ 时，$E$ 测量装置上显示的电位数值即为 $E_{\mathrm{x}}$。$E$ 的测量实质上是一种特定的电池开路电压的测量，不可避免有电流通过，但一般电池 $R$ 内较大。例如，用对消法设计的电位差计及高输入阻抗或高内阻的电压测量仪表都能较好地满足 $E$ 的测量要求，根据高输出阻抗式原理制成的 $E$ 测量仪器，如电子电位差计、数字电压表、X-Y 记录仪、阴极射线示波器，它们的输入阻抗一般有 $10^7\ \Omega$，假设 $E_{\text{待测}}=1.5\ \mathrm{V}$，则在测量时流过电池的电流 $I=V/R=1.5/10^7=1.5\times10^{-7}$ (A)，这在某些测量要求不高的情况下是适用的，但必须指出如果被测电池的内阻较大(大于 $10^7\ \Omega$)，这种测量就没有任何价值了。

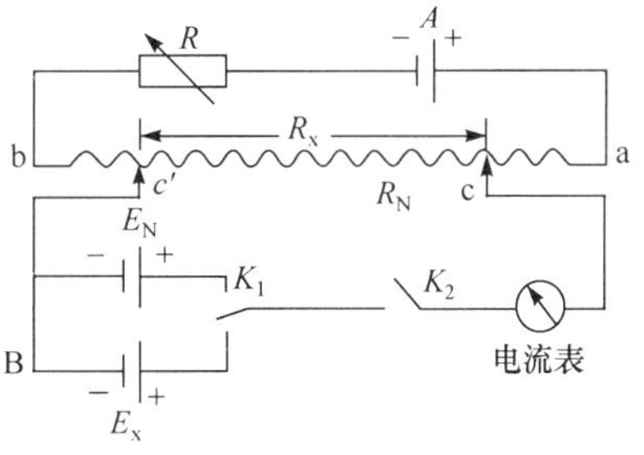

图 3.2.22　电动势测量原理示意图

电动势测量原理见图 3.2.22，实验时整个测量装置由三部分组成：工作回路、标准回路、测量回路。具体测量方法如下：

(1) 标准回路工作电流调节。将转换开关置于标准电池回路，调节 $R_N$ 的大小，使仪器显示电流大小为零，这时该回路的电流 $I_1=E_N/R_N$。

(2) 测量回路工作电流调节。将转换开关置于测量电池回路，调节 $R_x$ 的大小，使仪器显示电流大小为零，这时该回路的电流 $I_2=E_x/R_x$。由测量原理可知 $I_1=I_2$，因此 $E_x=\frac{E_N \cdot R_x}{R_N}$，$E_N$、$R_x$、$R_N$ 都是已知的，这样就可以测量出 $E_x$。

由以上工作原理可知，对消法的明显优点是：在两次平衡指示中，电流相当小，都没有通过有关仪器，这些仪器不从标准电池吸收能量，说明标准电池仅作为电动势的参考标准；也不从待测电池吸收能量，说明测量时没有改变被测对象的状态，使被测电动势能高度准确地保持其原有数值。

2) 液接电势与盐桥

(1) 液接电势 $E_j$。它是在液接界面上产生微小电势差，也称扩散电势。产生的原因是由于两个电极周围电解质溶液的性质不同，它们处于不平衡状态，当其接触时，存在一个液体接界面，在接界面的两侧离子会向两个方向扩散，随着扩散的进行，最后达到相对平衡。此时在接界面上产生一个微小的电势差，这个电势差称为液接电势。根据电解质溶液性质的不同将液接电势分为三类，分别是：①浓度不同的相同电解质；②浓度相同的不同电解质溶液；③不同浓度的两种电解质。液接电势 $E_j$ 至今无法精确地测量和计算，在稀溶液中，使用亨德森公式可满足一般要求(至今无法精确测量和计算)：

$$E_j=\frac{(u_1-v_1)-(u_2-v_2)}{(u'_{1'}-v'_2)-(u'_1-v'_2)}\frac{RT}{F}\ln\frac{u'_1+v'_1}{u'_2+v'_2} \tag{3.2.27}$$

式中，$u=\sum m_+\lambda_{m,+}$；$v'=\sum m_+\lambda_{m,+}Z_-$；$u=\sum m_-\lambda_{m,-}$；$v'=\sum m_-\lambda_{m,-}Z_-$；$\lambda_m$ 为离子的摩尔电导率；$Z$ 为离子的价数；$m$ 为粒子的质量摩尔浓度；1 和 2 表示两种粒子。

在水溶液中两种不同溶液的 $E_j$ 一般小于 50 mV。此值在 $\gamma_\pm$ 及 $\varphi^\ominus$ 的测量中不可忽略。

(2) 盐桥。降低 $E_j$ 一般采用盐桥法。盐桥是由玻璃管和盐溶液组成，选择盐桥内溶液时注意的问题是：

(i) 尽量使盐桥内正、负离子的 $\lambda_{m,+}\approx\lambda_{m,-}$。经验表明，具有相同离子摩尔电导率的溶液，其液接电势较小。一般情况下盐桥内溶液浓度越大，其 $E_j$ 越小，所以通常采用高浓度(甚至饱和)的 KCl 溶液。当高浓度的 KCl 溶液与另一较稀溶液接界时，主要的扩散是 $K^+$ 和 $Cl^-$ 分别向稀溶液扩散，因此降低了 $E_j$，而且盐桥两端的液接电势符号往往相反，产生“抵消效应”，又进一步降低了 $E_j$。

(ii) 桥内溶液必须与两端溶液不发生反应，对 $AgNO_3$ 溶液体系，不能用 KCl 盐桥，而用 $NH_4NO_3$ 盐桥或 $KNO_3$ 盐桥。

(iii) 如果盐桥溶液离子扩散到测量体系对测量结果产生影响，必须采取措施避免。可采用液位差原理，使电解液向一定方向流动，以减少盐桥内溶液离子的扩散对测量体系的影响。

盐桥的制备：室温下于饱和 KCl 或 $KNO_3$ 的水溶液中加入约 3%的琼脂，加热使其完全溶解。待冷至尚有流动性时，将琼脂吸入盐桥中，完全冷却凝固后，就可使用。不用时，应将盐桥两端浸入饱和盐溶液中保存。制作鲁金毛细管盐桥时，从上部支管由盐桥另一端吸入琼脂，也可将饱和盐溶液直接灌入盐桥玻璃管中，两端用裹紧的滤纸塞紧。

3) 参比电极

电极电势的测量是通过被测电极与参比电极组成的可逆电池测其电池的电动势，然后根据$\varphi^{\ominus}_{参比}$求得$\varphi^{\ominus}_{待测}$，因此电极电势测量除了要考虑电动势测量时应注意的有关问题之外，还应注意参比电极的有关问题。

(1) 参比电极的选择应注意以下问题：①必须为可逆电极；②具有良好的重现性(对测量)和稳定性(对时间)；③由金属和金属难溶盐或金属氯化物组成的参比电极如 Ag-AgCl 电极、Hg-HgO 电极等，要求 AgCl、HgO 等在溶液中溶解度很小；④必须根据被测体系的性质来决定，如氯化物体系可选用甘汞电极或 AgCl 电极，酸性溶液体系可选用硫酸亚汞($Hg_2SO_4$)电极，碱性溶液体系可选用 HgO 电极等；⑤必须考虑降低 $E_j$ 等问题。

(2) 水溶液体系常用的参比电极：

(i) 氢电极。该电极主要作为电极电势的标准，在酸性溶液中也可作为参比电极。氢电极的电极反应为

酸性溶液中　　$2H^+ + 2e^- = H_2(g)$

碱性溶液中　　$2H_2O + 2e^- = H_2(g) + 2OH^-$

氢电极的电极电势与溶液的 pH 和 $H_2$ 压力有关。其优点是电极电势仅取决于液相的热力学性质，易做到实验条件的重复，但其电极反应在许多金属上的可逆程度较低，因此需选择对此反应有催化作用的惰性金属作为电极材料，一般用大小适中的铂片。作为参比电极的氢电极，其铂片应镀铂黑，目的是增加氢电极的表面积和活性，使用时，电极中的铂片应露出液面一半，处于固、液、气三相界面上，有利于氢电极达到平衡。溶液中应通入高纯的氢气流，不能含有其他气体杂质，以免对测量造成一定影响。使用氢电极的电解质溶液必须用电导水配制，电导水电导率应小于 $10^{-6}$ S · m$^{-1}$。

(ii) 甘汞电极。氢电极虽然有许多优点，但其制备和使用不是很方便，因此实验中常用甘汞电极作为参比电极。其电极符号为

$$Hg, Hg_2Cl_2|Cl^-(aq)$$

电极反应为

$$Hg_2Cl_2 + 2e^- = 2Hg + 2Cl^-(aq)$$

因此，其电极电势仅取决于 $Cl^-$的活度。通常使用的有 0.1 mol · dm$^{-3}$、1.0 mol · dm$^{-3}$ 和饱和三种。其电极电势可参见附录。

甘汞电极的制备有两种方法，分别是研磨法和电解法。

a. 研磨法。先使铂丝在浓 $H_2SO_4$ 中浸几分钟，然后用去离子水洗净，作为阴极，另用一铂丝作阳极，在 0.1% $HgNO_3$ 溶液(加几滴 $HNO_3$ 酸化)中通 2 V 直流电 1 min，此时铂丝变为灰色，再用去离子水淋洗，用滤纸吸干，将铂丝电极装入电极管中，塞紧橡皮塞，用滴管从加料口加入干净汞，以把铂丝淹没为度，再用滴管取制好的甘汞糊放在汞上面，甘汞糊的上面再放饱和 KCl 的晶浆，最后加满饱和 KCl 溶液，严密塞进加料口，滤纸卷成的塞也必须塞紧。

b. 电解法。以溶液作电解液，纯汞作阳极，在 HCl 酸溶液中插入另一铂丝作阴极。通电后汞表面就有甘汞生成，用搅拌器使表面不断更新，维持电流密度。由于大量细分散汞粒存在，产物带灰黑色。将产物澄清，小心除去上层清液。用去离子水洗至酸性消失，再用饱和 KCl 溶液洗净，得到的糊状物用上述方法放在汞上面，再放入相应浓度的 KCl 溶液。

(iii) Ag-AgCl 电极。该电极与甘汞电极同属二级标准电极,电极符号为

$$Ag, AgCl|Cl^-(aq)$$

电极反应为

$$AgCl+e^- = Ag+Cl^-$$

此电极有良好的稳定性和较高的重现性，无毒、耐震，其缺点是必须浸于溶液中，否则 AgCl 层会干燥脱落，而且必须避光保存。其电极电势见表 3.2.9。

**表 3.2.9　Ag-AgCl 电极的电极电势**

| 电极 | 温度/ ℃ | 电极电势/V |
|---|---|---|
| Ag, AgCl(s) \| $Cl^-$(1.0 mol · $dm^{-3}$) | 25 | 0.2223 |
| Ag, AgCl(s) \| KCl(0.1 mol · $dm^{-3}$) | 25 | 0.2880 |
| Ag, AgCl(s) \| KCl(饱和) | 25 | 0.1981 |
| Ag, AgCl(s)\|KCl(饱和) | 60 | 0.1659 |

Ag-AgCl 电极可用电镀方法制备，其步骤如下：

a. 电镀前准备。包括金属基体的选取(一般用螺旋形的铂丝或银丝)；表面处理(铂丝用 $HNO_3$ 洗净后再用蒸馏水洗，银丝用丙酮洗去表面油污，若银丝上已镀 AgCl，则先用氨水洗净)。镀液的配制方法是：氨水(7 mL)、$AgNO_3$(3 g)、KI(60 g)，最后加水配制成 100 mL 溶液。

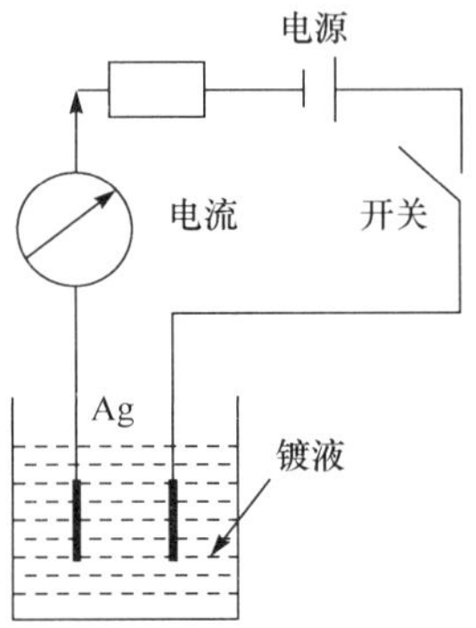

图 3.2.23　制 Ag-AgCl 电极原理示意图

b. 镀银。按图 3.2.23 连接线路，调节可变电阻，在电流密度 2 mA · $cm^{-2}$ 下电镀 0.5 h。

c. 氯化。镀好的 Ag 电极用蒸馏水仔细冲洗，将镀液换成 1 mol · $dm^{-3}$ HCl 溶液，然后将换向开关变向，Ag 电极变为阳极，铂电极为阴极，在电流密度为 2mA · $cm^{-2}$ 下通电 30 min，再用蒸馏水洗则制得紫褐色的 Ag-AgCl 电极。

d. 平衡老化。将清洗后的 Ag-AgCl 电极浸入蒸馏水中老化 1～2 天备用。若要制备高质量的 Ag-AgCl 电极，可选用 $K[Ag(CN)_4]$ 镀液。

(iv) 汞-硫酸亚汞电极。其电极由汞、硫酸亚汞和含硫酸根离子的溶液组成，电极符号为

$$Hg\text{-}Hg_2SO_4(s)|SO_4^{2-}(aq)$$

电极反应为

$$Hg_2SO_4+2e^- = 2Hg+SO_4^{2-}$$

汞-硫酸亚汞电极的制作方法与甘汞电极相似。常用作硫酸体系的参比电极。其电极电势见表 3.2.10。

**表 3.2.10　汞-硫酸亚汞电极的电极电势**

| 电极 | 温度/℃ | 电极电势/V |
|---|---|---|
| Hg-$Hg_2SO_4$ (s)\|$SO_4^{2-}$(aq, 1.0 mol · $dm^{-3}$) | 25 | 0.615 81 |
| Hg-$Hg_2SO_4$(s)\|$SO_4^{2-}$(饱和) | 25 | 0.658 |
| Hg-$Hg_2SO_4$(s)\|$SO_4^{2-}$(aq, 0.05 mol · $dm^{-3}$) | 25 | 0.687 |
| Hg-$Hg_2SO_4$(s)\|$SO_4^{2-}$(aq, 0.5 mol · $dm^{-3}$) | 25 | 0.679 |

(v) 汞-氧化汞电极。其电极由汞、氧化汞和碱性溶液组成，电极符号为

$$Hg\text{-}HgO(s)|OH^-(aq)$$

电极反应为

$$HgO+H_2O+2e^- = Hg+2OH^-$$

汞-氧化汞电极是一种重现性很好的电极，是碱性溶液中常用的参比电极。其电极电势见表 3.2.11。

**表 3.2.11　汞-氧化汞电极的电极电势**

| 电极 | 温度/ ℃ | 电极电势/V |
|---|---|---|
| $Hg\text{-}HgO(s)|NaOH(0.1\ mol\cdot dm^{-3})$ | 25 | 0.164 |
| $Hg\text{-}HgO(s)|NaOH(1.0\ mol\cdot dm^{-3})$ | 25 | 0.107 |
| $Hg\text{-}HgO(s)|Ba(OH)_2$(饱和) | 25 | 0.146 |
| $Hg\text{-}HgO(s)|Ca(OH)_2$(饱和) | 25 | 0.192 |

4) 测量仪器的选择

在电化学测量中，数字综合电位差测量仪等一类电子测量仪器具有快速、灵敏、体积小、数字化等优点，已广泛应用在物理化学实验中，对于这些仪器的有关知识已经在仪器部分作了详细的介绍。但传统的测试手段不仅在广泛应用，而且仍是电化学测试中最基本的标准测试设备，了解传统的测试手段对于了解实验原理、数字化仪器的制造原理会有积极作用，因此这里对传统的测试手段做简单介绍。

(1) 电位差计和数字电压表的选用。电位差计与标准电池、检流计等配合，成为电化学测量中最基本测试设备。对精度要求不是很高的测量，如标准电极电势($E^\ominus$)、阴极极化曲线的测定等，可选用 UJ-1 型、UJ-2 型等电位差计或 4～5 位的数字电压表。对活度系数 $\gamma$ 的测量和标准测试需选用精度高($10^{-6}$ V)的 U-25 型电位差计。若要进行自动记录、打印或遥控测量，一般选用数字电压表或电子电位差计。测定溶液的 pH 则需选用信号放大的 pH 计。若测量温度系数，可选用 UJ-36 型电位差计。在基础物理化学实验中，若要求精度在 $10^{-4}$ V 以内，最好选用学生型电位差计，因为该仪器虽然精度不高($10^{-4}$ V)，接线麻烦，且附有配件(调定电阻、电键)，但对于学生的基本训练和掌握电位差计的基本原理很有好处。它的滑线电阻可单独用作电桥桥臂(替代惠斯通电桥中的 $R_3$ 和 $R_4$ 臂)，供精密测量电阻使用。

(2) 标准电池的选用。标准电池的电动势体现了伏特单位的标准量值，成为伏特基准器。在实际工作中，它作为电压测量的标准量具(饱和式分 0.0002 级和 0.0005 级)或工作量具(分 0.001 级、0.005 级和 0.01 级)，在直流电位差计电路中提供一个标准的参考电压，以标定工作电流。标准电池分为饱和式和不饱和式两类，其结构和主要技术参数见仪器部分。饱和式标准电池的电动势重现性和稳定性都好，但温度系数较大，必须进行温度校正，一般用于精密测量中。不饱和式标准电池的温度系数很小，可逆性差，常用于不太准确的测量中。

(3) 检流计的选用。目前实验室中用得最多的是磁电式多次反射光点检流计，它的结构、原理及运动特性详见仪器部分，在使用时的选择原则如下：

(i) 检测灵敏度应与测量准确度相匹配。检流计的检测灵敏度 $S_D$ 是根据电位差计的精度

$\Delta E_x$和测量回路的总电阻值 $R_0$ 确定的，即

$$S_D \leqslant \frac{\Delta E_x}{R_0} \tag{3.2.28}$$

而习惯上，它的电流检测灵敏度 $S_D$ 是用检流计的分度值表示的，即光点在标尺上每偏转 1 mm 所代表的电流强度，因此有

$$S_D = \frac{\Delta I}{\Delta \alpha} \tag{3.2.29}$$

式中，$\Delta\alpha$ 为光点在标尺上移动 1 mm 时线圈所偏转的角度；$\Delta I$ 为测量回路上有$\Delta E_x$的电位差未被对消时所产生的不平衡电流值。根据欧姆定律及测量回路，可得

$$\Delta I = \frac{\Delta E_x}{R_0} = \frac{\Delta E_x}{R_g + R_x + R'} \tag{3.2.30}$$

式中，$R_g$ 为检流计的内阻；$R'$为工作电流回路的等效电阻。将式(3.2.30)代入式(3.2.31)，并令$\Delta\alpha$=1 mm，则得

$$S_D = \frac{\Delta E_x}{R_0} = \frac{\Delta E_x}{R_g + R_x + R'} \tag{3.2.31}$$

用式(3.2.31)可计算与电位差计匹配的检流计的灵敏度。例如，规定测试精度$\Delta E_x$= $1\times10^{-5}$ V，$R_0\approx1\times10^3$ Ω，则 $S_D\approx1\times10^{-8}$ A · mm$^{-1}$。又如，规定$\Delta E_x$=0.001 V(约相当 0.02 pH)，$R_0\approx5\times10^8$ Ω(玻璃电极的内阻)，则 $S_D=2\times10^{-12}$ A · mm$^{-1}$，此时只好使用电子管或晶体管式的 pH 计。

(ii) 选择合适的阻尼状态。检流计铭牌上通常标明有临界电阻 $R$ 临(或 $R_c$)，它是包括检流计内阻($R_g$)在内的测量回路总电阻 $R_0$ 的临界值。

当 $R_0\approx R_c$，即 $R_0$=(1.1−1.2)$R_c$(稍欠阻尼状态)，光点能较快达到新平衡。

当 $R_0 \ll R_c$ (过阻尼状态)，光点移动缓慢，离平衡位置有一个差值，人肉眼无法分辨，即产生误差。

当 $R_0 \gg R_c$ (欠阻尼状态)，光点振荡不停，读数困难。因此，在选用检流计时，除考虑灵敏度外，还应根据 $R_{回}$ 选择检流计的 $R_{临}$ 。通常用于低阻电位差计、低阻电桥的检零、测量热电偶的微小热电势，应选用低 $R_{临}$ 的检流计(AC15 型)。反之，用于高阻电位差计、高阻电桥的检零、测内阻很高的光电池电流，则应选高 $R_{临}$ 检流计(AC19 型)。物理化学实验中常用国产 AC15 型系列检流计的技术参数见表 3.2.12。

**表 3.2.12　AC15 型系列检流计的技术参数**

| 序号 | 型号 | 内阻/Ω | 外临界电阻/Ω | 灵敏度/(A · mm$^{-1}$) |
|---|---|---|---|---|
| 1 | AC15/1 | >1500 | 100 000 | $3\times10^{-10}$ |
| 2 | AC15/2 | >500 | 10 000 | $1.5\times10^{-9}$ |
| 3 | AC15/3 | >100 | 1 000 | $3\times10^{-9}$ |
| 4 | AC15/4 | >50 | 500 | $5\times10^{-9}$ |
| 5 | AC15/5 | >30 | 40 | $1\times10^{-8}$ |

(iii) 选用检流计的阻尼时间尽量短。阻尼时间是指处于临界阻尼工作状态下，检流计光

点回到零位所需时间。但检流计的电流灵敏度指标与阻尼时间是矛盾的。因此，应在满足电流灵敏度要求的前提下，尽量选用阻尼时间短(又称短周期)的检流计。

### 3. 电极过程动力学实验方法

研究电极过程动力学的主要目的在于弄清影响电极反应、速率的基本因素，从而有可能按照人们的愿望有效地控制电极反应的方向与速率。

电极过程动力学实验主要是测量电极反应动力学参数和确定电极反应历程，以下介绍几种常用方法。

1) 恒电流极化曲线的测定

恒电流法是一种经典方法，研究电极可以是静止的或非静止的。

(1) 电解池。一般用硬质玻璃(如 GG17 或九五料玻璃)，也可用合成材料(如聚四氟乙烯、有机玻璃、聚乙烯等)，这些电解池材料必须具有化学稳定性，因溶液中微量杂质的存在，它会影响电极反应的动力学过程。

在设计电解池时，应注意电解池的体积不能太大或太小。太大浪费电解液，太小在较长时间的稳态的测量中溶液浓度会发生改变。研究电极部分和参比电极部分可用磨口活塞或烧结多孔玻璃与辅助电极隔开，以减小其他物质干扰。鲁金毛细管位置必须选择得当以保证电势测量精度。辅助电极的位置必须正确放置，否则会因为研究电极表面电流分布不均，而造成电势不均，影响测量结果。

(2) 恒电流极化曲线的测量原理。其原理见图 3.2.24。对每个极化电流密度 $i$，可测得相应的电极电势，作 $i$-$\varphi$图得恒电流极化曲线，见图 3.2.25，曲线 ab 段为单纯电化学极化所形成，$\varphi_{1/2}$ 为半电势。

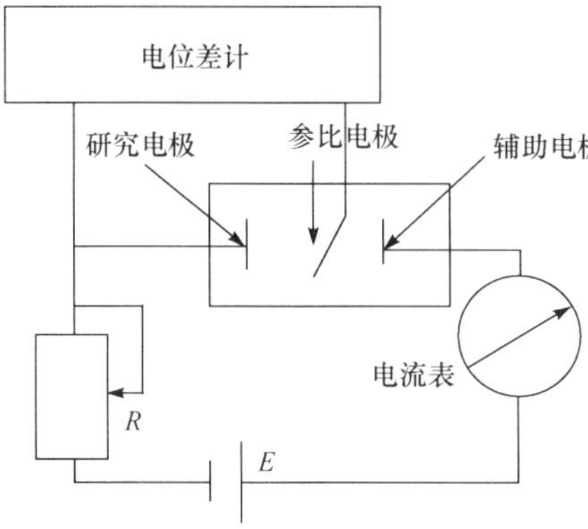


图 3.2.24　恒电流极化曲线的测量原理

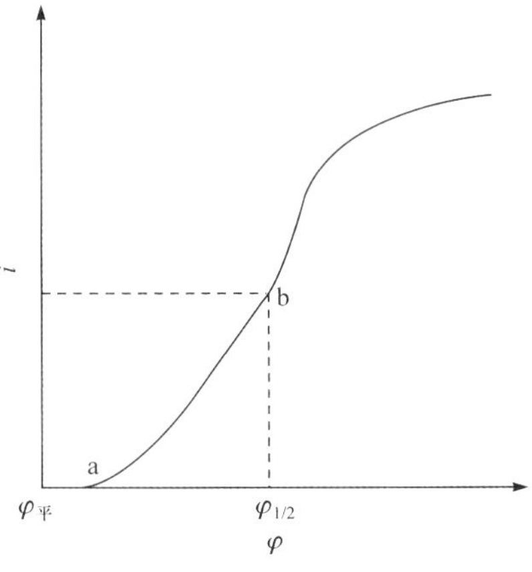


图 3.2.25　极化曲线示意图

对电化学极化，极化的超电势 $\eta_{阳} = \varphi_{iR} - \varphi_R$ ($\varphi_R$ 为平衡电势)与电流密度的关系服从塔菲尔(Tafel)经验公式：

$$\eta = a + b\lg i \tag{3.2.32}$$

式中，$a = -\dfrac{RT}{\alpha nF}\lg i$；$b = \dfrac{RT}{\alpha nF}\lg i$。根据$\eta$的实验数据，通过图解法可求得常数 $a$(截距)和 $b$(斜率)，从而可求得电极过程动力学参数 $\alpha$ 和交换电流 $i_0$ 等。同时，再根据式(3.2.33)可求得电极反应的速率常数 $k$

$$i_0 = nFkc_{\mathrm{O}}^{1-\alpha} c_{\mathrm{R}}^{\alpha} \tag{3.2.33}$$

式中，$c_{\mathrm{O}}$和$c_{\mathrm{R}}$分别为电极反应的氧化态和还原态的浓度。值得注意的是，用该法求得的$\alpha$和$i_0$必须消除浓差极化影响才能适用。

2) 恒电位法极化曲线的测量

恒电位法能够测绘完整的阳极极化曲线，对金属溶解和金属纯化现象的研究非常有利。恒电位极化曲线测量是通过恒电位仪进行的，它将研究电极电势恒定地维持在所需要的数值，然后测量该电势下对应的电流值，实际测量中常采用的恒电位方法有两种。

(1) 静态法。较长时间维护研究电极电势在某一恒定值，测量电流随时间的变化，直到电流值基本上达到某一稳定值，以获得完整极化曲线。

(2) 动态法。控制电极电势以较慢的速率连续地改变(扫描)并测量对应电势下的瞬时电流值，同时$i_{瞬}$对$\varphi$作图，获得整个极化曲线，所采用的扫描速度(电势变化速度)需要根据研究体系的性质选定。

恒电位法测量装置见图 3.2.26。

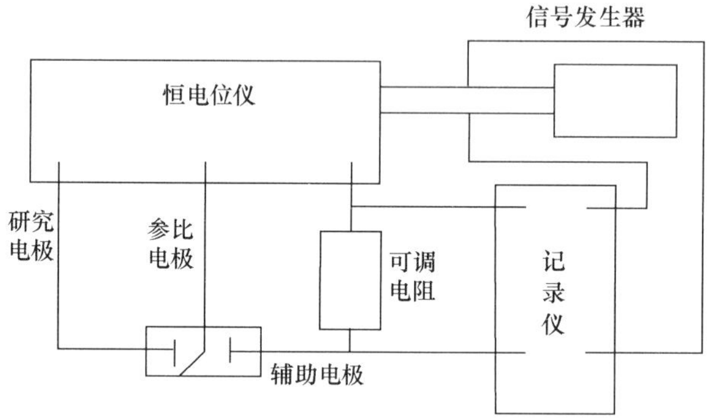


图 3.2.26　恒电位法测量装置图

3) 旋转圆盘电极的应用

旋转圆盘电极是测定体系电化学参数的基本实验方法之一，具有能建立一个均一的稳定表面扩散状态的特点，可用于测定溶液中扩散过程的参数，研究固体电极的电化学反应动力学参数，使应用得到新发展。这里仅做简单介绍。

旋转圆盘电极的电极中心是一根金属棒(如锌棒)，棒的下端是研究电极的圆形光亮表面(圆盘，如铂)，外围是绝缘体。旋转圆盘电极的测定装置与一般极化曲线测定装置类似，只要增加一个控制电极转速且连续可调速的装置。

旋转圆盘电极的应用主要体现在以下几个方面：①测定离子的扩散系数；②测量电极反应的电子得失数；③测量溶液浓度；④根据以上数据再结合其他数据计算动力学参数等。

### 3.2.3　真空技术

真空是指低于标准压力的气体状态。在真空下，由于气体稀薄，则单位体积内的分子数较少，分子间碰撞或分子在一定时间内碰撞于气壁的次数相应减少，这是真空的主要特点。

真空度是对气体稀薄程度的一种客观量度，其最直接的物理量应该是单位体积中的分子数。不同真空状态体现该空间具有不同的分子密度，因此真空也指在标准状态下其每立方厘米的分子数少于 $2.687\times10^{19}$ 个的给定空间。但是由于历史的原因，真空度的高低通常用气体的压力(Pa 或 torr)来表示，习惯上称为真空度。气体的压力越低，表示真空度越高。

早期人们曾将 760 mmHg 规定为标准压力，后来发现汞有 7 种同位素，同一高度汞柱表现的压力并不是唯一的，要视其同位素的比例而定，所以第十届国际计量大会决定以帕斯卡来定义标准压力，即规定 100 kPa 为标准压力。在现行的国际单位制(SI)中，真空度的单位和压力的单位均统一为帕，符号 Pa。

真空区域的划分，国际上尚未有统一的规定。在物理化学实验中通常按真空度的获得和测量方法不同常将真空区域分为五个区段：

粗真空($10^2$～1 kPa)，分子相互碰撞为主，分子自由程 $\lambda \ll$ 容器尺寸 $d$(直径)。

低真空($10^3$～$10^{-1}$ Pa)，分子相互碰撞和分子与器壁碰撞不相上下，$\lambda \approx d$。

高真空($10^{-1}$～$10^{-6}$ Pa)，分子与器壁碰撞为主，$\lambda \gg d$。

超高真空($10^{-6}$～$10^{-10}$ Pa)，分子与器壁碰撞数次数减少，形成一个单分子层的时间已达分钟或小时。

极高真空($10^{-10}$ Pa)，分子数目极稀少，统计涨落现象较严重，与经典理论产生偏离。

在近代的物理化学实验中，凡是涉及气体的物理化学性质、气相反应动力学、气固吸附及表面化学研究，为了排除空气和其他气体的干扰，通常都需要在一个密闭的容器内进行，并且首先将干扰气体抽去，创造一个具有某种真空度的实验环境，然后将被研究的气体通入，才能进行有关研究。因此，真空的获得和测量是物理化学实验技术的一个重要方面，学会真空系统的设计、安装和操作是一项重要的基本技能。

1. 真空的获得

用来产生真空的抽气设备称为真空泵，由于真空的区域为 $10^4$～$10^{-13}$ Pa，达十几个数量级的宽广范围，所以产生不同的真空度时常采用不同种类的真空泵。粗真空和低真空通常选用单个真空泵即可获得，而高真空或超高真空的获得一般需用几种泵的组合系统。

2. 真空度的测量

真空测量实际上就是测量降压下气体的压力。测量真空的仪器称为真空规，真空规可分为绝对真空规和相对真空规两类。前者可从它本身的仪器常数值及测得的物理量直接算出压力的大小，后者所测得的量不能直接算出压力，而要用绝对真空规校准以后才能指示出相应的压力值。

由于真空度的范围达十几个数量级，因此只能用若干个不同的真空规来测量不同范围的真空度。下面仅对麦氏(Mcleod)真空规做简要介绍。

麦氏真空规是一种绝对真空规，其构造见图 3.2.27。它是根据波义耳定律，将被测真空系统中的一定的残余气体加以压缩，比较压缩前后体积、压力

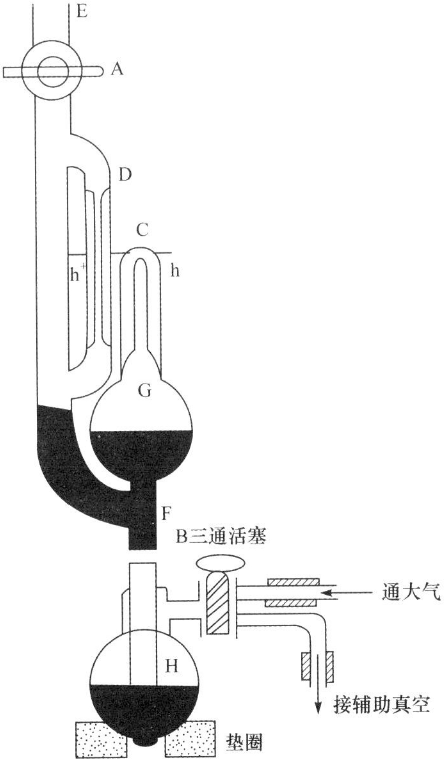


图 3.2.27　麦氏真空规

的变化,即可算出其真空度，在真空实验中广泛应用，且是其他类型真空规校正的标准。

麦氏真空规通过活塞 A 与真空系统相连,玻璃球 G 上端接有内径均匀的封口毛细管 C(称为测量毛细管)。毛细管 D(称为比较毛细管)内径和毛细管 C 相同，且和 C 平衡，用以消除毛细作用的影响，减少读数误差。B 是三通活塞，用以控制汞面的升降。测量系统真空度时，先将 B 开向辅助真空，对 H 抽气，使汞面下降至 F 以下，再缓缓打开活塞 A，使被测真空系统与麦氏真空规相通。待压力平衡后，再将 B 缓慢地与大气相通，使汞面缓缓上升。当汞面升到 F 时，G 球和毛细管 C 即形成封闭系统，其体积为 $V$，压力为 $p$(为被测系统的真空度)。使汞面继续上升，真空毛细管 D 中的汞面与毛细管 C 的顶端相齐，此时 D 中汞面比 C 中汞面高出 $h$，则 C 中气体压力为 $p+h$，其体积为$V'$，根据波义耳定律，则有

$$pV=(p+h)V$$

或

$$p=\frac{hV'}{V-V'}$$

设毛细管 C 的横截面积为 $S$，则$V'=Sh$，代入上述公式得

$$p=\frac{Sh^2}{V-Sh}$$

因为$V\gg Sh$，所以

$$p=\frac{Sh^2}{V}=Kh^2 \tag{3.2.34}$$

由于 $S$、$V$ 均可测量，所以 $K$ 为常数，因此测出 $h$ 即可计算出系统真空度 $p$。市售麦氏真空规在标尺上直接标出真空度值，不需再进行计算。

麦氏真空规的测量范围是 10～$10^{-4}$ Pa。但是，麦氏真空规不能测量经压缩发生凝结的蒸气的压力(因不遵守波义耳定律)，这是其缺点。

在物理化学实验中常用一种小型的、体积小、用汞量少(仅需 8 $cm^3$ 汞)、吹制和操作都比较简便的麦氏真空规——转式麦氏真空规。转式麦氏真空规的构造如图 3.2.28 所示。真空规通过磨口 A 与待测真空系统连接。真空规能以 A 为中心转动 $90^o$。测量前，真空规处于平放位置，如图 3.2.28(b)所示，此时系统内低压气体充满真空规。测量时，只需将真空规转到直立位置如图 3.2.28(a)所示，这时汞自容器 B 流出，将 CD 段内体积为 $V$ 的低压气体压缩到毛细管 CE 段内。调整毛细管 F(其内径与 CE 闭管毛细管内径相同)内的汞面，使它正好对准闭

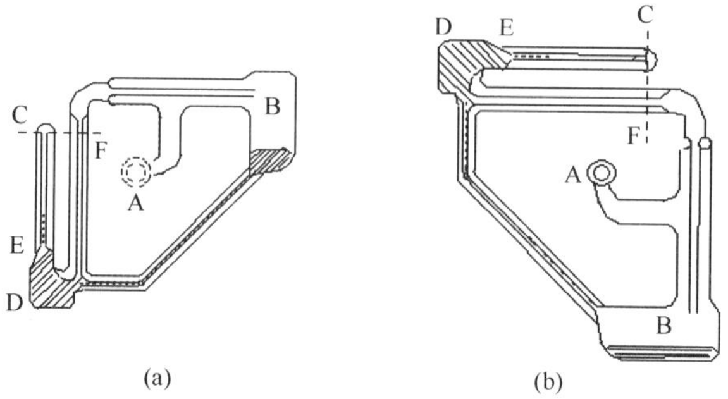


图 3.2.28　转式麦氏真空规

管毛细管的末端，读出两毛细管间的汞面高度差，则按波义耳定律得待测低压气体的压力

$$p=\frac{ah^2}{V}$$

式中，$p$ 为待测低压气体的压力；$a$ 为毛细管截面积。因 $a$、$V$ 为常数，压力 $p$ 可由上式算出。

3. 真空系统设计和组装

在真空下进行实验工作的综合装置称为真空系统。真空系统通常由真空泵、真空规、各种活塞、冷阱及样品室和测量工作室等组成，并通过一根粗的主导管和若干细管组装而成。

1) 真空系统设计的基本思路和组装程序

设计的基本思路是：①根据测量要求，确定测量工作室的尺寸、形状和需达到的真空度；②依据测量工作室的体积确定所需抽气速率和达到一定真空度所需的时间；③依据真空度的要求选择相应的真空泵和真空规；④要考虑整个真空系统结构简单，操作维护方便，并有一定的防护装置。还应指出：真空系统要求达到的真空度和实际真空度往往不同，前者是指系统能达到的极限真空度，后者是指在真空下实验时系统所能维持的真空度。组装程序为：①绘制总体组装图；②确定构成真空系统各部件、仪器的规格型号和尺寸等；③确定测量工作室的结构形状及所需配套的测量仪器仪表；④确定防护设施；⑤组装、检漏和调试。

2) 真空系统各部件的选择

(1) 材料。真空系统所用的材料是玻璃或金属。玻璃真空系统具有吹制较方便、使用时可观察内部情况及在低真空度条件下可用高频火花检漏器检漏等优点，但真空度较低，一般可达 $10^{-1}$～$10^{-3}$ Pa(或 $10^{-3}$～$10^{-5}$ torr)；若玻璃在 400 ℃烘烤，使壁上吸附气体脱附，真空度可达到 $10^{-6}$～$10^{-7}$ torr。其缺点是活塞及其他磨口连接部件容易漏气，虽然涂以真空活塞脂，但仍难以达到高真空。还应注意氦气对玻璃有相当可观的渗透率，室温下大气中氦气对玻璃的渗透率为 $10^{-13}$ Pa · L$^2$ · cm$^2$ · s$^{-1}$。不锈钢材料的放气率较低，所以常用不锈钢制成全金属的真空系统。若采用全封闭型的金属波纹管及刀口、法兰或金银垫圈等连接部件，可保证系统的气密性，能在超高真空下使用。因此，全金属不锈钢真空系统的真空度能达到 $10^{-10}$ Pa。

(2) 真空泵和真空规。真空泵的选择可参考表 3.2.13。

**表 3.2.13　真空泵的选择**

| 极限真空度/Pa | 真空泵 | 考虑因素 |
|---|---|---|
| $\geqslant 10^{-1}$ | 机械泵或分子筛吸附泵 | 真空度，抽气速率 |
| $<10^{-1}$ | 扩散泵与机械泵配套 | 机械泵的真空度，抽气速率与扩散泵匹配* |
| $<10^{-6}$ (超高真空) | 钛泵和吸附泵配套，或直接用分子泵或金属扩散泵和机械泵配套 | 真空度高，选多级扩散泵；抽气速率大，选大型扩散泵和多喷口扩散泵 |

* 物理化学实验常用的小型玻璃三级油扩散泵，其抽气速率在 $10^{-2}$ Pa 时约为 60 cm$^3$ · s$^{-1}$，配套一台抽气速率为 30 dm$^3$ · min$^{-1}$(Pa 时)的旋片式机械泵正合适

真空泵的抽气速率($S$)和它对真空系统的有效抽气速率 $S_{总}$ 的计算如下：

$$S \approx S^*\left(1-\frac{p^*}{p}\right) \tag{3.2.35}$$

式中，$S^*$为固有泵速；$p^*$为泵的极限压力；$p$ 为泵进气口处压力。

$$\frac{1}{S_{总}}=\frac{1}{S}+\frac{1}{C_{总}} \tag{3.2.36}$$

式中，$C_{总}$为系统的总流导(流阻的倒数)。串联时(20 ℃，圆截面管道)

$$\frac{1}{C_{总}}=\frac{1}{C_{入口}}+\frac{1}{C_{管1}}+\frac{1}{C_{活塞}}+\frac{1}{C_{管2}}+\frac{1}{C_{弯头}}+\frac{1}{C_{冷阱}}+\cdots \tag{3.2.37}$$

并联时

$$C_{总}=\sum_i C_i \tag{3.2.38}$$

由式(3.2.36)知：若$C_{总} \gg S$，管道阻力极小，$S_{总} \approx S$；若$C_{总} \ll S$，$S_{总} \approx C_{总}$，而与泵的抽速无关。

如果体系不漏气，且从标准气压 $p$ 开始用机械泵抽气(忽略设备本身内表面的出气量)，则使系统达到真空度要求所需抽气时间可用下式计算：

$$t/\text{s}=2.3K\frac{V}{S}\lg\frac{p_i-p_0}{p-p_0} \tag{3.2.39}$$

式中，$V$ 为真空设备容积；$S$ 为泵速；$p$ 为经 $t$ 时间抽气后的压力(torr)；$p_i$ 为设备开始抽气时的压力(torr)；$p_0$ 为设备的极限压力(torr)；$K$ 为与设备抽气终止时的压力有关的校正系数：

| $p$/Pa | 1000～1 | 1～0.1 | 0.1～0.01 | 0.01～0.001 | 0.001～0.0001 |
|---|---|---|---|---|---|
| $K$ | 1 | 1.25 | 1.5 | 2 | 4 |

若 $p_i$、$p$ 均比 $p_0$ 大得多，式(3.2.39)变为

$$t/\text{s}=2.3K\frac{V}{S}\lg\frac{p_i}{p} \tag{3.2.40}$$

在选泵时，要求抽气所需时间 $t$ 要短，即抽速要大。对于高真空，当真空设备内表面出气可以忽略时，排气时间计算与低真空相同。但由于高真空泵(如扩散泵)抽速大，这段时间很短，而实际抽气时间主要花费在真空材料的出气上。因为气体在材料上发生物理吸附和化学吸附，为了加速吸附气体(特别是水)的脱附，缩短抽气时间，在机械泵抽气前，可以将系统烘烤(一般在 250 ℃，注意活塞不能烘烤)，以免过后麻烦。

真空规的选择应根据所需量程及具体使用要求来选定。若真空度在 10～$10^{-6}$ Pa 较宽范围可选用复合真空计。

(3) 冷阱。冷阱是在气体通道中设置的一种冷却陷阱，使气体经过时被捕集的装置(图 3.2.29)。通常在扩散泵和机械泵之间，以及扩散泵和待抽真空部分之间都要装冷阱，以免有机物、水汽等进入机械泵，或防止油蒸气沾污被测对象。一般要求冷阱的管道不能太细，以免冷凝物堵塞管道或影响抽气速率，冷阱也不能太短，以免降低捕集效率。冷阱外套杜瓦瓶，常用制冷剂为液氮(−196 ℃)或干冰(−78 ℃)。若对抽气速率要求不高，可用干燥塔来代替冷阱。

(4) 管道和真空活塞。管道和真空活塞都是玻璃真空系统上连接各部件用的。管道的尺寸对抽气速率影响很大，所以管道应尽可能粗而短(阻力小)，尤其在靠近扩散泵处更应如此。真空活塞是一种精密加工的玻璃活塞，尽量少用弯头。真空活塞一般在 $10^{-4}$ Pa 的高真空场合使用不漏气，选用时应注意它的芯孔大小要和管道尺寸相配合。它分为二通、三通或多通等不同形式，可根据真空系统的要求进行选用。

金属真空系统的阀门都是用金属制成的，相当于玻璃真空系统的活塞，金属阀门有隔膜阀、角阀、微漏阀和闸板阀等。

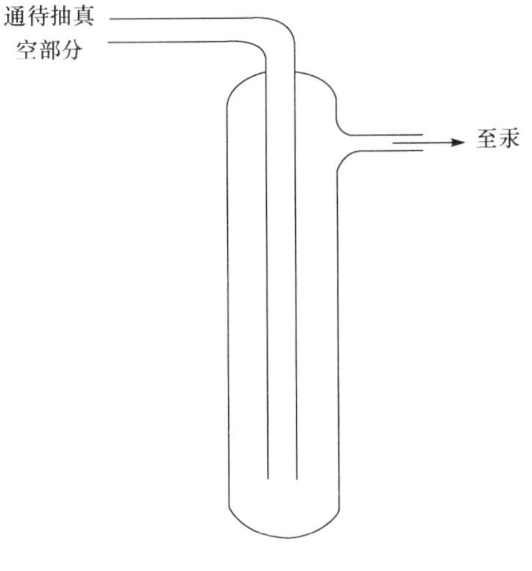


图 3.2.29　冷阱结构示意图

(5) 真空涂敷材料。真空涂敷材料包括真空脂、真空泥和真空蜡等，真空脂用于磨口接头和活塞上。真空泥用来修补小沙孔或小缝隙。真空蜡用来胶合难以融合的接头。国产真空脂型号有 1 号、2 号和 3 号等，相当于国外阿皮松 J、L 和 M。阿皮松 Q 相当于真空泥，阿皮松 W 相当于真空蜡。

4. 真空系统的使用

1) 检漏

新安装的真空装置在使用前应检查系统是否漏气。检漏的仪器和方法很多，如火花法、热偶规法、电离规法、荧光法、质谱仪法、磁谱仪法等，分别适用于不同漏气情况。

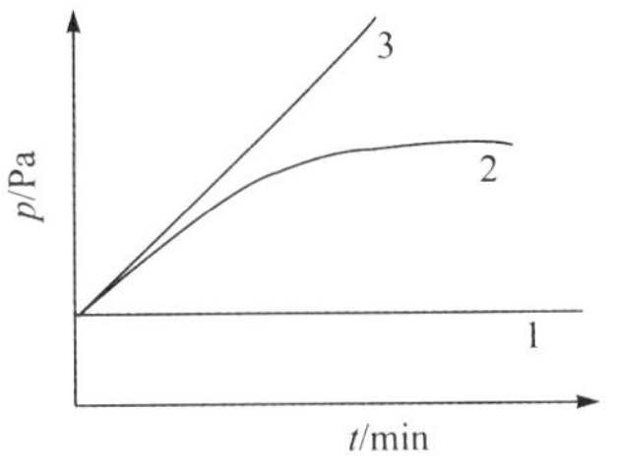


图 3.2.30　与泵隔绝 $p$ 随 $t$ 的变化

可以用泵将系统抽一段时间后关闭泵通向系统的活塞，然后观测系统内压力随时间的变化情况(图 3.2.30)。图中线 1 表示系统不漏气；线 2 表示系统内有蒸气源，线 3 表示有大气漏入。在液体饱和蒸气压测定等实验中，若有漏气，多发生在三通活塞、等压位装样口活塞和缓冲瓶处。

对玻璃真空装置，探测有无漏洞，使用高频火花真空检漏仪较为方便。它是利用低压力($10^2$～$10^{-1}$ Pa)下气体在高频电场中发生感应放电时所产生的不同颜色来估测气体的真空度的。实际的检漏过程如下：启动机械泵，数分钟即可将系统抽至 10～1 Pa。然后将火花调整正常(无蝉鸣声，产生长度不短于 20 mm 的三条火花线)，使放电簧对准真空系统玻璃壁(千万不要指向人，不要指向金属和玻璃活塞)。可以看到红色的辉光放电(注意：火花不要在一处停留过久，以防烧穿玻璃)。关闭泵通向系统的活塞，等 10 min 后，再用高频火花仪检查，看其是否和 10 min 前放电颜色相同，否则表示系统漏气。这时可关闭某些活塞，用高频火花仪对系统逐段仔细检查。如果某处有明亮的光点存在，该处就有沙孔。沙孔一般易发生在玻璃接合处、弯管处。如果孔洞小，可以用真空泥(或阿皮松 Q)涂封，若孔洞过大，则需要重新焊接。

若系统的真空度已低于 $10^{-1}$ Pa，用高频火花检查时，在玻璃管壁上看到的是淡蓝色光，而系统内部没有辉光放电，否则系统还有微小漏洞。若漏气，但又找不到漏洞，则多发生在活塞处，活塞需要重新涂真空脂或换接活塞。

2) 安全操作

由于真空系统内部压力比外部低，真空度越高，器壁承受的大气压力就越大，实验时存在危险性也较大，所以必须严格操作。

(1) 若真空系统用玻璃制作，要尽可能不用平底玻璃容器(表面受压小)；对较大的真空玻璃容器，外面最好套用网罩，以免爆炸时碎玻璃伤人。

(2) 若有大量气体被液体或在低温时被吸附，则当体系温度升高后会产生大量气体。若没有足够大的孔使它们排出，又没有安全阀，也可能引起爆炸。如果用玻璃油泵，若液态空气进入热的油中也会引起爆炸。因此，系统压力减到 $10^2$ Pa(约 1 torr)前不要用液氮冷阱，否则液氮将使空气液化。这又可能和凝结在阱中的有机物发生反应，引起不良后果。

(3) 使用汞扩散泵、麦氏真空规、汞压力计等要注意汞的安全防护，以防中毒。

(4) 在开启或关闭高真空玻璃系统活塞时，应当两手同时操作，即一手握活塞套，另一手缓缓地旋转内塞，防止玻璃系统各部分产生力矩(甚至折裂)。还应注意，不要使大气猛烈冲入系统，也不要使系统中压力不平衡的部分突然接通。否则，有可能造成局部压力突变，导致系统破裂或汞压力计冲汞。只要实验者操作规范，细致耐心，这种事故是可以避免的。

### 3.2.4 胶体化学实验技术

胶体与界面化学是研究分散体系及各种界面现象的科学，它的应用涉及科学技术的许多领域。深入学习和正确掌握胶体与界面化学的理论和实验技术，对于开展生命科学、新材料和能源开发研究，促进工农业生产和国防现代化建设都具有重要意义。

#### 1. 表面(界面)张力的测定方法

表面(界面)张力($\gamma$)是液体的基本性质之一。其物理意义为：表面层的分子垂直作用于单位长度线段上与表面平行或相切的收缩力。一定组成的液体在一定的温度、压力下有一定的$\gamma$值，在国际单位制中$\gamma$以 $N \cdot m^{-1}$ 为单位。测定液体表面张力的方法通常有如下几种。

1) 滴体积法

滴体积法(滴重法)是一个相当精确且最方便的方法之一(图 3.2.31)。转动三通活塞，将针筒抽气，可使毛细管吸取待测液体过刻度少许，再转动三通活塞，使预先接好的毛细管与滴液管相通。液滴慢慢滴下，至刻度时记录滴完一定体积的滴数 $n$ 和该滴的总质量，以求出液体的密度 $\rho$。表面张力$\gamma$可由式(3.2.41)求得

$$\gamma = FV\rho g / r \tag{3.2.41}$$

式中，$r$ 为毛细管管口的外半径；$V$ 为每滴液滴的平均体积；$F$ 为校正因子，与 $V/r^3$ 有关。

一种既方便又经济的测量滴体积的仪器如图 3.2.32 所示，主要是利用一刻度移液管 P (0.1～0.2 mL，可读至 0.0002 mL)制成，管端经仔细磨平并用显微装置测定出管口的外直径(2 $r$)，当液体自管中滴出时，可直接从刻度读出一个液滴的体积。管中充有液体(S)试样，管 P 先置于一长玻璃管(T )中，然后将玻璃管置于恒温槽中。滴管上端用橡皮管与液滴滴落控制装置(针管或洗耳球等)相连以调节液滴滴落速率。对于溶质分子在液面上容易达平衡的液体，可适当加快滴落速率。对于溶质分子在液面上较难达平衡的液体(如一定浓度的表面活性剂溶

液)，可适当减慢滴落速率。将测得的数据代入式(3.2.41)计算液体的 $\gamma$ 。

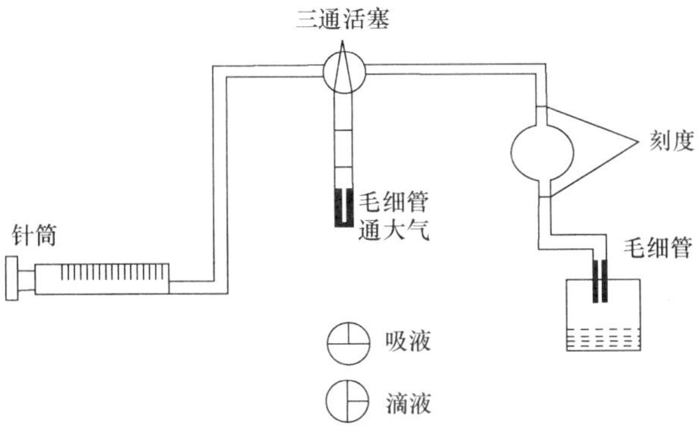


图 3.2.31　滴重法测定表面张力的装置

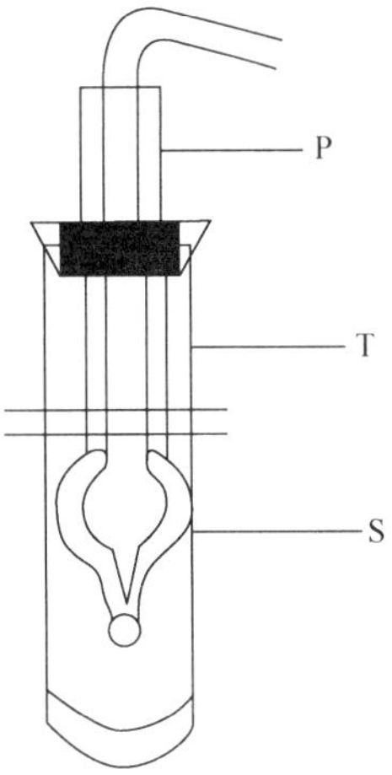


图 3.2.32　测量滴体积仪器示意图

滴体积法对界面张力的测定也能很好适用。用上述刻度滴管时，可将滴头插入油中(如油密度小于水溶液)，让水溶液自管中滴下，记录滴体积，可按式(3.2.42)计算界面张力：

$$\gamma_{1,2}=\frac{V(\rho_2-\rho_1)g}{r}F \tag{3.2.42}$$

式中，$\gamma_{1,2}$ 为油-水界面张力；$(\rho_2-\rho_1)$为两种不相溶液体的密度差。

滴体积法对于一般的液体和溶液的 $\gamma$ 测定都能很好适用，即使液体对滴头(玻璃或其他材料)不能完全润湿，只要接触角不大于 90°时仍能适用，但对表面张力有很长的时间效应的溶液误差较大。

2) 毛细管上升法

该方法如图 3.2.33 所示，当玻璃毛细管插入能对玻璃湿润的液体时，这个弯月面受到一个大小为 $2\pi r\gamma\cos\theta$ 的附加负压力的作用，液面呈凹形，毛细管内液面上升，直到上升的力 $2\pi r\gamma\cos\theta$ 被液柱的重力($\pi r^2\rho gh$)所平衡，这时

$$2\pi r\gamma\cos\theta=\pi r^2\rho gh$$

$$\gamma=\frac{\rho ghr}{2\cos\theta} \tag{3.2.43}$$

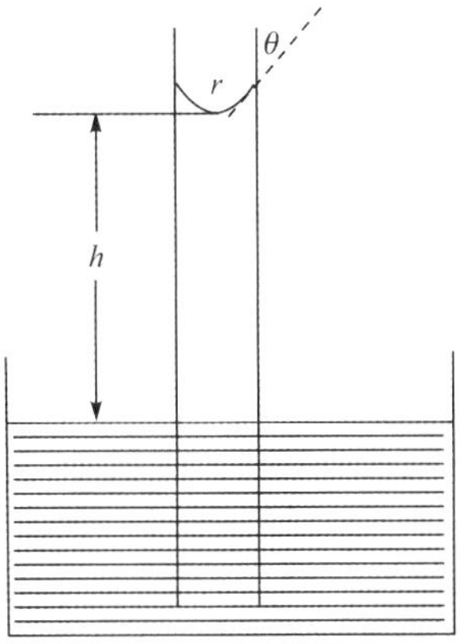


图 3.2.33　毛细管上升法测定表面张力

式中，$r$ 为毛细管内半径；$g$ 为重力加速度；$h$ 为液柱高；$\theta$ 为接触角；$\rho$ 为液体的密度。若液体润湿性良好，$\theta=0$；若 $\theta\neq0$，则由于 $\theta$ 不易测准而影响 $\gamma$ 的准确程度。

该法设备简单，应用较多。具体测定时应注意：

(1) 毛细管内径以 0.2～0.3 mm 为宜，且粗细应均匀，可用一支破温度计代用。

(2) 为获取准确结果，液面上升的高度 $h$ 应用测高仪精确读出。

(3) 毛细管必须干净且干燥。

(4) $\theta=0$，此法结果准确。检查 $\theta$ 大小的方法是：可用洗耳球使弯月面上升或下降，以观测是否平衡位置不变，若平衡位置不变，则 $\theta=0$，否则 $\theta\neq0$。

3) 吊环法

吊环法也称迪努伊(Du Noüy)环法。通常用铂丝制成圆挂环，将它挂在扭力秤上，然后转动扭力丝，使环缓缓上升，这时拉起来的液体呈圆柱形，装置见图 3.2.34。当环与液面突然脱离时，所需的最大拉力 $F$ 和液柱重量 $mg$ 相等，也和沿环周围的表面张力反抗向上的拉力相等。因为液膜有内、外两面，所以圆环的周长为 $4\pi R$，则有

$$F = mg = 4\pi R\gamma \tag{3.2.44}$$

式中，$m$ 为拉起液柱的质量；$R$ 为环的平均半径。设环的内半径为 $R_1$，铂丝本身的半径为 $r$，则 $R=R_1+r$，由式(3.2.44)可得

$$\gamma = F / 4\pi R \tag{3.2.45}$$

由于实际上拉起的液柱并不是圆柱形，因此式(3.2.45)必须乘上一个校正因子 $f$，从而

$$\gamma = Ff / 4\pi R \tag{3.2.46}$$

大量实验表明，校正因子 $f$ 是 $R^3/V$ 和 $R/r$ 的函数($V$ 为圆环拉起的液体体积)，使用时可在图 3.2.35 查找。

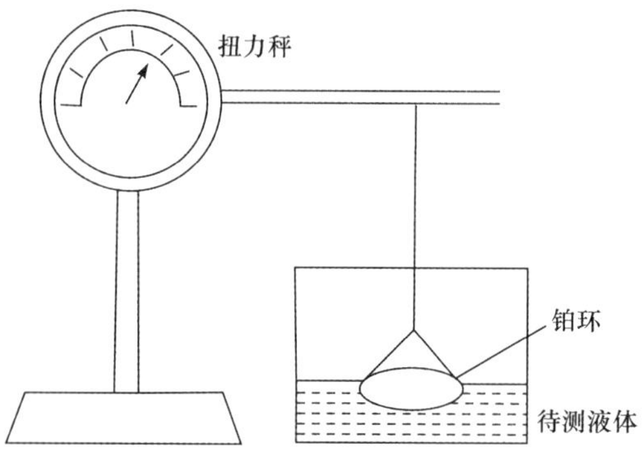


图 3.2.34　吊环法测定表面张力的装置

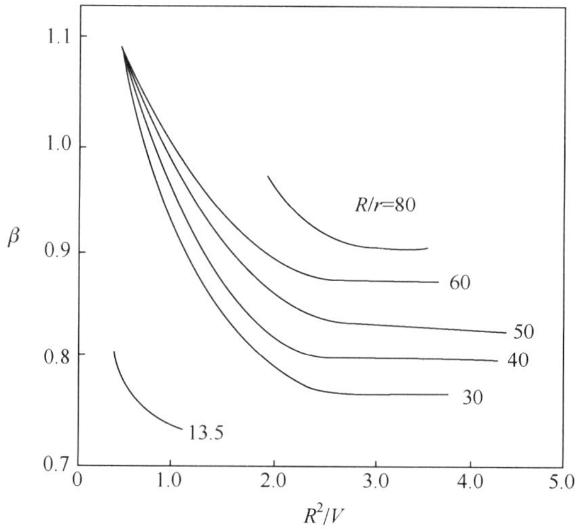


图 3.2.35　吊环法校正因子曲线

测量时应注意：①为了保证液体对环润湿，使用前铂环应先用酸洗，并在酒精灯的氧化焰上灼烧，使用后将铂环用滤纸吸干；②吊环法也可测量界面张力，但下层液体必须是能湿润吊环的物质，如苯-水界面可用铂环，因为下层水用于润湿铂环。若水处于上层，则须使用憎水环，如水-四氯化碳体系必须使用憎水环。

4) 吊片法

将云母、铂或玻璃等材料制成的薄片悬挂在扭力秤上，然后可采用动态法或静态法测定，前者与吊环法相似，测得薄片与液面脱离时的最大拉力，后者则先在秤上调节好薄片相平衡的质量，然后将液面逐渐上升，两者刚好接触时所增加的质量就等于作用力。吊片法示意图见图 3.2.36。表面张力 $\gamma$ 的计算公式为

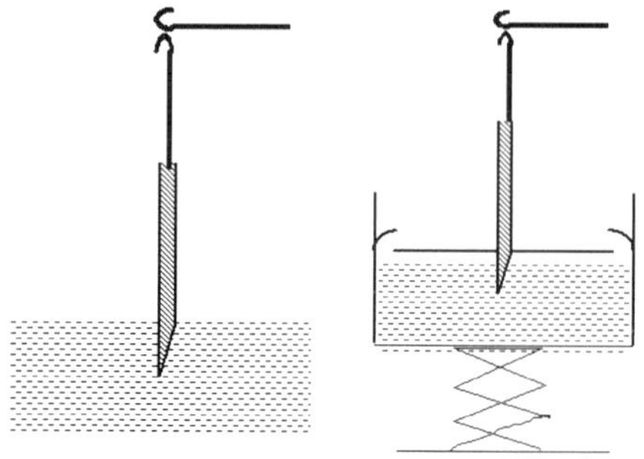

图 3.2.36　吊片法示意图

$$\gamma = f / [2(l + d)\cos\theta] \tag{3.2.47}$$

式中，$l$ 和 $d$ 分别为吊片的宽和厚，当 $l \gg d$ 时，$d$ 可以忽略，此法通常只用于 $\theta$=0°的体系。

具体测量时应注意：①为了使吊片被待测液体很好地润湿，可将吊片事先打毛；②若用吊片法测定油类的 $\gamma$，可将云母片用煤油灯焰熏上一层灯黑，可使油很好地润湿吊片；③原则上吊片法仍可测定液-液界面张力，但必须设法解决片不易被其中之一液体润湿的问题，否则难以得出准确结果。

5) 最大气泡法

最大气泡法装置及计算比较简单，也不需要所测溶液或纯液体的密度数据及接触角。具体操作及原理见实验部分 2.4.1 小节。

### 2. 表面活性剂溶液的临界胶束浓度的测定方法

临界胶束浓度(CMC)是表面活性剂溶液的重要性质，溶液达到 CMC 时，体系的物理化学性质发生急剧变化，如表面张力、摩尔电导率、渗透压、高频电导、密度等均有一个明显的转折点。溶液的许多重要作用(如加溶作用、催化作用、起泡作用等)都与 CMC 密切相关，所以测定表面活性剂溶液的 CMC 是一件十分有意义的工作。原则上，在 CMC 附近，能发生急剧变化的任一物理及化学性质均可用来测定溶液的 CMC。常用的测定方法有如下几种。

1) 电导法

电导法是测定表面活性剂各种浓度溶液的电阻，算出其电导或摩尔电导率，然后作电导率或摩尔电导率对浓度的关系曲线，对应曲线的转折点即为表面活性剂的临界胶束浓度(图 3.2.37)，十二烷基硫酸钠(SDS)水溶液的电导率对浓度的关系曲线，对应此曲线转折点的浓度为 CMC，等于 $8.5\times10^{-3}$ mol · dm$^{-3}$(30 ℃)，当转折点不太明显时，可用摩尔电导率对浓度平方根的关系曲线来确定。图 3.2.38 为十二烷基铵盐酸盐水溶液的摩尔电导率对浓度平方根的关系曲线，此曲线有明显的转折点。

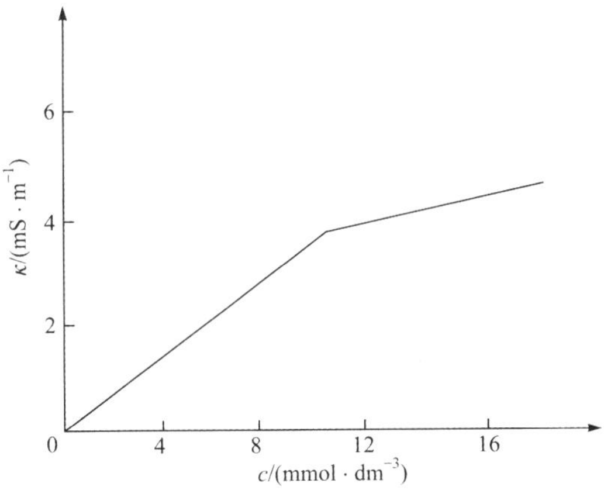


图 3.2.37　十二烷基硫酸钠水溶液的电导率

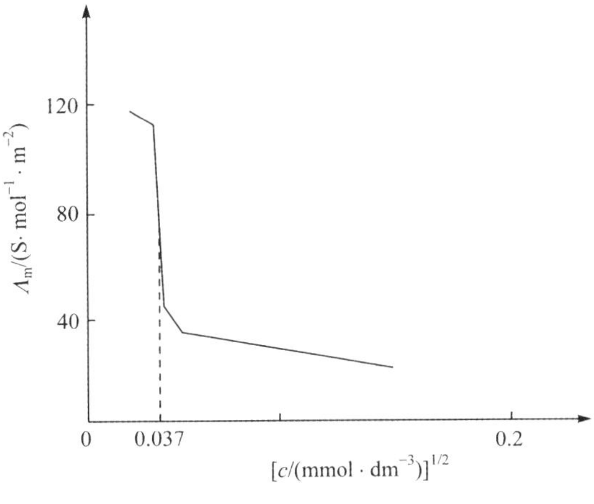


图 3.2.38　十二烷基铵盐酸盐水溶液的摩尔电导率

该法准确度较高，且电导率与温度的关系很容易测定，因此常采用该法研究胶束的形成受温度的影响。电导法仅适用于测量离子表面活性剂溶液的 CMC，电导池容易受溶液中盐类的影响，故盐的浓度越大，测定准确度越低。

2) 表面张力法

表面活性剂水溶液的表面张力与溶液的浓度有关，当浓度小于 CMC 时，随浓度增大，$\gamma$ 急剧下降，达到 CMC 之后，再增加浓度，$\gamma$ 几乎不再变化，利用这种性质可以测定 CMC。通常采用滴体积法测定不同浓度表面活性剂溶液的表面张力，然后作 $\gamma$-$c$ (或 lg$c$)曲线(图 3.2.39 和图 3.2.40)，相应曲线转折点的浓度即为 CMC。从图可以看出，采取浓度对数不仅转折点明显，还可以由吉布斯吸附等温式求表面活性剂在表面上的吸附量。

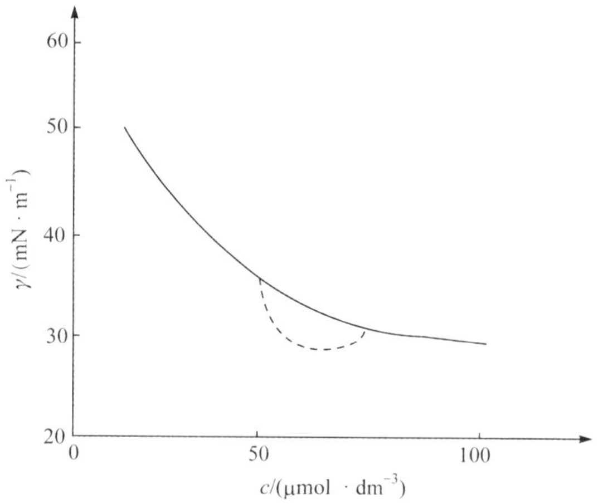


图 3.2.39　棕榈酸钠水溶液的表面张力与浓度对数的关系曲线

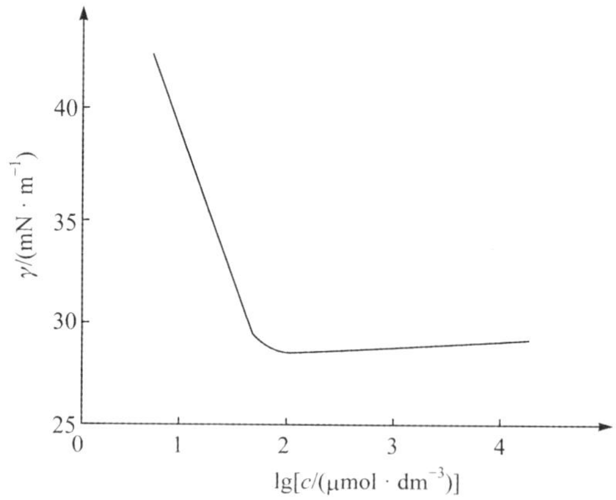


图 3.2.40　壬基酚聚氧乙烯醚水溶液的表面张力与浓度的关系曲线

具体的测定方法见滴体积法测定 $\gamma$，此法既适用于测定离子表面活性剂，也适用于测定非离子表面活性剂。在测定时要特别注意适当减慢滴落速率，特别是在 CMC 附近更要当心，此法对长链和短链的表面活性剂的 CMC 测定的灵敏度和准确度均较高,并不受盐类存在的影响。此法的缺点是，当表面活性剂含微量杂质时，$\gamma$ 出现最小值(见图 3.2.39 中虚线)，从而影响转折点的判断，但可用此点鉴定表面活性剂纯度。

3) 染料法

利用某些染料在水中和胶束中的颜色有明显差别的性质，采用滴定法测定 CMC，简单易行。实验时，先在一确定浓度(>CMC)的表面活性剂溶液中加入很少的染料(一般此种染料的有机离子与表面活性剂活性离子的电性相反)，染料即被加溶于胶束中，呈现某种颜色，再用滴定法以水稀释此溶液，直至颜色发生显著变化，此时的浓度即为 CMC。只要找到合适的染料，此法非常简便，但有时往往颜色不够明显，使 CMC 的确定比较困难，精确性也差。在实验过程中，阴离子表面活性剂常用的染料为频哪氰醇氯化物和碱性蕊香红 G；对于阳离子表面活性剂，则常用曙红、荧光黄等。

在 CMC 前后染料的颜色和荧光强度之所以发生变化是因为互有相反电荷的表面活性离子和染料离子结合成络盐，当形成胶束时，络盐离解，游离出染料离子，从而变色。

需要指出的是，溶液中加入了染料，可能对 CMC 有影响，但因用量较小，所以对 CMC 较大的表面活性剂影响不大，而对 CMC 较小的表面活性剂则有一定的影响。另外，对于表面活性剂水溶液中含盐或醇较多的体系，此法不适合，CMC 不易确定。由于在 CMC 附近，体系产生颜色变化，因此可用吸光光度法代替滴定法。

4) 光散射法

光散射法是借助表面活性剂在溶液中缔合时对光的散射增强，从光散射-浓度曲线的转折点即可测出 CMC。此法还可测定胶束聚集数、胶束的形状和大小及胶束的电荷量。但此法要求溶液非常干净，不允许有灰尘，否则将影响测定结果。此法所使用的主要仪器为光电光散射光度计。

3. 溶胶的制备和净化

溶胶是一种分散相粒子的半径为 $10^{-9}$～$10^{-7}$ m 的分散体系，同时体系中应有适当的稳定剂存在，才能使其具有足够的稳定性。制备的方法大致可以分为两类：一是分散法，就是将大块的固体物质在稳定剂的存在下分散在介质中成为胶体粒子体系的方法，常见的有研磨法、胶溶法、超声波分散法、电弧法等几种方法。二是凝聚法，这种方法是先制成难溶物粒子的过饱和溶液，再使其互相结合成胶体粒子而得到溶胶，常见的有化学凝聚法、物理凝聚法和更换溶剂法。初制备的溶胶常含有一些电解质，通常除了稳定电解质之外，过多的电解质及其他杂质反而会破坏胶体体系的稳定性，所以制备溶胶后需净化处理，常用于净化的方法有两种：一是渗析法，二是超过滤法。

4. 乳状液的制备与鉴别

乳状液是一种多相分散体系，是由一种液体以极小的液滴形式分散在另一种与其不相混溶的液体中所形成的。要得到稳定的乳状液，必须加入第三种物质——乳化剂。乳化剂能稳定乳状液的主要原因是在油层-水面上形成具有一定强度的界面膜。一般来说，乳状液分为水包油型(O/W)和油包水型(W/O)两大类。

1) 乳状液的制备

按照乳化剂加入的方式不同，可以将乳状液的制备分为如下几种方法。

(1) 转相乳化法。将乳化剂先溶于油中，在剧烈搅拌下慢慢加水，加入的水开始以细小的液滴分散在油中，是 W/O 型乳状液，再继续加入水，随着水量增多，乳状液变稠，最后转变为 O/W 型乳状液。也可将乳化剂直接溶于水中在剧烈搅拌下将油加入，可得 O/W 型乳状液，若欲制取 W/O 型乳状液则可继续加油，直至发生变型。用这种方法制得的乳状液液滴大小不均匀，若采用胶体磨或均化器处理一次，可得到均匀而又较稳定的乳状液。

(2) 瞬间成皂法。将脂肪酸加入油相，碱加入水相，两相混合，在界面上即可瞬间生成作为乳化剂的脂肪酸盐。用这种方法只需要稍微搅拌(甚至不搅拌)即可制得液滴小而稳定的乳状液。但此法只限于用皂作乳化剂的体系。

(3) 自然乳化法。将乳化剂加入油中制成乳油溶液，使用时把乳油直接倒入水中，就自发或稍加搅拌形成 O/W 型乳状液，一些易水解的农药都用此法制得 O/W 型乳状液而用于大田喷洒。

(4) 界面复合物生成法。在油相中溶入一种乳化剂，在水相中溶入另一种乳化剂，当水和油相混并剧烈搅拌时，两种乳化剂在界面上形成稳定的复合物，从而得到十分稳定的乳状液。

(5) 轮流加液法。将水和油轮流加入乳化剂中，每次少量加入，形成 O/W 型或 W/O 型乳状液，这是食品工业中常用的方法。

除了上述几种方法外，工业上还采用高速混合器在乳化剂存在下迅速得到稳定的乳状液，实验室还常用手摇振荡的方式制备乳状液，但这种方法制得的乳状液是多分散性的，大小很不均匀。值得注意的是：①在制备乳状液过程中，间歇振荡的效果远比连续振荡好，两次振荡之间相隔时间以 10 s 左右为宜；②对同一体系和分散方法，随着分散时间的延长，液滴变小，但达到一定时间后，不再随时间的延长而变化(图 3.2.41)；③在一定浓度范围内增加乳化剂的浓度对分散有利，但超过某一浓度，液滴半径不再减小，如甲苯-水乳状液，甲苯液滴大小与油酸钠的浓度曲线见图 3.2.42。

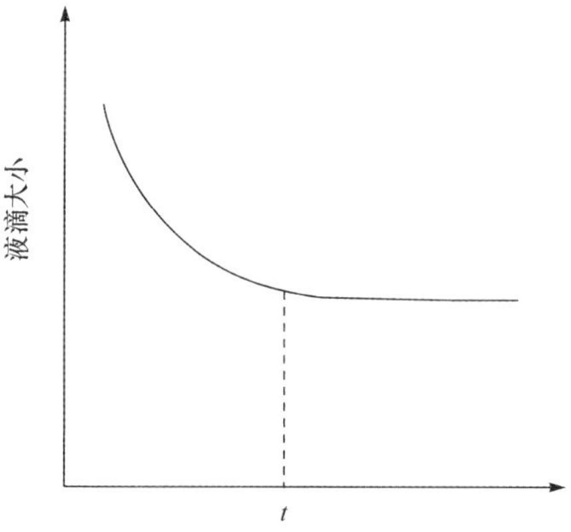


图 3.2.41　分散时间对液滴大小的影响

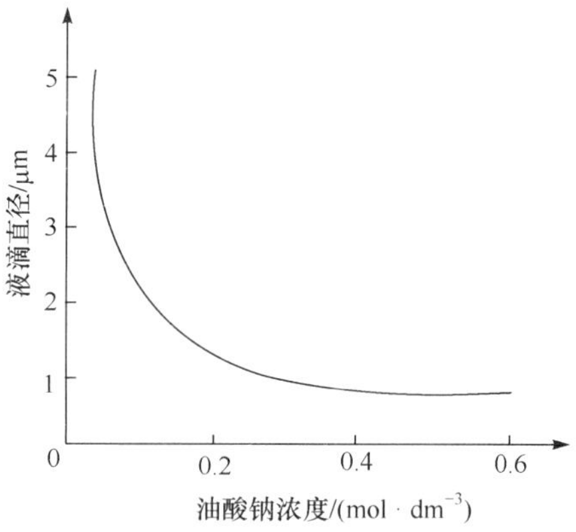


图 3.2.42　液滴大小与乳化剂浓度的关系

2) 乳状液类型的鉴别

(1) 稀释法。由于乳状液能被其外相(连续相) 液体所稀释，所以将数滴乳状液滴入蒸馏水中，若在水中立即散开，则为 O/W 型乳状液，否则为 W/O 乳状液。例如，牛奶能被水稀释，所以为 O/W 型乳状液。

(2) 染色法。向乳状液中加数滴水溶性染料(如亚甲基蓝溶液)，若被染成均匀的蓝色则为 O/W 型乳状液，如内相被染成蓝色(这在显微镜下观察)则为 W/O 型乳状液，也可用油溶性染料苏丹红Ⅲ等进行相应的检测。

(3) 电导法。O/W 型乳状液的导电性好，W/O 型乳状液的导电性差，但使用离子型乳化剂时，即使是 W/O 型乳状液或水相体积数很大的 W/O 型乳状液，其导电性也颇为可观。

3) 微乳状液

由水、油、表面活性剂和辅助剂(如醇类)四种组分以适当的比例自发形成的透明或半透明的稳定体系称为微乳状液(microemulsion)，简称微乳。其分散相颗粒很小，一般在 0.1 μm 以下，可见微乳的颗粒大小介于乳状液和胶束溶液之间。因此，它的制备可以在乳状液中加入更多量的表面活性剂及适量的辅助剂，使其转变为微乳，也可以在浓的胶束溶液中加入一定数量的油及辅助剂，使其转变为微乳。在微乳中乳化剂及辅助剂的含量较高，有些可高达体系的 15%～30%。微乳的稳定性与辅助剂的类型密切相关，以阳离子表面活性剂为乳化剂，需选用脂肪胺为辅助剂；阴离子型的常用脂肪醇为辅助剂，非离子型的则常与含长链烷基的聚乙氧基化合物配合使用。

微乳的增溶机理认为：当表面活性剂水溶液的浓度大于 CMC 之后，就会形成胶束，此时加入油，就会被增溶在胶束中，随着这一过程的进行，进入胶束中的油量增加，使胶束溶胀而变成小油滴，从而形成微乳。

微乳的用途很广泛，地板抛光蜡液、机械切削油醇酸树脂等涂料都是微乳。近几年，在石油开采的第三次采油中利用微乳使采收率大大提高，用微乳驱油采收率普遍提高 10%以上，油层的砂岩经处理后，其渗透率大为提高并长期保持不变，引起了国内外石油工业的普遍重视。常见的微乳的配方为：原油-石油磺酸钠-低碳醇(丙醇、丁醇、戊醇)-水。

### 3.2.5　X 射线衍射技术

1. 引言

X 射线多晶衍射分析法(XRD)又称 X 射线粉末衍射分析法，是由德国科学家德拜、谢乐在 1916 年提出的。20 世纪 40 年代后期，随着高性能多晶衍射仪的出现，XRD 的应用面得到了大大的拓展。在科学领域中，X 射线多晶衍射分析法有着广泛的应用，是一种重要的物理化学实验方法。X 射线多晶衍射分析法的应用范围遍及广泛的部门和领域，如地质、矿产、冶金、陶瓷、建材、机械、化学、石油、化工、电子、土壤、环保、药物、医学甚至考古、刑侦分析等诸多方面，适用于物相分析，是物相分析的最主要而有力的方法。它依据分析对象的晶体结构数据来进行固态物质的相组成分析，因此结论通常比较准确。物相分析在物质材料的组成分析、结构与性能关系的研究、物质材料制备、生产过程的控制或性能控制等方面都十分重要。X 射线多晶衍射分析法不仅能完成对样品物相组成的定性鉴定，也能完成定量的分析，是一种完整的物相分析方法。它是固溶体、合金、类质同象矿物研究中不可缺少的实验手段。它是测定晶态物质的晶体结构参数及物质的一些与晶体结构参数有关的物理常数或物理量(如晶体的密度、热膨胀系数、金属材料中的宏观应力等)的重要方法。X 射线多晶衍射分析法也是观测物质结构微小变化、研究物质的结构灵敏性质的有力工具。例如，研究薄膜的结构与性能的关系，研究催化剂的结构与催化性能的关系，研究亚微观晶粒的大小及其分布或晶粒中的缺陷，研究高分子材料或玻璃态物质的结晶度，研究金属材料中的微观应力等。X 射线多晶衍射分析法也是非晶态物质结构的重要研究手段，是研究原子径向分布函数的主要方法。

20 世纪 60 年代问世的四圆衍射仪及 20 世纪 80 年代、20 世纪 90 年代推出的二维面探单晶衍射仪使得单晶结构测定更为准确、快速，使得单晶结构分析作为常规测定工具成为可能。然而对于一些难以培养单晶的化合物，就无法进行单晶结构分析。但是 80%以上的固体化合物是以微晶的形式存在，可以使用多晶衍射方法。相对于单晶衍射而言，多晶衍射更为简单、快速和方便。此外，X 射线多晶衍射分析法还有一些独特的优点，因而易于应用普及，主要有：用少量的晶态粉末或多晶块状样品便能得到其 X 射线衍射图。因为大多数样品是固态的，而大多数固态物质又都是晶态的或准晶态的，而且通常是粉末状的，或容易制成粉末状的，或具有部分平整表面的多晶块状样品，所以 X 射线多晶衍射分析法所需的样品制备容易，用量很少，因而适用的范围很广。X 射线多晶衍射分析法是一种非破坏性分析方法，分析过程一般不会使样品受到化学破坏，实验后的样品还能用于之后的其他测试研究工作中。随着仪器技术的改进，自动化程度的提高，实验操作日益简化，X 射线多晶衍射分析法容易掌握。对于一般的应用，不要求操作者必须具备专门的高深的理论知识。

1895 年伦琴(Röntgen)研究阴极射线管时，发现管对阴极能放出一种有穿透力的肉眼看不见的射线，由于它的本质在当时是一个“未知数”，故称为 X 射线。1912 年劳厄(Laue)以晶体为光栅，发现了晶体的 X 射线衍射现象，确定了 X 射线的电磁波性质。此后，X 射线的研究在科学技术上给晶体学及其相关学科带来突破性的飞跃发展。X 射线和可见光一样属于电磁辐射，但其波长比可见光短得多，介于紫外线与 $\gamma$ 射线之间，为 $10^{-2}$～$10^{2}$ Å。X 射线的光子能量比可见光的光子能量大得多，表现出明显的粒子性，所以 X 射线光学虽然具有和普通光学一样的理论基础，但两者的性质有很大的区别，X 射线与物质相互作用时产生的效应和可见光也迥然不同。X 射线和其他电磁波一样，能产生反射、折射、散射、干涉、衍射、偏振和吸收等现象。在物质的微观结构中，原子和分子的距离(1～10 Å)正好落在 X 射线的波长范围内，所以物质对 X 射线的散射和衍射能够传递极为丰富的微观结构信息。可以说，大多数关于 X 射线光学性质的研究及其应用都集中在散射和衍射现象上，尤其是衍射方面。X 射线衍射方法是当今研究物质微观结构的主要方法。

X 射线光源可以是 X 射线发生器或同步辐射 X 射线源。在高真空的 X 射线管中，用绕成螺旋的钨丝作为阴极，通以几十毫安的电流，阴极因受热发射出电子，这些电子在几万伏高压下加速运动，撞击到由一定金属制成的阳极靶上，在阳极即产生 X 射线。X 射线管实际上是一支真空二极管，它有两个电极：作为阴极的用于发射电子的灯丝，作为阳极的用于接受电子轰击的靶，又称对阴极。X 射线管供电部分至少包含一个使灯丝加热的低压电源和一个给两极施加高电压的高压发生器。由于总是受到高能量电子的轰击，阳极还需要强制冷却。图 3.2.43 是真空封闭式 X 射线管结构示意图。图 3.2.44 是 X 射线管产生的 X 射线图谱。

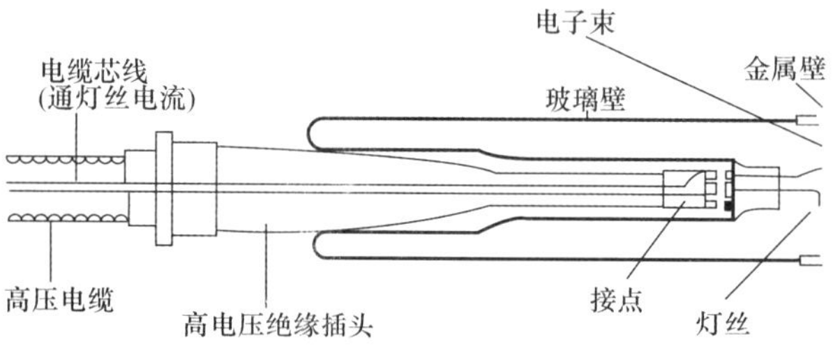


图 3.2.43　真空封闭式 X 射线管结构示意图

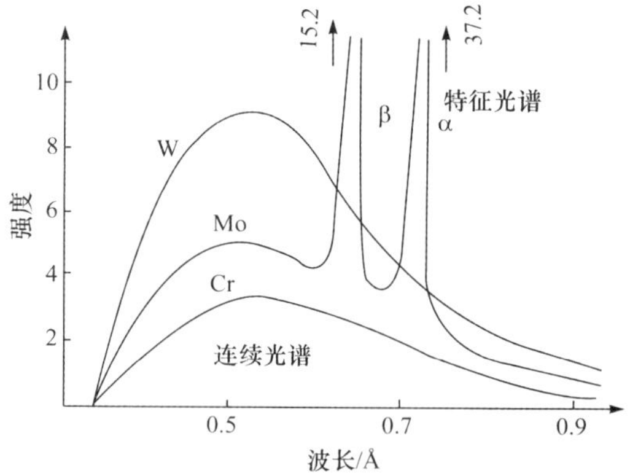


图 3.2.44　X 射线管产生的 X 射线图谱

因为轰击靶面电子束的绝大部分能量都转化为热能，所以在工作时 X 射线管的靶必须采取水冷(或其他手段)进行强制冷却，以免使阴极被加热至熔化，受到损坏。也是基于这个原因，X 射线管的最大功率受到一定限制，这取决于阳极材料的熔点、导热系数和靶面冷却手段的效果等因素。同一种冷却结构的 X 射线管的额定功率，因靶材的不同是大不相同的。例如，铜靶(铜有极佳的导热性)和钼靶(钼的熔点很高)的功率常为相同结构的铁、钴、铬靶的两倍。

对于不同的阳极靶，产生 X 射线的临界电压不同。特征 X 射线的单色性很好，其半峰宽度一般小于 $10^{-4}$ nm。X 射线粉末衍射中常用的是铜靶，其 K 线特征 X 射线的临界电压为 8.981 kV。当管电压继续增大，只能增加 X 射线的强度。设高速电子的动能超过靶材原子某层电子的电离能，并且将它轰击出原来的壳层，则靶原子将成为激发态的游离原子，于是处于外层的电子便跃入内层填补空位，靶原子又成为低能量基态，同时发出一个光子。该光子的波长与原子初始态能量差 $\Delta E$ 之间的关系为：$\lambda=hc/\Delta E$。在 X 射线衍射实验中，最常用的是 K 特征的 X 射线，即当 K 层电子被轰击出，随后这些 K 层的空位被高能级的电子填充所产生的辐射。其中 $K_{\alpha1}$、$K_{\alpha2}$、$K_{\beta3}$ 线是分别由 $L_{III}$、$L_{II}$、$M_{III}$ 壳层的电子跃迁到 K 层时所产生的辐射。铜靶的这三条 X 射线波长分别为 0.154 051 nm、0.154 433 nm、0.139 217 nm。由于 $K_{\alpha1}$ 和 $K_{\alpha2}$ 线的波长非常接近，在低衍射角时不易分辨，由平均波长 0.154 18 nm 计算。

2. 仪器条件的准备

1) X 射线光源条件

选择合适的 X 射线波长是进行 X 射线衍射实验首先要考虑的问题。应依据被测样品的元素的吸收性质选择合适的 X 射线波长，也即选择不同靶材的 X 射线管。应避免使用能被样品强烈吸收的 X 射线，否则将激发样品放出强的荧光辐射，增大衍射图的背景。根据元素吸收性质的规律，可以得到一个简单的选靶规则：X 射线管靶材的原子序数比样品中最轻元素的原子序数小或者相等，最多不宜大于 1。

X 射线管产生的连续光谱的短波限取决于 X 射线管的工作高压。不宜使用太高的电压，否则会导致衍射仪检测器的工作物质被短波部分激发，产生逃逸峰，干扰低角度衍射峰的正确测量。逃逸峰是这样产生的：以使用 NaI(Tl)检测器为例，因为碘的 K 吸收限能量为 28.5 keV，$CuK_{\alpha}$的能量约为 8 keV，故使用 Cu 靶而检测器前没有单色器时，能量在 36.5 keV 附近的连续光谱的衍射线被碘大部分吸收后，其能量衰减为 8 keV 左右，于是可以和 $CuK_{\alpha}$一样能通过脉冲幅度分析器而被测量，生成逃逸峰。强的 $K_{\alpha}$峰的前面通常能观察到逃逸峰。为了避免逃逸峰的产生，X 射线管的工作电压低于(28.5+8) keV，最高超过 36 kV 为宜。

2) 测角仪的校正

测角仪校正这一步骤的主要要求是：确定接收狭缝中线与 X 射线源焦线 F 及衍射仪轴共一平面时的位置，即 $2\theta$=0.00°的位置；确定样品表面相对接收狭缝以 1∶2 的角速度关系作跟随运动的起点，即 $\theta$=0.00°的位置。上述校正也称测角仪的“对零”，“零位偏差”是衍射角测定中最大的一项系统误差来源，所以“对零”必须仔细做好。除“对零”外，测角仪的校正总的要求还包括了其他一些工作。衍射仪只有在经过校正后才能以最好精度水平满足衍射仪的设计要求，这是衍射仪准确测量样品衍射线位置的必要条件，也是获得最大衍射强度、最佳的仪器分辨能力及衍射线剖面畸变最小的必要条件。测角仪校正的具体步骤如下：

第一步，放好测角仪。按所需的 X 射线掠出角，安放好测角仪，对于普通焦点 X 射线光管掠出角通常取 6°。测角仪的三个脚螺栓在仪器第一次安装调试时已经调好了，不要随便调整。把各狭缝系统和检测器按规定位置装到测角仪上。

第二步，用荧光屏“对光”。在样品台上放上荧光屏，并选用适当的发散狭缝插片，启动 X 光机并打开 X 射线出射窗口，观察荧光屏上光照区的位置，通过测角仪正面的一对调节螺栓，转动测角仪的箱体，直到用 0.02 mm 宽的调零用狭缝时，光照区仍能与测角仪轴重合为止。

注意：①进行这一步骤时，检测器光电倍增器不应加上高压处于工作状态，或者可以在检测器前置一薄铝片(0.5 mm 左右即可)作吸收板来保护检测器；②在以后的步骤中，常需反复转动样品台(转动 $\theta$ 游标螺杆)或检测器(转动 $2\theta$ 游标螺杆)寻找 X 射线最强的位置，为了减小机械啮合间隙的影响，均应按同一方向转动 $\theta$ 或 $2\theta$ 游标螺杆去寻找，如果旋过了一个需要位置，则应退回重新寻找。

第三步，样品台对零($\theta$ 校零)和 $2\theta$ 校零。

平板狭缝是两片经过精研的玻璃或金属平板，间隙为 0.01～0.02 mm 组成的平面狭缝。当测角仪经过大致校正之后，经发散狭缝入射的 X 射线照射在测角仪轴上，此时在样品台上放上平行板狭缝，发散狭缝则用约 0.02mm 调零专用的狭缝插片，接收狭缝插片暂先拔去，检测器 $2\theta$ 置于 0.00°，在 $\theta$=0.00°附近缓缓转动样品台，并根据需要再精细地调整 X 射线管和测角仪的相对位置，直到检测器接收到的 X 射线的强度达到最大，则以此位置作为精确的样品台相对接收狭缝以 1∶2 的角速度关系作为跟随运动的起点，即 $\theta$=0.00°的位置。因为这时检测器测接收的是直射线，所以 X 射线管工作条件需调至 kV 和 mA 的最低挡。校正完 $\theta$ 位置后，换上调零专用的接收狭缝插片，在 $2\theta$=0.00°附近缓缓转动检测器支臂，寻找 X 射线强度的最大位置，并以此作为精确的 $2\theta$=0.00°的位置。用这样的操作使 $2\theta$ 零度位置校准到 ±0.01°～0.05°，只需几分钟。

对于高精度的晶面间距的测量，校正工作就要求做得更精确，至少在用上述平行板狭缝法确定了 $\theta$ 与 $2\theta$ 位置之后，把样品台转过 180°，然后用同样的操作测量一次 $\theta$ 和 $2\theta$ 的位置，最后取在两种样品台位置下确定的 $2\theta$ 零位的平均位置，作为精确的 $2\theta$ = 0.00°位置。经过校正的测角仪，工作一段时间之后，或者更换 X 射线管之后，应进行 $2\theta$ 零位的检查并进行再校正。

3. X 射线强度测量记录系统的调整

对于衍射工作使用的每种 X 射线波长，都需要为脉冲幅度分析系统确定一组适用的工作条件。这些条件包括：检测器的工作电压、放大器的增益(放大倍数)和分析器的工作阈值和道宽。如果 X 射线测量系统的脉冲幅度分析器工作条件选得正确，将有效地改善衍射图的峰高/背底比。脉冲幅度分析器的脉冲信号通过率对于衍射线为 90%，而对于背景区信号的通过率仅为 10%～20%。

1) 确定一组适用工作条件的一般步骤

为脉冲幅度分析系统确定一组适用的工作条件，需要先将检测器放在一个已知的射线衍射位置上(例如，对于 $CuK_\alpha$，样品为 α-$SiO_2$ 时，$2\theta$=26.62°)。

检测器的工作高压和系统对信号的总放大倍数，这两者决定了信号幅度的绝对值大小。高压值过低，会造成 X 射线信号和仪器噪声信号无法分辨；但如果高压和系统的增益过高，X 射线信号的幅度很大，噪声计数也将增大，而且 X 射线信号幅度的分布将变宽，而超过分析器道宽的最大值，这里的关键是要适当地选择检测器工作高压。以闪烁检测器为例，适宜的 SC 工作高压应取其光电倍增管特性测试时所使用的高压(在光电倍增管的产品说明书中给出)高出 100～200 V，系统对信号的总增益用约几十倍，此时输入分析器的 X 射线信号平均幅度约为 2 V。

当所选择的检测器的工作高压与放大器增益不会过高或过低时，便可测定此条件下的被测波长的 X 射线的能谱曲线，再根据测得的能谱曲线就可确定分析器的工作阈值和道宽。从图 3.2.44 可以看到检测器对单色 X 射线的能谱曲线具有高斯曲线的形状，在阈值低于一个低限时，计数率便增加，这个阈限就是系统噪声信号幅度的上限，分析器的工作阈值应选得比噪声幅度上限稍高一些。选择合适的道宽，应该使得被测波长的脉冲信号绝大多数能通过。对于高斯曲线，其最大值处宽度等于其半高宽 $W$ 的区域峰面积为曲线下总面积的 0.758，宽度等于 1.5$W$ 的区域为 0.923，宽度等于 2.0$W$ 的区域为 0.981。通常，在无其他相近波长辐射的干扰时，分析器的通道宽度可取 1.5$W$ 左右，以能谱峰计数率最大的幅值为中心对称的设置，从而分析器的工作阈值和道宽就确定了。用更小范围的道宽并不能进一步提高系统对信号接收的选择性，却使被测波长信号的通过率受到明显的损失。在有干扰的情况下(如样品有二次荧光辐射或低能量的射线)，分析器的通道范围可以适当减小，牺牲一些通过率，并且不对称地设置。若测得的能谱峰半高宽 $W$ 的 1.5 倍大于道宽最大值(2.0 V)太多，则应适当降低放大器的增益，必要时也要降低检测器的工作高压，然后重复上述的方法以确定道宽和阈值。在选定的阈值条件下，系统的噪声计数应小于 10 cps(计数 · 秒$^{-1}$)。如果上述条件所确定的分析器的工作阈值比噪声信号低，可能的原因是检测器的高压用的太低或系统的噪声太大。

2) 具体步骤

实际工作中按照下列步骤可以简易地确定测量系统的工作条件。

第一步：检测器高压和放大器增益条件的摸索。脉冲幅度分析器阈值为 0.5～1.0 V，分析器处于“积分”工作状态；检测器放在一个有强峰出现的位置上(例如，对于纯 Si，$2\theta = 28.42°$；对于 α- $SiO_2$，$2\theta = 26.62°$)，然后通过定标器观测 X 射线的定时积分读数，摸索检测器高压和放大器增益条件。为此，可以在一定的放大器增益条件下逐步增加检测器的高压，或者在一定的检测器高压下逐步增加放大器的增益，观察 X 射线计数随高压或放大器的增加而增加的趋势。在这两种情况下均可观察到计数率的增加有一个停顿，这相应于检测器高压工作曲线或放大器增益曲线(图 3.2.45)的坪。每一个高压和增益的组合应在相应曲线坪的中部(不必测出检测器高压工作曲线或其放大器增益曲线；系统的噪声计数应小于 10 cps。

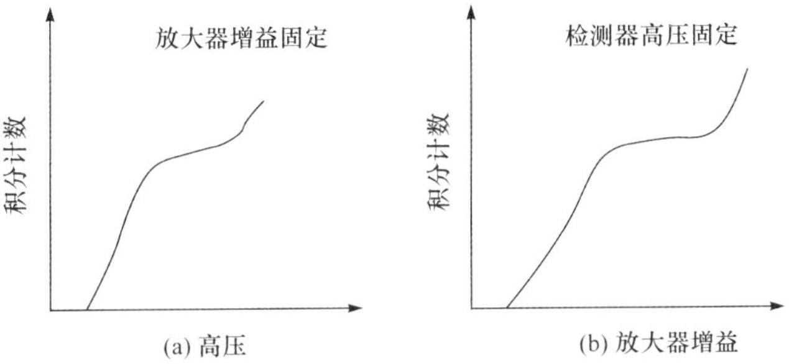


图 3.2.45　检测器高压工作曲线(a)和放大器增益曲线(b)

第二步：如果选定了一组探头的检测器高压及放大器增益条件，则观察比较在此条件下的“积分”计数和道宽置某一值时的“微分”计数读数。如果这两个读数接近相等，则应适当减小道宽；反之，则应增加道宽。如此，直到 X 射线脉冲通过率达到 90%。这样，便可得到一套适用的高压-增益-阀值-道宽条件。如果分析器的道宽已增至最大而“微分”读数仍太小，则应适当降低阈值和检测器的工作高压或放大器增益，再找一组高压和增益条件，直到分析器的道宽可以允许 X 射线脉冲的通过率在 90%以上。

用这种简易步骤，只需几分钟即可找到一套适用的条件，而效果与由根据测定高压曲线、增益曲线、微分曲线来进行工作条件的选择差不多。

3) 具体实验条件的选定

在实际进行衍射实验测量前，一些具体的实验条件需要操作者根据样品的衍射能力和实验的目的、对数据的要求等临时选定。

(1) 发散狭缝。

发散狭缝的宽度决定了入射 X 射线束在扫描平面上的发散角 $\alpha$。实际用的样品表面是一个平面，相当于在图 3.2.46 中用切线代替聚焦圆上的 $AB$ 弧，这一近似会引起衍射线剖面的畸变，使剖面向低角度一侧不对称地宽化和位移。此影响随 $\alpha$ 增大而迅速增加，剖面重心的位移正比于 $\alpha^2\cot\theta$，峰顶的位移量较为小，但和重心一样，其位移量随 $2\theta$ 的减小而增加，在 $2\theta = 180°$时为零。

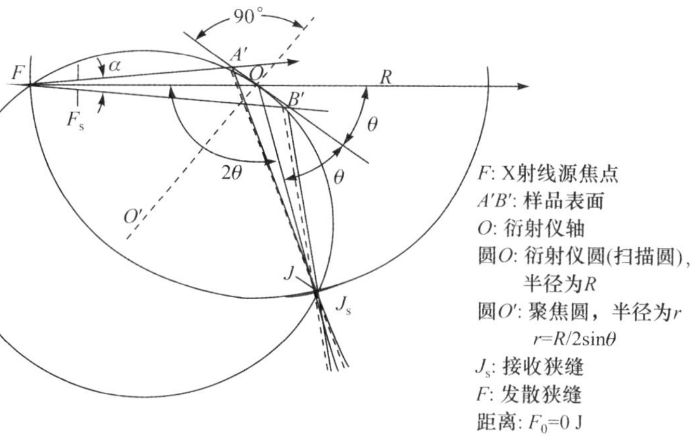


图 3.2.46　X 射线粉末衍射仪中平板样品的准聚焦

发散狭缝有固定宽度和宽度自动连续变化两种；使用固定狭缝宽度的发散狭缝时有一个狭缝宽度的选择问题。选用大的 $\alpha$ 角可以增加样品的受照面积，提高衍射线的强度，不过在低角度区域，有效的 $\alpha$ 实际上不取决于发散狭缝的宽度而取决于样品表面的最大宽度，这时使用发散狭缝是为了限制光束不要照射到样品以外的地方，以免引起大量的附加散射或线条。一般衍射仪所附的样品框的装样窗孔，其宽度为 20 mm，故在低角度范围上 $\alpha$ 不可以用得很大，样品表面受照区的宽度 $L$ 为

$$L=\left[\frac{1}{\sin(\theta+\alpha/2)}+\frac{1}{\sin(\theta-\alpha/2)}\right]R\sin(\alpha/2)\approx aR/\sin\theta \qquad (3.2.48)$$

按式(3.2.48)可以计算得到不同 $\alpha$ 角的发散狭缝所适用的最低的 $2\theta$ 角，结果列于表 3.2.14 中(对于 $R = 180$ mm 的衍射仪)。为了获得较大的衍射强度，在较高的 $2\theta$ 角度时可以用较大 $\alpha$ 角的发散狭缝。扫描半径 $R = 180$ mm；$L = 20$ mm。

**表 3.2.14　扫描的起始角 2*θ* 与发散狭缝的孔角 *α***

| 发散狭缝孔角 $\alpha$ | 所适用的最低 $2\theta$ 角度/(°) | 相应的最大间距 $d$/Å | | |
|---|---|---|---|---|
| | | $MoK_\alpha$ | $CuK_\alpha$ | $CoK_\alpha$ |
| 10′(1/6°) | 2.9 | 14.0 | 29.5 | 34 |
| 30′(1/2°) | 8.5 | 4.8 | 10.4 | 12 |
| 1° | 17.0 | 2.4 | 5.2 | 6.05 |
| 2° | 34.5 | 1.2 | 2.6 | 3.0 |
| 3° | 56.2 | 0.8 | 1.6 | 1.9 |
| 4° | 72.8 | 0.6 | 1.3 | 1.5 |

(2) 接收狭缝。

接收狭缝是为了限制待测角度位置附近区域之外的 X 射线进入检测器，它的宽度对衍射仪的分辨能力、线的强度及峰高/背底比有着重要的影响。

使用窄的接收狭缝可以获得较好的分辨能力。BDX 系列衍射仪配备的最窄的接收狭缝为 0.08 mm，与常用的 X 射线源有效宽度的大小相近。选用较宽的接收狭缝，仅能增加峰的积分强度和峰高，但峰高/背底比降低，并使线剖面对称地宽化，不过宽化的量与 $\theta$ 的大小无关，

不影响剖面重心的位置。但对于部分分离的 $K_\alpha$ 双重线，宽化将导致 $K_{\alpha1}$、$K_{\alpha2}$ 线的重叠加深，使 $K_{\alpha1}$ 的峰顶趋向较高的角度，使双重线相互靠近。

衍射仪配备的接收狭缝的宽度最大为 2.0 mm，这种特宽狭缝可用于记录特别弥散的峰，还可用于测量衍射线的积分强度。用宽的接收狭缝能同时接收一个衍射束的全部能量，以此法测定线的积分就避免记录线的剖面及求剖面的面积等烦琐的步骤了。

(3) 防散射狭缝。

防散射狭缝是光路中的辅助狭缝，它能限制由于不同原因产生的附加散射进入检测器，如光路中空气的散射、狭缝边缘的散射、样品框的散射等。此狭缝如果选用得当，可以得到最低的背底，而衍射线强度的降低不超过 2%。如果衍射线强度损失太多，则应改用较宽的防散射狭缝。

4) 扫描方式

(1) 连续扫描。

试样和接收狭缝以角速度比 1∶2 的关系匀速转动。在转动过程中，检测器连续地测量 X 射线的散射强度，各晶面的衍射线依次被接收。计算机控制的衍射仪多数采用步进电机来驱动测角仪转动，因此实际上转动并不是严格连续的，而是一步一步(每步 0.0025°)地跳跃式转动，在转动速度较慢时尤为明显，但是检测器及测量系统是连续工作的。

连续扫描的优点是工作效率较高。例如，以 $2\theta$ 每分钟转动 2°的速度扫描，扫描范围从 20°～80°的衍射图 30 min 即可完成，而且也有不错的分辨率、灵敏度和精确度，因而对大量的物相鉴定工作是非常合适的。

(2) 步进扫描。

试样每转动一步(固定的 $\Delta\theta$)就停下来，测量记录系统开始测量该位置上的衍射强度。强度的测量也有两种方式：定时计数方式和定数计时方式。然后试样再转过一步，再进行强度测量。如此一步步进行下去，完成指定角度范围内衍射图的扫描。

用记录仪记录衍射图时，采用步进扫描方式的优点是不受计数率表的影响，没有滞后及数率表的平滑效应，分辨率不受数率表影响；尤其在衍射线强度极弱或背底很高时特别有用，在两者共存时更是如此。因为采用步进扫描时，可以在每个 $\theta$ 角处作较长时间的计数测量，以得到较大的每步总计数，从而可减小计数统计起伏的影响。

步进扫描一般耗费时间较多，因而须认真考虑其参数。选择步进宽度时需考虑两个因素：一是所用接收狭缝宽度，步进宽度至少不应大于狭缝宽度所对应的角度；二是所测衍射线线形的尖锐程度，步进宽度过大则会降低分辨率甚至掩盖衍射线剖面的细节。为此，步进宽度不应大于最尖锐峰的半高度宽的 1/2。但是，也不宜使步进宽度过小。步进时间即每步停留的测量时间，若长一些，可减小计数统计误差，提高准确度与灵敏度，但将损失工作效率。

5) 数字记录时采样条件的选择

数字化的衍射仪用计算机进行衍射数据采集，可以选择定速连续扫描方式，也可以选择步进扫描方式。这两种方式都要适当选择采集数据的步宽(或称步长)，步宽应当大大小于衍射峰的半高宽。此外，对前者还要选定“扫描速度”，对后者则要选择“定时计数”或“定数计时”测量方式。为了降低计数统计误差造成的计数起伏，克服不可避免的仪器性能随时间的漂移变化，用计算机进行数字测量衍射图时还可以采用重复扫描叠加技术。

衍射仪的工作条件对仪器 $2\theta$ 分辨能力和衍射峰强度的影响可从表 3.2.15 中清楚地看到。

若干典型的记录目的与衍射仪实验条件的选择列于表 3.2.15 中，可供参考。一般使用 0.1～0.2 mm 宽的接收狭缝，扫描速度为 $2° \cdot min^{-1}(2\theta)$，已能得到具有很好分辨率的衍射图了，而所用时间也不算太多。

**表 3.2.15　衍射仪工作条件与仪器分辨率及接收条件的关系**

| 因素 | 增加仪器分辨率 | 提高接收强度 |
| --- | --- | --- |
| X 射线出射角 $\psi$ | 3°或更小 | 不大于 6° |
| 发散狭缝(发散角 $\alpha$) | 适当小 | 大 |
| 接收狭缝宽度 | 小 | 大 |
| 样品的吸收 | 薄层粉末样品 | 厚层粉末样品 |
| 轴向发散角 $\delta$ | 小 | 大 |
| 计数表 RC(对记录仪) | 小 | |
| 采数步宽(对计算机) | 小 | |

4. 样品的制备

对于样品的准备工作，必须有足够的重视。样品制备不当常会给实验数据带入显著的误差甚至无法解释，造成混乱。衍射仪用的样品试片一般包括两个步骤：①需把样品研磨成适合衍射实验用的粉末；②把样品粉末制成有一个十分平整平面的试片。整个过程及之后安装试片、记录衍射谱图的过程都不允许样品的组成及其物理化学性质有所变化。确保采样的代表性和样品成分的可靠性，衍射数据才有意义。

1) 对样品粉末粒度的要求

一种粉末衍射技术都要求样品是十分细小的粉末颗粒，使试样在受光照的体积中有足够多数目的晶粒。只有这样，才能满足获得正确的粉末衍射图谱数据的条件，即试样受光照体积中晶粒的取向是完全随机的。因这样才能保证用照相法获得相片上的衍射环是连续的线条，才能保证用衍射仪法获得的衍射强度值有很好的重现性。此外，将样品制成很细的粉末颗粒，还有利于抑制由于晶癖带来的择优取向；而且在定量解析多相样品的衍射强度时，可以忽略消光和微吸收效应对衍射强度的影响，所以在精确测定衍射强度的工作中十分强调样品的颗粒度问题。对于衍射仪，实验时试样实际上是不动的。即使使用样品旋转器，由于只能使样品在自身的平面内旋转，并不能很有效地增加样品中晶粒取向的随机性，因此衍射仪对样品粉末颗粒尺寸的要求比粉末照相法的要求高得多，有时甚至那些可以通过 360 目粉末颗粒都不能符合要求。对于高吸收的或者颗粒基本是个单晶体颗粒的样品，其颗粒大小要求更为严格。例如，石英粉末的颗粒大小至少小于 5 μm，同一样品不同样片强度测量的平均偏差才能达到 1%，颗粒大小若在 10 μm 以内，则误差为 2%～3%。但是若样品本身已处于微晶状态，则为了制得平滑粉末样面，样品粉末能通过 300 目便足够了。对于不同吸收性质的粉末，颗粒度可以认为“足够细”的尺寸要求是各不相同的，因为样品受到 X 射线照射的有效体积和可以忽视样品中微吸收效应的颗粒上限都取决于样品的吸收性质。Brindley 对此作过详细的分析，他在衍射分析中对粉末的颗粒度按 $\mu_D$ 值进行分级，其中 $\mu$ 为物质的线吸收系数，$D$ 为晶体的平均直径。

细颗粒：$\mu D$<0.01；中等颗粒：0.01<$\mu D$<0.1；粗颗粒：0.1<$\mu D$<1；十分粗：$\mu D$>1。

表 3.2.16 列出了不同 $\mu$ 值的物质粉末颗粒分级。在 Brindley 的分级中，“细”表示大多数颗粒周围的吸收性质是均匀的，其差异可以忽略；对中等以上的颗粒，则需要考虑“微吸收效应”；而“十分粗”的样品，衍射实际上只局限在表面一层的晶粒，此时粉末照片开始出现不连续的点状线，“粉末吸收效应”等概念失去意义。

**表 3.2.16　粉末颗粒度的分级与其线吸收系数 $\mu$ 和晶粒尺寸 $D$ 的关系**

| 晶体尺寸 $D$/μm | 线吸收系数 $\mu$/$cm^{-1}$ |
| --- | --- |
| | 1　　10　　100　　1000　　10000 |
| 10 | ←细→ \| ←中→ \| ←粗→ \| ←十分粗→ |
| 1 | ←细→ \| ←中→ \| ←粗→ |
| 0.1 | ←细→ \| ←中→ |
| 0.01 | ←细→ |

当晶粒尺寸小于 1000 Å 时，衍射仪就可察觉衍射线的宽化(对于粉末照相法，需晶粒小于 200 Å 才能观察到宽化)。所以，要测量到良好的衍射线，晶粒也不宜过细，对于粉末衍射仪，适宜的晶粒大小应为 0.1～10 μm。

2) 试片平面的准备

粉末衍射仪要求样品试片的表面是十分平整的平面。试片装上样品台后其平面必须能与衍射仪轴重合，与聚焦圆相切。试片表面与真正平面的偏离(表面形状不规则、不平整、凸出或凹下、很毛糙等)会引起衍射线的宽化、位移及使强度产生复杂的变化，对光学厚度小(吸收大)的样品其影响更为严重。但是制取平整表面的过程常容易引起择优取向，而择优取向的存在会严重地影响衍射线强度的正确测量。实际实验中，当要求准确测量强度时，一般首先考虑如何避免择优取向的产生而不是追求平整度。

通常采用的制作衍射仪试片的方法都很难避免在试片平面中导致表层晶粒有某种程度的择优取向。多数晶体是各向异性的，把它们的粉末压入样品框窗孔中很容易引起择优取向，尤其是那些容易解理成棒状、鳞片状小晶粒的样品，如云母、黄色氧化铅、β-铝等。对于这类样品，采用普通的压入法制作试片，衍射强度测量的重现性很差，甚至会得到相对强度大小次序颠倒过来的衍射图谱。克服择优取向没有通用的方法，根据实际情况可以采用以下几种：①使样品粉末尽可能细，装样时用筛子筛入，先用小抹刀刀口剁实并尽可能轻压等；②把样品粉末筛落在倾斜放置的粘有胶的平面上通常也能减少择优取向，但是得到的样品表面较粗糙；③通过加入各向同性物质(如 MgO、$CaF_2$ 等)与样品混合均匀，混入物还能起到内标的作用。但是，对于一些具有明显各向异性的晶体样品，采用上述方法仍不可避免一定程度的择优取向；而且对于具有十分细小晶粒的金属样品，采用形变的方法(碾、压等)把样品制成平板使用时也常会导致择优取向的织构，需要考虑适当的退火处理。

然而，如果为了研究样品的某一特征衍射，择优取向却是十分有用的。此时，制样将力求使晶粒高度取向，以得到某一晶面的最大强度。例如，在黏土矿物的鉴定与研究中，001 衍射具有特别的价值，因此它们的 X 射线衍射分析常在样品晶粒的定向集合体上进行，需要制作“定向试片”。

3) 样品试片的厚度

样品对 X 射线透明度的影响与样品表面对衍射仪轴的偏离所产生的影响类似，会引起衍射峰的位移和不对称的宽化，此误差使衍射峰位移向较低的角度，特别是对线吸收系数 $\mu$ 值小的样品，在低角度区域引起的位移 $\Delta(2\theta)$会很显著。对于吸收可忽略的样品，若厚度为 $X_t$，则 $2\theta$ 的位移为

$$\left|\Delta(2\theta)_{\text{穿透}}\right| = X_t \cos\theta/R \tag{3.2.49}$$

因此，如果要求准确测量 $2\theta$ 或要求提高仪器分辨率能力，应该使用薄层粉末样品。

但是，如果为了获得最大的接收强度和要求强度测量有很好的重现性，样品的厚度应满足式(3.2.50)的要求：

$$X_t \geqslant (3.2/\mu)(\rho/\rho')\sin\theta \tag{3.2.50}$$

式中；$X_t$ 为样品的厚度(cm)；$\rho$ 和 $\rho'$分别为粉末的真正密度和表观密度。依据式(3.2.50)，通常仪器所附的制作样品的样品框的厚度(1.5～2 mm)对于所有样品的要求均已足够了。

4) 制样技巧

对于制样来说没有通用的一种方法，通常需依据实际情况有针对性地进行选择。然而无论用何种方法，都需要满足一个前提条件，即在制成样品试片直至衍射实验结束的整个过程中，必须保证试片上样品的组成及其物理化学性质和原样品相同，必须确保样品的可靠性。

(1) 虽然很多固体样品本身已处于微晶状态，但通常却较粗糙的粉末颗粒或较大的集结块，更多数的固体样品则是具有或大或小晶粒的结晶织构或者可以辨认出外形的粗晶粒，因此实验时一般需要先加工成合用的细粉末。因为大多数固体颗粒是易碎的，所以最常用的方法是研磨和过筛，只有当样品是十分细的粉末，手摸无颗粒感，才可以认为晶粒的大小已符合要求。持续在研钵或在球磨中研磨至<360 目的粉末，可以有效地得到足够细的颗粒。

制备粉末需根据不同的具体情况采用不同的方法。对于一些软而不便研磨的物质(无机物或者有机物)，可以用干冰或液态空气冷却至低温，使其变脆，然后进行研磨。若样品是一些具有不同硬度和晶癖的物质的混合物，研磨时较软或易于解理的部分容易被粉化而包裹较硬部分的颗粒，因此需要不断过筛，分出已粉化的部分，最后把全部粉末充分混合后再制作实验用的试样。样品中不同组分在各粒度级分中可能有不同的含量，因此对多相样品不能只筛取最细的部分来制样(除非是进行分级研究)。如果样品是块状而且是由高度无序取向的微晶颗粒组成，如某些岩石、金属及蜡和皂类样品，在粉末照相法中可以直接使用，在衍射仪中也可以直接使用，不过需加工出一个平面。金属和合金样品常可碾压成平板使用，但是在这种冷加工过程中常会引起择优取向，需要考虑适当的退火处理。退火的时间和温度以仅发生复原过程为原则。过高的退火温度有可能导致重结晶过程的发生、某些挥发性组分的损失及其他的物理化学的变化。岩石及金属或合金块内常常可能存在织构，为了结果的可靠，还是应该磨成粉末或锉成细屑。锉制金属细屑可以用细的整形锉刀，锉刀要清洁，锉时锉程要小，力量要轻，避免样品发热，制得的锉屑还应考虑退火处理以消除锉削过程冷加工带来的点阵应力。

样品粉末的制备方法还可以根据样品的物理化学性质来设计。例如，NaCl 粉末可以利用乙醇使 NaCl 从它的饱和溶液中析出的办法制得，由此得到的样品衍射分析效果极佳。

一些样品本身的性质会影响衍射的图谱，工作时也应予以注意。例如，有些软的晶态物质经长时间研磨后会造成点阵的某些破坏，导致衍射峰的宽化，此时可采用退火处理；有的

样品在空气中不稳定，易发生物理化学变化(如易潮解、风化、氧化、挥发等)，则需有专门的制样器具和必要的保护、预防措施；对于一些各向异性的晶粒，采用混入各向同性物质的方法，同时还可进行内标。

(2) 制作粉末衍射仪试片的技巧。粉末衍射仪要求样品试片具有一个十分平整的平面，而且对平面中的晶粒的取向通常要求是完全无序的，不存在择优取向。通常很细的样品粉末，如无显著的各向异性且在空气中又稳定，则可以用“压片法”来制作试片。先把衍射仪所附的制样框用胶纸固定在平滑的玻璃片上，然后把样品粉末尽可能均匀地撒入(最好是用360目细筛筛入)制样框的窗口中，再用小抹刀的刀口轻轻剁紧，使粉末在窗孔内摊匀堆好，然后用小抹刀把粉末轻轻压紧，最后用保险刀片把多余凸出的粉末削去。然后，小心地把制样框从玻璃平面上拿起，便得到一个很平的样品粉末的平面。此法所需样品粉末量较多，约需 0.4 $cm^3$。

涂片法所需的样品量最少。把粉末撒在一片大小约 25 mm×35 mm×1 mm 的显微镜载片上，然后加上足够量的丙酮或乙醇，使粉末成为薄层浆液状，均匀地涂布开来，粉末的量只需能够形成一个单颗粒层的厚度就可以，待丙酮蒸发后，粉末黏附在玻璃片上，可供衍射仪使用，若样品试片需要永久保存，可滴上一滴稀的胶黏剂。这两种方法很简便，最常用，但仍很难避免在样品平面中晶粒会有某种程度的择优取向。

喷雾法是制备几乎无择优取向样品试片的专门方法，具体操作为：把粉末筛到一只玻璃烧杯里，待杯底盖满一薄层粉末后，把塑料胶喷成雾珠落在粉末上，这样塑料雾珠便会把粉末颗粒敛集成微细的团粒，待干燥后，把这些细团粒自烧杯扫出，分离出细于 115 目的团粒用于制作试片。试片的制作类似上述的涂片法，把制得的细团粒撒在一张涂有胶黏剂的载片上，待胶干后，倾去多余的颗粒。用喷雾法制得的粉末细团粒也可以用常规的压片法制成试片。或者直接把样品粉末喷落在倾斜放置的涂了胶黏剂的载片上，得到的试片也能大大地克服择优取向，粉末取向的无序度要比常规的涂片法好得多。

塑合法是把样品粉末和可溶性硬塑料混合，用适当的溶剂溶解后，使其干固，然后再磨碎成粉。所得粉末可按常规的压片法或涂片法制成试片。

### 5. 数据的初步处理

从衍射仪直接得到的数据是对应于一系列 $2\theta$ 角度位置的 X 射线强度数据。要了解有关物质结构的信息，必须对这些原始数据进行一些初步处理。无论是计算机还是人工处理数据，都应遵循下列原则：图谱的平滑；背底的扣除；衍射峰的辨认；各晶面族的衍射角 $2\theta$ 的实验值测定；衍射强度 $I$ 的测量。

原始衍射数据经过这些初步处理之后才能用于进一步的分析计算。例如，进行物相定性鉴定、物相定量分析、精确测定晶面间距和晶胞参数、晶体颗粒大小及其分布、晶体缺陷及晶体结构的研究等。

1) 图谱的平滑

原始的 X 射线衍射数据中，包含程度不等的无规则的计数起伏，主要来源于 X 射线强度的测量误差，因此先要进行数据平滑去处理这些计数起伏，才能进行扣除背底、辨认弱峰、读出峰顶位置和求取峰的净强度等工作。

实验数据平滑实际上是一个信号估计问题，需要滤去噪声和净化数据(去除异常数据)。每

个 $2\theta$ 位置上的 X 射线强度“真值”可通过该位置及与其相邻的若干个点的测量值估计。

对于用记录仪获得的原始衍射图，如果 RC 用得比较大，则记录曲线会比较匀滑；但如果 RC 用得较小，衍射强度比较弱，那么记录到的谱图将是一条由锯齿状的、小幅度起伏频繁的曲线形成的带。此时，平滑工作实际上是凭经验目估进行的，根据这条原始的记录带的平均中线，重新描绘出一条较为匀滑的曲线。

如果原始数据是数字记录的，则平滑工作可由计算机完成。常用的平滑方法是移动平滑法，即依次将每个 $2\theta$ 位置上的强度值和它左右相邻的各 $n$ 个数据点(共 $2n+1$ 个数据点)按某种算法计算出一个估计值作为该点上的平滑值。每次参与计算的数据点个数($2n+1$)称为平滑宽度或平滑窗口。移动平滑法通过数字计算取得平滑的效果，是一种数字滤波法。数字傅里叶变换滤波法也是一种重要的数据平滑方法。常用的移动平滑法算法如下：

(1) 取算术平均值——稳健的统计处理方法是取其“截尾”算术平均值($2n+1$ 个数据点的最大值与最小值剔出后再求算术平均值)作为平滑值，称为移动平均平滑法。

(2) 取 $2n+1$ 个数据点的中值为平滑值，称为移动中值平滑法。

(3) 取 $2n+1$ 个数据点的多项式拟合曲线在该点位置上的函数值作为该点的平滑值，称为移动拟合平滑法。

(4) 取 $2n+1$ 个数据点的加权平均值为平滑值，称为移动加权平均平滑法：

$$\overline{I}=\frac{\sum_{j=1}^{N}C_jI_{[i+j-(N+1)/2]}}{\sum_{j=1}^{N}C_j} \tag{3.2.51}$$

式中，$C_j$ 为权；$I_i$ 为原始强度；$N$ 为与 $I_i$ 一起参加平滑的数据点的总数，$N=2n+1$。$C_j$ 的确定，可以按不同的原则，选用什么样的权函数要从平滑效果来考虑。当权函数 $C_j=1$，加权平均值即算术平均值。移动多项式拟合平滑实际上也是一种移动加权平均平滑，其算法公式和移动加权平均平滑的算法公式相同，2 次、3 次、4 次、5 次、……多项式各有相同的一套权系数，对于 2 次(3 次)多项式移动拟合平滑，当 $N=5$ 时

| | | | | |
|---|---|---|---|---|
| $J=1$ | 2 | 3 | 4 | 5 |
| $C_j=-3$ | 12 | 17 | 12 | $-3$ |

移动平滑法的计算实质上是权函数和实验数据的卷积。卷积使数据平滑化，但也将引起峰形失真(衍射峰变宽，峰高变矮)。平衡窗口越大，平滑效果越好，但峰的失真越大。一般来说，平衡窗口不应大于峰的半高宽的 1.5 倍。平滑效果越好的算法引起峰的失真越严重。移动平均平滑法和移动中值平滑法仅适用于强度变化缓慢的区域，如背景区；对峰区，特别是峰顶区，应使用移动拟合平滑法或移动加权平均平滑法。在先进的 X 射线衍射仪中，这些工作有相应的软件处理，是由仪器自动完成的。

2) 背景的扣除和弱峰的辨认

如果样品是结晶良好的物质，衍射图的背底应该是很平的，只有在接近直射光的极低角度部分才迅速上升；如果样品中含有无定形物质或高度分散的晶体，则会呈现一个或多个很宽的弥散的并且可能互相重叠的散射晕，这些晕的剖面具有近似高斯曲线的形状。经过平滑后衍射曲线图的背景线仍然保留一些小的起伏，主要仍是计数的统计起伏带来的，还有部分是光源强度的微小波动带来的。这些起伏对背景的扣除和弱峰的辨认很有妨碍。通常需要先

给衍射图确定一条“背景带”，然后才能画出背底线和对弱峰进行甄别。确定衍射图的背景线，现在只有一些约定的方法。对于一张全衍射图，一种确定背景线的方法是取“背景带”的中线为背景线：通常先将整张衍射图分成等角度的间隔，其大小一般应小于这些弥散晕的宽度而大于重叠峰群中最宽峰的宽度，然后沿每个间隔的最低点，先描出“背景带”的下限线(描绘时应考虑上述关于背底线的特点来进行)，设这条下限线上各点的强度为 $B(2\theta)$，则上限线上各点强度应为

$$B_{(2\theta)} + 2Q \times B_{(2\theta)}^{0.5}$$

式中，$Q$ 为与依据计数统计误差计算的置信度有关的系数，称为置信因子：

| 置信度/% | 50.0 | 68.3 | 90 | 95.0 | 95.5 | 99.0 | 99.7 |
|---|---|---|---|---|---|---|---|
| 置信因子 $Q$ | 0.6745 | 1.00 | 1.644 | 1.960 | 2.00 | 2.576 | 3.00 |

根据用上述方法确定的“背景带”，找到各个中点，描绘出圆滑的“背景带”中心平分线，便可得到衍射图的背景线，再以这条线为基线，扣除背底强度，则求得各衍射线的净强度。

只有强度超过“背景带”上限的峰才可以认为是可信的。显然，“背景带”的宽度与 $Q$ 值有关，$Q$ 值取得越大，辨认出的弱峰就越可信。例如，$Q$= 0.675 时，置信度为 50%；若 $Q$ = 1.64，则置信度为 90%。

3) 峰位的确定

在衍射图上，每一条衍射线的强度剖面表现为一个高出背景线的强度峰。由于 X 射线管发出的光源总有一定的宽度，再加上仪器等因素的影响，因而任一峰都有一定的宽度，而且两边往往是不对称的或不完全对称的。确定衍射峰 $2\theta$ 的位置(峰位)采用以下几种方法。

(1) 峰巅法：以峰巅的位置作为衍射峰的峰位。

(2) 交点法：在衍射峰的两翼最接近直线的部分各引一条延长线，以它们交点(如图 3.2.47 所示的 $P_x$)的 $2\theta$ 位置为峰位。

(3) 弦中点法：以衍射峰的半高宽(在背景线以上衍射峰高度的一半处之峰宽)的中点(图 3.2.47 中的 $P_{1/2}$)为峰位，或者以峰高 2/3 处宽度的中点或 3/4 峰高处宽度的中点(图 3.2.47 中的 $P_{2/3}$ 和 $P_{3/4}$)为峰位。

(4) 中心线峰法：按衍射峰的若干弦的中点连线进行外推，与衍射峰曲线相交于一点，以此点的 $2\theta$ 为峰位。

(5) 重心法：也称矩心法，它是以背景线之上整个衍射峰面积的重心 $2\theta$ 为峰位，重心的 $2\theta$ 记为 $<2\theta>$，定义为

$$<\theta> = \frac{\int 2\theta I_{2\theta} \mathrm{d}(2\theta)}{\int I_{2\theta} \mathrm{d}(2\theta)} \tag{3.2.52}$$

式中，$I_{2\theta}$ 为 $2\theta$ 处减去背景的衍射强度。如果强度数据是按步宽 $\Delta(2\theta)$ 数字采集的，则

$$<\theta> = \frac{\sum 2\theta I_{2\theta}}{\sum I_{2\theta}} \tag{3.2.53}$$

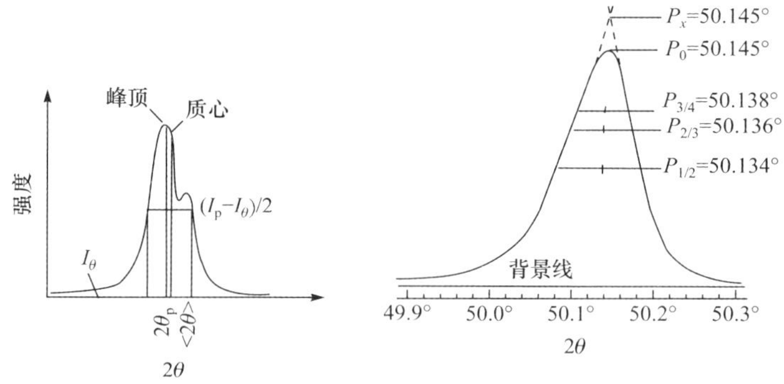


图 3.2.47　确定衍射峰位置的方法

(6) 微分法：用计算机对衍射数据进行数字处理，自动确定峰位常用一级微分法或二级微分法。原则上一个峰的峰巅位置能从数据的一级微分符号从正变负的位置来确定，或者从数据的二级微分负区绝对值最大点的位置来确定。此外，二级微分负区的宽度应等于峰的两腰拐点间的距离，这个距离近似为峰的半高宽，也可用二级差分负区宽度的中心位置作为峰的位置(类似弦中点法)。

人工读图时，确定峰位常用前三种方法。其中以峰巅法最为方便，因此最常用，但缺点是峰巅的位置存在统计上的不确定性，即对同一衍射峰进行重复扫描时，峰巅的位置会略有变化。重心法的 $2\theta$ 的实验系统误差便于进行理论分析并加以估算，所以它在精确的实验工作中有重要的价值，通常只在精确测定晶胞参数时采用。

4) 衍射强度 $I$ 的测量

在衍射仪技术中，所测得的计数或计数率对应的是 $2\theta$ 位置上的 X 射线强度，称为实验绝对强度，其单位是 cps，可使用任意单位(如记录图上强度坐标的绝对长度 cm)。

衍射线的强度指的是被相应晶面族衍射的 X 射线的总能量，是积分强度。它应该与衍射线剖面之下、背景线之上所包围的面积成正比，而不是与峰的高度成正比。在实际工作中，作为一个近似方法，积分强度有时可用峰顶的净高度 $(I_p - I_B)$ 与峰半高度宽 $W$ 的乘积 $(I_p - I_B)W$ 来计算(用一个三角形近似一个衍射峰剖面)。如果要求不高，则衍射强度也可以简便地用峰巅高度来测量(假定峰的面积比例于峰高)。例如，在大多数物相定性鉴定工作中，常用峰巅高度来比较各衍射线的相对强度，以最强峰的峰高为 100。

常用的衍射强度有两种定义：

(1) 峰高强度是以减去背景后的峰巅高度代表一个衍射峰的强度。此法虽然简便，但实际上各衍射线剖面的形状是 $2\theta$ 的函数，其面积并不与峰高成正比；而且，它最大的缺点是受实验条件的影响相当大，且受 $K_\alpha$ 线重叠度的影响。在不同实验条件下，峰高可有明显的变化，也与峰的宽化有关，只是因为方法简便，所以在对衍射强度的测量误差要求不严格时(如在定性物相分析中)，常使用峰高强度。

(2) 积分强度是以整个衍射峰的背景线以上部分的面积作为峰的强度。它代表相应晶面族衍射 X 射线的总能量。它的优点是尽管峰的高度和形状可能随实验条件的不同而变化，但峰的面积却比较稳定，计数统计误差较小。此外，当用 $K_\alpha$ 双重线的总面积代表衍射线的积分强度时，可以不必考虑 $\alpha_1$ 与 $\alpha_2$ 峰的分离问题。因此，在定量分析等要求强度测量误差小的情况下，都采用积分强度。

6. 粉末衍射方法的应用

晶体的 X 射线衍射图谱实质上是对晶体微观结构形象的一种精细复杂的变换，因此 X 射线衍射方法是在微观结构的深度上对晶态物质进行观察研究的不可缺少的基本工具。大多数固态物质都是晶态或者准晶态物质，它们常以细粒或者微细的晶粒聚集体形式存在，即使是大颗粒的晶体，一般也不难得到它们的粉末状样品，所以多晶物质的 X 射线衍射分析法的应用非常广泛。从 X 射线多晶衍射数据中所能获得的关于晶体结构的信息虽然不如单晶衍射丰富，但是由于样品容易得到，X 射线多晶衍射分析法的应用更为广泛而有效。

下面就几个主要应用方面作一些原理性的介绍，其中包括物相分析、晶胞参数精确测定及其应用等。

1) 物相分析

根据物质的晶体粉末衍射图谱，可以量出每一条衍射线的 $2\theta$，根据布拉格方程算出每条衍射线的 $d/n$ 值(或者直接查晶体 X 射线衍射角与面间距换算表得到 $d/n$ 值)，予以指标化。由每条衍射线峰面积或者用其相对高度计算衍射强度 $I/I_1$，根据 $d/n$、$I/I_1$ 的数据再去查对 PDF 或 ASTM 卡片，即可知道被测物质的化学式。在实际应用中，当需要对某物质的性质进行研究时，不仅需要知道它的元素组成，更为重要的是了解其物相组成，因此 X 射线衍射方法可以说是对晶态物质进行物相分析的最权威方法。

(1) X 射线衍射方法的依据。晶体的 X 射线衍射图谱是对晶体微观结构精细的形象变换，每种晶体结构与其 X 射线衍射图之间有一一对应的关系，任何一种晶态物质都有自己独特的 X 射线衍射图，而且不会因为与其他物质混合在一起而发生变化，这就是 X 射线衍射法进行物相分析的依据。

由布拉格方程知道，晶体的每一衍射都必然和一组间距为 $d$ 的晶面组相联系：$2d\sin\theta=n\lambda$；某晶体的每一衍射的强度 $I$ 又与结构因子 $F$ 模量的平方成正比：

$$I = I_0 K \left|F\right|^2 V \tag{3.2.54}$$

式中，$I_0$ 为单位截面积上入射线的功率；$V$ 为参与衍射晶体的体积；$K$ 为比例系数，与很多因素有关。而每种晶体结构中可能出现的 $d$ 值是由晶胞参数 $a_0$、$b_0$、$c_0$、$\alpha$、$\beta$、$\gamma$ 决定的，晶胞参数决定了衍射的方向。$|F|^2$ 也是由晶体结构决定的，它是晶胞内原子的性质和原子坐标的函数，它决定了衍射的强度。$d$ 和 $|F|^2$ 都是由晶体结构决定的，因此每种物质都有其特有的衍射图谱。因此，混合物的衍射图谱是其各组成物质物相图谱的简单叠合，通过对混合物衍射图的解释、辨认进行物相鉴定。从式(3.2.54)可知，每一衍射线的强度还与 $V$ 有关，在混合物的情况则应与该衍射线所对应物相的含量有关，X 射线衍射方法不仅能进行物相组成的定性鉴定，还可以完成物相含量的定量测定。

(2) 物相定性鉴定。通常只要辨认出样品的粉末衍射图谱分别和哪些已知晶体的粉末衍射图“相关”，就可以判定该样品是由哪些晶体组成的。这里的“相关”包括两层含义：①样品的图中能找到组成物相对应出现的衍射峰，而且实验的 $d$ 值和相对应的已知 $d$ 值在实验误差范围内一致；②各衍射线相对强度顺序原则上也应该是一致的。

作为 X 射线衍射参考标准谱的基本要求是：它必须是一种纯物质自身及所用记录方法的真正代表，衍射图必须有良好的重现性；该物质必须是单相的，是经过精密的化学组成分析后确定其化学式的。目前，这种参考标准图不仅能通过实验得到，也能通过计算机计算得到。现在，内容最丰富、规模最庞大的多晶衍射数据库是由 JCPDS(Joint committee on powder diffraction standards)编撰的《粉末衍射卡片集》(PDF)。

现在可以使用计算机进行 PDF 卡检索，自动解释样品的粉末衍射数据，并已有多种“全自动衍射仪”问世。但是用计算机解释衍射图时，对 $d$-$I$ 数据质量的要求更为严格，而且计算机的应用并不意味着可以降低对分析者工作水平的要求，它只能帮助人们节省查对 PDF 卡的时间，给人们提供一些可供考虑的答案，正式的结论必须由分析者根据各种数据资料加以核定才能得出。

PDF 卡片可分为 10 个区。

(i) 1A、1B、1C 是试样衍射图谱上三条最强的衍射线，对应的面间距 $d/n$，简写 $d$，1D 表示衍射线中最大的 $d$ 值。

(ii) 2A、2B、2C 表示第 1 区内四条衍射线的相对强度 $I/I_1$，以最强线 $I_1$ 为 100，偶然也会出现比 100 大的数值。

(iii) “3”区为实验条件。

(iv) 物质的晶体学数据。

(v) 光学及其物理性质。

(vi) 试样的来源、化学分析数据、化学处理方法等。

(vii) 样品的化学式及名称。

(viii) 样品的结构式或其矿物名称及其通用名称。

(ix) $d$ 为衍射线条的面间距。

(x) “10”栏为衍射卡片编号。例如，11-672，“11”为集号，“672”为卡片在第 11 集中的顺序号。

数字索引分为 Hanawalt 和 Fink 索引两类。

Hanawalt 索引的编排方式是从每一种物质衍射线中选出 8 条最强线的 $d$ 值，并估计其相对强度。其中 3 条最强线必须在满足 $2\theta<90°$的范围内选取。设其强度由高到低的顺序为 $d_A$、$d_B$、$d_C$，其他 5 条线相对强度降低的顺序为 $d_D$、$d_E$、$d_F$、$d_G$、$d_H$。$d$ 值的下标小字表示相对强度，“x”标志最强线，强度为 10，强度大于 10 的用“g”表示。按照强度由强到弱的顺序排成一行，同时在后面列入该物质的化学式及卡片编号。在索引中，按 $d$ 值大小分成若干大组。在一个大组中每一项中第一个 $d$ 值的大小决定它落在哪个组，而该组中按照第二个 $d$ 值大小顺序排列。若某三个项的第二个 $d$ 值都相同，则按照第一个 $d$ 值的大小次序排列；若第一个 $d$ 值也相同，则按照第三个 $d$ 值大小顺序排列。当试样衍射图谱 $d$-$I$ 数据中按强度次序挑选出 8 条最强线，线的面间距 $d_1$～$d_8$，特别是在 $2\theta<90°$的范围内挑选 8 条 $d$ 值。根据最强线的面间距 $d_1$，在数字索引中找出所属的大组，根据 $d_2$ 值大致判断试样可能是什么物质。若实验值 $d_1$、$d_2$、$d_3$、…及相对强度次序与索引卡上列出的某物质数据基本一致，可初步确定试样中含有该种物质，记下该卡片的编号。

Fink 索引是采用每一种物质挑选标准衍射线中最强的 8 条线的 $d$ 值作为该物质的指标，按 $d$ 值大小顺序进行排列。若 $d_1>d_2>d_3>d_4>d_5>d_6>d_7>d_8$，则可循环列成 8 行：

$$d_1d_2d_3d_4d_5d_6d_7d_8$$
$$d_2d_3d_4d_5d_6d_7d_8d_1$$
$$d_3d_4d_5d_6d_7d_8d_1d_2$$
$$d_8d_1d_2d_3d_4d_5d_6d_7$$

按照第一个 $d$ 的大小不同，该物质将出现在索引的 8 个不同的地方。

Fink 索引按各行第一个 $d$ 值大小分区，在一个区内按第二个 $d$ 值递减排列。Fink 索引的查阅方法：从实验图谱中挑选 8 个 $d$ 值各自所属的段区，并逐一核对 8 个 $d$ 值，如符合就抽出对应的编号的卡片，再核对全部的 $d$ 值、$I$ 值，作出鉴定。

从以上的介绍可见，X 射线多晶衍射物相鉴定方法原理简单，容易掌握，应用时不必具有专门的理论基础，而且它是一种非破坏性分析，不消耗样品。X 射线多晶衍射法是对晶态物相进行分析鉴定的“特效”手段，尤其是对同质多象、多型、固溶体的有序-无序转变等的鉴别，现在还没有可以替代它的其他方法。不过，用此法进行物相鉴定有时也要通过较为复杂的程序和步骤，并不是靠“一张图、一张卡片”便能够得到答案的，有的分析对象(如黏土)的组成物相大多具有相近的结构，鉴定时必须综合比较样品经不同物理化学处理或不同分离手续之后衍射图的变化，并参考其他实验方法的结果(如化学成分鉴定、热分析、电子显微镜等)才能得出较为正确、详尽的鉴定结论；对于具有等结构的物质的鉴别更是如此。对于有机物，其种类数目之大如同天文数字，相比之下现有的 PDF 卡内的数据实在很贫乏，此法用于有机晶体的鉴定还大受限制，但是用在样品间的对照鉴定上还是很有特点的。

英文字顺序索引(alphabbetical index)：如果已知物的名称或分子式而需要查找其粉末衍射数据，可用这类索引。该索引有助于迅速鉴定样品所属物相。字顺索引又按类别不同分为无机物、矿物、有机物及无机物分子式索引。在英文名称后列出了化学式、三强线的 $d$ 值和相对强度，最后为卡片编号。相对强度采用十级制，标于 $d$ 值右下角。最强线用“x”表示，若有特别强的线，则用“g”表示。

电子计算机索引：将 PDF 资料输入数据库，并编成正、反两个文件包。正文件以 PDF 为索引，内容包括卡片编号、化学式、主元素(原子序数大于 10 的元素及硼和氮)、三强线、物质类型，以及每一谱线的面间距、相对强度和米勒指数。反文件则以 $d$ 值为索引存放具有某一晶面间距的全部卡片的编号。未知物分析要用反文件查找，再通过正文件核对、筛选。计算机程序可计算各检出相在试验谱中分配到的强度及剩余强度。根据这些数据辅助判断漏检和误检，也可有助于混合物分析。

(3) 物相定量分析。

(i) 衍射强度与物相含量的关系。假设样品中晶粒的粒度足够细小，得以保证在受照体积中晶粒的数目非常大；如果样品中晶粒的取向是完全随机的，在受照体积中将有各种可能取向的晶粒；此外如果样品对 X 射线是完全透明的，在同一实验条件下，一种晶体的任一衍射线的强度与实际参加衍射的晶粒总体积 $V$ 成正比

$$I = I_0 K'V \tag{3.2.55}$$

式中，$K'$为包含$|F|^2$在内的一个系数，它取决于实验条件及晶体结构，并与若干基本物理常数有关，对于指定的某一衍射线，在同一实验条件下，它是一个常数。对于一个含有多种物相的样品，若某一组成物相 $i$ 的体积分数为 $f_i$，则 $i$ 相的某一衍射线(h)的衍射强度 $I_i$(h)为

$$I_i(\mathrm{h}) = I_0 K'Vf_i \tag{3.2.56}$$

设纯物相 $i$ 的 h 线的强度为 $I_{i,\mathrm{p}}$(h)(因为 $f_i$= 1)

$$\begin{aligned} I_{i,\mathrm{p}}(\mathrm{h}) &= I_0 K'V \\ I_i(\mathrm{h}) &= I_{i,\mathrm{p}}(\mathrm{h}) f_i \end{aligned} \tag{3.2.57}$$

式(3.2.57)指出了衍射线强度与被分析物相在样品中含量的关系，但如果要据此建立一种物相

分析的实用方法，还需要对它的前提条件进行分析。此关系式对样品的粒度和晶粒取向的机遇性的要求，可以通过适当的样品制备方法来满足；而“完全透明”的前提却是无法满足的，因为实际上晶粒对 X 射线是有吸收的，样品表层晶粒受照的 X 射线强度与内部是不同的。必须根据实验条件考虑吸收的影响，才能导出实用的公式。

在衍射仪条件下(试样为平板型，入射线和衍射线与试样平面的夹角始终保持相等)，可以证明吸收的影响与 $\theta$ 无关，而仅与试样本身的总吸收性质和被测定物相的吸收性质有关，可以推导出

$$I_i(\mathrm{h}) = I_{i,\mathrm{p}}(\mathrm{h})\frac{\mu_i^*}{\mu^*}x_i \tag{3.2.58}$$

式中，$x_i$ 为物相 $i$ 的质量分数，此式是 X 射线衍射物相定量分析的基础公式。分数式中分子为物相 $i$ 的质量吸收系数，分母为样品的平均质量吸收系数，其定义为

$$\overline{\mu^*} = \sum_{j=1}^{n}(x_j\mu_i^*) \tag{3.2.59}$$

引入“平均质量吸收系数”意味着假定样品中每一颗微晶粒都有吸收性质完全相同的环境；$n$ 为样品组成物相的数目；$x_j$ 为样品中第 $j$ 物相的质量分数。从式(3.2.59)可以看到，多相样品中某组分 $i$ 的某衍射线(h)的强度 $I_i$(h)，一般并不是简单地正比于该相物质所占的质量分数 $x_i$，因为样品的“平均质量吸收系数”是样品组成的函数，称为基体效应。如何处理式中出现的基体效应是建立一种实用定量方法的关键。

(ii) 比强度法。比强度法是最常用的 X 射线衍射物相定量方法。该法有两个基本的常用方程——内标方程和外标方程。

当分析一个 $n$ 相样品中某一物相 $i$ 的含量时，若样品中先掺入已知量的参考物 s 作为第($n$+1)个相，设其质量分数为 $x_\mathrm{s}$，物相 $i$ 的质量分数仍用 $x_i$ 表示，可得出

$$\begin{aligned} I_\mathrm{s}(\underline{\mathrm{k}}) &= I_{\mathrm{s},\mathrm{p}}(\underline{\mathrm{k}})\frac{\mu_i^*}{\mu^*}x_\mathrm{s} \\ I_i(\underline{\mathrm{h}}) &= I_{i,\mathrm{p}}(\underline{\mathrm{h}})\frac{\mu_i^*}{\mu^*}x_i \end{aligned} \tag{3.2.60}$$

式中，$I_\mathrm{s}$(k)为掺入 s 后的样品中参考物 s 的衍射线(k)的强度，由此便可推出

$$\frac{I_i(\underline{\mathrm{h}})}{I_\mathrm{s}(\underline{\mathrm{k}})} = k_i\frac{x_i}{x_\mathrm{s}} \tag{3.2.61}$$

其中

$$k_i = \frac{I_{i,\mathrm{p}}(\underline{\mathrm{h}})}{I_{\mathrm{s},\mathrm{p}}(\underline{\mathrm{k}})}\frac{\mu_i^*}{\mu_\mathrm{s}^*} \tag{3.2.62}$$

式(3.2.60)称为比强度法的内标方程，系数 $k_i$ 为一个常数，其值由式(3.2.55)确定。$k_i$ 取决于物质 $i$ 和参考物 s 本身的组成和结构，而与样品的总吸收性质无关，称为物质 $i$ 对 s 的比强度，因为当 $x_i = x_\mathrm{s}$ 时，由式(3.2.54)可得

$$k_i = \left.\frac{I_i(\underline{\mathrm{h}})}{I_\mathrm{s}(\underline{\mathrm{k}})}\right|_{x_i = x_\mathrm{s}} \tag{3.2.63}$$

比强度 $k$ 的定义方式类似于比热容、密度一类物理量，物相 $i$ 的比强度 $k_i$ 是以参考物 s 的一条衍射线的强度 $I_s(k)$ 为参照来表示的物相 $i$ 的某一条衍射线的强度。

内标方程可以直接用于定量测定，依据此方程所建立的方法称为内标法。由于实验时需要加入参考物来解决基体效应带来的困难，因此此法又称基体冲洗法。

由式(3.2.55)或式(3.2.56)可知，比强度 $k$ 可以由理论计算或通过实验测定得到。当有了物质 $i$ 的比强度 $k$ 值以后，实验时只需要测定样品的 $I_i(h)$ 和 $I_s(k)$，便能够根据式(3.2.55)确定物相 $i$ 在样品中的含量了。但是，由式(3.2.55)计算得到的 $x_i$ 是掺入参考物之后 $i$ 相在样品中的质量分数，$i$ 相在原样品中的质量分数应为

$$W_i = x_i / (1 - x_i) \tag{3.2.64}$$

当分析一个已知含有 $n$ 个物相的多相样品时，如果各组成物相均有一衍射线其比强度能够被测定，且在该样品中这些衍射线的强度分别为 $I_1$、$I_2$、$I_3$、⋯、$I_i$、⋯、$I_n$，共 $n$ 个强度数据，可以得到其中任一相 $i$ 的质量分数 $x_i$ 的表达式，应用式(3.2.63)，将得到 $n$ 个方程式：

$$x_1 = \frac{I_1}{k_1'}\frac{I_i'}{k_1'}x_i\text{，}\quad x_1 = \frac{I_2}{k_1'}\frac{I_i'}{k_1'}x_i\text{，}\quad x_n = \frac{I_n}{k_1'}\frac{I_i'}{k_1'}x_i$$

在这组方程式中，$k_i' = I_{i,\mathrm{p}}\mu_i^*$，将方程左、右分别全部相加，可推出

$$x_i = \frac{I_i}{k_i'}\bigg/\left\{\sum_{j=1}^{n}\frac{I_j}{k_j'}\right\} \tag{3.2.65}$$

将式(3.2.65)中各相的 $k'$ 值以对某参考物的比强度 $k$ 值代换，此式仍然成立，可推出

$$x_i = \frac{I_i}{k_i}\bigg/\left\{\sum_{j=1}^{n}\frac{I_j}{k_j}\right\} \tag{3.2.66}$$

式(3.2.66)称为比强度法的外标方程。应用此式进行定量测定时，无需先将参考物掺入样品中，只需事先测定样品各组分物相对某一共同参考物的比强度即可。

(4) 参考比强度 $I/I_{\mathrm{col}}$。从内标方程或外标方程的应用可以了解到有可能也有必要建立一种标准化的比强度数据库以便随时能够利用 X 射线衍射仪的强度数据进行物相的定量测定。如今 JCPDS 协会约定以刚玉($\alpha$-$Al_2O_3$)为参考物质，以各物相的最强线对于刚玉的最强线的比强度 $I/I_{\mathrm{col}}$ 为参考比强度(RIR)，并将 RIR 列为物质的 X 射线多晶衍射的基本数据收入 PDF 卡片中。虽然目前收集的 RIR 还不够丰富，但是 RIR 数据库的建立对于广泛地应用 X 射线多晶衍射进行物相定量分析是有很大意义的。根据 RIR 的定义可知，其数据值可以由理论计算或通过实验直接测定得到。目前除刚玉外，美国 NBS 还推荐了若干种其他物质[如红锌矿(ZnO)、金红石($TiO_2$)、$Cr_2O_3$ 及 $CeO_3$ 等]作为可供选择的参考物质。一种物质对于不同参考物质的 RIR，均可换算成相对于刚玉的 RIR，因为这些参考物对刚玉的 RIR 都是已知的。

以内标方程或外标方程为基础的实用的 X 射线衍射物相定量方法都属于比强度法，这类方法的前提是必须有比强度数据，也就是必须要有被测定物相的纯样品(标准样品)。而这个要求有时是很难实现的，因为一些物相根本无法得到可供比强度测定用的纯样品。因此，在式 (3.2.63)的基础上还发展了其他几种方法，这些方法不要求事先准备标准样品，如无标样法、吸收/衍射直接定量法、微量直接定量法和 Compton 散射校正法等，但是这些方法都不如比强

度法应用普遍。

X 射线衍射物相定量方法能对样品中各组成物相进行直接测定，适用范围很广，但其缺点是由于衍射强度一般较弱，所以样品中的少量物相不易检出，即方法的灵敏度不高，对吸收系数大的样品则更不灵敏，在目前普通衍射用 X 射线发生器的功率条件下，一般来说最低检出限不会优于 1%。

2) 晶胞参数的精确测定及其应用

精确的晶胞参数数据能够反映一种物质的不同样品间在结构上的细微差异，或者一种晶体的结构在外界物理化学因素作用下产生的微小变化。它有很多重要的应用，如在相图研究、固溶体研究、晶体的密度和热膨胀系数的测定、金属材料中应力的测定及矿物学中类质同象系列的研究等方面，均需要精确的晶胞参数数据。随着实验技术的发展，现在测定晶胞参数能够达到很高的准确度和精密度，测量的相对误差达到 1/20 000 已经不再能称为高精密的测定，好的测定工作应该能取得相对误差达到 1/50 000 或者 1/100 000 的结果，而且甚至有的可以达到 1/200 000，但是在采纳一个高精度数据时，对它的测定条件仍然需要进行仔细的审查。

(1) 晶胞参数的精确测定。

晶胞参数需由已知指标的晶面间距来计算，因此如果要精确测定晶胞参数，首先要对晶面间距测定中的系统误差进行分析。晶面间距 $d$ 的测定准确度取决于衍射角的测定准确度，可以分为两方面对此进行讨论。

(i) 衍射角的测量误差 $\Delta\theta$ 与 $d$ 值误差 $\Delta d$ 的关系。由微分布拉格方程可以得

$$\frac{\Delta d}{d} = -\Delta\theta\cot\theta \tag{3.2.67}$$

式(3.2.67)给出了 $d$ 值的相对测定误差和 $\theta$ 的关系。从式(3.2.67)可见，对于在较高角度下产生的衍射，同样大小的 $\Delta\theta$ 值引起的 $\Delta d$ 值较小，当 $\theta$ 接近 90°时，由 $\Delta\theta$ 产生的 $\Delta d$ 也趋于零；另外，由式(3.2.67)可以看到，较高角度的衍射角对晶体 $d$ 值的变化或差异更加敏感，所以无论是为了精确测定晶胞参数或者是为了比较结构参数的差异或变化，原则上都应该尽可能使用高角度衍射线的数据。因此，在实际进行测定时，需要选择适当的 X 射线波长，使得样品能在背射区域内有强度较高的线条可供测量。

(ii) 衍射角测定中的系统误差。精确测定包括两方面的要求：首先测定值的精密度要高，偶然误差要小；其次测定值要正确，系统误差也要小，并且要进行校正。多晶衍射仪和 Guiner 相机的 $\theta$ 角测定值对于尖锐并且明显的衍射线有很好的精度，可以达到±0.01°的水平，而 Debye 相机测定误差是相同直径 Guiner 相机的 4 倍。只是前两者的几何条件较为复杂，不易进行校正。

衍射角测定中的系统误差有几方面的来源：一是物理因素，如 X 射线折射的影响、波长色散的影响等；二是测量方法的几何因素。前者仅在极高精确度的测定中才需要考虑，而后者引入的误差则是精确测定时必须进行校正的。

(iii) 精确测定晶胞参数的方法。为了精确测定晶胞参数，必须得到精确的衍射角数据，衍射角测量的系统误差很复杂，通常用下述两种方法进行处理。

a. 用标准物质进行校正。现在已经有许多可以作为“标准”的物质，其晶胞参数都已经被十分精确地测定过。可以将这些物质掺入被测样品中制成试片，应用已知的精确衍射角数

据和测量得到的实验数据进行比较，便可求得扫描范围内不同衍射角区域中的 $2\theta$ 校正值。这种方法简便易行，通用性强，但其缺点是不能获得比标准物质更准确的数据。

b. 精心的实验测量辅以适当的数据处理方法。要取得尽可能高精确度的衍射角数据首先需要特别精细的实验技术，把使用特别精密、经过精细测量校验过的仪器和特别精确的实验条件结合起来。例如，如果是使用衍射仪，应当对样品台的偏心、测角仪 $2\theta$ 的角度分度误差等进行测量，确定其校正值；对测角仪要进行精细的校直；对样品框的平面度要严格检查；要精心制备极薄的平样品；采用两侧扫描；实验在恒温条件下进行等，这样得到的实验数据可以避免较大误差的引入。虽然仍不可避免地含有一定的系统误差，但是在此基础上辅以适当的数据处理方法，可以进一步提高数据的准确性。

修正晶胞参数的方法：假定实验测量的系统误差已经为零，那么从实验的任一晶面间距数据求得的同一个晶胞参数值在实验测量误差范围内应该是相同的；但实际上每一个计算得到的晶胞参数值里都包含了由所使用的 $\theta$ 测量值系统误差所引入的误差。大多数引起误差的因素在 $\theta$ 趋于 90°时其影响都趋于零，因此可以通过解析或作图的方法外推求出接近 90°时的 $\theta$ 数据，从而利用它计算得到晶胞参数值。

例如，对于立方晶系，晶胞参数 $a_0$ 的实验值 $a_\theta$ 包含系统误差 $\Delta a_0$，是 $\theta$ 的某种形式的函数 $E(\theta)$，即 $\Delta a_0 = E(\theta)$。现在已经证明，对于德拜法得到的数据，$E(\theta)$正比于函数$[(\cos2\theta/\sin\theta)+(\cos2\theta/\theta)]$；而对于衍射仪法，$E(\theta)$近似地正比于 $\cos2\theta$ 或 $\cos\theta\cot\theta$。从每一个已知$(hkl)$衍射线的 $\theta$ 值都能计算得到一个 $a_0$，$a_\theta= a_0+E(\theta)$，若把实验得到的各 $a_\theta$ 值(尽可能用高角度衍射线的 $\theta$ 值进行计算)对 $E(\theta)$作图，实验点应该落在一条直线附近，将这一直线外推至 $E(\theta)=0$，即 $\theta=90°$时得到的 $a_\theta$ 值应该等于或者最接近真实值 $a_0$。对于其他晶系，虽然通常不使用作图法外推，但可以通过解析的方法推求出当 $\theta=90°$时的实验值。

(2) 精确晶胞参数数据的应用。

精确的晶胞参数数据有很多重要的应用。有时也直接使用精确的晶面间距数据，这是因为晶面间距值能简单地由衍射角测值计算得到，而且当结构有微小变化或差异时，某些晶面的 $d$ 值的变化或差异比晶胞参数更大。

(i) 固溶体类型的研究。固溶体类型的确定主要依据实验计算的晶胞内所含原子的总质量。从实验测量的晶胞参数和密度值便可以计算得到晶胞的总质量；从晶胞的总质量和固溶体的元素质量组成可以计算得到单位晶胞中的各种原子或离子的数目，从而可以得知是否与结构位置的数目相当。

(ii) 金属材料中宏观应力的测量。金属材料中的应力可以区分为宏观应力和两种微观应力，这些应力对材料的性能有不同的影响。这三种应力对应于材料晶体结构三种情况的畸变，这些畸变能分别对 X 射线衍射线产生下列效应：线条位移、线条宽化和线条强度降低，因此可以利用 X 射线衍射方法来测量金属材料中各种应力，事实上也只有 X 射线衍射方法才能对各种应力进行区别测量。金属材料受外力产生形变，如果形变发生在材料的弹性极限以内，则在材料内部很大的范围内会受到相当均匀的应力作用，同时发生相应的应变，造成晶粒中晶面间距的变化，此种情况下的应力称为金属材料的第一种应力或宏观应力。宏观应力和晶面间距的变化相联系，因此用 X 射线衍射方法测定出晶面间距的变化之后，用有关的理论公式便可以计算出金属中的宏观应力。但是由于 X 射线只有一定的穿透能力，因此用此法测定的应变实际上只能反映材料中接近表面部分的情况。专门用于应力测量的便携 X 射线衍射设备称为 X 射线应力测定仪。

(iii) 测定有关的晶体性质数据。晶体的一些性质参数往往是直接和晶胞参数或晶面间距相联系的，如密度、热膨胀系数等。然而这些数据有时不能用通常的方法进行测定或不能精确地测定，如粉末状或疏松多孔材料的密度等。但是，运用 X 射线衍射方法能方便地进行测定。根据每个晶胞所含每种原子的数目和由晶胞参数计算得到的晶胞容积，便可计算出该晶体的理论密度。

# 第 4 章　附　　录

## 4.1　法定计量单位

**表 4.1.1　国际单位制的基本单位和辅助单位**

| 量的名称 | 长度 | 质量 | 时间 | 电流 | 热力学温度 | 物质的量 | 发光强度 | 平面角 | 立体角 |
|---|---|---|---|---|---|---|---|---|---|
| 量的符号 | 米 | 千克 | 秒 | 安[培] | 开[尔文] | 摩[尔] | 坎[德拉] | 弧度 | 球面度 |
| 单位的符号 | m | kg | s | A | K | mol | cd | rad | sr |

**表 4.1.2　国际单位制中具有专门名称的导出单位**

| 量的名称 | 单位名称 | 单位符号 | 其他表示实例 | 量的名称 | 单位名称 | 单位符号 | 其他表示实例 |
|---|---|---|---|---|---|---|---|
| 频率 | 赫[兹] | Hz | $s^{-1}$ | 电导 | 西[门子] | S | $A \cdot V^{-1}$ |
| 重力 | 牛[顿] | N | $kg \cdot m \cdot s^{-2}$ | 磁通量 | 韦[伯] | Wb | $V \cdot s$ |
| 压力 | 帕[斯卡] | Pa | $N \cdot m^{-2}$ | 磁感应强度 | 特[斯拉] | T | $Wb \cdot m^{-2}$ |
| 能量 | 焦[耳] | J | $N \cdot m$ | 电感 | 亨[利] | H | $Wb \cdot A^{-1}$ |
| 功率 | 瓦[特] | W | $J \cdot s^{-1}$ | 摄氏温度 | 摄氏度 | ℃ | |
| 电荷量 | 库[仑] | C | $A \cdot s$ | 光通量 | 流[明] | lm | $cd \cdot sr$ |
| 电动势 | 伏[特] | V | $W \cdot A^{-1}$ | 光照度 | 勒[克斯] | lx | $lm \cdot m^{-2}$ |
| 电容 | 法[拉] | F | $C \cdot V^{-1}$ | 放射性活度 | 贝可[勒尔] | Bq | $s^{-1}$ |
| 电阻 | 欧[姆] | Ω | $V \cdot A^{-1}$ | 吸收剂量 | 戈[瑞] | Gy | $J \cdot kg^{-1}$ |
| 剂量当量 | 希[沃特] | Sv | $J \cdot kg^{-1}$ | | | | |

**表 4.1.3　用于构成十进倍数和分数单位的词头**

| 所表示的因数 | 词头名称 | 词头符号 | 所表示的因数 | 词头名称 | 词头符号 |
|---|---|---|---|---|---|
| $10^{18}$ | 艾[可萨] | E | $10^{-1}$ | 分 | d |
| $10^{15}$ | 拍[它] | P | $10^{-2}$ | 厘 | c |
| $10^{12}$ | 太[拉] | T | $10^{-3}$ | 毫 | m |
| $10^{9}$ | 吉[咖] | G | $10^{-6}$ | 微 | μ |
| $10^{6}$ | 兆 | M | $10^{-9}$ | 纳[诺] | n |
| $10^{3}$ | 千 | k | $10^{-12}$ | 皮[可] | p |
| $10^{2}$ | 百 | h | $10^{-15}$ | 飞[母托] | f |
| $10^{1}$ | 十 | da | $10^{-18}$ | 阿[托] | a |

# 4.2 物理化学实验常用数据表

**表 4.2.1 一些物理化学的基本常数***

| 量 | 符号 | 数值 | 单位 | 相对不确定度/ppm |
|---|---|---|---|---|
| 光速 | $c$ | 299 792 458 | $m \cdot s^{-1}$ | 定义值 |
| 真空磁导率 | $\mu_0$ | $4\pi\times10^{-7}$<br>12.566 370 614… | $N \cdot A^{-2}$<br>$10^{-7}\ N \cdot A^{-2}$ | 定义值 |
| 真空电容率，$1/\mu_0 c^2$ | $\varepsilon_0$ | 8.854 187 817… | $10^{-12}\ F \cdot m^{-1}$ | 定义值 |
| 牛顿引力常量 | $G$ | 6.672 59(85) | $10^{-11}\ m^3 \cdot kg^{-1} \cdot s^{-2}$ | 128 |
| 普朗克常量 | $h$ | 6.626 075 5(40) | $10^{-34}\ J \cdot s$ | 0.60 |
| $h/2\pi$ | | 1.054 572 66(63) | $10^{-34}\ J \cdot s$ | 0.60 |
| 基本电荷 | $e$ | 1.602 177 33(49) | $10^{-19}\ C$ | 0.30 |
| 电子质量 | $m_e$ | 0.910 938 97(54) | $10^{-30}\ kg$ | 0.59 |
| 质子质量 | $m_p$ | 1.672 623 1(10) | $10^{-27}\ kg$ | 0.59 |
| 质子-电子质量比 | $m_p/m_e$ | 1836.152 701(37) | | 0.020 |
| 精细结构常数 | $\alpha$ | 7.297 353 08(33) | $10^{-3}$ | 0.045 |
| 精细结构常数的倒数 | $\alpha^{-1}$ | 137.035 989 5(61) | | 0.045 |
| 里德伯常量 | $R_\infty$ | 10 973 731.534(13) | $m^{-1}$ | 0.0012 |
| 阿伏伽德罗常量 | $L, N_A$ | 6.022 136 7(36) | $10^{23}\ mol^{-1}$ | 0.59 |
| 法拉第常量 | $F$ | 96 485.309(29) | $C \cdot mol^{-1}$ | 0.30 |
| 摩尔气体常量** | $R$ | 8.314 510(70) | $J \cdot mol^{-1} \cdot K^{-1}$ | 804 |
| 玻尔兹曼常量，$R/L_A$ | $k$ | 1.380 658(12) | $10^{-23}\ J \cdot K^{-1}$ | 805 |
| 斯特藩-玻尔兹曼常量，$\pi^2k^4/60h^3c^2$ | $\sigma$ | 5.670 51(19) | $10^{-8}\ W \cdot m^{-2} \cdot K^{-14}$ | 34 |
| 电子伏特，(e/C)J={e}J | eV | 1.602 177 33(49) | $10^{-19}\ J$ | 0.30 |
| 原子质量单位，$\frac{1}{12}m(^{12}C)$ | u | 1.660 540 2(10) | $10^{-27}\ kg$ | 0.59 |

* 这是根据 17 个自由度的最小二乘平差得出的一个简表，表中只列出一些最有用的数值，其不确定度用一个标准差表示。括号中的数字是前面给定值的一个标准差的不确定度。由于许多项的不确定度是相关的，在估计由这些数算出之量的不确定度时，必须应用整个误差矩阵

** 摩尔气体常量 $R$ 值的量纲换算(供参阅以前的文献书籍时参考)：

$R$=8.314 $J \cdot K^{-1} \cdot mol^{-1}$

=$8.314\times10^{-7}$ $erg \cdot K^{-1} \cdot mol^{-1}$

=1.9872 $cal \cdot K^{-1} \cdot mol^{-1}$

=0.082 06 $dm^3 \cdot atm \cdot K^{-1} \cdot mol^{-1}$

=62.364 $dm^3 \cdot mmHg \cdot K^{-1} \cdot mol^{-1}$

**表 4.2.2　一些液体的介电常数**

| 化合物 | | 介电常数 | | 温度系数 $a$ 或 $\alpha$ | 适用温度范围/℃ |
|---|---|---|---|---|---|
| | | 20 ℃ | 25 ℃ | | |
| 四氯化碳 | $CCl_4$ | 2.238 | 2.228 | 0.200[②] | −0～+60 |
| 三氯甲烷 | $CHCl_3$ | 4.806 | | 0.16[③] | 0～50 |
| 甲醇 | $CH_4O$ | 33.62 | 32.63 | 0.246[③] | 5～55 |
| 乙醇 | $C_2H_6O_2$ | | 24.35 | 0.270[③] | −5～+70 |
| 乙酸甲酯 | $C_3H_6O_2$ | | 6.68 | 2.2[②] | 25～40 |
| 乙酸乙酯 | $C_4H_6O_2$ | | 6.02 | 1.5[②] | 25 |
| 1,4-二噁烷 | $C_4H_8O_2$ | | 2.209 | 0.170[②] | 20～25 |
| 吡啶 | $C_5H_5N$ | | 12.3 | | |
| 溴苯 | $C_6H_5Br$ | | 5.40 | 0.115[③] | 0～70 |
| 氯苯 | $C_6H_5Cl$ | 5.708 | 5.621 | 0.133[③] | 15～0 |
| 硝基苯 | $C_6H_5NO_2$ | 35.74 | 34.82 | 0.225[③] | 10～80 |
| 苯 | $C_6H_6$ | 2.284 | 2.274 | 0.200[②] | 10～60 |
| 环己烷 | $C_6H_{12}$ | 2.023 | 2.015 | 0.160[②] | 10～60 |
| 正己烷 | $C_6H_{14}$ | 1.890 | | 0.155[②] | −10～+50 |
| 正己醇 | $C_6H_{14}O$ | | 13.3 | 0.35[③] | 15～35 |
| 二硫化碳 | $CS_2$ | 2.641 | | 0.268[①] | −90～30 |
| 水 | $H_2O$ | 80.37 | 78.54 | 0.200[③] | 15～30 |

注：①常压：真空介电常数为 1；② $a=-10^2\mathrm{d}\varepsilon/\mathrm{d}t$；③$\alpha=-10^2\mathrm{d}(\lg\varepsilon)/\mathrm{d}t$

**表 4.2.3　常用参比电极电势及其温度系数**

| 名称 | 体系 | $\varphi^{\ominus}$/V | $(\mathrm{d}\varphi^{\ominus}/\mathrm{d}T)/(\mathrm{mV\cdot K^{-1}})$ |
|---|---|---|---|
| 氢电极 | Pt, $H_2(p^{\ominus})$ \| $H^+(a=1)$ | 0.000 | |
| 饱和甘汞电极 | Hg, $Hg_2Cl_2$(s) \| KCl(饱和) | 0.2415 | −0.761 |
| 标准甘汞电极 | Hg, $Hg_2Cl_2$(s) \| 1 mol · $dm^{-3}$ KCl | 0.2800 | −0.275 |
| 0.1 mol · $dm^{-3}$ 甘汞电极 | Hg, $Hg_2Cl_2$(s) \| 0.1 mol · $dm^{-3}$ KCl | 0.3337 | −0.875 |
| 银-氯化银电极 | Ag, AgCl(s) \| 0.1 mol · $dm^{-3}$ KCl | 0.290 | −0.3 |
| 汞-氧化汞电极 | Hg, HgO(s) \| 0.1 mol · $dm^{-3}$ KOH | 0.165 | |
| 汞-硫酸亚汞电极 | Hg, $HgSO_4$(s) \| 1 mol · $dm^{-3}$ $HgSO_4$ | 0.6758 | |
| 硫酸铜电极 | Cu(s) \| $CuSO_4$(饱和) | 0.316 | 0.7 |

注：25 ℃，相对于标准氢电极(NHE)

**表 4.2.4　不同温度下水的饱和蒸气压**

| t/ ℃ | 0.0 | | 0.2 | | 0.4 | | 0.6 | | 0.8 | |
|---|---|---|---|---|---|---|---|---|---|---|
| | mmHg | kPa | mmHg | kPa | mmHg | kPa | mmHg | kPa | mmHg | kPa |
| 0 | 4.579 | 0.6105 | 4.647 | 0.6195 | 4.715 | 0.6286 | 4.785 | 0.6379 | 4.855 | 0.6473 |
| 1 | 4.926 | 0.6567 | 4.998 | 0.6663 | 5.070 | 0.6759 | 5.144 | 0.6858 | 5.219 | 0.6958 |
| 2 | 5.294 | 0.7058 | 5.370 | 0.7159 | 5.447 | 0.7262 | 5.525 | 0.7366 | 5.605 | 0.7473 |
| 3 | 5.685 | 0.7579 | 5.766 | 0.7687 | 5.848 | 0.7797 | 5.931 | 0.7907 | 6.015 | 0.8019 |
| 4 | 6.101 | 0.8134 | 6.178 | 0.8249 | 6.274 | 0.8365 | 6.363 | 0.8483 | 6.453 | 0.8603 |
| 5 | 6.543 | 0.8723 | 6.635 | 0.8846 | 6.728 | 0.8970 | 6.822 | 0.9095 | 6.917 | 0.9222 |
| 6 | 7.013 | 0.9250 | 7.111 | 0.9481 | 7.209 | 0.9611 | 7.309 | 0.9745 | 7.411 | 0.9880 |
| 7 | 7.513 | 1.0017 | 7.617 | 1.0155 | 7.722 | 1.0295 | 7.828 | 1.0436 | 7.936 | 1.0580 |
| 8 | 8.045 | 1.0726 | 8.155 | 1.0872 | 8.267 | 1.1022 | 8.380 | 1.1172 | 8.494 | 1.1324 |
| 9 | 8.609 | 1.1478 | 8.727 | 1.1625 | 8.845 | 1.1792 | 8.965 | 1.1952 | 9.086 | 1.2114 |
| 10 | 9.209 | 1.2278 | 9.333 | 1.2443 | 9.458 | 1.2610 | 9.585 | 1.2779 | 9.714 | 1.2951 |
| 11 | 9.844 | 1.3124 | 9.976 | 1.3300 | 10.109 | 1.3478 | 10.244 | 1.3658 | 10.380 | 1.3839 |
| 12 | 10.518 | 1.4023 | 10.658 | 1.5210 | 10.799 | 1.4297 | 10.941 | 1.4527 | 11.085 | 1.4779 |
| 13 | 11.231 | 1.4973 | 11.379 | 1.5171 | 11.528 | 1.5370 | 11.680 | 1.5572 | 11.833 | 1.5776 |
| 14 | 11.987 | 1.5981 | 12.144 | 1.6191 | 12.302 | 1.6401 | 12.462 | 1.6615 | 12.624 | 1.6831 |
| 15 | 12.788 | 1.7049 | 12.953 | 1.7269 | 13.121 | 1.7493 | 13.290 | 1.7718 | 13.461 | 1.7946 |
| 16 | 13.643 | 1.8177 | 13.809 | 1.8410 | 13.987 | 1.8648 | 14.166 | 1.8886 | 14.347 | 1.9128 |
| 17 | 14.530 | 1.9372 | 14.715 | 1.9618 | 14.903 | 1.9869 | 15.092 | 2.0121 | 15.284 | 2.0377 |
| 18 | 15.477 | 2.0634 | 15.673 | 2.0896 | 15.871 | 2.1160 | 16.071 | 2.1426 | 16.272 | 2.1694 |
| 19 | 16.477 | 2.1967 | 16.685 | 2.2245 | 16.894 | 2.2523 | 17.105 | 2.2805 | 17.319 | 2.3090 |
| 20 | 17.535 | 2.3378 | 17.753 | 2.3669 | 17.974 | 2.3963 | 18.197 | 2.4261 | 18.422 | 2.4561 |
| 21 | 18.650 | 2.4865 | 18.880 | 2.5171 | 19.113 | 2.5482 | 19.349 | 2.5796 | 19.587 | 2.6114 |
| 22 | 19.827 | 2.6434 | 20.070 | 2.6758 | 20.316 | 2.7086 | 20.565 | 2.7418 | 20.815 | 2.7751 |
| 23 | 21.068 | 2.8088 | 21.324 | 2.8430 | 21.583 | 2.8775 | 21.845 | 2.9124 | 22.110 | 2.9478 |
| 24 | 22.377 | 2.9833 | 22.648 | 3.0195 | 22.922 | 3.0560 | 23.198 | 3.0928 | 23.476 | 3.1299 |
| 25 | 23.756 | 3.1672 | 24.039 | 3.2049 | 24.326 | 3.2432 | 24.617 | 3.2820 | 24.912 | 3.3213 |
| 26 | 25.209 | 3.3609 | 25.509 | 3.4009 | 25.812 | 3.4413 | 26.117 | 3.4820 | 26.426 | 3.5232 |
| 27 | 26.739 | 3.5649 | 27.055 | 3.6070 | 27.374 | 3.6496 | 27.696 | 3.6925 | 28.021 | 3.7358 |
| 28 | 28.349 | 3.7795 | 28.680 | 3.8137 | 29.015 | 3.8683 | 29.354 | 3.9135 | 29.697 | 3.9593 |
| 29 | 30.043 | 4.0054 | 30.392 | 4.0519 | 30.745 | 4.0990 | 31.102 | 4.1466 | 31.461 | 4.1944 |
| 30 | 31.824 | 4.2428 | 32.191 | 4.2918 | 32.561 | 4.3411 | 32.934 | 4.3908 | 33.312 | 4.4412 |
| 31 | 33.695 | 4.4923 | 34.082 | 4.5439 | 34.471 | 4.5957 | 34.864 | 4.6481 | 35.261 | 4.7011 |
| 32 | 35.663 | 4.7547 | 36.068 | 4.8087 | 36.477 | 4.8632 | 36.891 | 4.9184 | 37.308 | 4.9740 |
| 33 | 37.729 | 5.0301 | 38.155 | 5.0869 | 38.584 | 5.1441 | 39.018 | 5.2020 | 39.457 | 5.2605 |
| 34 | 39.898 | 5.3193 | 40.344 | 5.3787 | 40.796 | 5.4390 | 41.251 | 5.4997 | 41.710 | 5.5609 |
| 35 | 42.175 | 5.6229 | 42.644 | 5.6854 | 43.117 | 5.7484 | 43.595 | 5.8122 | 44.078 | 5.8766 |
| 36 | 44.563 | 5.9412 | 45.054 | 6.0067 | 45.549 | 6.0727 | 46.050 | 6.1395 | 46.556 | 6.2069 |

续表

| $t$/℃ | 0.0 | | 0.2 | | 0.4 | | 0.6 | | 0.8 | |
|---|---|---|---|---|---|---|---|---|---|---|
| | mmHg | kPa | mmHg | kPa | mmHg | kPa | mmHg | kPa | mmHg | kPa |
| 37 | 47.067 | 6.2451 | 47.582 | 6.3437 | 48.102 | 6.4130 | 48.627 | 6.4830 | 49.157 | 6.5537 |
| 38 | 49.692 | 6.6250 | 50.231 | 6.6969 | 50.774 | 6.7693 | 51.323 | 6.8425 | 51.879 | 6.9166 |
| 39 | 52.442 | 6.9917 | 53.009 | 7.0676 | 53.580 | 7.1434 | 54.156 | 7.2202 | 54.737 | 7.2976 |
| 40 | 55.324 | 7.3759 | 55.91 | 7.451 | 56.51 | 7.534 | 57.11 | 7.614 | 57.72 | 7.695 |

**表 4.2.5 一些物质的饱和蒸气压与温度的关系**

| 物质 | $t$/℃ | 方程及适用温度范围/℃ | $a$ | $b$ | $c$ |
|---|---|---|---|---|---|
| 溴 $Br_2$ | 59.5(2) | | 6.832 78 | 1 133.0 | 228.0 |
| 四氯化碳 $CCl_4$ | 76.6 (1) | −19～+20 | 8.004 | 33 914 | |
| 三氯甲烷 $CHCl_3$ | 61.3 (2) | −30～+150 | 6.903 28 | 1 163.03 | 227.4 |
| 甲醇 $CH_4O$ | 64.65(1) | −10～+80 | 8.801 7 | 38 324 | |
| 甲醇 $CH_4O$ | 64.65(2) | −20～+140 | 7.878 63 | 1 473.11 | 230.0 |
| 乙酸 $C_2H_4O_2$ | 118.2(2) | 0～+36 | 7.803 07 | 1 651.2 | 225 |
| 乙醇 $C_2H_6O$ | 78.37(2) | | 8.044 94 | 1 554.3 | 222.65 |
| 丙酮 $C_3H_6O$ | 56.5 (2) | | 7.024 4 | 1 161.0 | 200.22 |
| 乙酸乙酯 $C_4H_8O_2$ | 77.06(2) | −20～+150 | 7.098 08 | 1 238.71 | 217.0 |
| 乙醚 $C_4H_{10}O$ | 34.6 (2) | | 6.785 74 | 994.19 | 220.0 |
| 苯(液)$C_6H_6$ | 80.10(1) | 0～+42 | 7.962 2 | 34.172 | |
| 苯 $C_6H_6$ | 80.10(3) | 5.53～104 | 6.897 45 | 1 206.350 | 220.237 |
| 环已烷 $C_6H_{12}$ | 80.74(3) | 6.56～105 | 6.844 98 | 1 203.526 | 222.863 |
| 正已烷 $C_6H_{14}$ | 80.74(1) | −10～+90 | 7.724 | 31 679 | |
| 正已烷 $C_6H_{14}$ | 68.32(3) | −25～+92 | 6.877 73 | 1 173.530 | 224.366 |
| 甲苯 $C_7H_8$ | 110.63(1) | −92～+15 | 8.330 | 39 198 | |
| 甲苯 $C_7H_8$ | 110.63(3) | 6～136 | 6.953 34 | 1 343.943 | 219.377 |
| 苯甲酸 $C_7H_6O_2$ | (1) | 60～110 | 9.033 | 63 820 | |
| 萘 $C_{10}H_8$ | (1) | 1～80 | 11.450 | 71 401 | |
| 铅 Pb | (1) | 525～1 325 | 7.827 | 188 500 | |
| 锡 Sn | (4) | 1 950～2 270 | 9.643 | 328 000 | |
| 水 $H_2O$ | (4) | 0～60 | 8.101 65 | 1 750.286 | 235.0 |
| 水 $H_2O$ | (4) | 60～150 | 7.966 81 | 1 668.21 | 228.0 |
| 汞 Hg | (4) | 100～200 | 7.469 05 | 2 771.898 | 244.831 |
| 汞 Hg | (4) | 200～300 | 7.732 4 | 3 003.68 | 262.482 |

注：表中所列物质的蒸气压可用以下方程计算：$\lg(p/\text{mmHg}) = a - 0.052\,23 \times b/T$ 或 $\lg(p/\text{mmHg}) = a - b(c+t)$。式中，$p$ 为蒸气压；$t$ 和 $T$ 分别为摄氏温度和热力学温度；常数 $a$、$b$ 及 $c$ 见表

**表 4.2.6 不同温度下水的密度**

| $t$/℃ | $\rho$/(kg · m$^{-3}$) | $t$/℃ | $\rho$/(kg · m$^{-3}$) | $t$/℃ | $\rho$/(kg · m$^{-3}$) | $t$/℃ | $\rho$/(kg · m$^{-3}$) |
|---|---|---|---|---|---|---|---|
| 0 | 999.8395 | 25 | 997.0449 | 50 | 988.0363 | 75 | 974.8990 |
| 1 | 999.8985 | 26 | 996.7837 | 51 | 987.5809 | 76 | 974.2490 |
| 2 | 999.9399 | 27 | 996.5132 | 52 | 987.1190 | 77 | 973.6439 |
| 3 | 999.9642 | 28 | 996.2336 | 53 | 986.6508 | 78 | 973.0336 |
| 4 | 999.9720 | 29 | 995.9448 | 54 | 986.1761 | 79 | 972.4183 |
| 5 | 999.9638 | 30 | 995.6473 | 55 | 985.6852 | 80 | 971.7978 |
| 6 | 999.9402 | 31 | 995.3410 | 56 | 985.2081 | 81 | 971.1723 |
| 7 | 999.9015 | 32 | 995.0262 | 57 | 984.7149 | 82 | 970.5417 |
| 8 | 999.8482 | 33 | 994.2030 | 58 | 984.2156 | 83 | 969.9062 |
| 9 | 999.7808 | 34 | 994.3715 | 59 | 983.7102 | 84 | 969.2657 |
| 10 | 999.6996 | 35 | 994.0319 | 60 | 983.1989 | 85 | 968.6203 |
| 11 | 999.6051 | 36 | 993.6842 | 61 | 982.6817 | 86 | 967.9700 |
| 12 | 999.4974 | 37 | 993.3287 | 62 | 982.1586 | 87 | 967.3148 |
| 13 | 999.3771 | 38 | 992.9653 | 63 | 981.6297 | 88 | 966.6547 |
| 14 | 999.2444 | 39 | 992.5943 | 64 | 981.0951 | 89 | 965.9898 |
| 15 | 999.0996 | 40 | 992.2158 | 65 | 980.5548 | 90 | 965.3201 |
| 16 | 998.9430 | 41 | 991.8298 | 66 | 980.0089 | 91 | 964.6457 |
| 17 | 998.7749 | 42 | 991.4364 | 67 | 979.4573 | 92 | 963.9664 |
| 18 | 998.5956 | 43 | 991.0358 | 68 | 978.9003 | 93 | 963.2825 |
| 19 | 998.4052 | 44 | 990.6280 | 69 | 978.3377 | 94 | 962.5938 |
| 20 | 998.2041 | 45 | 990.2132 | 70 | 977.7696 | 95 | 961.9004 |
| 21 | 997.9925 | 46 | 989.7914 | 71 | 977.1962 | 96 | 961.2023 |
| 22 | 997.7705 | 47 | 989.3628 | 72 | 976.6173 | 97 | 960.4996 |
| 23 | 997.5385 | 48 | 988.9273 | 73 | 976.0332 | 98 | 959.7923 |
| 24 | 997.2965 | 49 | 988.4851 | 74 | 975.4437 | 99 | 959.0803 |

注：也可用以下方程计算：$\rho$/(kg · m$^{-3}$) =(999.839 52+16.945 176 $t$/℃−7.980 401×10$^{-3}$ $t$/℃−46.170 461×10$^{-6}$ $t$/℃+105.563 02×10$^{-9}$ $t$/℃−280.5425×10$^{-12}$ $t$/℃)/(1+16.879 850×10$^{-3}$ $t$/℃)

**表 4.2.7 标准电极电势及其温度关系**

| 电极反应 | $\varphi^{\ominus}$/V(25 ℃) | $(d\varphi^{\ominus}/dT)$/(mV · K$^{-1}$) |
|---|---|---|
| $Ag^{+}+e^{-}=Ag$ | 0.7991 | −1.0000 |
| $AgCl+e^{-}=Ag+Cl^{-}$ | 0.2224 | −0.6580 |
| $AgI+e^{-}=Ag+I^{-}$ | −0.1510 | −0.2480 |
| $Cl_2+2e^{-}=2Cl^{-}$ | 1.3595 | −1.2600 |
| $2HClO(aq)+2H^{+}+2e^{-}=Cl_2(g)+2H_2O$ | 1.6300 | −0.1400 |
| $Cr_2O_7^{2-}+14H^{+}+6e^{-}=2Cr^{3+}+7H_2O$ | 1.3300 | −1.2630 |
| $Cu^{+}+e^{-}=Cu$ | 0.5210 | −0.0580 |
| $Cu^{2+}+2e^{-}=Cu$ | 0.3370 | 0.0080 |
| $Cu^{2+}+e^{-}=Cu^{+}$ | 0.1530 | 0.0370 |

续表

| 电极反应 | $\varphi^{\ominus}$/V(25 ℃) | $(d\varphi^{\ominus}/dT)$/(mV · $K^{-1}$) |
|---|---|---|
| $Fe^{2+}+2e^{-}=\!=\!=Fe$ | −0.4400 | 0.0520 |
| $Fe^{3+}+e^{-}=\!=\!=Fe^{2+}$ | 0.7710 | 1.1880 |
| $Fe(OH)_3+e^{-}=\!=\!=Fe(OH)_2+OH^{-}$ | −0.5600 | −0.9600 |
| $2H^{+}+2e^{-}=\!=\!=H_2(g)$ | 0.0000 | 0.0000 |
| $2H^{+}+2e^{-}=\!=\!=H_2(aq,sat)$ | 0.0004 | 0.0330 |
| $Hg_2Cl_2+2e^{-}=\!=\!=2Hg+2Cl^{-}$ | 0.2676 | −0.3170 |
| $Hg_2^{2+}+2e^{-}=\!=\!=2Hg$ | 0.7920 | |
| $HgS+2e^{-}=\!=\!=Hg+S^{2-}$ | −0.690 | −0.7900 |
| $HgI_4^{2-}+2e^{-}=\!=\!=Hg+4I^{-}$ | −0.0380 | 0.0400 |
| $O_2(g)+2H^{+}+2e^{-}=\!=\!=H_2O_2(aq)$ | 0.6820 | 1.0330 |
| $O_2(g)+4H^{+}+4e^{-}=\!=\!=2H_2O$ | 1.2290 | −0.8460 |
| $O_2(g)+2H_2O+4e^{-}=\!=\!=4OH^{-}$ | −0.8281 | −0.8342 |
| $Zn^{2+}+2e^{-}=\!=\!=Zn$ | −0.7628 | 0.0910 |
| $Zn(OH)_2+2e^{-}=\!=\!=Zn+2OH^{-}$ | −1.2450 | −1.0020 |

**表 4.2.8　一些元素和化合物的磁化率**

| 无机物 | $T$/K | 质量磁化率 | | 摩尔磁化率 | |
|---|---|---|---|---|---|
| | | ① | ② | ③ | ④ |
| Ag | 296 | −0.192 | −2.41 | 19.5 | 0.245 |
| Cu | 296 | 0.0860 | −1.081 | −5.46 | −0.0686 |
| $CuBr_2$ | 292.7 | 3.07 | 38.6 | 685.5 | 8.614 |
| $CuCl_2$ | 289 | 8.03 | 100.9 | 1080.0 | 13.57 |
| $CuF_2$ | 293 | 10.3 | 129 | 1050.0 | 13,19 |
| $Cu(NO_3)_2 \cdot 3H_2O$ | 293 | 6.50 | 81.7 | 1570.0 | 19.73 |
| $CuSO_4 \cdot 5H_2O$ | 293 | 5.85 | 73.55(74,4) | 1460.0 | 18.35 |
| $FeCl_2 \cdot 4H_2O$ | 293 | 64.9 | 816 | 12900.0 | 162.1 |
| $FeSO_4 \cdot 7H_2O$ | 293.5 | 40.28 | 506.2 | 11200.0 | 140.7 |
| $H_2O$ | 293 | −0.720 | −9.05 | −12.97 | −0.163 |
| $Hg[Co(CNS)_4]$ | 293 | | 206.6⑤ | | |
| $K_3Fe(CN)_6$ | 297 | 6.96 | 87.5 | 2290.0 | 28.78 |
| $K_4Fe(CN)_6$ | 室温 | −0.3739 | 4.699 | −130.0 | −1.634 |
| $K_4Fe(CN)_6 \cdot 3H_2O$ | 室温 | −0.3739 | | −172.3 | −2.165 |
| $NH_4Fe(SO_4)_2 \cdot 12H_2O$ | 293 | 30.1 | 378 | 14500 | 182.2 |
| $(NH_4)_2Fe(SO_4)_2 \cdot 6H_2O$ | 293 | 31.6 | 397(406) | 12400 | 155.8 |
| $O_2$ | 293 | 107.8 | 1355 | 3499.0 | 43.34 |

续表

| 无机物 | T/K | 质量磁化率 | | 摩尔磁化率 | |
|---|---|---|---|---|---|
| | | ① | ② | ③ | ④ |
| Pt | 293 | 35.6 | 12.2 | | |
| $CH_3OH$ | 293 | −0.668 | −8.93 | −21.40 | −0.2689 |
| $C_2H_5OH$ | 293 | −0.728 | −9.15 | −33.60 | −0.4222 |
| $C_3H_7OH$ | 293 | −0.7518 | −9.447 | −45.176 | −0.5677 |
| $CH_3CH(OH)CH_3$ | 293 | −0.7621 | −9.577 | −45.794 | −0.5755 |
| $C_4H_9OH$ | 293 | −0.7627 | −9.584 | −56.536 | −0.7105 |
| $(C_2H_5)CH(OH)CH_3$ | 293 | −0.7782 | −9.779 | −57.683 | −0.7249 |
| $(CH_3)_3COH$ | 293 | −0.775 | −9.74 | −57.42 | −0.7216 |
| $(CH_3)_2CHCH_2OH$ | 293 | −0.7785 | −9.783 | −57.704 | −0.7251 |
| $C_5H_{11}OH$ | 293 | −0.766 | −9.63 | −67.5 | −0.848 |
| $C_6H_{13}OH$ | 293 | −0.774 | −9.73 | −79.20 | −0.9953 |
| $C_7H_{15}OH$ | 293 | −0.790 | −9.93 | −91.7 | −1.152 |
| $C_8H_{17}OH$ | 293 | −0.7766 | −9.759 | −102.65 | −1.290 |

注：①$\chi_M$单位(CGSM 制)：$10^{-6}$ $cm^3 \cdot g^{-1}$；②1 $cm^3 \cdot kg$(SI 质量磁化率)=$(10^3/4\pi)cm^3 \cdot g^{-1}$(CGSM 制质量磁化率)，本栏数据由①按此式换算而得，$\chi_M$的 SI 单位为 $10^{-9}$ $m^3 \cdot kg^{-1}$；③$\chi_M$单位(CGSM 制)：$10^{-6}$ $cm^3 \cdot mol^{-1}$；④本栏数据参照注②由③换算而得，$\chi_M$的 SI 单位为 $10^{-9}$ $m^3 \cdot mol^{-1}$；⑤资料来源：徐光宪，王祥云. 1987. 物质结构. 2 版. 北京：高等教育出版社

**表 4.2.9 不同温度下水的表面张力**

| $t$ / ℃ | $\gamma$ / ($\times10^{-3}$ $N \cdot m^{-1}$) | $t$ / ℃ | $\gamma$ / ($\times10^{-3}$ $N \cdot m^{-1}$) |
|---|---|---|---|
| 0 | 75.64 | 21 | 72.59 |
| 5 | 74.92 | 22 | 72.44 |
| 10 | 74.22 | 23 | 72.28 |
| 11 | 74.07 | 24 | 72.13 |
| 12 | 73.93 | 25 | 71.97 |
| 13 | 73.78 | 26 | 71.82 |
| 14 | 73.64 | 27 | 71.66 |
| 15 | 73.49 | 28 | 71.50 |
| 16 | 73.34 | 29 | 71.35 |
| 17 | 73.19 | 40 | 71.18 |
| 18 | 73.05 | 35 | 70.38 |
| 19 | 72.90 | 40 | 69.56 |
| 20 | 72.75 | 45 | 68.74 |

**表 4.2.10　最大气泡法的校正因子**

| $r/a$ | 0.00 | 0.02 | 0.04 | 0.06 | 0.08 |
|---|---|---|---|---|---|
| 0.0 | 1.0000 | 0.9997 | 0.9990 | 0.9997 | 0.9958 |
| 0.1 | 0.9934 | 0.9905 | 0.9870 | 0.9831 | 0.9786 |
| 0.2 | 0.9737 | 0.9682 | 0.9623 | 0.9560 | 0.9492 |
| 0.3 | 0.9419 | 0.9344 | 0.9265 | 0.9182 | 0.9093 |
| 0.4 | 0.9000 | 0.8903 | 0.8802 | 0.8698 | 0.8592 |
| 0.5 | 0.8484 | 0.8374 | 0.8263 | 0.8151 | 0.8037 |
| 0.6 | 0.7920 | 0.7800 | 0.7678 | 0.7554 | 0.7432 |
| 0.8 | 0.6718 | 0.6603 | 0.6492 | 0.6385 | 0.6281 |
| 1.0 | 0.5703 | 0.5616 | 0.5531 | 0.5448 | 0.5368 |
| 1.2 | 0.4928 | 0.4862 | 0.4797 | 0.4733 | 0.4671 |
| 1.4 | 0.4333 | 0.4218 | 0.4231 | 0.4181 | 0.4133 |

注：最大气泡法测定表面张力的公式：$\sigma = a^2 g\rho / 2$；$a^2 = hb$，式中，$a$ 为毛细管常数；$g$ 为重力加速度；$\rho$为液相与气相的密度之差；$h$ 为 U 形压力计上的压差；$b$ 为气泡底部的全曲率半径

**表 4.2.11　乙醇水溶液的表面张力**

| 25 ℃ | | 30 ℃ | |
|---|---|---|---|
| $w$(乙醇)/% | $\sigma/(\times10^{-3}N\cdot m^{-1})$ | $w$(乙醇)/% | $\sigma/(\times10^{-3}N\cdot m^{-1})$ |
| 0.00 | 72.20 | 0.000 | 71.23 |
| 2.72 | 60.70 | 0.972 | 66.08 |
| 5.21 | 54.87 | 2.143 | 61.56 |
| 11.10 | 46.03 | 4.994 | 54.15 |
| 20.50 | 37.53 | 10.385 | 45.88 |
| 30.40 | 32.25 | 17.979 | 38.54 |
| 40.00 | 29.63 | 25.00 | 34.08 |
| 50.22 | 27.89 | 29.98 | 31.89 |
| 59.58 | 26.71 | 34.89 | 30.32 |
| 68.94 | 25.71 | 50.00 | 27.45 |
| 77.98 | 24.73 | 60.04 | 26.24 |
| 87.92 | 23.64 | 71.85 | 25.05 |
| 92.10 | 23.18 | 75.06 | 24.68 |
| 97.00 | 22.49 | 84.75 | 23.61 |
| 100.00 | 22.03 | 95.57 | 22.09 |
| | | 100.00 | 21.41 |

**表 4.2.12　不同温度下水和乙醇的折射率**

| $t$/℃ | 纯水 | 99.8%乙醇 | $t$/℃ | 纯水 | 99.8%乙醇 |
|---|---|---|---|---|---|
| 14 | 1.333 48 | | 34 | 1.331 36 | 1.354 74 |
| 15 | 1.333 41 | | 36 | 1.330 107 | 1.353 90 |
| 16 | 1.333 33 | 1.362 12 | 38 | 1.330 79 | 1.353 06 |
| 18 | 1.333 17 | 1.361 29 | 40 | 1.330 51 | 1.352 22 |
| 20 | 1.332 99 | 1.360 48 | 42 | 1.330 23 | 1.351 38 |
| 22 | 1.332 81 | 1.359 67 | 44 | 1.329 92 | 1.350 54 |
| 24 | 1.332 62 | 1.358 85 | 46 | 1.32959 | 1.349 69 |
| 26 | 1.332 41 | 1.358 03 | 48 | 1.329 27 | 1.348 85 |
| 28 | 1.332 19 | 1.357 21 | 50 | 1.328 94 | 1.348 00 |
| 30 | 1.331 92 | 1.356 39 | 52 | 1.328 60 | 1.347 15 |
| 32 | 1.331 64 | 1.355 57 | 54 | 1.328 27 | 1.346 29 |

**表 4.2.13　气相中分子的偶极矩**

| 化合物 | 分子式 | 偶极矩 $\mu$ / deb | 偶极矩 $\mu$ / ($\times 10^{-30}$ C · m) |
|---|---|---|---|
| 四氯化碳 | $CCl_4$ | 0 | 0 |
| 三氯甲烷 | $CHCl_3$ | 1.01 | 3.37 |
| 乙酸 | $C_2H_4O_2$ | 1.74 | 5.80 |
| 甲酸甲酯 | $C_2H_4O_2$ | 1.77 | 5.90 |
| 乙醇 | $C_2H_6O$ | 1.69 | 5.64 |
| 乙酸甲酯 | $C_3H_6O_2$ | 1.72 | 5.74 |
| 甲酸乙酯 | $C_3H_6O_2$ | 1.93 | 6.44 |
| 乙酸乙酯 | $C_4H_8O_2$ | 1.78 | 5.94 |
| 溴苯 | $C_6H_5Br$ | 1.70 | 5.67 |
| 氯苯 | $C_6H_5Cl$ | 1.69 | 5.64 |
| 硝基苯 | $C_6H_5NO_2$ | 4.22 | 14.1 |
| 水 | $H_2O$ | 1.85 | 6.17 |
| 氨 | $NH_3$ | 1.47 | 4.90 |
| 二氧化硫 | $SO_2$ | 1.60 | 5.34 |

注：1 deb = $10^{-18}$ esu · cm = $3.335\ 64 \times 10^{-30}$ C · m

**表 4.2.14　KCl 溶液的电导率***

| $t$/℃ | $c$/(mol · dm$^{-3}$) | | | |
|---|---|---|---|---|
| | 1.0000 | 0.1000 | 0.0200 | 0.0100 |
| 0 | 0.065 41 | 0.007 15 | 0.001 521 | 0.000 776 |
| 5 | 0.074 14 | 0.008 22 | 0.001 752 | 0.000 896 |
| 10 | 0.083 19 | 0.009 33 | 0.001 994 | 0.001 024 |

续表

| $t$/ ℃ | $c$/(mol · dm$^{-3}$) | | | |
|---|---|---|---|---|
| | 1.0000 | 0.1000 | 0.0200 | 0.0100 |
| 15 | 0.092 52 | 0.010 48 | 0.002 243 | 0.001 147 |
| 16 | 0.094 41 | 0.010 73 | 0.002 294 | 0.001 173 |
| 17 | 0.096 31 | 0.010 95 | 0.002 345 | 0.001 199 |
| 18 | 0.098 22 | 0.011 19 | 0.002 379 | 0.001 255 |
| 19 | 0.100 14 | 0.011 43 | 0.001 449 | 0.001 251 |
| 20 | 0.102 07 | 0.011 67 | 0.002 501 | 0.001 278 |
| 21 | 0.104 00 | 0.011 91 | 0.002 553 | 0.001 305 |
| 22 | 0.105 94 | 0.012 15 | 0.002 606 | 0.001 332 |
| 23 | 0.107 89 | 0.123 90 | 0.002 659 | 0.001 359 |
| 24 | 0.109 84 | 0.012 64 | 0.002 712 | 0.001 386 |
| 25 | 0.111 80 | 0.012 88 | 0.002 765 | 0.001 413 |
| 26 | 0.113 77 | 0.013 13 | 0.002 819 | 0.001 441 |
| 27 | 0.115 74 | 0.013 37 | 0.002 873 | 0.001 468 |
| 28 | | 0.013 62 | 0.002 927 | 0.001 496 |
| 29 | | 0.013 87 | 0.002 981 | 0.001 524 |
| 30 | | 0.014 12 | 0.003 036 | 0.001 552 |
| 35 | | 0.015 39 | 0.003 312 | |
| 36 | | 0.015 64 | 0.003 368 | |

* 单位 S · cm$^{-1}$

**表 4.2.15　ITS-90(1990 年国际温标)定义固定点**

| 平衡状态* | $T_{68}$/K | $t_{68}$/ ℃ |
|---|---|---|
| 平衡氢**三相点，固、液、气 | 13.81 | −259.34 |
| 平衡氢液态，气态在 33 330.6 N · m$^{-2}$(25/76 标准大气压)压力下的平衡 | 17.042 | −256.108 |
| 平衡氢点，液、气 | 20.328 | −252.87 |
| 氖沸点，液、气 | 27.102 | −246.048 |
| 氧三相点，固、液、气 | 54.361 | −128.789 |
| 氧沸点，液、气 | 90.188 | −182.962 |
| 水三相点，固、液、气 | 273.16 | 0.01 |
| 水沸点，液、气 | 373.15 | 100 |
| 锌凝固点，固、液 | 692.73 | 419.58 |
| 银凝固点，固、液 | 1235.08 | 961.93 |
| 金凝固点，固、液 | 1337.58 | 1064.43 |

* 除特别指明的外，所处压力均为 101 325 Pa

** 平衡氢是只在任意温度下正氢和仲氢的平衡混合物

**表 4.2.16　ITS-90(1990 年国际温标)定义第二类参考点(部分)**

| 平衡状态* | $T_{68}$/K | $t_{68}$/℃ |
|---|---|---|
| 标准氢**三相点，固、液、气 | 13.956 | −259.194 |
| 二氧化碳升华点，固、气 | 194.674 | −78.476 |
| 汞凝固点，固、液 | 234.288 | −38.862 |
| 冰点，固、液 | 273.15 | 0.000 |
| 苯甲酸三相点，固、液、气 | 395.52 | 122.37 |
| 铟凝固点，固、液 | 429.784 | 156.634 |
| 铋凝固点，固、液 | 544.592 | 271.442 |
| 镉凝固点，固、液 | 594.258 | 321.108 |
| 铅凝固点，固、液 | 600.652 | 327.502 |
| 硫凝固点，固、液 | 717.824 | 444.674 |
| 锑凝固点，固、液 | 903.89 | 630.74 |
| 铝凝固点，固、液 | 933.52 | 660.37 |
| 铜凝固点，固、液 | 1357.6 | 1084.5 |
| 钯凝固点，固、液 | 1827 | 1554 |
| 铂凝固点，固、液 | 2045 | 1772 |
| 铑凝固点，固、液 | 2236 | 1963 |

* 所处压力均为 101 325 Pa

** 标准氢在室温下 25%的正氢和 75%仲氢的平衡混合物

# 参 考 文 献


陈芳. 2013. 物理化学实验. 武汉: 武汉大学出版社.

复旦大学等. 2004. 物理化学实验. 3 版. 北京: 高等教育出版社.

傅献彩, 沈文霞, 姚天扬, 等. 2005. 物理化学(上、下册). 5 版. 北京: 高等教育出版社.

江超华. 1980. X 射线强度测量中的统计误差. 化学通报, (4): 25-30.

李奇, 陈光巨. 2010. 材料化学. 2 版. 北京: 高等教育出版社.

李树棠. 1999. 晶体 X 射线衍射学基础. 北京: 冶金工业出版社.

罗澄源, 向明礼, 等. 2004. 物理化学实验. 4 版. 北京: 高等教育出版社.

罗鸣, 石士考, 张雪英. 2012. 物理化学实验. 北京: 化学工业出版社.

庞素娟, 吴洪达. 2009. 物理化学实验. 武汉: 华中科技大学出版社.

孙尔康, 徐维清, 邱金恒. 2005. 物理化学实验. 南京: 南京大学出版社.

孙企达, 陈建中. 1981. 真空测量与仪表. 北京: 机械工业出版社.

王舜. 2011. 物理化学组合实验. 北京: 科学出版社.

王晓冬, 巴德纯, 张世伟, 等. 2006. 真空技术. 北京: 冶金工业出版社.

叶大年, 金成伟. 1984. X 射线粉末法及其在岩石学中的应用. 北京: 科学出版社.

郑传明, 吕桂琴. 2005. 物理化学实验. 北京: 北京理工大学出版社.

周萃文. 2013. 物理化学实验技术. 北京: 化学工业出版社.